四川大学哲学社会科学出版基金资助

符号学译丛　○　丛书主编　彭佳　方小莉

热爱地球，关爱生命
始于符号表征，终于符号为媒介的倾听
唯有无条件地倾听
才能走进人心，才能匡正伦理

符号、语言与倾听
——伦理符号学视角

Signs, Language, and Listening
Semioethic Perspectives

〔意〕苏珊·佩特丽莉（Susan Petrilli）　著
　　　　　　　　　　　　贾洪伟　译

四川大学出版社

项目策划：徐　燕
责任编辑：陈　蓉
责任校对：宋　颖
封面设计：墨创文化
责任印制：王　炜

图书在版编目（CIP）数据

符号、语言与倾听：伦理符号学视角／（意）苏珊
·佩特丽莉（Susan Petrilli）著；贾洪伟译．— 成都：
四川大学出版社，2020.12
（符号学译丛）
ISBN 978-7-5690-3951-1

Ⅰ．①符… Ⅱ．①苏… ②贾… Ⅲ．①伦理学－符号
学－研究 Ⅳ．① B82-055.9 ② H0-05

中国版本图书馆 CIP 数据核字（2020）第 219042 号

四川省版权局著作权合同登记图进字 21-2020-406 号

书　名	符号、语言与倾听——伦理符号学视角
	FUHAO、YUYAN YU QINGTING——LUNLI FUHAOXUE SHIJIAO
著　者	〔意〕苏珊·佩特丽莉（Susan Petrilli）
译　者	贾洪伟
出　版	四川大学出版社
地　址	成都市一环路南一段 24 号（610065）
发　行	四川大学出版社
书　号	ISBN 978-7-5690-3951-1
印前制作	四川胜翔数码印务设计有限公司
印　刷	郫县犀浦印刷厂
成品尺寸	170mm×240mm
插　页	2
印　张	23
字　数	448 千字
版　次	2020 年 12 月第 1 版
印　次	2020 年 12 月第 1 次印刷
定　价	82.00 元

扫码加入读者圈

◆版权所有 ◆侵权必究

◆ 读者邮购本书，请与本社发行科联系。
　电话：(028)85408408／(028)85401670／
　(028)86408023　邮政编码：610065
◆ 本社图书如有印装质量问题，请寄回出版社调换。
◆ 网址：http://press.scu.edu.cn

四川大学出版社
微信公众号

译者弁言

现任国际符号学会副会长,意大利巴里大学符号学、翻译理论、普通语言学、哲学教授苏珊·佩特丽莉(Susan Petrilli),是一位名副其实的学者,不仅著作等身,还颇富批判精神和创新意识。自1981年以来,她在梳理意大利哲学家罗西-兰迪(Ferrucio Rossi-Landi,1921–1985)的符号学、语言哲学思想,引介皮尔斯、维尔比夫人、巴赫金等人的符号学和语言哲学思想的同时,对国际上众多的符号学家、哲学家、语言哲学家、语言学家的作品或加以批判分析,或加以对比分析,或进一步发展。总体上讲,自1981年至2018年,她共发表用意大利语、英语、法语等语言写作的学术论文(据不完全统计)480余篇;自1984年至2018年,她共出版意大利语、英语独著与合著作品(据不完全统计)61部,出版意大利语、英语、法语等语言的译著、编著共66部;自1988年至2018年,她共在国内外学术研讨会做意大利语、英语、法语主旨发言96场(不包括澳大利亚、中国、美国等地以客座教授身份发表的演讲)。除了几十年来的著述,我们还可以用国际学界针对苏珊·佩特丽莉作品写作的书评,来证实她在国际符号学界、语言哲学界具有的影响力。从2007年至2018年,美国、英国、意大利、澳大利亚、加拿大、中国、俄罗斯、希腊、爱沙尼亚等国学者,发表苏珊·佩特丽莉作品评论论文近70篇,其中不乏国际知名学者,如中国符号学家赵毅衡、王永祥等。

多年来,佩特丽莉一直关注并致力于符号、语言、语言哲学、交际、翻译、他者等层面的符号学和语言哲学研究,尤其是结合了维尔比夫人、皮尔斯、巴赫金、莫里斯、西比奥克等人的符号学观点,与庞其奥一起提出旨在考察符号与价值观、伦理、道德、呵护生命、爱护他者为主体的"伦理符号学",先后发表了数十篇专论,出版了数部专著。2019年,苏珊·佩特丽莉凝结数年学术思想和多年有关符号、语言与倾听研究的结晶,著成一部划时代的符号学作品——《符号、语言与倾听——伦理符号学视角》,这也是一部伦理符号学的创新之作。有关该书的内容,笔者拟从英文本阐释者、汉译本生成者的角度,同时秉持学科史学研究的中立、客观以及据事实而言的准则做出力求公允的评价。

首先,笔者拟专门针对该书前言做出评价。该书前言部分历数了从古至今符号学发展历程中的重要人、物、事,此所谓学科史学中所说的重要历史事件,如古希腊和古罗马时期的希波克拉底(Hippocrates,460-370 B.C)和盖伦(Galen,129-200 A.D)、英国哲学家约翰·洛克(John Locke 1632-1704)、意大利哲学家詹巴蒂斯塔·维柯(Giambattista Vico,1668-1744)、美国符号学家查尔斯·皮尔斯(Charles Sanders Peirce,1839-1914)、英国学者维尔比夫人(Victoria Lady Welby,1837-1912)、瑞士语言学家兼结构符号学家索绪尔(Ferdinand de Saussure,1857-1913)、苏联语言学家特鲁别茨柯依(Nikolai S. Trubetzkoy,1890-1938)、美国语言学家兼符号学家雅柯布森(Roman Jakobson,1896-1982)、苏联符号学家巴赫金(Mikhail M. Bakhtin,1895-1975)、美国哲学家兼符号学家莫里斯(Charles W. Morris,1901-1979)、波兰哲学家沙夫(Adam Schaff,1913-2006)、美国哲学家兼符号学家西比奥克(Thomas A. Sebeok,1920-2001)、意大利哲学家罗西-兰迪等,可以说是意大利学者眼中的一部现当代符号学发展史纲要。但是,倘若将其视作现当代符号学史的发展纲要,却没有述及中国语言哲学和语言符号学的发展事件,这就是不全面的现当代符号学史发展纲要。即便弃古代于不顾,清末以降的以语言符号为导向的中国符号学还是有其特色和借鉴意义的。

譬如,国学大师章太炎于1906年在日本《国粹学报》第24—25期发表《论语言文字之学》,在吸取了梵文语法研究中的"印度胜论说"基础上,指出:"一切有形,大抵皆而以印度胜论之说,言之实、德、业三,各不相离。人云马云,是其实也;仁云武云,是其德也;金云火云,是其实也;禁云毁云,是其业也。一实之名,必与其德或与其业相丽、相著,故名必有由起，虽然太古草昧之世共言语，惟以表实，而德业之名为后起，故牛马之名成立最早，而事武之语，即由牛马变化而生，稍近文明则德业之语早成。而后施名于实，故先有引语，始称引出万物者曰神。"（章太炎，1906：1）[1] 在《国语学草创》（胡以鲁，1912）[2] 中，胡以鲁与章太炎持相反意见，认为古汉语中表实的字词并非先有，表示修饰和行为的字词也并非后起，详见贾洪伟《汉译国外普通语言学典籍研究（1906—1949）》（贾洪伟，2017：67）[3]。1926 年，赵元任在《科学》杂志发表《符号学大纲》[4] 一文，以举例归纳法从符号要素、构成、组合、对象、边界和产生等层面对符号加以界定，涵盖了数字、乐谱、图书编号、象形字、象声词、旗帜、语言等层面，涉及空间、时间、声音、颜色、数和强度等要素，将其对应于英文中的"symbolics"或"symbology"，试图构建一门普通符号学。此后赵元任又发表了一系列有关符号学的成果，如《语言问题》（台湾大学文学院，1959）、《语言与符号系统》（*Language and Symbolic Systems*, Cambridge University Press, 1968）、《谈谈汉语这个符号系统》（《远东语言研究文集》，1973）等。1930—1934 年，李安宅受瑞恰慈，以及通过瑞恰慈受到马林诺斯基的影响，探究中国的巫术符号，写作《语言与巫术》（商务印书馆，1931）和《意义学》（商务印书馆，1934），此为中国本土学者从意义研究角度所做的破冰式现代学科意义上的符号学研究。从学科史学角度讲，任何区域和范围的学者，只要论及学科史问题，就有必要穷尽世界范围内的有关文献（作者此处可能是因为不懂汉语所致，但可以选择跟中国学者合作）。这样一部重量级的作品缺失了中国部分的贡献和发展，实在是一种遗憾。

其次，从普通语言学、语言哲学和符号学作为伦理符号学角度，该书对索绪尔、叶尔姆斯列夫等的语言学观点，以及洛克、索绪尔、维尔比夫人、莫里斯、奥格顿与瑞恰慈等的符号学观点加以批评，于无形之中构成了一部批评符号学和批评符号学史作品。此外，维尔比夫人与皮尔斯有关意义三元观（含义、意义、意指意义）和符号三元观，尤其是直接解释项、动态解释项、终端解释项之间，以及维尔比夫人与巴赫金之间对待语言、交际和价值观，尤其是意义与价值观之间关系的对比分析，在某种意义上构成了一部对比符号学的力作。但是，其中有关爱生物、爱人类、尊他者、护众生、保平等、促和谐的思想，忽视了中国文化几千年的传统思想。

譬如，在宏观的治国层面，唐朝的"民为重，君为轻；民为水，君为舟，水能载舟，亦能覆舟"的民生政治思想，民国期间提出的尊民、重民的"三民主义"治国思想（即人能尽其才，地能尽其利，物能尽其用，货能畅其流的民族、民权、民生主义），新中国"为人民服务""社会主义核心价值观""全球一体化"的重民思想和治国理念。在宏观的宗教层面，道教的"尊自然""以物度人""以人度己"，大乘佛教的"一切众生平等""利他""劳心为人"，儒家的"爱君、爱父、爱己、爱子、爱民"思想，这些几千年积累下来的思想，均与全球符号学和伦理符号学的呵护生命、爱护生命、维护生命，关注符指过程、关注他者、关注他者性、关注与他者的交际颇为一致。反倒应该指出的是，全球符号学和伦理符号学仅是中国文化传统宏观政治和宗教层面的一个部分而已，且将符号、符指过程与价值观之间的关系当作追求的目标，与中国文化传统中的"先修身养性"即培植价值观作为一切符号行为基础的方向恰恰相反。

在中观层面，中国虽然民族众多，但在多民族大聚居的语境下，民族群体追求的是民族融合、社会团结、资源共享、互谋发展、共建家园；学术团体力求互通有无、共促融合、保证团结，推进民族关系一体化、政治经济一体化、区域协同发展一体化、全球命运一体化；宗教团体旨在度众生向善，平复争端与分歧，祈福国泰民安、众生安享太平。这些中观层面的符号活动、行为、过程，与全球符号学、伦理符号学的团结他者、尊敬他者、关注生命、爱护生命、保护弱势群体的理念是一致的。中国文化传统秉承的是"海纳百川，有容乃大""容人所不能容，忍人所不能忍"，这恰好是全球符号学和伦理符号学所孜孜以求的态度、境界和行为，而这已经是中国人奉行几千年的传统和惯例了。或许，我们可以说这才是中国符号学与其他区域符号学的不同之所在。

在微观层面，道家老子、庄子秉承的自然宇宙观，以及天地人合一的三元观，即"人法地，地法天，天法自然"，将天、地、人视为一个无所不包的无限大的符号系统，其中包括自然之下的天域、地域、人域，三者之间相互作用、相互制约，故关注自然、爱护自然就是关注地球、爱护地球，关注地球、爱护地球就是关注生命、爱护生命，关注他者、爱护他者。总而言之，关注自然、爱护自然就是关注和爱护宇宙符号学视域下的符指过程。政治家魏征所言的"水能载舟，亦能覆舟"就是以民生、社稷为导向的爱民、爱他者的价值观和伦理写照。儒家孔子、荀子等以规范符号方式，培植性情、修身养性、治理社会、保国安民、乐享太平的思想，也是今日全球符号学和伦理符号学所提倡的旨趣。墨家门徒的止战言和思想、提倡兼爱战略，可为全球符号学和伦理符号学提供操作方式、方法、手段的启发性思想。《内经》之父黄帝、医圣孙思邈、神农氏、药圣李时珍等，有关医生的品行（"但愿世间人无病，宁可架上药生尘""但愿人常健，何妨我独贫""尝百草辨药"）、内经、外经、脉经等的现代意义上植物学、生物学、物理学、医学、药学、生理学的哲学阐述，为今日的人类符指过程、生物符指过程、宇宙符指过程的研究奠定一定程度上的思想基础。待到近代，孙中山的爱民思想（即民族、民权、民生主义），毛泽东的人民民主思想，其实在本质上都是爱民、爱他者的思想和原则。此外，也有关于平民百姓的爱民、爱族、爱国思想，如"天下兴亡，匹夫有责"（这一观念也体现了符号的主体性思想，由此也可以推知中国文化传统内的符号主体和主体性思想的渊源关系）。

由此可见，中国文化传统力主爱地球、爱生物、爱人类、尊他者、护众生、保发展、促团结，这些正是全球符号学和伦理符号学的旨趣。尽管全球符号学和伦理符号学一直致力于这一层面的符号学研究，但至今没能从国别视角下的宏观－中观－微观，以及从全球角度的宏观－中观－微观层面展开论证。

至此，我们有必要言及中译本的性质。从内容构成和内容布局的角度说，中译本是一本编译味道浓厚的直译作品。之所以这么说，是因为笔者将原书末的参考文献移置为中译本的章末尾注，且在其中添加了大量的相关注释，内容包括历史人物介绍、相关论点的批判分析、相关理论思想的历史流变信息以及相关内容的中国传统，此外，除了译序、译者弁言和译后语，笔者还添加了2019年为原著写作的书评，且在原稿内容基础上添加了中国文化传统内的广义符号学内容。此外，笔者自行纠正了原稿中的拼写错误以及偏离史实的内容，而斜体内容皆从原文。

最后，该书是一部融语言哲学、结构符号学、行为符号学、翻译研究、文论、语言学、话语分析、经济学思想等于一体的伦理符号学著作，适合语言哲学、语言学、符号学、翻译学、文论等领域的专业研究者和爱好者参考阅读。就内容来说，该书涉及要素庞杂，故难度可想而知，这就增加了翻译工作的难度。因笔者才疏学浅，中译本中肯定有不当和错漏之处，恳请大方之家不吝指正。

贾洪伟

御东避毒居

2020 年清明后

注释：

1　章太炎. 1906. 论语言文字之学 [J]. 国粹学报 25，pp. 1 - 13.

2　胡以鲁. 1912. 国语学草创 [M]. 上海：商务印书馆.

3　贾洪伟. 2017. 汉译国外普通语言学典籍研究（1906—1949）[M]. 北京：首都师范大学出版社.

4　赵元任. 1926. 符号学大纲 [J]. 科学 11，pp. 1477 - 1497.

中译版新序[1]

一、作为符号学使命的伦理符号学

书名《符号、语言与倾听》三者之中，*符号*为符号学的具体研究对象或曰主题；*语言*若理解为言语层面的语言，就是语言学的研究对象或曰主题，且不论在什么意义上，言语层面和非言语层面的语言均为符号学的研究对象和研究主题，其中语言学为符号学作为符号一般科学的一部分。那么，*倾听*呢？

倾听并非听见的意思，也不局限于言语层面。倾听所关注的并非辨识、识别意义上的理解，而是*回应性理解*，其中回应并不局限于话语，也不局限于任何类型的识别性能释项（identification interpretant），更不是实效意义上的能释项问题。

倾听是*遭遇*（encounter）——不断地趋近他者，是*善待*（hospitality）——并非作为回应者主动性的回应，而是作为不可避免的*可回应性*（responsibility）；并非简单地向他者*言说*（saying），而是*馈赠*（gifting，见 Levinas，2020；Ponzio，2019a）[2]，即一段源自自由选择关系的施与。关于我们所呈现的书名副标题——"伦理符号学视角"，也是以倾听入场的。

关于符号与语言问题，符号学采用的第二个视角为*语言哲学*提供的视角（Petrilli，Ponzio，2016）[3]。

艾柯在著作《符号学与语言哲学》（*Semiotics and Philosophy of Language*，1984：xii – xiii）[4] 中提出：符号学——符号的一般科学，无法避免语言哲学[5]。特殊符号学无法质疑其哲学基础，但对于一般符号学来说，情形则并非如此。一般符号学具有哲学本质属性，而哲学的话语就是符号学的构成要素，因而，符号学与哲学的关系就是符号学与*语言哲学的关系*[6]。

但是，正如佩特丽莉著作的副标题所示，此处所指的符号学视角为*伦理符号学*。因此，通过（与著作标题中"符号与语言"相关联的）*倾听*，伦理符号学与语言哲学的关系（即该书第一章第一节标题所明示的主题）即后者（语言哲学——译者注）所采用的是伦理符号学，亦如该书第二章第一节有关"倾听艺术"所预期的一般。

从伦理符号学角度定位符号学，蕴含着符号学家——研究符号的学者所肩负的重大职责，因为伦理符号学为符号科学赋予了超越*理论理性*（虽然从理论理性中连贯地衍生而出）的局限，而走向承担*实践理性*这一职责。

这一职责实际上是伦理秩序之责任，关注的是生命的健康。如今，在地球进入"全球村"这一时代，因全球市场的扩展，市场需要拓展至当前所称作全球化形式，*生命健康所承受的风险远大于以往任何时候*（Petrilli，2020a）[7]。

符号学与全球范围内的生命健康问题之间的关系并非仅是历史秩序问题，这是自希波克拉底（Hippocreates）和盖伦（Galen）的医学符号学、症候学[8]与今日符号学之间的关联而产生的。鉴于近来生物符号学研究作为西比奥克《*全球符号学*》（*Global Semiotics*，2001）[9]拓展"符号域"（semiotic field）之结果，符号学与健康的关系也派生于符指过程（任何符号过程）与生命的识别。但是，符号学与全球范围内生命健康之间的关系，尤其与人类生命和整个地球上生态系统中所有生命之间的客观关联有关。

从生命为伦理问题的角度说，生命是一个人类特有的问题；面向地球上生命的职责就是人类之职责。实际上，人类是唯一的*符号动物*，不仅依存于符号，而且能够对符号做出思考，对符号和生命负责，乃至以自身的生命为代价。

人类符指过程以元*符指过程*（metasemiosis）为特征，即拥有能够对未区别于符号回应的直接符指过程以外的符号加以思考、暂停回应和深思熟虑的能力。表示元符指过程的另一术语为*符号学*，既区别又联系于*符号学作为符号一般科学*之称谓，即人类理解之表述。

"符号学"这一特殊含义——作为一种人类特有的能力，与理解为一门学科的"符号学"（semiotica）密切相关，现在亦与*伦理符号学*密切相关，即与地球上面向生命所持的非不在场不可推卸之责任这一最高层级的人类意识密切相关。

二、作为倾听艺术的伦理符号学和语言哲学

语言哲学与符号学（亦是西比奥克所称的"符号学说"）密切相关的根本问题，就是他者的问题，即话语的问题，话语作为声音的问题，话语被视为倾听诉求的问题。*在此，语言哲学被理解为倾听的艺术。*

倾听并非话语的外部要素，即一种附加要素、一种倾听者主动做出的让步行为；并非一种面向他者的选择、一种尊重他者的行为。倾听是话语的*构成性要素*。亦如巴赫金在《文本的问题》（"The Problem of the Text", 1986 [1959-1961]：103-131）[10]一文中所言，倾听派生于话语的本质，即话语需要倾听、回应性理解，以及一个无休止过程中直接理解之外的新理解。就话语在倾听基础上才能蓬勃发展而言，话语是一种对话关系，需要倾听、理解，需要回应，也会做出回应。

倾听是*话语艺术*，是话语的特殊任务、态度、特权、存在方式。对话语来说，没有倾听，即没有对话者是最糟糕的，而非缄默（taciturnity）和非沉默（silence）乃倾听的条件所在。

关涉倾听的语言哲学为*他者性哲学*（philosophy of alterity）。相比同一性哲学（philosophy of identity）——普遍接受、共同奉持，故属于主流哲学，他者性哲学无疑属于少数流派，仅为诸如巴赫金、列维纳斯等少数学者所奉持，仅存在于今日某些涉及符号和语言的研究方向和项目之中。

对话性预设了实体性（corporeality）和实体间性（intercorporeality）。若没有身体和实体间的共有含义，就不可能产生对话。

正如巴赫金在陀思妥耶夫斯基复调小说中最大限度地证实的一般，巴赫金（1965）[11]在分析弗朗索瓦·拉伯雷（François Rabelais, 1483-1553）的作品《巨人传》（*Gargantua et Pantagruel*）中描述的"怪诞现实主义"，揭示了"怪诞躯体"的实体间性作为对话性，与话语的对话性相对应。毕竟，怪诞出现在"小说"体裁之中，即最具有对话性的文学体裁，故而出现在陀思妥耶夫斯基的复调小说之中。正是出于这一原因，巴赫金在陀思妥耶夫斯基主题的专著1963年第二版（1929年第一版）[12]中，加入了一章（即第

四章),专论狂欢民俗中"小说"体裁与怪诞现实主义之间的关系,揭示为何小说根植于怪诞现实主义。

*对话性与实体间性*为同一硬币的两面,二者属于生物体中间的现实、物质、生物符号学层面的相互联系。"生命在本质上是对话性的。活着就意味着参与对话。"[Bakhtin, 1963, 英译版 1984(1961):293][13]我们可以在不同场合(自 1929 年初版的陀思妥耶夫斯基主题专著到 20 世纪 70 年代的一系列论著),以显性和隐性方式被巴赫金并置为黑格尔辩证法和现实社会主义辩证唯物论的*巴赫金对话论*。巴赫金的视域包括在*自然对话论*之中,即包括在今日生物符号学视角表述的*生命对话论*。

对话不仅存在于交际符指过程之中,其中所释项自身已是倾向于被另一外部能释项阐释为一枚符号的一个能释性回应。对话也存在于症候化(symptomatization)符指过程之中,其中所释符号是一个并非倾向于被阐释的能释性回应(症候)。对话也存在于信息符指过程之中,其中一个无生命的对象充当符号,仅仅是因为这一对象接收到生命体的阐释(Petrilli, Ponzio, 2002; 2007)[14]。在任何情况下,阐释——对"阐释者"做出回应,在本质上具有对话性(Ponzio, 2006b)[15]。因此,对话并非始于旨在向接收者传递某一对象信息的发送者所发出的信号行为(signaling behavior)。

所有符指过程都是一个对话过程。符指过程的逻辑是*对话逻辑*。能释符——我们用以阐释某一其他事物并将其转化为一枚符号的符号,具有"回应的一种倾向"。

三、沉默的语言学与语言哲学

在《1970—1971 年散记》("From Notes made in 1970-71")一文中,巴赫金[1986(1970-71):132-158][16]区分了*倾听*与*想听*,且分别在*倾听*与*缄默*、*沉默*与*想听*之间确立了一种关系。

对理解和识别言语符号、语句、话语可重复性要素[在不同于*言语系统*(langage)的*语言层面*(langue)]来说,沉默是指没有噪音和没有感知声音的条件。缄默仅在人类社会才有可能存在。沉默是"逻各斯域"(logosphere)的构成要素,即理解话语意义的一个必然条件。沉默是不可重复的,通过沉默语言参与历史的不可重复性,参与逻各斯域的非终结性总体性。因此，篇章话语（discourse）的每一个要素都可以在两个层次上加以感知，即需要将沉默当作一种条件的可重复语句层面——*语言系统层面*；需要保持沉默的不可重复*口头话语层面*（utterance）。沉默能够使人感知声音和语言（音素）的区别性特征，从而辨识和辨别篇章话语中音韵学、句法学和语义学层面的*可重复性要素*，即构成语言系统的要素。相反，缄默是理解*不可重复性单一口头话语意义*的条件。沉默与物质实体、声音和语言作为系统（即音素、形素、命题、语句）的抽象单位相关联；缄默涉及具体言语交际，即不可重复层面的口头话语。

仅探究*语言系统和语句*的要素，意味着将沉默视为言语符号的唯一条件。这说明了无法进入缄默的空间，即不可重复性口头话语的空间，以及回应性理解能释项的空间，即口头话语互文性和对话性空间。

语言哲学区别于以*语言系统和语句*为研究对象的语言学。语言学的研究对象在沉默的背景下尤为突出，这使得人们能够感知声音和识别言语符号。沉默不仅是语言学家考虑研究对象的条件，也是语言学研究对象的限度，从这一角度看，所有将自身呈现于他者的均是不相关且被排除的。

分类语言学和转换生成语言学（乔姆斯基）[17]将注意力从语言（语言系统）的要素和语句要素转向生成语句的关系，故而分类语言学和转换生成语言学为同一个研究定位的部分，但忽略了口头话语及其意义之中回应性理解的关系（有关乔姆斯基语言学的批评问题，参见 Ponzio, 1992；2012）[18]；与语句及其意义不同，口头话语和意义并不将沉默视为可能性条件，反而需要将缄默视为话语和意义生产的条件。

因此，分类语言学与转换生成语言学无法解释*口头话语*、口头话语的对话特征、口头话语之回应性理解的基本目的。这也意味着这两门语言学不能解释不同形式的缄默，不能解释间接性、延期性、暗示性、模仿性、讽刺性言说，不能解释歧义、多义、隐含义以及转义能力，更不能解释基于缄默形式的文学写作，即正如巴赫金在论文《1970—1971 年散记》中所言，作者并不直接使用语言，反倒具有间接性言说——缄默性言说的天赋。

基于规则和代码系统的概念，以及仅在从声音到符号空间的移动，即音韵层面、句法层面、语义层面确定的空间——沉默空间，此类语言学——代码语言学就是*沉默语言学*（linguistics of silence）。

句子语言学与数学信息论之间在方法论和术语层面的相互交流并非偶然。"代码语言学"（code linguistics）这一表述让人想起了这一相互交流。作为信息论，此类语言学仅将"噪音"视为干扰言语符号阐释的障碍，即归结为解码化、识别和辨识的阐释。一旦口头话语被归结为代码和信息之间的关系，对于信号来说，（信息论意义上的）"噪音"唯一可能存在的干扰，就派生自通讯信道的不完善之处，或是派生自外部语境的干扰，抑或派生自引发歧义的代码与信息之间缺乏限制性的规则。从根本上说，"噪音"为沉默的中断，这是信号完善的条件所在。

意义问题超出了代码语言学、沉默语言学的界限，所关注的并非局限于语言作为代码的语言学反思，也不局限于构成语言系统要素之间，或单一口头话语要素之间，抑或是语句之间的语言关系，以及自"深层结构"至"表层结构"的转换过程。

相反，基于倾听的语言学——话语语言学，涉及的是言语符号作为回应性理解的话语和能释项之间的对话关系。这些对话关系的背景为缄默。相反，沉默——没有噪音的状态，构成了话语的物质条件，即与信号性维度、识别与辨识维度相关的基本条件；但这一基本条件不足以使话语作为一枚符号而存在，并被赋予意义。缄默既是话语起点的状态，也是话语接受起点的状态。

话语自由的条件为缄默，即说话者做出的选择；话语自由的条件预见了缄默的打破，而不仅仅是沉默的打破；话语自由预设的是缄默作为倾听的起点。

从作为自由选择的话语起点的缄默，到话语所要求的缄默，即说话人所转向的缄默状态，话语所转向的缄默状态，和缄默所迎来倾听状态的话语，就是话语的运动轨迹。在这两种缄默起点之间，存在本质性的差异，即话语起点的缄默成为倾听的起点，而话语得到了有效的回应——回应性理解的能释项。反之亦然，如果实现有效的倾听，缄默——倾听的起点就反过来成为回应性理解的起点；而如果回应性的理解为言语符号形式，就会以话语形式出现。

"沉默语言学"对应的是以沉默为主导的一套社会交际系统。作为代码符号学，沉默符号学为社交中真正向心力的表述。单语制——单一性的倾向，依据能指与所指之间的等价交换关系，将符号降低至信号的层次，仅属于第二层级的沉默语言学，即首先属于将沉默选择视为言说背景的社交系统，而沉默语言学仅是这一社交系统的一部分。

交际域的同调化（homologation）将倾听归结为想听，缩减了缄默的空间。在缄默的空间之中，*倾听的自由同话语的自由一样成为必然性条件*。因此，交际域的同调化只为言语符号赋予了常规的信号特征，或只为言语符号赋予了声音的自然特征。

封闭在一个沉默状态，封闭在依据某些规则、惯例、习惯言说的义务之中，符号就失去了针对同一性、封闭的总体性发出挑战、挑衅的能力，就失去了质疑似乎确凿、确定事物的可能性，即失去了质疑貌似自然的一切。相反，不配合*封闭篇章话语域*，脱离单语制，过度追求能指与所指、能释与所释之间的等价交换逻辑等方式，恰是符号处于缄默状态所能做到的。

亦如前文引自巴赫金在《1970—1971年散记》的段落所言，缄默仅在人类*世界*才可能出现。将符号限定在沉默空间之中，将沉默、缄默和倾听（即面向多义性开放的倾听）自由区分开，就剥夺了符号的人性，从而使得符号趋向机械化和伪自然化，使得符号在信号的规约化和声音的自然化（即非呈现意义的自然化）之间游弋。

伦理符号学视角下的语言哲学一直关注符号、语言与倾听之间的联系，亦如苏珊·佩特丽莉这部专著所示。因此，对于言语符号学相关的问题，伦理符号学视角重新关注"沉默语言学"所排斥的语言与交际的那些层面，即所排斥的与他者之间的关系——*他者性关系*，作为话语生命的构成要素。从伦理符号学角度看，语言哲学考虑的是言语层面的语言形式和实践，即最能体现对话性、倾听、善待他人，面向他者话语的热情态度等层面。

四、倾听他者：文学写作与翻译

作为一种话语，词汇表述的是符号中未被主题化的内容。换言之，从发送者到接收者的邮包式信息角度讲，词汇表述的既非信息的对象亦非信息的目标。

话语语言学受益于来自文学文本的促成作用，其中话语被描绘得淋漓尽致，同时受益于翻译，除了不同历史自然语言翻译，甚至是同一历史自然语言之中的不同语言（方言、特殊语言等）之间的翻译，旨在表达"几乎相同的内容"（Eco，2003）[19]，抑或是生成被视为"相同他者"（Petrilli，2001；2012a：231-285；2020b）[20]的文本。

从这一角度说，文学写作和*翻译*实践就特别有趣（详见本书第二章"创造新世界"第三节"写作即沉思游戏"和第七章"倾听、他者性与翻译"）。

缄默是文学写作中达到最高程度的倾听条件，即倾听式言说的缄默。正如巴赫金所反对的一般，要将倾听视为话语艺术，我们需要言语艺术、文学式缄默、"次要"和"复杂性"话语类型，即间接、客观化、描述性话语的体裁；从"日常话语的主要且简单体裁"角度讲，我们需要作者、作家（罗兰·巴尔特区分了*作者*与*作家*）。

这就是语言哲学作为倾听艺术、话语语言学和文学写作彼此遭遇之处（参见 Petrilli，2007）[21]。

功能性、生产性、必要性和必然趋向的语言"为作家构成了一种破碎的条件"（Barthes，1953，vol. I：218）[22]。"文学成为语言乌托邦"（Barthes，1953，vol. I：224）：《零度写作》（*Le degré zéro de l'écriture*）的结束语。

写作回避了篇章话语的傲慢——甚至自我宣称"自然""显而易见"乃至"正确"（Barther，1953，vol. I：202）时所表现出的傲慢。除了自信式篇章话语的傲慢之外，唯一的行为就是从篇章话语到写作——*写作实践*的转变，即中立式写作、欲望式写作。写作是一种回避意识域（ideosphere），回避主流意识形态的行为，因为写作并不坚守一种信念、观念、思想，而是自我写作，为写作而写作（书写自身）。这就是作者所谓的"工作"，但仅是一种非生产性、"反常"意义上的"写作"，即一种非及物、非功能性意义上的"写作"。对于布朗绍（Maurice Blanchot，1907-2003）[23]来说，相对于"白日疯狂"的时间而言，这就是"他者之夜"的良宵，即不断扩大同一性再生产的一种功能（Levinas，1975）[24]。

正如巴尔特在《中性——法兰西学院课程讲义（1977—1978）》[25]中所言，所有的概念均充当着非同一性的同一化手段而存在，故将概念界定为*降低差异性之力*。要拒绝这一降低差异，我们就必须拒绝写作这一概念，拒绝使用这一概念。那么,如何言说呢?巴尔特的回应是:"*通过隐喻,即以隐喻替换写作这一概念。*"巴尔特自己的作品与写作的反思密切相关,即对*作家与书写者*的关系加以反思。

亦如维柯(Giambattista Vico,1668－1744)[26]在《新科学》(*La scienza nuova*,1725)[27]一书所言,隐喻不仅是一种修辞手法,更是意义生成/再生的推进力。维柯确立了隐喻与"诗学逻辑"(logique poétique,Ponzio,2006c,2010,2016)[28]之间的联系。他反对比喻为诗学逻辑之必然结果这一论断;在诗学逻辑之中,隐喻是最为耀眼、最为必要且使用得最为频繁的手法(参见维柯著《新科学的原理》第二章)。

但是,这也与杜·马塞(César Chesneau du Marsais,1676－1756)[29]的语言概念相关联(Petrilli,Ponzio,2019)[30]。在专著《比喻的原理》(*Traité des tropes*,1730)中,杜·马赛断言:隐喻为创造性言语和意象中占主导地位的"修辞手法";他认为此处的"修辞手法"已是隐喻本身了。亦如他所言,"修辞手法远离了人类日常语言,相反,日常语言才是毫无修辞的言说方式所在;只要能够营造一个毫无修辞手法表述的语境,就可以远离修辞"[31]。这一观点就是:"诗学逻辑"(维柯语)存在于日常语言之中,亦如巴赫金以及巴赫金小组成员(参见 Ponzio,2014)[32]所言,他们通过对比将日常语言与诗学语言并置的俄国形式主义思想,描写了"生活话语"与"诗学话语"之间存在的相似性关系。

从洛克(John Locke,1632－1704)、皮尔斯(Charles Peirce,1839－1914)、维尔比(Victoria Welby,1837－1912;佩特丽莉适时地重新确立了她在符号和语言研究领域的地位)、瓦拉蒂(Giovanni Vailati,1863－1909;有关维尔比与瓦拉蒂的关系,参见 Ponzio,1990[33]),以及近世的莫里斯(Charles Morris,1901－1979)、雅柯布森(Roman Jakobson,1896－1982)、西比奥克(Thomas Sebeok,1920－2001)、罗西-兰迪(Ferruccio Rossi-Landi,1921－1985)等的观点看,符号学有助于证明隐喻的作用,因此证明符号在创新思考中的像似性维度(参见 Petrilli,Ponzio,2010;2012)[34]。西比奥克(Sebeok,2000)[35]考察了维柯对 20 世纪符号学产生的影响;达内西(Danesi,2000)[36]考察了维柯对 20 世纪语言学产生的影响。

用西比奥克和达内西的术语来说，隐喻中的*相似性*并非"内聚相似性"（cohesive similarity），而是"关联相似性"（connective similarity），亦称*选择相似性*（elective similarity）、*关系相似性*（similarity by affinity）、*吸引相似性*（similarity by attraction）（参见 Petrilli, Ponzio, 2018）[37]。此类相似性并不涉及呈现为属于同一范畴的事物，即不涉及同一性的事物；相反，相似性涉及的是不同于、不属于内聚形式，不能被同化，在关系中仍然是不可还原的他者的事物，即*他者性*中的相似性——完全不同于通过同一性获得的相似性。

关于概念与隐喻之间的关系，我们因此区分了如下两个主题：其一为贯穿于体裁与种类、范式与对立项的概念内聚性和集合性逻辑，同化一些不能被同化的符号（即单一性）；其二为以吸引联想方式的关联性逻辑，通过隐喻得以兴盛，即维柯的"诗学逻辑"。对皮尔斯来说，隐喻是"像似性"和"一级符号范畴"的一种表述，以"博爱"（agapastic）关系为基础（参见 Petrilli, 2012：190 - 231）[38]。在选择性亲缘关系逻辑中，"博爱"（agapasm，皮尔斯语）——像似性将表示这一关系的术语放置在他者性、不可还原的单一性之中。

*语言*与*话语*、*语言系统*与*言语*之间的关系并非一种直接关系，并非一种二元关系；交际也并非可归结为"信息发送者"与"信息接收者"之间的一种二元关系。*语言系统*与*言语*，以及"信息发送者"与"信息接收者"之间存在的这两种关系，贯穿于各种篇章体裁之中。每一句话语、每一个言语文本必然属于一种篇章体裁。我们通常不仅以一门特定的语言言说，而且是以一种特定的篇章体裁形式言说。

在《言语体裁问题》一文中，巴赫金［Bakhtin, 1986（1952）：60 - 102］[39]分析了篇章体裁，并一直计划就此写作一部书。他区分了主要和次要体裁，即日常生活的体裁（官方文件、社会现实、社会角色、日常人际关系、功能和客观的话语），以及次要体裁——刻画前者的间接或复杂体裁，这些是文学描写体裁［*教育类*(izobrazenie)］——间接话语体裁。次要体裁以面向他者话语开放的方式证实话语，揭示某人自己的话语因他者的话语，因他者话语的接受、他者话语的阐释和传播，因回应性理解，以怎样的方式得以存活和传远。

这就是为何语言哲学和"元语言学"（与"官方语言学"相比）——

一种倾听的语言学,需要与所有体裁而非仅仅是小说体裁的文学写作确立关系。将巴赫金的旨趣仅归结为小说体裁,就是阐释巴赫金思想中存在的另一大局限。

如前所述,话语可能发生的最糟糕的事情是缺少倾听,即话语倾向于被听见,倾向于被质疑。相反,文学写作——一种暗示性、模仿性、讽刺性的缄默形式,即一种笑声的形式,也许是今天最能明确他者性权益,反对由主流交际施加的同一性同调化的写作形式。文学写作"从外部"着眼(即从相对于当代性——在特定于文学的时代的一种局外、主题外部视角,也就是巴赫金称之的"伟大的时代"),正是因为这一距离化,故文学写作应该保持距离感和差异性(Petrilli,2012b)[40]。作者不仅要参与到生活之中,而且从外部珍视生活,带着我们所有人所认定的真爱,即完全非功能性的爱。

文学写作和翻译是相通的,因为二者都包含着对自我的遗忘,以及语言表意所需要的善待意识,不论是自己的语言还是他者的语言,并非善待自我,而是善待他者,善待译者情境中的*他者*——*作者*,善待作者情境中的*他者*——*主人公*。

正如苏珊·佩特丽莉在《相同的他者》(*Lo stesso altro*,2001)[41]中所言,译者并不使用间接话语表达他者所言说的内容,其中的间接话语作为一种转述性话语,涉及的是以自己的话语支配他者的话语;译者也不使用直接话语,即只是以"他说:"形式引入他者的话语,然后逐字报道他者的话语,也就是说采用同一门历史自然语言。

相反,译本以间接言语形式(因为翻译是阐释)言说,*好似他者言说一般*,亦如佩特丽莉(Petrilli,2001)所申明的,"伪装为直接话语"。原本与译本之间的关系是相似性关系,但这种相似性关系是皮尔斯所称作的*像似性关系*。佩特丽莉(Petrilli,2006,2008,2010)[42]在翻译理论与实践的著述中所证明的像似性翻译特征(这就是像似符的特征,亦如在神圣意象中,使不可见之事物可见,恰是因为作者业已闪身),实际上是翻译过程的一个基本层面,即理解译本与原本之间极其复杂关系所不能忽略的一个层面。

在面对文学写作,使作者可见,即以作者身份,以缄默的方式,选择使自己不可见的作者时,翻译扮演着重要的角色;此外,令人矛盾的是,作者是通过另一个也选择不可见的人使自己可见,即并非以自己之名言说,而是以译者之名。

五、倾听——准备收听

这是倾听他者、准备收听的问题,即佩特丽莉这本书中反复出现的信息。

由此描述的倾听涉及的是当今全球化过程中出现的*症候*(symptoms),用以辨识(社会关系、国际关系、个体生活、环境以及地球上一般生命不同形式的侵略性和普遍性人性化的传播和骤增中出现的)疾病的不同层面。佩特丽莉将全球化的未来视为面向他者的开放性,但并非是基于*将他者权利排除在人权之外的同一性人道主义*(Petrilli,2019b,2019c)[43],而是基于*他者性的人道主义*(列维纳斯语),与致力于自我毁灭的全球化完全对立而存在。

佩特丽莉的著作以第一章标题中事关"符指过程与生命"之间的关系问题为切入点,即*二者的未来如何*?佩特丽莉的回应为:我们的今天决定的是符号学未来的完善〔即 Caputo et al(2006)[44]一书的标题〕。符号学的未来是由今日决定的,所决定的不仅是这门科学,更是人类特有的使用符号反思符号以及*由此做出决策的能力*。

问题的关键不仅仅是理论秩序,因为符号学也被称为医学符号学,或症候学。符号的生命和生命的符号,即今日所决定的地球上符指过程的持续性,过去从未具有担负未来的职责,同时也不具有如此强大的毁灭能力。人类作为一种"符号动物",是唯一能够对符指过程、生命负责的动物,符号的专业研究者更是如此。现转述特伦斯的明言予以说明之:"作为一位符号学者,符号生命中的一切莫不与我有关。"(参见 Petrilli,2012a:1-16)[45]

作为一种独特的事件,作为一种遭遇,带有非对称性且处于*混乱状态*的话语抵制隶属于部分、民族和国家同一性的同一化、交融性、共有性;话语抵制相对于最大程度、总体性、全方位同一性的普遍化,类似于人类*种族*。

总是有人比其他人"人道",有些人则"不太人道""不人道",亦如同乔治·奥威尔(George Orwell,1903-1950)的小说《动物庄园》(*Animal Farm*)中所言,每个人都是平等的,但有些人比其他人更为平等或更不平等。《人类太不人道》(*Umano troppo disumano*)为我与罗纳尔迪思

(Fabio De Leonardis)于2008年编著作品的书名。人道主义战争、人道主义军事干预中的"human"（人类）和"humanitarian"（人道）派生于"homo"（人）作为一个种类、一个类别、一个系统。

但是，另一根源亦是来自维柯，"human"（人）派生自"humanitas"（人文），而非派生自"homo"（人），即在团结我们所有人的同时，确立了人道与非人道的二元对立。相反，同"humilitas"（谦卑）一样，"humanitas"（人文）可以派生于"humus"（腐殖质）——"earth"（地球）。

这一根源并不像"humankind"（人类）那样顺从于"kind"（种类），将我们所有人归为一类，消除了奇异性的差异和单一性，从而就出现了诸如一种"uniform"（统一的）、"general"（一般）、"official situation"（官方情况），即非偶然出现的三个军事术语。相对于人道主义军事干预和预防性战争，"humanitas"（人文）诉诸可能性，诉诸人类所诉诸的*预防性和平*（列维纳斯语，参见 Ponzio，2009c）[46]。

派生自"humus"（腐殖质），"humanitas"（人文）证实了参与、含义以及将每一个个体从"自然"和"社会"环境中区分开来的边界消失：使用引号表明出于便利和机遇原因，因习惯、惯性而不断确立的一种虚拟性差异。

人文科学，即此处最令我们感兴趣的科学，也包括语言学在内，应该记住第二个根源。此外，符号学也应该记住这一根源，即便是作为全球符号学（Sebeok，2001）[47]，符号学也不会忽视人类以外的非人类符号。人类是一种*符号动物*，因此，符号学可以被认为是*诸科学中最具人文性的科学*，并非为了美化自己，而是为了强调符号学家作为符号研究者所担当的*巨大责任*。

庞其奥（意大利语文）
佩特丽莉（英译）
贾洪伟（汉译）
2020 年 6 月

注释：

1. 为便于阅读，译者将篇末参考文献放在该章注释之中，同时针对文内特定观点添加了"译者注"内容，特此说明。此外，汉译序言为意大利符号学家奥古斯托·庞其奥（Augusto Ponzio, 1942 - ）以意大利语写作，由本书作者苏珊·佩特丽莉（Susan Petrilli, 1954 - ）英译，本书译者贾洪伟依据英译文汉译而成。——译者注

2. Levinas, Emmanuel. 1975 *Sur Blanchot*. Montpellier: Fata Morgana; *Su Maurice Blanchot*, trans. intro. A. Ponzio. Bari: Palomar, 2015; Ponzio, Augusto. *Alterità e identità. Con Emmanuel Levinas*. Milan: Mimesis.

3. Petrilli, Susan; Ponzio, Augusto. 2016. *Lineamenti di semiotica e filosofia del linguaggio*. Perugia: Guerra.

4. Eco, Umberto. 1984. *Semiotica e filosofia del linguaggio*. Turin: Einaudi.

5. 这一解释明显是以语言符号为出发点的论断，作为符号一般科学的符号学绝非（1）以语言符号为主导的科学，（2）作为符号一般科学的符号学虽然不能避免语言哲学，但语言哲学也仅限于语言符号研究的层面，而不具有符号一般科学的全域指导作用。——译者注

6. 从逻辑上讲，二者并不能等同。符号学与哲学的关系不能等同于符号学与语言哲学的关系，这一观点仅适用于语言符号学的研究层面，故应该是：语言符号学与哲学的关系就是符号学与语言哲学的关系，因为符号学所包括的并非仅是语言符号。——译者注

7. Petrilli, Susan. 2020a. Learning and Education in the Global Sign Network. *Semiotica*, Editor-in-Chief Marcel Danesi.

8. 从中医角度看，尤其是距希波克拉底和盖伦年代略微久远的《黄帝内经》角度看，古希腊以来的医学符号学和症候学不但不如中医符号学系统，也不如中医症候学那般全面，因为古希腊以来的西方传统医学符号学、症候学是以人体为主导的物理性学说，而中医符号学以宇宙（天地、阴阳、五行、五方、五时等）为主导的天人互动论为中心，实质上属于宇宙哲学学说。——译者注

9. Sebeok, Thomas. 2001. *Global Semiotics*. Bloomington: Indiana University Press.

10. Bakhtin, Mikhail. 1986. *Speech Genres and Other Late Essays*, ed. Caryl Emerson and Michael Holquist, trans. Vern W. McGee. Austin: University of Texas Press.

11. Bakhtin, Mikhail. *Tvorčestvo Fransua Rable i narodnaja kul'tura srednevekov'ja i Renessansa*. Moscow: Chudozevennaja literature; *L'opera di Rabelais e la cultura popolare*, It. trans. M. Romano. Turin: Einaudi, 1979; *Rabelais and His World*, trans. H. Iswolsky. Bloomington: Indiana University, Press, 1984.

12. Bakhtin, Mikhail. 1929. *Problemy tvorčestva Dostoevskogo*. Leningrad: Priboj; now in Bachtin e il suo circolo 2014: 1053 - 1423; Bakhtin, Mikhail. 1963. *Problems of Dostoevsky's Poetics*, ed.,

trans. C. Emerson. Minneapolis: University of Minnesota Press, 1984.

13 Bakhtin, Mikhail. 1963. *Problems of Dostoevsky's Poetics*, ed., trans. C. Emerson. Minneapolis: University of Minnesota Press, 1984.

14 Petrilli, Susan; Ponzio, Augusto. 2002. Sign Vehicles for Semiotic Travels: Two New Handbooks. *Semiotica* 141 - 1/4, pp. 203 - 350; Petrilli, Susan; Ponzio, Augusto. 2007. Semiotics Today. From Global Semiotics to Semioethics, a Dialogic Response. *Signs-International Journal of Semiotics*, November 2007, pp. 29 - 127.

15 Ponzio, Augusto. 2006b. *The Dialogic Nature of Sign*. Ottawa: Legas.

16 Bakhtin, Mikhail. 1986. *Speech Genres and Other Late Essays*, ed. Caryl Emerson and Michael Holquist, trans. Vern W. McGee. Austin: University of Texas Press.

17 Chomsky, Noam. 1985. *Knowledge of Language*. New York: Praeger.

18 Ponzio, Augusto. 1992. *Production linguistique et idéologie sociale*. Candiac (Canada): Editions Balzac; Ponzio, Augusto. 2012. *Línguistica Chomskyana e ideología social*. Curitiba (Brasil): Editora Ufpr (Univesidad Federal do Paraná, Brasil).

19 Eco, Unberto. 2003. *Dire quasi la stessa cosa*. Milan: Bompiani.

20 Petrilli, Susan. 2001 (Ed.) *Lo stesso altro*, Rome/Milan: Meltemi and Mimesis; Petrilli, Susan. 2012a. *Expression and Interpretation in Language*. New Brunswick: Transaction; Petrilli, Susan. 2020b. "Translation, Ideology and Social Practice", in Christine Ji and Sara Laviosa, eds., *Oxford Handbook of Translation and Social Practices*, London, Oxford University Press, 2020.

21 Petrilli, Susan. 2007 (Ed.) *Philosophy of Language as the Art of Listening*. Bari: Edizioni dal Sud.

22 Barthes, Roland. 1953. *Le degré zéro de l'écriture*. In Barthes, *Œuvres completes*. Vol. I. Paris: Seuil.

23 布朗绍是20世纪一位极为独特而又有影响力的人物。他的作品介于哲学与文学之间，从文学对思想的诉求出发，探讨文学的哲学意义。对布朗绍来说，一旦思想被推到绝对的限度，我们就会遭遇到不可能性、单一性、外部的干扰，即非主题化的激进区域。亦如他所主张的，这最终必然成为文学的天下。在日常语言尝试表征世界之时，在哲学语言尝试捕捉意义之时，文学语言因不承担表征或澄清的义务而具有颠覆性。文学中的文字并不具有同一性，这意味着文学空间以"不确定性的氛围"为特征。这种不确定性将我们拖到可能性的极限。这一极限或不可能性并非引发虚无主义的导火索，反倒是思想自身的依存条件。这是理解布朗绍的背景所在。鉴于文学对思想的这一诉求，文学有能力提出深邃的哲学问题。对布朗绍来说，文学的功能好似跳板一般，促使他触及赫拉克利特、黑格尔、尼采、海德格尔等人身上存在的局限。尤其重要的是布朗绍与列维纳斯的思想交锋。在列维纳斯有关他者的阐述中，布朗绍看到了文学在伦理和政治层面的推动力。——译者注

24 Levinas, Emmanuel. 1975 *Sur Blanchot*. Montpellier: Fata Morgana; *Su Maurice Blanchot*, trans. intro. A. Ponzio. Bari: Palomar, 2015.

25 Barthes, Roland. 2002. *Le Neutre*. Cours et séminaires au Collège de France (1977 – 1978). Paris: Seuil.

26 18世纪初的意大利哲学家，强调历史、政治、法律、哲学等学科的价值，凸显古希腊以来"论题法"（topica）的意义，反对将笛卡尔的"批判法"（critica）用于一切学科领域，提出"真理－造物说"。作为近代历史哲学之祖，作为精神科学原理的缔造者，他的地位不断得到凸显。——译者注

27 Vico, Giambattista. 1999. *Scienza nuova*, in *Opere*, vol. 1, 2. ed. A. Battistini. Milan: Mondadori. [published as *Principi di scienza nuova*, ed. F. Nicolini, Classici Ricciardi, 1953; ried. Turin: Einaudi, 1976.]

28 Ponzio, Augusto. 2006c. Metaphor and Poetic Logic in Vico. *Perspectives on Metaphor. Semiotica*, ed. Frank Nuessel, 161 – 1/4, pp. 231 – 248; Ponzio, Augusto. 2010. Metaphoric Image and Iconic Likeness. *Semiotica* 181 – 1/4, pp. 275 – 281; Ponzio, Augusto. 2016. Language, Mind, and Culture. In Luca Tateo, ed., *Giambattsia Vico and the New Psychological Science*, Foreword Jaan Valsiner, pp. 151 – 171. New Brunswick: Transaction.

29 法国18世纪哲学家、文法学家，科学、艺术与工艺唯理词典或百科全书的撰稿人，因启蒙思想和作为狄氏百科全书的撰稿人而闻名于世。虽然一度穷困潦倒，但他著述丰富，其中《比喻的原理》为比喻语言哲学论的一部有影响力的早期作品。——译者注

30 Petrilli, Susan; Ponzio, Augusto. 2019. *Dizionario, Enciclopedia, Traduzione tra César Chesneau Dumarsais e Umberto Eco*. Paris: L'Harmattan; Alberobello (Bari): AGA.

31 原文为法语，为便于读者索查，现将原文录入于此："Bien loin, que les figures s'éloignent du langage ordinaire des hommes, ce serait au contraire les façons de parler sans figures, qui s'en éloigneraient, s'il est possible de faire un discours où il n'y eût que des expressions sans figures."

32 Ponzio, Augusto. 2014. *A revolusão bakhtiniana*. Saô Paol (Brasil): Contexto.

33 Ponzio, Augusto. 1990. Theory of Meaning and Theory of Knowledge: Vailati and Lady Welby. In Walter Schmitz (Ed.), *Essays in Significs*, pp. 165 – 178. Amsterdam: John Benjamins.

34 Petrilli, Susan; Ponzio, Augusto. 2010. Iconic Features of Translation. *Applied semiotics/ Semiotique appliquée* 24, 9, *Translating Culture / Traduire la culture*, eds. João Queiroz & Daniella Aguiar; Petrilli, Susan; Ponzio, Augusto. 2012. Iconicity, Otherness and Translation. *Chinese Semiotic Studies*, 7, 1, September 2012: 11 – 26.

35 Sebeok, Thomas. 2000. Some Reflections of Vico in Semiotics. In D. G. Lockwood, p. H. Fries, J. E. Copeland (ed.), *Fuctional Approaches to Language, Culture and Cognition*. Amsterdam: John Benjamins, pp. 555 – 568.

36 Danesi, Marcel. 2001. *Lingua, metafora, concetto*. Intro. A. Ponzio, pp. 7 – 22. Bari: Edizioni dal Sud.

37 Petrilli, Susan; Ponzio, Augusto. 2018. Difference and Similarity in the I – Other Relation. Plenary lecture delivered at International Conference *Differences and Similarities*, "Semiosis in Communication" series, Southeast European Center for Semiotic Studies, University of Bucharest, 14 – 16 June 2018, forthcoming in relative Proceedings.

38 Petrilli, Susan. 2012. *Expression and Interpretation in Language*. New Brunswick: Transaction.

39 Bakhtin, Mikhail. 1986. *Speech Genres and Other Late Essays*, ed. Caryl Emerson and Michael Holquist, trans. Vern W. McGee. Austin: University of Texas Press.

40 Petrilli, Susan. 2012b. *Altrove e altrimenti. Con Bachtin*. Milan: Mimesis.

41 Petrilli, Susan. 2001 (Ed.) *Lo stesso altro*, Rome/Milan: Meltemi and Mimesis.

42 Petrilli, Susan. 2006. Meaning, Metaphor, and Interpretation: Modeling New Worlds. *Perspectives on Metaphor. Semiotica* 161 – 1/4, pp. 75 – 119; Petrilli, Susan. 2008. Iconicity in Translation. On Similarity, Alterity and Dialogism in the Relation Among Signs, *Sign Crossroads in Global Perspective. Essays by Susan Petrilli*, 7th SSA Sebeok Fellow. *The American Journal of Semiotics*, intro. & ed. by John Deely, Volume 24. 4, pp. 237 – 302; Petrilli, Susan. 2010. Translation, Iconicity, and Dialogism. In Christina Ljungberg et al., eds., *Signergy*, pp. 367 – 386. Amsterdam: John Benjamins.

43 Petrilli, Susan. 2019b. *Diritti umani e diritti altrui*. Milan: Mimesis; Petrilli, Susan. 2019c. Citizenship between Identity and Alterity. For a Semioethic Analysis of the European Constitution. In Maureen Ellis, ed., *Critical Global Semiotic. Understanding Sustainable Transformational Citizenship*, pp. 84 – 95. London: Routledge.

44 Caputo, Cosimo; Petrilli, Susan; Ponzio, Augusto. 2006. *Dieci tesi per il futuro anteriore della semiotica*. Milan: Mimesis.

45 Petrilli, Susan. 2012a. *Expression and Interpretation in Language*. New Brunswick: Transaction.

46 Ponzio, Augusto. 2009c. *Emmanuel Levinas. Globalisation ad Preventive Peace*. Ottawa: Legas.

47 Sebeok, Thomas. 2001. *Global Semiotics*. Bloomington: Indiana University Press.

前　言

　　……相近科学之间唯一的自然分界线，就是这些科学信徒所在社会群体之间存在的分界线；……研究所有符号的这一共识科学（cenoscopic studies）……仍然是一门未加划分的科学，这是我在未结识你之前做出的结论；尽管这些分界线中存在一定的差异，但你我对彼此的研究所抱持的浓厚兴趣，确确实实地为我早前得出的结论提供了理据。

　　　　　　　　　　（引自皮尔斯写给维尔比夫人的信，参见 CP 8.342）

　　本书从语言哲学的角度看待符号学和语言学，最终目的就是对人类符指过程域中的符号过程和（言语与非言语）交际做出批评，探寻人类符指过程的可能性条件，即探寻人类符指过程的基础。如果我们认同（1）哲学即对话，对他者开放，对单语论（monolingualism）、单一逻辑论提出质疑，（2）哲学推动发明性、创新性、创造性，就不会被话语秩序、论证限度、语言的共同之处诸多压制，那么，这些启示对于我们阐释"语言哲学"所要理解的一切就很有趣了。事实上，与其将"语言哲学"这一表述中的"语言"视为哲学研究的对象，不如将"语言哲学"这一表述，理解为语言本身固有的"哲学"，即对哲学的态度、偏向及语言的哲学化特征。

　　从这些角度理解的"语言哲学"，即与语言相关的哲学，存在于多元语言论之中，存在于多元逻辑论之中，存在于语言面向多元性的必然倾向之中。这也体现在詹巴蒂斯塔·维柯（Giambattista Vico，1668－1744）[1]所称的语言"诗性逻辑"（poetic logic）[2]之中。此处暗示的是语言用以追溯要素之间关联的能力，而这些要素被认为是独立的、分离的，即相互独立的。因此，指称也是区分隐喻、相似性和试推（也译为溯因）语言的方式所在。

如果语言研究考虑到"语言哲学"这一视角，如果语言哲学作为一个学科具有这一视角，那么，语言哲学就变成了对话哲学（philosophy of dialogue），即展开对话的倾向、表达他者性的手段、呈现"倾听艺术"（the art of listening）[3]的方式。

因此，本书从语言哲学路径这一视角，看待与符号学相关的问题，阐述符号科学自语言学到生物符号学的最新发展情况。我们从批评和求索基础的角度，提出自语言哲学派生出的一般符号学概念。作为批评符号学，一般符号学[4]克服了人类科学与逻辑数学和自然科学之间错觉性分离的状态，为所有科学之间相互关联的这一必然条件提供了理据。此外，就符号学研究与不同领域和学科之间的关系而言，符号学具有跨领域和学科间性的特征，甚至具有跨学科的属性特征。在这一框架内，一般符号学继续推进意义的哲学探究。因此，在作为"倾听艺术"的语言哲学的关系之中，被称作"全球符号学"[5]（参见 Sebeok 2001）[6]的内容充分地以符号的一般理论为基础，可以定位在"伦理符号学"（semioethics）的范畴内，即符号与价值观（values）[7]之间的关系、伦理-实效[8]维度，以及量化、理论和认知维度。

与理解为"符号一般学说"（洛克[9]语）之符号学存在必然联系的语言哲学，其基本问题就是有关他者的问题，而有关他者的问题就是词汇的问题，即词汇作为声音的问题，这一问题被视为倾听的诉求。从这一角度看，显然语言哲学涉及的是"倾听的艺术"。倾听并非词汇的外部要素，即一种附加要素，一种补充要素，一种让步行为，一种接受这个词汇的人所采取的主动性，即一种选择，一种尊重这一词汇的行为。相反，倾听乃这一词汇的*构成性要素*，派生于这一词汇的本质。事实上，这一词汇需要倾听和理解，即一种回应，因此就总是处于对话[10]之中。

语言哲学所阐述的符号学，不仅是理解为符号一般科学的称谓，还是一种人类物种特有的能力，即一种与人类的责任能力相关联的元符指过程（metasemiosis）：人类作为唯一存在的"符号学意义上的动物"是唯一能够对符号和符号行为负责的动物（参见 Deely，2005，2010；Deely，Petrilli，Ponzio，2005）[11]。在这一层面，作为"全球符号学"的符号科学，假定符指过程与生命交叠，故关注的是地球上所有的生命。语言哲学面向这一符号科学所持的批判立场，并未将关注力局限于符指过程的认知维度，反而侧重于实效维度，即侧重于符指过程＝生命的幸福度（well-being），侧重于对生命的呵护以及对符指过程的健康发展。这不能归结为严格意义上的理疗概念，因为理疗概念的使命是"治愈"而非"关怀"（虽然在意大利语中，"治愈"与"关怀"这两个概念均由同一个动词"curare"表示）。

作为全球符号学，符号的一般科学或称符号学，与最古老的符号学分支——*医学符号学*[medical semeiotics，以著名学者希波克拉底（Hippocrates of Cos, 460 - 370B. C）和盖伦（Galen of Pergamon, 129 - 200A. D）[12]为代表]重新确立关联，不仅有助于符号学的历史复兴，还有助于恢复符号学的目标，使其重新适应当今的历史现实，即使地球上以所有形式具现的生命化名为符指过程保持健康状态。这不仅是事关人类命运的问题，更是事关与人类密切关联的每一种其他生命形式的问题。这并非一般和抽象意义上的人类问题。事实上，在当今的全球化时代，这一星球上所有生命的命运中，个人命运的含义从未如此显豁！

作为符号研究的一个特殊的拐点或方向，伦理符号学也关注倾听实践。因而，我们此处也暗含着听诊（auscultation）意义上的倾听能力，即*医学符号学*中所涉及的听诊（listening）。我们必须倾听当今全球化世界中的病症，辨识出地球上蔓延的疾病具现形式（如社会关系、国际关系、个体生活，以及全球范围内对整个生态系统乃至一般意义上的生命造成重大损失的获利型、侵犯性技术科学形式）。对于与走向自我毁灭型全球化相反的未来全球化来说，听诊能力乃必然要素，即我们的未来乃"符号学未来之完善"。今天，我们决定着符号学的未来。在此，"符号学"不仅被理解为一门科学的称谓，即符号科学，也被理解为能够使我们人类使用符号、反思符号并做出决定性策略的人类专有能力。因而，此处的关键不仅仅是理论秩序的问题，更涉及符号学作为*医学符号学*、*症候学*（symptomatology）[13]和伦理符号学的问题。

人类从来没有像当前这般，对未来肩负如此重大的责任，也从来没有像当前这般，将未来置于如此可能的危险之中。我们决定着今天的符号生命，也决定着明天生命的符号，即决定着地球上符指过程的连续性。作为一种符号学意义上的动物，人类是唯一对符指过程也是对生命负责的动物。根据西比奥克（Thomas A. Sebeok, 1920 - 2001）[14]所言，古罗马剧作家特伦斯

（Publius Terentius Afer or Terence，195/185－159 B.C）[15]曾提出明言："我为人，故人事皆与我相干。"（*Homo sum: humani nihil a me alienum puto*）在此，笔者将其诠释为：我探究符号，醉心于符号，故符号生命中的一切皆与我相干，与符号相关的任何事物都令我趣味盎然，都能吸引我的注意。

关于专注于言语层面语言的研究，瑞士语言学家索绪尔（Ferdinand de Saussure，1857－1913）[16]阐述的语言价值（linguistic value）论，与洛桑学派（School of Lausanne）[17]的经济价值论，即（瓦尔拉斯和帕累托[18]提出的）边际效用理论（marginalism）[19]具有相似之处。这些相似之处并非偶然。索绪尔认为，洛桑学派提出的"纯经济学"（pure economics）所发展的形式价值论与语言具有相关性，即索绪尔将语言描述为由术语瞬时状态决定的纯价值系统。然而，边际效用论者提出的"纯经济学"阐述的是拜物教式价值模式，不可避免地渗入索绪尔的价值论视角。这一研究视角影响了索绪尔的语言价值论，使其无视于语言生产的社会系统，无视于能指与所指之间交换关系所涉的社会关系，无视于一枚符号与另一枚符号之间交换关系所涉的社会关系。亦如边际效用论者，对于索绪尔的《普通语言学教程》（*Cours de linguistique générale*，1916）来说，社会（语言）乃个体行为产生的结果，即一种平均值、一种媒介。在索绪尔看来，语言是由一个特定社群中所有个体内储存的言语图像总和构成的社会关系系统，这就意味着社会被降级为一个纯粹的外部单位。在此等意义上所做的语言学研究就无法成为真正意义上的"普通语言学"，也无法对"符号的一般科学"研究范围做出回应。在《语义学导论》（*Wstęp do semantyki*，1960）中，沙夫（Adam Schaff，1913－2006）[20]反对符号拜物论（sign fetishism），因为符号拜物论以语言的阐释为特征，将符号情景（sign-situation）归结为符号之间的一种关系，抑或是归结为符号与对象、符号与思想等之间的一种关系。沙夫提到马克思对商品的分析，指出对经济学中交换价值的批评与语言学中语言价值的批评存在相似之处（参见本书第五章相关注释）。

自1968年出版的著作《作为工作和贸易的语言》（*Il linguaggio come lavoro e come mercato*），到1985年出版的著作《哲学方法论与符号科学》（*Metodica filosofica e scienza dei segni*），意大利哲学家罗西－兰迪（Ferruccio Rossi-Landi，1921－1985）[21]更进了一步，将社会语言生产问题作为学术研究

的核心问题（参见本书第五章相关注释）。在探寻符号学基础之时，他坚信语言学必须具备这一定位。为了指明符号研究中这一特定的拐点，罗西-兰迪引入"哲学方法论"（philosophical methodics）这一表述。他的哲学方法论乃他语言学研究路径之基础，最终成为符号的一般科学研究路径之基础。从词源上讲，"方法"（method）指的是意大利语中的"方法"（metaodòs），意思为"超越方式"，因此超越了"结构符号学"（semiology）的语言中心限度，走向我们所描述的符指过程的一个"全球视角"和符号学中的"伦理符号学转向"。

众所周知，符号学研究的是符号，或更确切地说研究符号过程。有些学者将符号学视为一门"学科"或"科学"（如索绪尔），其他一些学者将符号学视为一套"理论"（如莫里斯），另一些学者将符号学视为一种"学说"（西比奥克）。作为一种研究领域，就世界渗透着符号这一点（皮尔斯[22]）而言，符号学可以涵盖有机世界，即生物世界，或整个宇宙。这些情况下的符号学被称为"全球符号学"（Sebeok，2001）[23]。或者相反，我们可以将符号学的范围限制在言语与非言语层面的人类符指过程这一层面。但是，在后一种情况下，我们有可能形成一种用以理解符号的人类中心路径。这是全球符号学视角能够力求避免的一个限度（参见 Cobley et al.，2011）[24]。

从符号学的历史来看，当下符号学所覆盖的范围是相当广泛的。实际上，我们可以将古希腊时代的哲学当作出发点。然而，鉴于英国哲学家洛克（John Locke，1632-1704）在划时代文本——《人类智性论》（*An Essay Concerning Human Understanding*，1689-1690）中，对"符号学"这一术语所做出的充分论述，我们甚至可以选择后者（即《人类智性论》——译者注）作为我们的切入点。如果这样的话，索绪尔也可以作为一个初始的参考点，虽然他提出的术语"结构符号学"（sémiologie）仅指称人类社会生活中的符号。此外，自20世纪20年代，苏联出现对符号的深入研究，在众多的学者中较有代表性的为巴赫金（Mikhail M. Bakhtin，1895-1975）[25]、特鲁别茨柯依（Nikolai S. Trubetzkoy，1890-1938）[26]和雅柯布森（Roman Jakobson，1896-1982）[27]。正是由于雅柯布森从苏联移居美国，与20世纪著名的匈牙利裔美国符号学家兼"全球符号学"创立者西比奥克相遇，如皮尔斯这样杰出的人物才最终得以在很大程度上引起公众的关注（直到此时，皮尔斯才获得美国同侪的充分理解或认同，参见本书第五章相关注释）。这就引出符号学研究领域的另一位重要人物——美国哲学家兼符号学家莫里斯（Charles W. Morris, 1901 - 1979）[28]。莫里斯曾在芝加哥大学主持一个符号学论坛（semiotics seminar），而西比奥克此时是莫里斯的学生。正如莫里斯当时对他们之间的合作友谊所宣称的："他（西比奥克——译者注）曾是我的学生，我却认为这是我的一大福气。"（Morris, 1971: 8）[29]这些学者在描绘符号学发展到近代的一个传统方面做出了贡献，此为所称颂的"主要传统"（Sebeok, 1979: 4 - 26, 63 - 64）[30]。

通过回顾古希腊医生科斯的希波克拉底和佩加蒙的盖伦的医学符号学思想，西比奥克拓展了符号学域的理论和历史层面，将他所称作的"全球符号学"加以概念化。符号学的这一特殊研究路径——"全球符号学"假定：举凡存在生命之处，就存在符号；符指过程和生命是合一的。就这一点而言，莫里斯符号学思想的优势在于将符号与价值、意指过程与意义、符号学与价值论（axiology）联系起来。在这一点上，19世纪英国学者维尔比夫人（Victoria Lady Welby, 1837 - 1912）[31]业已从"符指学"（significs）的角度形成了自身的符号与意义研究，她引入这一新称谓证明了自己早期对符号与价值观之间关系的观点（参见本书第五章第10节以及相关注释）。

莫里斯有关价值观、社会、行为以及政治秩序问题的思考，由莫里斯符号学研究的主要阐释者——意大利学者罗西-兰迪加以推进和发展。除了众多的符号学专业书籍，莫里斯还在1948年出版了《开放自我》（*The Open Self*）一书，批评了当时美国政治中倾向于终结性的主导意识形态。罗西-兰迪参考这一特殊的思想路线，出版了最具代表性的著作《符号学与意识形态》（*Semiotica e ideologia*, 1972）[32]。学术界另一位业已朝着类似方向努力的主要人物为波兰学者沙夫；他与罗西-兰迪乃合作者关系，在不同的项目上有过合作。沙夫所著的一本世界知名的著作为前文所提及的《语义学导论》（*Wstęp do semantyki*, 1960；英译本为 *Introduction to Semantics*, 1962）[33]。与《语义学导论》形成对比的是，沙夫此后的著作更密切地关注政治哲学领域中符号与价值观、符号、意识形态[34]与社会规划之间的关系问题。在沙夫出版的著作中，与我们当前讨论密切相关的主题作品有《语言与知识》（*Jezyk a poznanie*，1964）[35]、《马克思主义与人的个体》（*Marksizm a jednostka ludzka*，1965）[36]、《语言哲学文集》（*Szkice z filozofii jezyka*，1967）[37]、《结构主义与马克思主义》（*Strukturalismus und marxismus*，1974）[38]、《人文主义、语言哲学、马克思主义认识论》（*Humanismus, Sprachphilosophie, Erkenntnistheorie des Marxismus*，1975）[39]，以及《作为一种社会现象的异化》（*Entfremdung als soziales Phänomen*，1977）[40]。这些著作在很大程度上使沙夫在波兰马克思主义研究方面处于严重困境，迫使他不得不离开华沙远走维也纳，甚至丢了华沙大学的教职（参见 Petrilli and Ponzio，2012）[41]。

沿着英国哲学家洛克发起的这一方向，经过巴赫金、雅柯布森、皮尔斯、维尔比夫人、莫里斯、西比奥克、沙夫和罗西－兰迪等学者的努力，我们下一步提议朝着伦理符号学方向推进符号学研究，而伦理符号学乃奥古斯托·庞其奥（Augusto Ponzio，1942－）[42]在20世纪80年代早期构思和引入的概念。究其原因，这不仅仅是由于因果关系和理论秩序。我们坚信符号学有其责任，且伦理符号学是在这个特定历史时期，符号学所能且必须提供的最相关的回应。事实上，启发伦理符号学的一个基本原则就是：人类动物是一种符号学意义上的动物，这一表述曾用作2005年笔者与庞其奥和已故的约翰·迪利（John Deely，1942－2017）[43]合著的书名。人类这一符号学意义上的动物不仅通过符号来施为和意指，而且能够对符号加以反思。事实上，人类是地球上唯一有责任感的动物。这一符号学意义上的动物是唯一能够为生命以及任何与生命相关事物负责的动物，因此也是为符指过程负责的动物。

今天，符号学家的直接研究对象——地球上的生命，即符指过程，受到严重的威胁。因此，伦理符号学所面临的任务是相当艰难的，也是至关重要的。2003年，笔者与庞其奥合作，出版我们第一部以"伦理符号学"为名的意大利语专著——《伦理符号学》（*Semioetica*）[44]（我们在先前的著述中早已引入了这一概念）。《伦理符号学》是一部纲领性的著作，且除了在国际期刊上发表大量的论文，笔者还出版了其他几本著作（参见 Petrilli，

2012：185-186；Petrilli，2014）⁴⁵。我们坚信，"伦理符号学"作为符号学的一个拐点，使当今比以往任何时代都更有必要求索伦理符号学这一方向定位的符号学，都更要充分地意识到有必要恢复人类符指过程中符号与价值观之间联系这一意识的迫切性，以便全面地捍卫符指过程。与此同时，我们所持的视角为哲学所专有，也可以恰当地表示为"语言哲学"视角。然而，在此，亦如前文以及下文所示，我们所持的语言哲学概念地位与一个特殊的方向，被称作"倾听艺术"（Petrilli，2007）⁴⁶。

本书题名为《符号、语言与倾听——伦理符号学视角》，围绕三大主要的主题展开，即（1）作为伦理符号学的符号学；（2）作为倾听艺术的语言哲学；（3）作为符号科学或符号学组成部分的语言学论辩。这三大主题依次围绕着本书题名展开和论述，并以每一章的标题为单位加以证实。

今天，朝着伦理符号学方向发展的符号学深知：人类世界中的符号充斥着价值观，且不论是在日常生活中，还是在研究后者（科学语言）或描述艺术言语的不同语言之中，这些符号是绝非中立的。符号和语言研究的符号学路径，推动了跨学科属性，认识到实体间性（intercorporeality）⁴⁷、文本间性（亦称互文性）、介入、模仿、派生、侵染、创新、对话和他者性倾向是如何将人类符号域中蓬勃发展的不同语言联系起来的，不论是在日常生活中，还是在不同科学语言之间的关系中，即符号科学（如语言学、符号学、语言哲学、逻辑学、心理分析等）、物理-自然科学、人文科学。譬如，生物学语言转换为符号学（即今日的生物符号学），反之亦然；物理学语言转换为哲学（如新实证论或逻辑经验实证）；经济学语言（如洛桑学派的边际效用）转换为语言学；音位学语言转换为文化人类学；等等。因此，为了科学和理解的进步，也为了捍卫符号、语言和生命总体的健康发展，学科之间的对话在展示新的合作方式方面发挥着重要的作用。此处备受质疑的诸科学之间的科学相关性这一核心论题，人类所设想和管理的生命本身可持续性发展的这一核心论题，以及本前言中提出的所有这些相关的论题，均为本书下文讨论的主题，且会在随后的章节中加以展开。

注释：

1　17世纪末至18世纪初意大利的哲学家、语言学家、美学家、法学家、历史学家。他之所以在哲学史上留下痕迹，并在20世纪重新引起哲学界的关注，是因为在科学理性开始获得思想界霸权地位的当时，他强调历史、政治、法律、哲学等人文学科的价值；在研究方法上强调古希腊以来的"论题法"（topica）的意义，反对将笛卡尔的"批判法"运用于一切学科领域；在真理观上，他提出"真理－造物说"，即人只能认知人创造的东西，或者说只有人创造的东西才是可认知的。——译者注

2 维柯认为，艺术揭示了人类原始（first humans，也叫初民）的思维方式，并将其称为"诗性智慧"。维柯采用术语"智慧"强调：这一思维方式有其自身的真实性或有效性，但当代概念思想家并不认同这一点。之所以说艺术具有诗性，是因为艺术以想象创造性为纲，而非以话语分析为范。维柯认为，诗性智慧在根本上不同于现代智慧。二者的根本差异在于：现代智慧采用反思来创造概念，而诗性智慧并不反思，反倒是自发地生成想象的普遍性。也就是说，诗性智慧生成一种全民共享的常识。有关维柯思想的详细情况，参见《哲学互联网百科全书》（*Internet Encyclopedia of Philosophy*）上"维柯"词条（https://www.iep.utm.edu/vico/，2020－02－21）。——译者注

3 在一般意义上，"Listening"这一术语就是"听"的意思，也可以译为"善听"，但"善听"蕴含着"自上而下""自强者至弱者"的意识形态意味，且暗含着选择性意味。故为了保持该术语原有的中立意味，同时规劝、引导我们去听取他者的心声，我们将其译为"倾听"，包含着"从无到有"这一特殊符号过程。——译者注

4 作者将一般符号学视为批评符号学，但从话语逻辑和层级逻辑上说，一般符号学与批评符号学都应该是符号学这一学科整体的分支。其中，一般符号学与具体或特殊符号学对应，虽然一般符号学和具体符号学可能包含批评符号学的合理成分，但二者并非等同关系，反倒可能是平列、包含与被包含的上下层级关系。——译者注

5 "global semiotics"这一术语为美国符号学家西比奥克于20世纪初（2001年）提出的术语，指称符指过程与生命过程同时并存，故关乎地球上的所有生命形式这一人类符指过程的研究领域，强调全球符号学并不仅局限于符指过程的认知维度，还侧重生命的符用维度、符指过程的完善性、生命的呵护、符指过程的健康发展，参见 Petrilli, Susan. 2019. *Signs, Language and Listening: Semioethic Perspectives*. Toronto：Legas, p.8；有关这一术语的汉译，有人译为"全域符号学"，笔者认为不如"全球符号学"更接近西比奥克的旨趣与初衷，这一主张的依据为：（1）西比奥克用"global semiotics"强调生命这一术语所有涵项的有机本质，基于莫里斯的观点，将符指过程界定为某物为某一蕴含着生命体存现的这一有机体的一枚符号，即有机或无机生命中的创造性过程，将地球上所有的生命视为符号构成的客体，检视地球上所有生命的符指过程，从单细胞的有机体到生物域和组织复杂的政治－经济－社会－伦理系统；（2）强调符指过程的作用就是批评全球化这一以意识形态一致性为主导的单一行为范式，从而起到捍卫社会秩序和关怀人类生命的作用；（3）抵制单一符号系统为主导的全球化和中心化的发展趋向，走近他者，倾听他者的诉求；（4）基于皮尔斯和莫里斯侧重存在（existence）的符指过程和现象化秩序这一符号学

9

旨趣，走向以侧重全球交际生成系统，将生命与符指过程统一于符号系统，遏制多样性不断地受制于范式上系联于符号系统同一性的全球交际体系。详见 Arnett, Ronald C. 2017. Communicative Ethics：The Phenomenological Sense of Semioethics. *Language and Dialogue* 7-1：90-93. ——译者注

6 Sebeok, Thomas A. 2001. *Global Semiotics*. Bloomington：Indiana University Press. 本书将参考文献移入尾注，因属原书固有内容，只是出现的位置有所不同，故不算作译者注释范畴，不做"译者注"处理，特此声明。——译者注

7 有关价值问题，早在20世纪初索绪尔就在《普通语言学教程》中有所阐述，但阐述的并非外部制约符号意指关系的价值观要素，反倒是符号自身的价值，即符号的价值在于彼此之间构成的存在关系，也就是相互对立与参照关系。——译者注

8 此处的"实效"英文为"pragmatic"，符号学中源自19世纪70年代皮尔斯提出的"实用论"（后改为实效论），旨在求索概念在现实应用中产生的效应。1938年美国符号学家莫里斯在《统一科学国际百科全书》第1卷第2期第1～59页的《符号理论基础》（"Foudations of the Theory of Signs"）一文中提出符构（syntactics）、符义（semantics）和"符效"或"符用"（pragmatics），语言学界则将这一术语译作"语用"；虽然该书以语言哲学为宗，本应顺从语言学译为"语用"，但考虑到该书实质仍属符号学著作，故选择译为"实效"或"符效"，前者用于哲学语境，后者用于符号学语境。——译者注

9 洛克（John Locke, 1632-1704）为英国哲学家、物理学家，被普遍地认为是最有影响力的一位启蒙思想家，被公认为"自由主义之父"。作为英国第一批经验实证论者，跟随培根步伐的洛克对社会契约论做出同样重要的贡献，其思想极大地影响了认识论哲学和政治哲学的发展；当然，他也是17世纪末至18世纪初论述符号思想的一位重要的哲学家。——译者注

10 此处的对话（dialogue）作广义理解，似乎与皮尔斯、洛特曼、巴赫金等所持的对话观略有不同，因涉及言语符号和非言语符号，乃至未发生的言语和非言语层面的思维符号，故这一对话必然涉及翻译符号学所涉及的有形符号与无形符号，乃至有形符号与无形符号之间的转换和互动。——译者注

11 Deely, John. 2005. *Why Semiotics? An Historical and Etymological Inquiry into the Term "Semiotics" and "Semiology" with Their Congeners*. Ottawa：Legas；Deely, John. 2010. *Semiotic Animal: A Postmodern Definition of "Human Being" Transcending Patriarchy and Feminism*. South Bend, IN：St. Augustine's Press；Deely, John；Petrilli, Susan；Ponzio, Augusto. 2005. *The Semiotic Animal*. Ottawa：Legas.

12 希波克拉底为古希腊伯利克里时代的医生，被后世普遍认为是医学史上的杰出人物，即使当时医学并不发达，他仍能将医学发展成专业学科，使之与巫术和哲学分离，对古希腊医学发展做出巨大贡献。盖伦为古罗马医学家和哲学家，为奠定欧洲医学理论确立了思想基础。——译者注

13 根据《韦氏词典》的界定，症候学侧重于研究一种疾病的总体症状，同时也是研究疾病症状的

一门医学,参见 https://www.merriam-webster.com/dictionary/symptomatology, 2020 - 02 - 21。——译者注

14　美国符号学家、语言学家（世界范围内第二代符号学家中的代表人物），研究兴趣广泛,涉及人类学、生物学、民俗、语言学、心理学、符号学等,可谓著述等身；生前为印第安纳大学荣休教授,将符号学的视域拓展至非人类的信号交际系统,创建学科称谓"动物符号学",提出心灵哲学所探讨的几大命题,同时他也是生物符号学的发起人。——译者注

15　少时为奴。主家 Terentius Lucanus 身为罗马议员,为其提供教育机会,因其天赋超常,将其释放。特伦斯一生写作六部剧作,其中第一部于公元前170—160年上演,曾在剧作《自我折磨之人》(*Heauton Timorumenos*) 中提出明言："我为人,故人事皆与我相干。"(*Homo sum, humani nihil a me alienum puto* or *I am human, and I think nothing human is alien to me*)。——译者注

16　被尊为现代语言学之父,实质上也是结构语言学和结构符号学（semiology）的创始人。索绪尔将语言学归入结构符号学,再将结构符号学归入心理学,以至于将结构符号学的最终归属丢给了心理学家；侧重语言符号的语言－言语－话语、历时与共时、组合关系与联想关系（聚合关系为弟子叶尔姆斯列夫结合数理逻辑提出的概念）等。——译者注

17　有时亦称数理学派,为新古典学派中以瓦尔拉斯（Leon Walras, 1834—1910）和帕累托（Vilfredo Pareto, 1848—1923）为首的经济学派,主要特点在于对经济学中的一般均衡理论做出贡献。——译者注

18　瓦尔拉斯为法国经济学家,边际效用理论与一般均衡理论的开创者,被认为是由弟子帕累托所领导的洛桑学派的创始人,为边际革命的领导人；帕累托为意大利经济学家、社会学家,对经济学、社会学和伦理学做出重要贡献,尤其体现在对收入分配的研究和个人选择的分析方面。——译者注

19　边际效用理论为经济学术语,也称边际效应,指的是每新增加或减少一个单位的商品或服务,就会对商品或服务的收益增加或减少效用,也即效用——商品或服务量图的斜率。经济学理论通常认为,单位商品或服务的量有所增加,边际效用必将逐步减少,被称作边际效应递减定律。——译者注

20　波兰马克思主义哲学家、波兰科学院会士,曾在巴黎政治经济学院（*École des Sciences Politiques et Economiques*）学习经济学,在波兰学习哲学,专攻认识论,于1945年获得莫斯科大学哲学学位,1948年返回华沙大学,代表作为《词汇与概念》《语言与认知》《马克思列宁主义真理论的问题》等。——译者注

21　意大利得里亚斯特大学（University of Trieste）理论哲学教授,为20世纪下半叶现代符号学（尤其是社会符号学）领域最杰出的代表人物,尤其是探究巴赫金早期作品这一研究领域的重要人物。有关罗西－兰迪的详细情况,参见 Bernard, Jeff. Unknown date. Ferruccio Rossi-Landi and a Short History of the Rossi-Landi Network. Online website：http://www.ferrucciorossilandi.com/files/bernardintroifrn.pdf, 2020 - 01 - 21. ——译者注

11

22　皮尔斯（Charles S. Peirce, 1839 – 1914）为美国通才型哲学家、美国实用哲学创始人、现代符号学之父，一生涉猎颇丰，研究领域涉及数学、科研方法论、科学哲学、认识论、形而上学、显像学、逻辑学、物理学、化学、生物学、勘探等，他主要对形式逻辑感兴趣并做出重大贡献，而他的逻辑所涵盖的内容被称作科学哲学和认识论。关于符号学，与索绪尔仅侧重语言形式结构不同，皮尔斯所涉的是各种形式和类型的符号，所创立的符号学理论中，由一级符号范畴、二级符号范畴和三级符号范畴构成的三元体系，将符号分为像似符、指示符、象征符三种主要类型，一共分出55种（又有说66种和77种）有效符号，将符指过程分为符号-对象-解释项这一三元过程，将对象分为直接对象和动态对象，又将解释项分为直接解释项-动态解释项-终端解释项、情感解释项-能量解释项-逻辑解释项、意图解释项-效应解释项-交际解释项等。——译者注

23　Sebeok, Thomas A. 2001. *Global Semiotics*. Bloomington：Indiana University Press.

24　Cobley, Paul；Deely, John；Kull, Kalevi；Petrilli, Susan（eds.）. 2011. *Semiotics Continues to Astonish. Thomas A. Sebeok and the Doctrine of Signs*. Berlin：Mouton.

25　苏联哲学家、文学评论家、文学理论家、伦理学家、语言哲学家，涉猎范围广泛，著述等身。巴赫金的著述范围涉及文学评论、史学、哲学、社会学、人类学、心理学等，启发了不同领域的研究，如马克思主义、符号学、结构主义、宗教批评等，活跃于20世纪20年代苏联的美学与文学的论争之中，但直到20世纪60年代苏联学者重新发现巴赫金之时他才名声大噪。他基于文学文本提出的对话理论对保加利亚裔法国学者克里斯蒂娃影响巨大，乃至后者基于对话理论提出互文性学说。与此同时，巴赫金对话论对中国的对话和话语研究也产生很大的影响。——译者注

26　苏联语言学家、史学家，他的学说构成了布拉格结构语言学的核心思想，被普遍认为是形态音位学的创始人，同时被认为是苏联结构主义的先驱，开启了苏联结构主义的数理逻辑和人文研究的先河。——译者注

27　苏联裔美国语言学家、文学理论家、结构语言学的先驱、20世纪最有影响力的语言学家之一，同特鲁别茨柯依研发了具有革命性质的新技术用于分析语言音响系统，创立了现代音位学这一学科，并将相似的原则和技术应用于语言其他层面的研究，如句法学、形态学和语义学，对斯拉夫语言学的发展做出了巨大贡献，尤其体现在俄语格和俄语动词范畴的研究方面；吸收了皮尔斯符号学以及交际论和信息论的思想，提出诗学、音乐、视觉艺术和影视学研究的路径；通过对列维-斯特劳斯、巴尔特等人的影响，雅柯布森成为运用结构主义路径研究哲学、人类学、文学理论的先锋人士，在美国和欧洲一度引发一种学术思潮。——译者注

28　莫里斯曾就读过威斯康星大学、西北大学、芝加哥大学，学过工程学、心理学、哲学，最后在米德（George Herbert Mead, 1863 – 1931）的指导下，以论文《象征论与现实——心灵本质研究》（"Symbolism and Reality：A Study in the Nature of Mind", 1925）获得芝加哥大学哲学博士学位，后出版《心灵六论》（*Six Theories of Mind*, 1932）和《逻辑实证、实用论和科学经验实证》

(*Logical Positivism, Pragmatism and Scientific Empiricism*, 1937)。1938 年，他为自己作为一大先驱的《统一科学国际百科全书》(*International Encyclopedia of United Science*, 1938) 第 1 卷第 2 期第 1 至 59 页写作《符号理论基础》（"Foundations of the Theory of Signs"）一文，开启了莫里斯符号学的大门，修订了皮尔斯的符号、符号学和符指过程的定义，将符指过程分为符构、符义、符效三大维度，将符号学分为符构、符义、符效三个分支，并以科学语言（科学用语）为切入点论证符构、符义、符效的有效性，提出行为符号学这一分支学科，指出符号学为元科学这一主张。——译者注

29　Morris, Charles W. 1971. *Writings on the General Theory of Signs*, Sebeok, Thomas A. (ed.). The Hague, Paris: Mouton.

30　Sebeok, Thomas A. 1979. *The Sign & Its Masters*. Texas: The University of Texas Press; 2nd ed. Intro. by Brokke Williams Deely, Lanham, MD: University Press of America, 1989; It. Trans. of the 1979 ed. by S. Petrilli, pres. by A. Ponzio, pp. 7 – 12 and Intro. by S. Petrilli, pp. 15 – 21. *Il segno e I suoi maestri*. Bari: Adriatica.

31　又称"维尔比-格里高利夫人"（Lady Welby-Gregory），为英国自学成才的语言哲学家、音乐家和水彩艺术家。婚后，尤其是在子女离家后，维尔比夫人开始了高强度的自学历程，其中包括与当时英国主流的思想家对话、通信等，最终成为她所在时代仅有的几位女思想家。早期出版的作品多集中在神学领域，因读者甚寡，她转向语言、修辞、论辩和哲学研究，至 19 世纪末已在当时的核心英国学术刊物上（如《一元论者》）发表作品，于 1903 年出版第一部哲学著作《何谓意义——意指义发展研究》（*What Is Meaning? Studies in the Development of Significance*），之后出版专著《符指学与语言——我们表达和阐释资源的言语形式》（*Significs and Language: The Articulate Form of Our Expressive and Interpretive Resources*, 1911)，同年她为《大不列颠百科全书》（*Encyclopedia Britannica*）贡献了一篇词条性质的长文《符指学》（"Significs"）。因为《何谓意义》写作书评，皮尔斯与维尔比夫人保持长达八年的通信，又因二者均为学术圈外人，二者有关语言与意义的研究路径享有共同之处，但二者之间的大多数通信均以皮尔斯阐述他的符号学思想为主导，而维尔比夫人的回信没有丝毫隐藏她觉得皮尔斯的思想难以理解的想法，却将皮尔斯的书信散播给英国学界，于无形之中将皮尔斯介绍给了英国思想家。在维尔比夫人以书信形式交流传播的影响下，奥格顿（C. K. Ogden, 1889 – 1957）与瑞恰慈（I. A. Richards, 1893 – 1979）出版了《意义的意义》（*The Meaning of Meaning*, 1923）。此外，维尔比夫人还创建了大英社会学（Sociological Society of Great Britain）。关于符指学，维尔比夫人对意义问题的关注包括语言的日常使用（即日常语言哲学研究），以独撰的《符指学》（"Significs"）代替前期的"意指学"（Sensifics），倾向于用符指学指称符号学和符义（semantics）研究，因为符义研究偏向理论，又因为符指学所指向的是其他语言学家倾向于忽视的研究领域。维尔比夫人区分了不同的意义（sense），形成了意义与伦理、意义与美学、意义与符效（pragmatic）、意义与社会价值观之间的不同关系，假设存在含义-意义-意指（sense – meaning – significance）三种意义形

13

式，对应于所谓的地球－太阳－宇宙（planetary－solar－cosmic）三种意识阶段并以达尔文进化论加以解释，这一思维的三元结构与皮尔斯的符号三元观享有共同的特征。维尔比夫人的意指理论乃19世纪末期出现的众多语言理论路径之一，预示了当代符义（semantics）、符号学（semitoics）和结构符号学（semiology）的出现。——译者注

32　Rossi-Landi, Ferruccio. 1972. *Semiotica e ideologia*. Milan: Bompiani.

33　Schaff, Adam. 1960. *Wstęp do semantyki*. Warsaw: Panstwowe Wydawnictwo Naukowe; *Introduction to Semantics*, Eng. trans. by O. Wojyasiewics. Oxford: Pergamon Press, 1962.

34　本书中的意识形态，貌似仅局限在宏观政治层面，但在现实中，似乎意识形态不仅局限于国家意识形态。譬如，英国每次选举出新的首相，都要依据首相的意愿重新组建政府，意识形态就不免跟着发生变化，与皇家的意识形态并不等同；此外，英国各党派之间也存在不同的意识形态，而在党派之外的不同社会组织又有不同的意识形态，且即便是社会精英阶层也大体具有这个阶层所独有的意识形态，其中精英阶层中的个体所持有的社会意识形态又各不相同。可见，意识形态虽然与政治有千丝万缕的联系，却不尽相同，至少可以分为宏观层面的国家意识形态、中观层面的民族意识形态和团体组织意识形态，以及微观层面的个体意识形态。——译者注

35　Schaff, Adam. 1964. *Jezyk a poznanie*. Warsaw: Panstwowe Wydawnictwo Naukowe; *Sprache und Erkenntnis*. German trans. Vienna: Europaverlag, 1966; *Linguaggio e conoscenza*, It. trans. by Maria Sinatra. Rome: Editori Riuniti, 1973; *Language and Cognition*, Eng. trans. by O. Wojtasiewicz, ed. by R. S. Cohen, intro. by Noam Chomsky. New York: McGraw Hill, 1973.

36　Schaff, Adam. 1965. *Marksizm a jednostka ludzka*. Warsaw: Panstwowe Wydawnictwo Naukowe; *Il marxismo e la persona umana*, It. trans. by L. Tulli. Milan: Feltrinelli, 1966; German trans. *Marxismus und das menschliche individuum*. Vienna: Europaverlag, 1965, Eng. trans. *Marxism and the Human Individual*. New York: McGraw-Hill, 1970.

37　Schaff, Adam. 1967. *Szkice z filozofii jezyka* [Essays in the philosophy of language]. Warsaw: Ksiazka i Wiedza; It. trans. *Filosofia del linguaggio*, by A. Scarponi. Rome: Editori Riuniti, 1969.

38　Schaff, Adam. 1974. *Strukturalismus und marxismus* [Marxism and structuralism]. Vienna: Europaverlag.

39　Schaff, Adam. 1975. *Humanismus*, *Sprachphilosophie*, *Erkenntnistheorie des Marxismus*. [Humanism, philosophy of language, and theory of knowledge]. Vienna: Europa Verlag.

40　Schaff, Adam. 1977. *Entfremdung als soziales Phänomen* [Alienation as a social phenomenon]. Vienna: Europaverlag.

41　Petrilli, Susan; Ponzio, Augusto. 2012. Semantics and Critique of Political Economy in Adam Schaff. *Semiotica* 189-1/4: 133-168.

42　意大利符号学家、哲学家，自1980年任意大利巴里大学语言哲学教授，自2015年任意大利巴里大学荣休教授，以编辑和译者身份对传播巴赫金、马克思、罗西－兰迪、沙夫、西比奥克等

人的符号学思想做出重要贡献。有关著作方面，庞其奥先后出版《人际关系》（*La relation interpersonnel*，1967）、《巴赫金：苏联符号学的先驱》（*Michail Bachtin. Alle origini della semiotic sovietica*，1980）、《沙夫的人、语言与知识》（*Persona umana*，*linguaggio e conoscenza in Adam Schaff*，1977）、《西比奥克与生命的符号》（*Sebeok and the Signs of Life*，2001）等。——译者注

43　美国哲学家、符号学家，1975 年美国符号学会首任秘书长并负责起草学会章程，2006—2007 届美国符号学会执行理事，生前为宾夕法尼亚州拉特罗布市圣文森特学院和神学院的哲学教授，曾担任圣托马斯大学汤姆主义研究中心研究生哲学的鲁德曼主任教授。迪利的主要研究涉及符指过程在调控对象和事物中的作用，尤其侧重经验本身赖以由三元关系编织而成动态结构的方式，指出这些关系的要素（符号代表项-意指项-解释项）随着时间在符号螺旋中交换位置和角色。在众多的著作中，《符号学概论——历史与学说》（*Introducing Semiotics: Its History and Doctrine*，1982）和《符号学前沿》（*Frontiers in Semiotics*，1986）的流通度最高。在众多符号学家中，迪利是率先意识到符号学作为独立学科地位的学者，曾与西比奥克一起倡议，对法国学者路易·庞索（Louis Poinsot，1777 - 1859）的《符号论》（*Tractatus de Signis*，1632）作为最早全面而系统地探究符号本体的专门作品做出批评分析，历时 15 载出版了一系列专门作品。1980 年，在西比奥克的委托下，迪利负责编制美国符号学会年志，为后期年志的编写原则奠定了基础。1982 年，迪利以论文《逻辑学与符号学的关系》（"The relation of logic to semiotics"）获得莫顿年度优秀论文奖。1990 年，迪利出版的《符号学基础》（*Basics of Semiotics*）被西比奥克称为"现代唯一成功的英语版符号学概论作品"。——译者注

44　Petrilli, Susan; Ponzio, Augusto. 2003. *Semioetica*. Rome：Meltemi.

45　Petrilli, Susan. 2012. *Expression and Interpretation in Language*, Pref. by Vincent Colapiertro, pp. xv - xviii. New Brunswick, London：Transaction Publishers; Petrilli, Susan. 2014. *Sign Studies and Semioethics. Communication*, *Translation and Values*, series：Semiotics, Communication, Cognition, Vol. 13, p. Cobley & K. Kull（eds.）. Berlin, Boston：Mouton De Gruyter.

46　Petrilli, Susan. 2017. *Challenges to Living Together. Transculturalism*, *Migration*, *Exploitation. For a Semioethics of Human Relations*. Milan：Mimesis International.

47　国内学界有人译为"身体际性"，似乎与本书语境中的所指不符，因为本书语境下的"intercoporeality"还不仅局限于通常意义上的"身体"这一层面，而是广义上的身体以及抽象层面符号主体的物理躯体（我们将这一意义下的"身体"称作"具身"）。实体间性这一术语是由现象学家梅洛·庞蒂于 20 世纪 60 年代提出的。在写作胡塞尔现象学主题论文《哲学家及其影子》（"The Philosopher and His Shadow"，1951/1964）时，他也用实体间性指称"肉体的主体间性"（carnival intersubjectivity），旨在讨论体悟概念相关的主体间性。有关实体间性，他指出：（1）我们势必要放弃赖以判断精神为自我附属物且无法自外面来看待这一基本的偏见（1964：116），进而指出我们每个人都孕育他者并在自己的身体内部被他者肯定，在感知他者时，我的身体与他者身体融为一体，因此就会产生一种相生相伴的行为过程，这是我能够看到

15

的行为；（2）实体间性包含着一种自我与他者之间的感知行为过程域，感知他者的行为过程就会在自我之中激发同样的行为过程，或产生行为过程的可能性。可见，梅洛·庞蒂将实体间性重组为两个有灵身体之间的交际问题，而非笛卡尔意义上两个心灵之间的交际问题。沿着梅洛·庞蒂有关实体间性的旨趣，加利福尼亚大学心理学系托马斯·博恩斯（Thomas Csordas）于2008年专门探究了主体间性与实体间性的关系问题，考察了自固有意义的互动过程到主体间性，自主体间性作为他者共现到实体间性的概念演进过程，指出主体间性是一种具体而非抽象的关系，是孤立自我的主要而非次要实现，也是文化现象学不受主观唯心论束缚的方法论结论。得克萨斯大学奥斯丁分校交际研究系于尔根·斯特雷克（Jürgen Streeck）和康斯坦茨大学历史与社会学系克里斯蒂安·迈耶（Christian Meyer）于2017年合著《实体间性——互动中的新兴社会关系》(*Intercorporeality: Emerging Socialities in Interaction*)，陈述了针对梅洛·庞蒂提出的实体间性概念的当代跨学科经验实证研究和应用状况，为工作环境和创造性艺术环境中人类互动的本质提供了当代的经验实证性视域。——译者注

致　谢

笔者特别感谢已故伦纳德·斯布罗基（Leonard Sbrocchi, 1938－2004）[1]盛情之邀，将本书纳入"语言、媒介与教育研究"丛书。这一丛书设立较早，在过去20年里收录了笔者与他人合著之作，抑或是笔者自意大利语翻译的英译本。这一丛书以众多名家合作而自诩，其中（按英文字母顺序排列）包括马克·昂热诺（Marc Angenot, 1941－）[2]、马塞尔·达内西（Marcel Danesi, 1946－）[3]、约翰·迪利（John Deely, 1942－2017）、雅克·冯丹妮尔（Jacques Fontanille, 1948－）[4]、弗洛伊德·梅里尔（Floyd Merrell, 1937－）[5]、弗兰克·努塞尔（Frank Nuessel）[6]、保罗·佩伦（Paul Perron）[7]、奥古斯托·庞其奥（Augusto Ponzio）、托马斯·西比奥克（Thomas A. Sebeok）等。可见，融入莱加斯就是一种特权。

笔者最初结识斯布罗基博士之时，他是一位符号学家兼意大利研究、意大利语言与文学研究专家。这一丛书由斯布罗基博士创设于1989年，是他作为丛书主编、多产作者、编辑和译者，毕生致力在全球范围内促进符号、语言、交际跨学科研究的写照。一直以来，他那博学多识、乐于奉献、勇于创新的品格，使他犹如站立在学术山巅"一览众山小"一般。

多谢同事特伦斯·戈登（Terrence Gordon, 1942－）[8]，感谢他鼓励笔者继续推进这一出版项目。

这本书如果存在优点的话，都要归功于笔者的导师兼好友奥古斯托·庞其奥，以及将我们联系在一起的终生对话。

最初写作本书的动力源自笔者于2018年4月针对符号学在线学院（Semiotic Online Institute）系列课程的准备工作。在此，笔者感谢保罗·布瓦萨克（Paul Bouissac，1934 - ）[9]给笔者这个再次感谢他的机会。

就讨论的主题而言，本书也是笔者几个月前（2017年9月）在波兰华沙大学哲学研究所讲授一轮小学期课程的延续。

本书献给约翰·迪利先生。迪利对符号的哲学研究永远饱含着奇迹和科学性，反过来产生更多的符号，促进知识的进化，正如"符号学意义上的动物"的符号意指潜势所预示的一般。这不免让人想起莫里斯在脍炙人口的诗作《动物象征》（Animal Symbolicum）中的话："多么了不起的动物啊；不论在生理，还是在象征上/与每一种其他动物都有亲缘关系，但仅限于象征符号层面，又多么的戏剧化啊！"（Morris，1976：39）[10]

注释：

1. 为加拿大莱加斯出版社（Legas Publishing）的创立者（创立于1987年）。根据出版社网页（http://www.legaspublishing.com/about.html）介绍可知，斯布罗基博士对文学领域并不陌生；他是加拿大安大略省渥太华大学现代语言文学系教授，出版了众多意大利文学的著述；他也是"语言、媒介与教育研究"（Language, Media & Education）、"戏剧与舞台研究"（Studies in Drama and Theatre）、"意大利戏剧翻译"（Italian Theatre in Translation）丛书的联合编辑，并编辑相关领域著作若干。根据渥太华大学现代语言文学系网页介绍可知，斯布罗基于1956年移民加拿大，1962年获得多伦多大学现代语言硕士学位，1963年获得华盛顿大学硕士学位，1969年获得多伦多大学欧洲研究博士学位，1977年任渥太华大学客座教授，1978年获得终身教职，1982年被聘为教授。通过国际学术活动，他结识国际学界名流，如艾柯，组织国际会议。1981年，他任加拿大意大利研究学会秘书长兼司库。1987年，他创立莱加斯出版社，鼓励不同院系的同仁出版作品。2004年，意大利政府授予他"骑士爵位"。——译者注

2. 加拿大籍保加利亚裔社会理论家、思想史家、文学评论家，加拿大麦吉尔大学法国文学教授，麦吉尔大学社会话语理论麦吉尔讲座教授，加拿大皇家学会会士（1985），加拿大艺术理事会基兰学者（1987）等。——译者注

3. 加拿大多伦多大学符号学、语言人类学教授，多伦多大学符号学与交际理论项目主任，以语言、交际和符号学研究成果而闻名，先后任教于罗格斯大学（1972）、罗马大学（1988）、米兰天主教大学（1990）和卢加诺大学，现任国际符号学会会刊 Semiotica 主编、美国符号学会副会长。2016年，他出版的《表情符号学》（The Semiotics of Emoji）将表情的使用研究追溯到人类学和社会学，于2017年获得英国应用语言学会年度奖。——译者注

致 谢

4 法国符号学家,法国利摩日大学教授、校长,巴黎符号学派代表人物,为巴黎符号学派创始人格雷马斯的学生,也是格雷马斯的合作者,研究领域涉及理论符号学、文学符号学、视觉符号学、语言学、文体学、修辞学等,曾与格雷马斯合作阐述激情符号学,与西尔博伯格(Claude Zilberberg)合作提出张力符号学(tensive semiotics)。——译者注

5 美国普渡大学符号学教授,代表作为《文本符号论》(*A Semiotic Theory of Texts*, 1985)、《符号生长——符指过程与生命过程》(*Signs Grow: Semiosis and Life Processes*, 1996)、《生而学、学而生——东西方符号观》(*Living Learning, Learning Living: Signs, East and West*, 2002)、《符指过程之中的缠绕形式》(*Entangling Forms: Within Semiosic Processes*, 2010)、《意义生成——此为行为之果,此为身份之实》(*Meaning Making: It's What We Do; It's Who We Are*, 2013)等。——译者注

6 美国路易斯维尔大学古典及现代语言系教授,2011 年任美国符号学会会长,2012—2014 年任美国意大利语教师协会会长,研究兴趣为维柯研究、教学法和符号学。——译者注

7 加拿大多伦多大学法国与法语世界研究中心主任、法国研究中心主任、多伦多大学法学院院长、多伦多大学校长,研究领域为叙事学、符号学、新法语、魁北克、法国文学等,曾任北美符号学会会长、国际符号学会会刊符号学(*Semiotica*)副主编、加拿大皇家学会会士。——译者注

8 达尔豪西大学法语、意大利语荣休教授,1967 年获得加拿大多伦多大学法语硕士学位,1972 年获得多伦多大学法国语言学博士学位,1999 年任达尔豪西大学现代语言系讲座教授,主要涉猎领域为语义学、语言学史、符号学、语言学理论等。——译者注

9 多伦多大学维多利亚学院符号学荣休教授、世界符号学界知名学者、马戏研究的开路先锋,经营拥有全球众多用户的网站 www.semioticon.com/semiotix;曾涉猎古典语文学、文化人类学、语言学和符号学,现致力于传统马戏的民族志研究以及语言的基本口述性,著述多集中在符号学、语用学、认知考古学、手势语和表演研究。——译者注

10 为便于读者索查,现将原诗句录入于此:"What a remarkable animal; physiological and symbolical/ Kin of every other animal, but symbol-haunted and dramatical",参见 Morris, Charles W. 1976. *Image*. New York: Vantage Press.

目　录

第一章　符指过程与生命——二者之未来 ……………………（ 1 ）
　　1. 伦理符号学与语言哲学 ………………………………………（ 1 ）
　　2. 回应"符号学未来如何？"这一问题的十大主旨 ……………（ 3 ）

第二章　创造新世界 ……………………………………………（ 15 ）
　　1. 伦理符号学化名为倾听艺术 …………………………………（ 15 ）
　　2. 对话性、模式化、阐释 ………………………………………（ 19 ）
　　3. 写作即沉思游戏 ………………………………………………（ 23 ）

第三章　自然与文化之间的交际 ………………………………（ 34 ）
　　1. 语言人 …………………………………………………………（ 34 ）
　　2. 交际与言语 ……………………………………………………（ 34 ）
　　3. 他者之间的交际 ………………………………………………（ 38 ）
　　4. 动物符指过程中的同源性与类比性 …………………………（ 39 ）
　　5. 总体性（趋同性）与他者性 …………………………………（ 41 ）
　　6. 他者性与命名 …………………………………………………（ 44 ）
　　7. 语言符指过程与非语言符指过程 ……………………………（ 44 ）

第四章　从符号学到伦理符号学——符号、语言、责任 ……（ 61 ）
　　1. 从符指过程到伦理符号学 ……………………………………（ 61 ）
　　2. 符号意义上的动物——一种伦理符号学意义上的动物 ……（ 65 ）
　　3. 关怀与责任乃社交之秘 ………………………………………（ 69 ）
　　4. 伦理需求 ………………………………………………………（ 75 ）
　　5. 全球交际即全球倾听 …………………………………………（ 79 ）

第五章　实效－伦理维度下新的语言研究路径 (103)

1. "意义之意义"的20世纪阐释者 (103)
2. 符指学 (105)
3. 意指资源 (109)
4. 从符指学到伦理符号学 (114)
5. 意义与理解 (118)
6. 指称项问题 (123)
7. 符号拜物论之批评 (127)
8. 物质与语言产生之间的同调关系 (130)
9. 对阐释概念的贡献 (134)
10. 维尔比夫人大事记 (143)

第六章　同类交际之外的交际 (171)

1. 话语、文本、阐释 (171)
2. 交际的显性悖论——言说即回应 (175)
3. 交际的"噪音"——显性意义与隐性意义 (178)
4. 含义、意指义、歧义 (182)
5. 词汇的区别性特征：化名为对话理解的缄默、倾听、回应 (185)

第七章　倾听、他者性与翻译 (194)

1. 倾听、声音与回应 (194)
2. 阐释、主体性与他者 (196)
3. 局外性、对话性、单一性 (199)
4. 他者性与责任意识 (201)
5. 抒情话语、翻译与倾听 (205)
6. 倾听与听取 (207)
7. 爱的倾听——相同的他者 (209)

第八章　语言哲学作为倾听之艺术 (220)

1. 他者性、对话性、实体间性——巴赫金之革命 (220)
2. 词汇中的具身[25]——对话理性之批判 (226)
3. 狂欢式时空观 (233)
4. 他者的道义与责任 (238)

5. 意识形态之批评与寻求全球认同 …………………………（241）
6. 意外发现 ……………………………………………………（246）
7. 巴赫金和巴赫金之外的语言哲学 …………………………（256）
作者简介 ……………………………………………………………（289）
附录 《符号、语言与倾听——伦理符号学视角》书评 …………（292）
译后语 ………………………………………………………………（313）

第一章　符指过程与生命——二者之未来

1. 伦理符号学与语言哲学

　　作为"伦理符号学"和"语言哲学"的符号学，将他者性置于符号研究的中心，与"倾听艺术"相关联。语言和交际的使命就是传达他者性，对同一性做出批判。在被理解为面向他者开放的语言哲学关系之中，以全球符号学为导向的符号学优先考虑非趋同性运动，而不是趋同性运动，倾向于抵制全球化和封闭性。这一导向将研究符号的一般科学从面向不同形式的灵知论（gnoseologism）[1]倾向，从逻辑实证顺应事物存在，从面向交际-生产系统中权利和管控的被动奴役状态解脱出来（参见本书第二章相关注释）。因此，设想这一符号学项目与任何特定的意识形态并无关联，反倒涉及面向整个地球上符指过程的责任所应有的人类意识和行为，即被理解为一种"符号学意义上的动物"（Deely, Petrilli, Ponzio, 2005）[2]的人类动物所拥有的一种特权。

　　符号学与作为倾听艺术的语言哲学相关联，如果能够从符号的一般理论角度加以充分建构，就可以朝着第三个义项的方向发展，即含义与价值观方向（即伦理符号学方向），超越了定量方向（即全球符号学方向）和理论方向（即普通符号学方向）。

　　毫无疑问的是，所有的科学都有助于地球上人类和非人类生命延续的可能性，但科学更侧重于手段而非目的。这不禁让人想起意大利哲学家朱塞佩·塞梅拉里（Giuseppe Semerari, 1922 – 1996）[3]在《文明的手段、文明的目的——论政治哲学中的理性主义》（*Civiltà dei mezzi, civiltà dei fini. Per un razionalismo filosofico-politico*，1979）[4] 一书中所说的话。此外，鉴于这些科学手段一般为特定的利益服务，即以牺牲多数人的利益为代价，为少数人谋取利益，它们甚至可能具有破坏性——这一倾向在20世纪的整个进程中不断出现，并通过21世纪最近发生的事件得以证实，即对地球上所有的生命具有破坏性。

因此，一直与特殊科学保持持续性对话关系的符号学，不仅是研究符号的一般科学，还是研究符指过程（与生命重叠）一般科学的符号学，且正如下文所示，这也是此处话语中的一大核心问题，唯有在某种程度上，为了不扭曲地使用我们所掌握的手段，我们才能对这一手段加以干预。这就是为何我们所需要的不仅仅是凭借这一手段的一般科学，也是侧重于目的和目标的一般科学，而且这当然是符号学可以解决的问题。但是，不论是作为关注地球上生命的全球符号学（西比奥克），还是作为知识的理论和方法论，即作为灵知学（gnoseology）和认识论，符号学均不足以解决这一问题。

在这一点上，我们就需要一个特殊的拐点，即作为符号一般科学的一种专门导向的符号学。因此，符号学必须同时研究符号和价值观，尤其是对所有置符指过程于困境，乃至危及其生命的危险做出精确的明示，遣责这一境况的种种病症，研究"健康"和"幸福度"的种种可能性。

我们将这一特殊的符号学趋向称作"伦理符号学"。如此阐释的符号学与可能被视为符号学史上最古老的符号学分支重新确立关联，也就是说，我们此处所关注的是由古希腊医生——科斯的希波克拉底和佩加蒙的盖伦这样的人物所提出的医学符号学或症候学。因此，作为关涉目的和目标，而并非仅仅关涉手段的一门科学，符号学的基本目标是维护所有生命的具现形式以及所有生命层面的健康。

1989年，西比奥克最初以论文标题形式问道："符指过程与符号学：未来如何？"（Sebeok，1991：97－99）[5] 现在，我们开始叩问同样的问题，即符号学、符指过程和生命的未来会出现怎样的可能性。我们坚信今天决定了这一未来；这一问题取决于今天；今天即现在，乃符号学未来之完善，即明日符指过程和生命的先验性前段。有鉴于此，我们现在提议回到笔者先前的一部作品，即2014年出版的《符号系统与伦理符号学——交际、翻译与价值观》（*Sign Systems and Semioethics. Communication, Translation and Values*）

一书的结论部分（Petrilli，2014：336 – 341）[6]，将其重新组织为本书论点的起始点。如果不能给出一个答案的话，针对西比奥克提出并由我们进一步界定和拓展的问题，本书尝试至少给出几个可能性的明示和建议。

2. 回应"符号学未来如何？"这一问题的十大主旨

2.1　全球符号学与伦理符号学

在"符指过程与符号学：未来如何？"（Sebeok，1991：97 – 99）[7]一文中，西比奥克扼要地阐述了这一可能性，即在狭义的有机角度理解的生命之外，应该仍然存在符指过程。他所称作的"网络符指过程"（cybersemiosis）的不同领域及其可能的发展，无疑是一个有趣的视角（Floreano and Mattiussi，2008）[8]。继西比奥克之后的另一个可能的回应，为奥斯托·庞其奥创立的巴里-莱切学派（Bari-Lecce School）提出的十大核心要点（参见Caputo, Petrilli, Ponzio, 2006）[9]，如下文所示。符号学有助于我们更好地理解人类作为符号学意义上的动物的行为，以及人类彼此生活（即一般意义上的生命）中具有全球意义的共同条件所具有的意义。这一"符号学意义上的动物"能够使用符号，能够在符号之间加以调控，能够对地球上的符指过程加以反思。

为了完成这一任务，全球符号学也必须向伦理维度延展，关注目标和目的导向的人类符指过程。对于符号研究中侧重于符号与价值观和人类行为之间关系的这一特殊趋向，笔者和庞其奥最初引入术语"道德符号学"（ethosemiotics），然后引入术语"目的符号学"（teleo-semiotics）和"终端符号学"（telosemiotics），最终选择了术语"伦理符号学"（semioethics），亦如我们2003年出版的专著《伦理符号学》（*Semioetica*）的题名所示（参见Petrilli and Ponzio，2005：535 – 559；Petrilli and Ponzio，2010；Petrilli，2010：3 – 48）[10]。作为伦理符号学的符号学致力维护全球范围内"符指过程的健康"和提升全球范围内"生命的质量"，即在符号理论与价值论、伦理学与实用论的交汇点上，以他者性的人文精神为导向，培养倾听和理解的能力。

考虑到我们的命运与整个地球上生命的命运息息相关，就使得我们不仅可以探究人类未来的可能性条件，也可以探究符指过程这一未来的可能性条件。有关这一未来的责任就落到不但能够使用符号还能够反思符号的"符号学意义上的动物"身上。因此，这一"符号学意义上的动物"就肩负着符指过程和符号学未来的职责，其中后一个术语（即符号学——译者注）既被理解为学科，又被理解为人类为了未来而部署现在的专属能力。事实上，现在即"未来之完善"［意大利语为"未来之前段"（future anterior），字面意思为"前段未来"］，是由人类的命运和整个地球上的生命决定的。

现在之所以是"符指过程未来的未来之完善"，是因为今天为明日符号学和符指过程发展所创造的条件，其中"符号学"不仅被理解为符号的一般科学，还被理解为人类反思符号并依此施为的专属能力（参见 Cobley，2010；Deely，1994；Petrilli，2010）[11]。鉴于符号学也是医学符号学或症候学，且定位于对他者的关怀，关键问题不仅存在于理论秩序层面，还存在于实践伦理秩序层面（参见 Petrilli，2004；Petrilli and Ponzio，2010）[12]。

巴里-莱切学派主张在一系列方法论原则的基础上，对符号学研究方法做出批评。其中包括符号关系中理解为符号基础维度的"他者性逻辑"；符指过程的"对话维度"；对话他者性对人类符指过程所具有的意识形态、实践和伦理含义；"倾听""回应性理解"和"非漠视性差异"（unindifferent difference）概念；自我作为符号的主题化，也是自我作为指向同一性的他者性逻辑主导的一种开放性和对话性社群。

在马克思对应用于符号和语言的政治经济学批评的基础上，尤其是在参考罗西-兰迪著述的基础之上，我们研究人类世界符号所用到的其他核心概念包括"符号物质性""符号残余""语言异化"和"交际产生"。对符号、语言和交际的反思必须是批判性的、非趋同性的、去神秘化的。除此之外，这意味着对"原型"（stereotypes）加以批评。亦如沙夫的证明所示，对原型的接受处于被动和教条状态。对原型加以批评也意味着对"干巴巴的事实"相关的概念加以批评。正如莫里斯和罗西-兰迪的研究，以及此前维尔比夫人的研究所清楚地解释的那样，"事实"总是由符号和价值观来调控的。

人与人之间所出现的各种关系，此前认为仅存在于事物（商品）之间，仅是将符号（原型）之间的关系具体化了。进而，亦如叶尔姆斯列夫（Louis Hjelmslev, 1899 – 1965）[13]所言，符号形式和物质并不属于先验域，而是在符指过程中发展出来的（Caputo, 2010）[14]。这一切引致对社会再生产的物质基础以及意义生成这一需要的侧重批评。

2.2 伦理符号学与他者性

伦理符号学基于倾听他者、为他者负责、对他者热心、关怀他者，而对呼吁他者性具有强烈的使命感。

符号学之所以将自己呈现为一门能够毫无限制地对其他科学研究对象"表达观点"的学科，仅是因为这些科学均以某种方式与符号有所关联。这并不意味着符号学主张总体化（totalization）路向[15]。虽然界定为"全球符号学"，但符号学并未宣称包揽其他学科。符号学与所有其他科学的关系属于对话性质。实际上，以这些学科为参照，符号学深知借此机会重新界定自我、审视自身，从未将自己定位为一门学科，也未将自我设定的任务视为一劳永逸的任务，否则符号学也不可能认为自身肩负着多学科与跨学科研究的使命了。符号学作为一门科学，总是对他者敞开胸怀，总是乐于自我审视，从不将自身的基础和视野视为天经地义。

在符号学所探讨的众多符号之中，最难以适应系统化主张和预先设定范畴与方法的应用的是音乐符号，即音乐语言。从这一角度看，亦如我们所提议的，从倾听艺术角度理解的符号学连同语言哲学，可以利用音乐语言，进一步明示符号学对所探究的所有对象应当采取的最佳态度，以及面对符号学所要阐明和理解的物质时能够自我组织的最佳方式。音乐并非仅是符号学所包含的许多其他学科中的另一个学科，相反，音乐是一门特殊的学科（参见 Ponzio, 2018: 11 – 87）[16]。在符号和交际过程中，音乐执行的是一种特殊功能，能够为研究这些过程的学科充分地理解此类过程提供方法论层面的明示。

正如我们在符号学和其他语言科学中所观察到的，音乐也被证明是一个特别难以探究的主题。因而，为了确定符号的意义，符号学恰恰必须以音乐符号为切入点，因为从事先制定和强制划出的范畴角度讲，音乐是最难以驾驭的符号类型。因此，对于任何对符号学感兴趣的人来说，以什么为切入点的问题都应该具化为"音乐的符号学思想是怎样的?"。

关于音乐的符号,符号学必须乐于质疑其自身的范畴观和研究方法。在符号学被理解为"音乐的符号学"这一前提下,我们可以从符号过程角度理解音乐。其中,"音乐"表示的是属格主语。也就是说,此处我们所关注的并非适用于音乐的符号学理论,反倒是作为符号学视角的音乐。

音乐的构思离不开倾听。由此可知,音乐符号学意味着倾听的符号学。符号学并非在事先存在的范畴基础上质疑不同类型的符号,而是与音乐相关的符号学首先需要做的是倾听。全球符号学不仅是在外延上具有全球性,而且首先是因为具有倾听的能力(有关普通符号学和音乐符号学的上述层面,除了前文所引的 Ponzio, 2018, 亦见 Ponzio and Lomuto, 1997)[17]。

对于全球符号学的任务来说,倾听具有决定性意义。也就是说,倾听有能力对整个符号宇宙的符号负责,批评不同形式的分裂主义思想,即以部分代整体的不同倾向——以偏概全谬论(the pars pro toto fallacy)。此外,亦如我们所预料,鉴于作为伦理符号学的符号学恢复了古代医学符号学(或症候学)的使命,犹如听诊一般,倾听成为一种决定性的态度,能够辨识人类领域中所有问题的症候,即不仅与值得生活的生命形成对比以及构成矛盾,甚至迫使生命处于危险之中,危及生命安全——危及地球上的人类生命和所有其他生命安全的种种症候。

2.3 十大主旨

主旨 1

符号的一般理论必须避免语言中心论,避免将言语符号视为一般符号模式,避免将言语符号系统的语言学视为模式化科学。根据可以追溯到的索绪尔结构符号学(semiology)的传统,抑或能更好地追溯到的索绪尔结构符号学的误读,普通符号学超越了将符号学理解为结构符号学所具有的限度。结构符号学研究的是社会生活的符号,不应与普通符号学混淆。结构符号学排除了"自然"符号以及未进入严格意义上的交际(即社会交际)的所有非规约性(non-conventional)符号[18]。

20世纪60年代初,巴尔特(Roland Barthes, 1915 - 1980)[19]在《结构

符号学要素》(*Éléments de sémiologie*)[20]中澄明：在现实中，索绪尔结构符号学所研究的符号系统是跨语言系统（translinguistic，其实就是语言系统——译者注），即言语符号承载的符号系统。结构符号学一经被确定为跨语言学（translingusitics），巴尔特就正确地提议将索绪尔所确立的结构符号学与语言学之间的关系反转，即结构符号学不包含语言学这一组成部分，反倒是语言学包含结构符号学。索绪尔有效地断言并且正确地指出，在构建一门普通语言学之前，我们有必要构建一门普通符号科学。因此，为了解释何谓一枚言语符号，就有必要先笼统地解释何谓一枚符号。尽管如此，在索绪尔自己对结构符号学与语言学之间的关系做出的阐释中，他所持的一般符号科学的概念显然给言语符号赋予了优先性，并依此来构建一般的符号科学。

然而，一旦从全球符号学的角度理解符号学，索绪尔之所为就是正确的。符号的一般科学为大圆圈，其中刻录着由语言学代表的小圆圈。但是，如此一来，符号科学就并非结构符号学，即并非由语言中心论为主导，反倒应理解为言语与非言语符号研究的符号学。相反，巴尔特将结构符号学视为跨语言学，这就在语言学这个圆圈内又包含了一个更小的圆圈。由此，巴尔特所为也是正确的。这是在莫里斯于1946年出版的划时代专著《符号、语言与行为》(*Signs, Language, and Behavior*)[21]中阐述的意义基础上来理解"语言学"的。根据莫里斯所言，语言学并非语言学家眼中的"语言学"，而是在更广义的角度上包含一般意义上人类语言的语言学。用莫里斯自己的话说，语言学不仅仅是由"言语材料"构成的。后来，西比奥克（曾为莫里斯门生）从与"言语"（speech）对立的"初级模式化"（primary modelling）[22]角度，发展了术语"语言"的这一特殊意义。这一动物人自早期以人类动物出现之时，就被赋予了初级模式化系统。

主旨2

以言语符号为基础，无法建构出一套一般的符号模式系统。这一观点为下面这一谬见所遮蔽，即我们只能通过言语符号谈论符号方式——通过口头置换和转换符号方式，研究符号——所有类型的符号。相反，为了建构一套一般符号的研究范式，我们的模式系统必须借助最难以为言语转换驾驭的符号、最具阻抗的符号、最不可还原的符号，从这一角度说也是最具他者性的符号。以相关语言对此类特征做出回应的符号是音乐符号，即音乐的语言。

音乐符号避开了词汇中包含的帝国主义成分，也就是说音乐符号避开了语言中心论的符号学研究路径所具有的限度，即避开了结构符号学的一大特征。

理解为一般符号理论的符号学可以描述为音乐符号学（musical semiotics），即将音乐符号视为其自身一般有效性的验证术语，也就是作为普通符号学的自身有效能力（有关普通符号学的这些层面，以及普通符号学与音乐符号学的关系，参见 Ponzio，1993：138 - 154；Petrilli，2018）[23]。这并非符号学应用于音乐研究的问题，反倒是阐述音乐中符指过程的符号学问题，即阐述音乐实践问题——音乐符号中的阐释和表达活动相关的问题。这一角度下的"音乐"被理解为属格主语，而非属格宾语。符号的一般理论将音乐中本质的要素视为符号学自身的方法论条件，即倾听能力。因而，符号学的"方法论"乃倾听"方法论"（Petrilli，2007；Petrilli，2014：117 - 122；Petrilli and Ponzio，2016）[24]。

主旨 3

倾听是回应性理解的一个解释项（interpretant），即符号学领域中对他者符号——具有他者性的符号持善意并善待的倾向。也就是说，这些他者符号具有很高的他者性，因此在总体上只能在言语层面以否定的形式命名——非言语符号。就以他者性逻辑为主导这一点而言，倾听为符号一般理论的依存条件。

主旨 4

就外延而言，符号学必须趋向于全球性。从这一角度看，一部示范性的文本就是西比奥克于 2001 年出版的《全球符号学》（*Global Semiotics*）——西比奥克同一年去世前的最后一部著作，也是西比奥克一生研究事业终点的标志。不论一个人对符号研究、特定符号领域，以及注意力范围所勾勒出的轨迹具有怎样的具体的兴趣，符号学必须建构一幅总体的路线图，来标示我们所处的具体位置（即"你在此处"）。

主旨 5

作为一门科学，符号学必须意识到自身的可能性条件，从而探究自身基础这一问题。理解为符号一般科学的符号学，建立在一种特殊的能力之上，即一种特定物种所使用符号模式的符号学之上，也就是说建立在人类——现存唯一的符号学意义上的动物所特有的符号使用模式之上。这一特殊能力被称作"元符指过程"（metasemiosis）或"符号学"的第二层义项。这一能力将人类与仅仅能够利用符号意指的其他生物区别开来。研究符号学的基础就意味着将目光延展至同一性逻辑边界之外，超越制度符号学（institutional semiotics）[25]的界限，思考符号学得以理解为元符号过程这一可能性所具备的条件。结果所出现的是人类特有的符构能力（syntactical capacity）[26]，被西比奥克称作初级模式化系统（primary modelling），处于非言语层面，也并非指向交际，更不指向理解为一种言语或非言语交际系统的语言。

主旨 6

语言－符构探究的是人类专有的元操作（metaoperative）能力，即在对象和目标不在场情况下的（非功能性）施为能力，发明和抽象化的能力；语言－符构研究的是用以区别人类和被赋予专属符指过程能力的其他生物的元符指过程能力。作为模式化系统的语言乃理解为元符指过程的符号学所需的一大条件，是回应、认知或描述符指过程的能力。

主旨 7

符号学与责任相关联。理解为反思符号能力的元符指过程乃人类动物所专属，与责任密切关联，即人类——一种符号学意义上的动物，是唯一一种能够在对符号和行为负责任（即对自我负责）这一意义上对符号做出回应的动物。这意味着人类是责任的主体，同时受自身责任的制约。就符号学家所研究的元符号学而言，符号学家肩负双重责任，即符号学家必须为自己和他人负责，而全球符号学家必须为地球上的所有生命形式负责。

主旨 8

符号学是一门批评性科学，不仅在康德的角度是如此，即从符号学研究自身的可能性条件及其限度这一意义上说，在马克思的角度也是如此。换言之，作为一门批评科学的符号学，对当代人类社会提出质疑，所持的假设为人类世界并非唯一的可能世界，人类世界的定义并非一劳永逸的，亦非如同保守的意识形态所呈现的那样。批评符号学将现象世界（the world-as-it-is）仅视为众多可能世界中的一个，即一个容易被混淆的世界。因此，符号学的批评立场旨在恢复人类符号生产、符号交换和符号消费的意识、世界意识、生命意识和人类意识本身。

主旨 9

作为全球符号学、元符号学、批评符号学（如前所述，在双重意义上的二度责任意识），符号学必须关注地球上的生命，即也是在实效意义上，关注对生命健康的维护以及对生命的关怀。从这一角度讲，如前所示，符号学恢复了与医学符号学或症候学的关联。这在缘起的历史意识之外，也是一个意识形态方案（ideologic-programmatic）的秩序问题。

从这一角度讲，符号学强调的是医学符号学或症候学意义上的倾听。毫无疑问的是，今天符号学的一大要务就是听诊我们全球化世界的症状，辨识出（如社会关系、国际关系、跨文化关系、个体的生活、环境关系、地球上一般意义上的生命之中）"疾病"（malaise）的不同层面。与趋向于自我毁灭的全球化世界相比，符号学的目标就是确定一个诊断，即一个预断，明示维护符指过程健康的可能性路径，以及指出新的、更好的全球化形式。

主旨 10

这一方案勾勒了巴里－莱切学派提出的一种特殊的符号学研究路径，被称作伦理符号学。

伦理符号学推动符号学会研究更好地理解全球交际，预示未来的可能性。其实，"全球交际"（global communication）[27]这一概念本身具有双重含义。在日常语言使用之中，在大众媒体的表达方式之中，同时考虑到当前的政治、经济、社会局势，"全球交际"与今日社会再生产系统所阐释的"全球化"相关联。从这一角度讲，全球交际与技术进步和市场拓展相关联，但这些层面也同时构成了全球交际的局限性。根据这一描述，当今社会在声场系统语境下的全球交际所反映的仅是地球上的生命这一巨大交际网络的一个维度；相反，作为一种生物符指现象，全球交际是进化发展和生命繁衍的条件。

从这一角度讲，今日人类所面对的事关生命的（*Vital*）挑战是如何协调全球化与前文所描述的全球交际之间的关系问题，实质就是如何协调全球化与生命，更恰当地说是如何协调全球化与整个地球上的生命质量之间的关系（Petrilli，2004；Petrilli，2008；Petrilli and Ponzio，2002l Ponzio，2002）[28]。

此处的"Vital"可理解为至关重要、基本的意义，也可理解为关乎生命的意义，即生命处于危险状态。此类问题涉及的是人类作为独特的"符号学意义上的动物"，抑或更恰当地说是人类作为独特的"伦理符号学意义上的动物"。由于我们生活在一个与他者相互关联的符号网络之中，（不论我们喜欢与否）与他者相关联是不可避免的；漠视性的差异（indifferent difference），即漠视他者的差异，最终在人类之间的关系中是不可能存在的。如果他者被认为是符号的结构，那么，围绕着他者关系的生命伦理维度就会出现在符指过程的动态之中；因而，研究符指过程的这一学科——所谓的"符号学"作为"伦理符号学"就会脱颖而出。

注释：

1　指在不同宗教运动及团体中的同一信念。这信念可能源自史前时代，却数个世纪活跃于地中海周围并伸延至中亚地区。了解这个核心信念的钥匙就是要拥有"灵知"（Gnosis）。"灵知"在希腊语中是指通过个人经验所获得的一种知识或意识。灵知论者相信这种超凡的经验可使他们脱离无知及现世。——译者注

2　Deely, John; Petrilli, Susan; Ponzio Augusto, 2005. *The Semiotic Animal*. Ottawa/Toronto/New York：Legas.

3　意大利哲学家、巴里大学理论哲学教授，主要致力研究斯宾诺莎、谢林、胡塞尔和梅洛庞蒂的现象学以及马克思的唯物史观。——译者注

4　Semerari, Giuseppe. 1979. *Civiltà dei mezzi, civiltà dei fini. Per una razionalismo filosofico-politico*. Verona：Bertani editore.

5　Sebeok, Thomas A. 1991. *A Sign Is Just a Sign*. Bloomington-Indianapolis：Indiana University Press；*A Sign Is Just a Sign. La semiotica globale*, It. trans. & Intro., pp. 7 – 19, by S. Petrilli. Milan：Spirali, 1998.

6　Petrilli, Susan. 2014a. Sign Studies and Semioethics. Communication, Translation and Values, *series: Semiotics, Communication, Cognition*, Vol. 13, ed. p. Cobley & K. Kull. Berlin, Boston：Mouton de Gruyter.

7　Sebeok, Thomas A. 1991. *A Sign Is Just a Sign*. Bloomington-Indianapolis：Indiana University Press；*A Sign Is Just a Sign. La semiotica globale*, It. trans. & Intro., pp. 7 – 19, by S. Petrilli. Milan：Spirali, 1998.

8　Floreano, Dario; Mattiussi, Claudio. 2008. *Bio-Inspired Artificial Intelligence：Theories, Methods and Technologies*. Cambridge, Mass.：MIT Press.

9　Caputo, Cosimo; Petrilli, Susan; Ponzio, Augusto. 2006. *Tesi per il futuro anteriore della semiotica*. Milan: Mimesis.

10　Petrilli, Susan; Ponzio, Augusto. 2005. *Semiotics Unbounded. Interpretive Routes in the Open Network of Signs*. Toronto: Toronto University Press; Petrilli, Susan; Ponzio, Augusto. 2010. Semioethics. In Paul Cobley In *The Routledge Companion to Semiotics*, by Paul Cobley, pp. 150 – 62. London: Routledge; Petrilli, Susan. 2010. *Sign Crossroads in Global Perspective. Semioethics and Responsibility*, editor, John Deely, Preface, In Her Own Voice, pp. vii – ix, & The Seventh Sebeok Fellow, pp. xi – xiii. New Brunswick, London: Transaction Publishers.

11　Cobley, Paul. 2010. *The Routledge Companion to Semiotics*, Intro., pp. 3 – 12. London: Routledge; Deely, John. 1994. *New Beginnings. Early Modern Philosophy and Postmodern Thought*. Toronto, Canada: University of Toronto Press; Petrilli, Susan. 2010. "Semiotics". In p. Cobley (ed.). 2010. *The Routledge Companion to Semiotics*. London: Routledge, pp. 322 – 323.

12　Petrilli, Susan. 2004a. *Ideology, Logic, and Dialogue in Semioethic Perspective. Semiotica* 148 – 1/4, Guest Edited Special Issue, Intro. by S. Petrilli, pp. 1 – 9; Petrilli, Susan; Ponzio, Augusto. 2010. Semioethics. In Paul Cobley In *The Routledge Companion to Semiotics*, by Paul Cobley, pp. 150 – 62. London: Routledge.

13　丹麦语言学家，哥本哈根语言学派代表人物，曾在哥本哈根、布拉格和巴黎随梅耶（Antoine Meillet, 1866 – 1936）、房德里耶斯（Joseph Vendryes, 1875 – 1960）等人学习历史比较语言学。1931 年，叶尔姆斯列夫创立哥本哈根语言学派，同奥达尔（Hans Jørgen Uldall, 1907 – 1957）一起发展了索绪尔的符号学理论，形成了一种被称作语符学（glossematics）的结构语言学理论。语符学具有高度的形式化特征，仅关注描写语言的形式特征，逻辑严谨度高。语符学未产生广泛影响，但被后结构主义哲学家采纳为以索绪尔语言学为主导研究范式的一种可能性备选项。在语符学框架下，语言分为表达层和内容层，表达层分为对应于语音学的表达实体和对应于音位学的表达形式，而内容层分为对应于语法学的内容形式和对应于语义学的内容实体，有关内容详见 Hjelmslev, Louis. 1953 [1943]. *Prolegomena to a Theory of Language*. Baltimore: Indiana University Publications in Anthropology and Linguistics (Memoir, 7) [2nd OD (slightly rev.)]: Madison: University of Wisconsin Press, 1961. Dt.: Hjelmslev 1974. ——译者注

14　Caputo, Cosimo. 2010. *Hjelmslev e la semiotica*. Rome: Carocci; Caputo, Cosimo. 2010. Hjelmslev, the Verbal, and the Form/Icon. *Semiotica. Journal of the International Association for Semiotic Studies* 182 – 1/4, pp. 81 – 88.

15　意思是说尽管符号学涉及其他科学的内容，与其他科学有所联系，但并不意味着符号学会包揽其他科学的任务。——译者注

16　Ponzio, Augusto. 2018. Musica, immagine, scrittura. In S. Petrilli (ed.). 2018, *L'immagine nella parola, nella musica, e nella pittura*, book series Athanor XXVIII, 21, directed by A. Ponzio. Milan:

Mimesis, pp. 11 - 87.

17　Ponzio, Augusto. 2018. Musica, immagine, scrittura. In S. Petrilli (ed.). 2018, *L'immagine nella parola, nella musica, e nella pittura*, book series Athanor XXVIII, 21, directed by A. Ponzio. Milan：Mimesis, pp. 11 - 87; Ponzio, Augusto; Lomuto, Michele. 1997. *Semiotica della musica*. Bari：Graphis.

18　如果从索绪尔话语传统来讲，同时参考中国先秦荀子有关名字约定俗成的思想，此处当为"非约定俗成性符号"，但考虑到该书为符号学专著，同时符号学中的话语传统均将"conventional"译为"规约"，故作此译。——译者注

19　法国文学品论家、文学家、社会学家、哲学家、符号学家，许多著述对后现代主义，尤其对结构主义、符号学、存在主义、马克思主义和后结构主义思想产生很大影响。20 世纪 60 年代初，巴尔特在社会科学高等学院开始研究符号学与结构主义，侧重于传统文学理论以及大众文学的探究；1967 年，在德里达解构主义的影响下，巴尔特发表《作者之死》，标志着巴尔特告别结构主义，转向解构主义；1970 年，基于巴尔扎克小说《萨拉辛》的批判式阅读，巴尔特发表《S/Z》；1977 年被选为法兰西学院文学与符号学主席。回顾巴尔特的学术生涯，我们发现巴尔特因具身原因并未获得很高的学位，仅相当于硕士学位，但他坚持努力，最终一举成名。——译者注

20　北京大学法语教授王东亮译为《符号学原理》，将"semiology"与"semiotics"混淆了，理应译为"结构符号学原理"或"结构符号学要素"。在内容上，该书梳理了源于索绪尔的符号学基本概念，确定了符号学的研究对象及发展方向，并在传播符号学的同时，向我们表明：我们生活在一个充满意义的世界之中（此为皮尔斯语）。——译者注

21　Morris, Charles W. 1946. *Signs, Language, and Behavior*. New York：Prentice Hall.

22　1972 年，莫斯科-塔尔图符号学派创始人洛特曼提出"语言模式化"系统，将语言分为以自然语言为主导的第一模式化系统和以人为语言为主导的第二模式化系统。西比奥克基于洛特曼"语言模式化系统"存在的学理问题，参考人类语言习得的过程和经验，将语言模式化系统分为对应于婴儿语言习得的第一模式化系统，青少年语言习得的第二模式化系统，以及成年人的第三模式化系统。另外，此处的模式化（系统）与余红兵在博士论文（《西比奥克建模系统理论研究》，南京师范大学博士论文，2014 年）中所译的"建模系统"对应的是相同的英文术语。——译者注

23　Ponzio, Augusto. 1993. *Signs, Dialogue, and Ideology*, Eng. trans. and ed. S. Petrilli. Amsterdam：John Benjamins; Petrilli, Susan. 2018a. *L'immagine nella parola, nella musica, e nella pittura*, book series Athanor XXVIII, 21, directed by A. Ponzio. Milan：Mimesis.

24　Petriili, Susan. 2007. *La filosofia del linguaggio come arte dell'ascolto / Philosophy of Language as the Art of Listening*. Bari：Edizioni dal Sud; Petrilli, Susan. 2014. *Sign Studies and Semioethics. Communication, Translation and Values*, series：Semiotics, Communication, Cognition, Vol. 13, ed.

p. Cobley & K. Kull. Berlin, Boston: Mouton de Gruyter; Petrilli, Susan; Ponzio, Augusto. 2016. *Lineamenti di semiotica e di filosofia del linguaggio. Un contributo all'interpretazione del segno e all'ascolto della parola*. Perugia: Guerra Edizioni.

25 就全球范围而言，研究制度符号学的成果并不多，似乎目前也没有一个界定的标准。既然是制度符号学，我们有必要先了解一下制度论。制度论假定组织为组织所在环境的一个有机组成部分，其中的经济、文化道德规范相互作用，同时这些规范也是认知导向系统以及灵活地以反思形式确保组织中主体自身和周围之人具有行为合理性的程序规则。就符号学而言，在采用内容分析制度之时，制度符号学与传统符号学方法酷似；制度符号学能够辨识非涵指意义，也能够确定非涵指与涵指意义差异存在的原因；制度符号学侧重应对道德、文化规范中出现的象征性和制度性行为；制度符号学产生的阐释说服力取决于修辞和统计性标准；制度符号学承认任何分析都是不完善的，都是局部的。有关制度符号学及其在零售业分析中的应用，参见 Arnold, Stephen J; Kozinets, Robert V; Handelman, Jay M. 2001. Hometown Ideology and Retailer Legitimation: The Institutional Semiotics of Wal-Mart Flyers. *Journal of Retailing* 77: 243—271. ——译者注

26 这一术语源自莫里斯于1938年基于符指过程和符号学做出的三元分类，指称的是符号与符号之间的关系，但不局限于语言符号，故语言学界将其译为句法学是不正确的，不如译为"符构"。有关符构（syntactics），参见 Morris, Charles W. 1938. Foundations of the Theory of Signs. In Otto Neurath et al. (eds.). *International Encyclopedia of Unified Science*, Vol. I, No. 2, 1-59. Chicago, Illinois: The University of Chicago Press. ——译者注

27 也有人译为"全球传播"，但考虑到与倾听存在关联，倾听一定跟交际关系更为紧密，而非传播，故选择以"交际"译之。——译者注

28 Petrilli, Susan. 2004. Semioethics, Subjectivity and Communication: For the Humanism of Otherness. In Petrilli, Susan. 2004. *Ideology, Logic, and Dialogue in Semioethic Perspective. Semiotica* 148-1/4, Guest Edited Special Issue, pp. 69-92; Petrilli, Susan. 2008. *Approaches to Communication. Trends in Global Communication Studies*, Preface, Semiotics in Theory and Practice, by M. Danesi, Intro., Life in Global Communication, by S. Petrilli. Madison, WI: Atwood Publishing; Petrilli, Susan; Ponzio, Augusto. 2002. *I segni e la vita. La semiotica globale di Thomas Sebeok*. Milan: Spirali; Ponzio, Augusto. 2002. *Vita. Athanor* 5. Rome: Meltemi & Milan: Mimesis.

第二章 创造新世界

1. 伦理符号学化名为倾听艺术

"伦理符号学"这一术语可以用"倾听艺术""关怀艺术""他者性符号学"等术语来阐明。鉴于一个依次与称作盖娅(Gaia)[1]的更庞大的相互关联、繁荣发展的系统之中,以及可能超越这一更庞大的系统之外,存在着相互依存的条件,因而,关怀人类就是关怀地球上所有的生命。鉴于联系地球上所有生命形式的*实体间性*(intercorporeality)所需的必然条件,我们可能称作"对话实体间性"(dialogic intercorporeality)的现象,即他者,不论以何种形式存在,总是挥之不去,而不得不纳入考虑。地球上生命的健康亦是如此。这一实体间性条件,亦是生物对话条件,即"对话"所指称的范围和含义远远超出了人类交流的范畴。这让我们知道他者是无法避免的,实则是告诫人类要不就团结一致、繁荣发展,要不就一起灭亡。

关怀他者,实质上是关心他者,乃地球上生命永存的必然条件,故需要一种倾听态度。倾听他者乃健康交流的一种必然条件,而健康交流必须是参与性与对话性的沟通。这是一个倾听他者符号的问题,不论是言语符号还是非言语符号,也不论是人类符号还是非人类符号。就严格意义上的人类世界而言,此乃倾听他者言语与非言语符号的问题。从这一角度看,倾听并非一个主体绝对地对另一主体做出的简单让步。在更本质的意义上,倾听是词汇乃至一般意义上生命的一个构成部分。

我们自己特有的兴趣依存于人类世界的符号和语言的生命之中,即依存于言语符号与非言语符号之中。在言语符号与非言语符号之中,符号所体现出的他者性和倾听的使命感尤为明显。关键的问题是认知、实效和伦理秩序的同一，即在一种关系之中，符号活动的认知、实效和伦理域显然是相互关联的，彼此之间的重要性是一样的，且不因某一优先等级而有所区别，也就是说科学、实践和价值观汇集于人类符指过程的任何一个领域之中。这些领域之间存着必然性关联，因此存在于符号的物质性之中。任何形式的分裂，即由排斥他者、消灭他者构成的分化，无异于对地球上一般意义生命健康造成损害的幻想性短视。如自然规律所清晰明示的一般，健康乃总体性的健康；亦如文化史所示，这一总体性的健康完全以利于他者和倾听他者为宗。因此，这一总体性就是我们可能称之的一个"非趋同总体性"（detotalized totality），而这一总体性的首要特征就是*多样性中的对话同一性*（dialogic unity）。

作为同一"生物域"（biosphere）[2]的成员，所有的生命形式在同一个"符号域"（semiosphere）[3]中繁衍生息。虽然洛特曼（Juri M. Lotman, 1922-1993）[4]在《思维域——文化的符号学理论》（*Universe of the Mind: A Semiotic Theory of Culture*, 1990）[5]一书中引入，但此处的术语"符号域"依随西比奥克（2001）[6]来理解，即延展至人类文化之外，包括整个生物域中的交际和符指过程。本身是生命的符号网络是一个交际网络，一个远在我们今日所知的全球交际兴起之前，以及在我们今日所知的全球交际之外就存在的全球交际网络，即符号网络仅是作为一个技术高度发达世界之中的全球化交际的表述而已。从符号学，或更恰当地说从生物符号学的角度看，符指过程、对话性和交际乃生物的属性特征，也是生命的依存条件。

我们知道，"符号学"是"符号的一般科学""符号的一般理论"或"符号学说"的称谓[7]。在西比奥克推动下，符号学向前发展了一步，成为"全球符号学"，即一种表示"符号学领域"（semiotic field）[8]所指范围异常宽广的表述。其中的术语"全球"指称的是一个定位、一个项目、一个趋势。作为全球符号学实践的符号学，培植符号生命研究的一种跨学科研究路径，所涉范围包括所有的符指过程专有领域，从医学、物理学、化学、生物学、人类学、心理学、社会学、经济学、数学、逻辑学、语法学、文体学、诗学、音乐学、建筑学、美学、文学，到哲学、语言学等。因此，全球符号学乃"无疆域符号学"（unbounded semiotics, Petrilli and Ponzio, 2005）[9]。

全球符号学能够证明符号网络的延展性和一致性。其中的符号网络包括人类所理解的符号域，即人类文化和社会中的符号、象征符号、艺术品。但是，最重要的是，全球符号学证明了这一事实：人类文化符号学域仅是一个*范围更广符号域*的组成部分——*符号生物域*，并与之相互依存，即人类未曾离开且作为*生物*也不将离开的一个符号网络。

对于生物域与符号学之重叠这一公理，我们将对符号域——"符号网络"可能超越"生命网络"这一推测添加一项说明。通过回顾生命和展望未来，我们假设：在尚未出现生命之时，且在生命范围之外，符号之范围可能超越生命本身，事实上可能会取代生命自身。

不论怎样，举凡有生命之处，就必然存在符号；举凡存在符号之处，就必然存在生命，不论是以直接形式存在，还是以间接形式存在，亦如机器符指过程、网络符指过程所示，这是不容置疑的。如同二者各自的研究对象——生命与符号一般，生命科学和符号科学齐头并进，但与过去相比，有所不同的是二者之间联系的意识更强了。这一意义上的一个重大标志就是在20世纪下半叶创建一门介乎生命科学和符号科学之间的科学——生物符号学，即研究生物域中符指过程的一门科学，普通符号学的一个新的分支学科，也是普通符号学的一门基础学科。亦如该领域最具代表性的一位先驱——西比奥克所假设的，生命的标准型特征就是符号，即符指过程。

凭借这一"全球"或"整体"的符号学研究路径，"符号生命"的研究立刻与"生命符号"的探究确立关联关系。符号、交际、阐释乃生物特有的特征。符指过程起源于生命的最初阶段。事实上，今日的符号科学仅局限于"社会生活中研究符号生命的科学"[10]（Saussure，1916：33；英译文，1983：16）[11]，即仅研究人类文化系统中交际的一门科学，且带有人类中心论、语言中心论、音响中心论、字母中心论以及最终的种族中心论偏见。因此，虽然对符号学研究的特定兴趣可能是科目性和具体学科的［艾柯（1984）[12]对"普通符号学"与"具体或特殊符号学"做了区分］，但这一特殊兴趣在精确地理解为全球符号学的符号学大语境下有其一席之地。

全球符号学包括任何一种符号关系、任何解释项或任何一类阐释者。因此，符号学所使用的符号模式，不论具有怎样的限制，不论具有怎样的具体性，都势必要以这一方式来理解，方能适用于所有的符号过程（或符指过程)研究。亦如不论在任何特定的情况下出现怎样的特殊用法,旨在研究一般性的符号模式本质不变。符号学必须以*符号的一般理论*为基础。持有一般意义上符号的相关概念的这个一般理论,必须避免符号学经常呈现的局限,尤其是在采纳索绪尔派生出的结构符号学(sémiologie)之时,即符号的一般理论必须避免*语言中心论*(参见 Petrilli, 2014; Petrilli, 2016: 45 - 67)[13]。语言中心论是指选择言语符号作为一套一般的符号模式,因此语言就被选为符号学的科学模式。巴尔特说结构符号学受语言中心论影响,因此包含在语言学之中,虽然索绪尔的意图恰恰相反,但从这一角度看,巴尔特(1968)[14]的观点是正确的。

亦如预期,这意味着一般符号理论提出的一般符号模式不能仅以言语符号为唯一基础加以理解。符号学的这一语言中心论研究路径基于以下这一谬见:任何类型的符号都只能通过言说,即通过言语符号来阐述。换言之,所有符号唯有能够置换、转换为言语符号,才能得到全面的理解。相反,一套趋向于普遍性的符号模式,必须在言语转换最难以驾驭、最具有阻抗性、最不易于还原的层面,也就是说对言语符号来说,最具有他者特征的层面来呈现符号,亦如音乐符号。音乐需要的是一种倾听能力(参见 Petrilli, 2007; Petrilli and Ponzio, 2016; Ponzio, 2009; Ponzio, 2018)[15]。

关于人类世界,符号学必须反思胡塞尔(Edmund Husserl, 1859 - 1938)[16]描述为业已给定的世界——业已构成的世界所具有的可能性条件。世界的批评分析侧重于*替代性规划*(*alternative planning*),即侧重于构建新的*可能世界*,要求的正是这种反思能力。我们主张今日的符号学能够完成"构成现象学"(constitutive phenomenology)[17]的总任务。正如胡塞尔在《经验与判断》(*Erfahrung und Urteil*, 1948)[18]中做出的清晰阐述,构成现象学的目的是描述适用于一个*可能世界*构建的整个操作体系(参见 Petrilli, 2010: 159 - 192)[19]。

研究世界是如何构成的,就意味着探究一般意义上世界的基本形式,但并非有效存在的世界——现象世界。这意味着不仅仅是从现实性(factuality)、真实性(reality)和历史性,还要从潜在性和可能性的角度,研究人类世界的模式化结构和过程。从探究一种物种专属的构建世界模态(modality)的意义上说,此类研究是具体的(Petrilli and Ponzio, 2001,

2002，2007）[20]。

与整个生物域中一般意义上的符指过程相比，人类符指过程有一大特殊点，即至少分为两个层次，一个层次是"符指过程"，另一个层次是"元符指过程"（参见 Petrilli and Ponzio，2005：II. 3. 2）[21]。换言之，人类不仅像所有其他生命形式那样直接地施为、思考和交际，而且还被赋予了暂停即时性的符指过程、反思和深思熟虑的能力。事实上，与其他动物有所不同，人类动物能够构建无数可能的新世界。西比奥克将世界上人类模式化能力视为"语言"。这一能力为人类这一物种所专有。（不同于所有其他物种的是）就是有了语言，人类才能构建无数真实或想象、具体或虚构的世界，而且并非永远都一样的世界（Sebeok，1986，1991，2001）[22]。

事实上，作为一门科学，符号学以一种特殊的能力为基础，即以理解为元符指过程的符号学为基础，也就是说元符指过程为人类——"符号学意义上的动物"（参见 Mladenov and Iankova，2016）[23]所专有的一种模态。元符指过程将人类与所有其他仅具有符指过程的生命形式区别开来。作为一门科学，符号学意识到元符指过程是符号学自身的可能性条件。与理解为人类专属的元符指过程的符号学相比，作为一门科学的符号学将自身视为元符号学（meta-semiotics）。如果人类是一种"具备元符指过程的动物"，那么，操持符号科学的符号学家就是一种"元符号学意义上的动物"。

理解为反思符号能力的元符指过程与责任相关联，即人类——现存唯一的符号学意义上的动物，是唯一能够对符号和符号行为负责的动物，能够为自我负责的动物。因此，人类受制于责任，又是责任的主体。就符号学家探究元符号学这一点而言，符号学具有双重责任：对自己和对他者负责。此外，作为全球符号学家，还要为整个地球上的生命负责。

2. 对话性、模式化、阐释

一枚符号的解释项是一枚初始符号（the first sign）在阐释者层面产生的另一枚符号，亦如美国科学家、现代符号学之父、"实用论"（pragmatism）[24]的提出者——皮尔斯（Charles S. Peirce，1838 - 1914）[25]所言，作为"一枚等价符号，或者可能是一枚更为发达的符号"（*CP* 2.228）[26]。因此，解释项

19

符号不能等同于被阐释的符号；解释项符号之所以不能是一个总体性（或趋同性）的重复，恰恰是因为解释项符号是被介导、被阐释，也因而总是新的符号。就初始符号而言，解释项就是一枚回应性符号。由此，解释项符号引入了一个新的符号过程——一个新的符指过程。从这一意义上说，解释项符号是一枚更发达的符号。事实上，作为一枚被依次阐释的符号，解释项可以确定又一枚在此充当另一枚解释项的符号。因此，解释项向新的符指过程开放，发展了符号过程，因而也是一个新的符号事件。一枚符号的意义就是对符号做出的一种回应，即需要做出另一次回应——另一个解释项的一枚解释项。这蕴含着符号和符指过程的对话本质（Ponzio, 2006）[27]。一枚符号的意义存在于对其做出回应的另一枚符号之中，而对其做出回应的另一枚符号，如果存在对其做出回应并加以阐释的另一枚符号，就依次成为一枚符号，*以此类推，循环往复*。在我们的术语体系中，符指过程这一三元关系中的初始符号即接受符号所介导的意义的对象，是*被阐释的符号*，而赋予其意义的符号是可能具有两种主要类型的解释项（Petrilli and Ponzio, 2002）[28]。

允许对符号仅做出识别的解释项是一枚*识别解释项*（*identifying interpretant*）。由此，这一解释项就与信号（signal）、符码（code）和符号系统相关联。一枚符号的具体解释项，即阐释该符号实际意义的解释项，则由*回答式理解解释项*（*answering comprehension interpretant*）或*回应性理解解释项*（*responsive understanding interpretant*）这一表达式来表示。第二种解释项并不局限于识别被阐释符号，反倒能够表达被阐释符号所具有的适恰性符效意义（pragmatic meaning），并赋予被阐释符号一种融入与参与的关系，即解释项符号回应的是被阐释符号，对被阐释符号采取一种立场。

"对话论"（dialogism）或"对话性"（dialogicality）乃符号生命的特征，与符指过程的生物符号学概念密切相关。事实上，对话关系不仅存在于人类世界，也存在于整个生物世界。苏联学者巴赫金（Mikhail Bakhtin, 1895－1975）在哲学层面，以及俄国学者陀思妥耶夫斯基（Fedor Dostoevsky, 1821－1881）[29]在艺术层面所使用的"哥白尼式革命"（Copernican revolution）[30]，关注的是涉及人类与非人类他者生活中的生活、需要、思想和行为的人类（Bakhtin, 1981）[31]。这一研究路径证明了具身与他者具身——与世界之间存在的事关生命而又不可分割的关系。焦点自同一性（不论是个体，如自我意识，还是集体，即群体、历史语言或整个文化系统等）到他者性的这一转换，本身就是一种哥白尼式的革命。由于这一转换，对话性推理的巴赫金式批评不仅质疑了西方哲学的总体取向，也质疑了产生这一取向的主导文化倾向。巴赫金以自己的对话性和生物符号性符号观为基础，在事实上批评了主观的个体主义和客观的抽象趋向。

但是，在我们回到语言问题之时，人类物种专属的另一大特征就是理解为"言语层面的语言"[verbal language，即言语（speech）]的语言。然而，在他对人类世界的语言、言语和交际功能的描述中，西比奥克认为言语层面的语言——言语是建立在他精确地称之为"语言"的基本模式化系统之上的，即*语言作为模式化系统是一回事，而语言作为交际则是另一回事*（参见Sebeok，1986：10-15）[32]。根据西比奥克所言，在人类物种进化的某个阶段，言语层面的"语言"产生了一种"交际功能"，作为由理解为"模式化系统"的"语言"所制约的一个顺应过程的组成部分。这一观点以西比奥克对美国当时流行的诸多理论和训练实践的批评立场为背景，旨在探索并推崇动物能够"言说"这一观点（Sebeok，1986：12-13）。

根据西比奥克的模式化理论，在人类进化发展的过程中，人类——人科动物所特有、被称作"语言"的初级模式化系统，作为一种顺应机制，比"言语层面的语言"——"言语"出现的时间要早得多。因此，我们所描述的语言，最初并非一套交际机制，反倒是一套模式化机制。美国形式语言学家乔姆斯基（Noam Chomsky，1928-）[33]也认为，语言在本质上并非具有交际属性。但是，在乔姆斯基说"语言"之时，他指称的是"言语层面的语言"，即"言语"，而非西比奥克描述为模式化系统的语言（Sebeok，1986：12）。第一个人科动物被赋予了理解为一种模式化系统的语言。但是，不论当时是多么的粗陋，这一模式化系统都是人类发展到智人（*Homo sapiens*）阶段的基础所在。

人类"有话要对彼此说"这一事实，并非处于理解为一种人类模式化系统的语言所产生的世界之外。言外之意是说：我们不能诉诸将有话说这一需要当作解释拉马克（Jean-Baptiste Lamarck，1744-1829）[34]意义上语言缘起的一种手段（有关这一层面，参见罗西-兰迪著《哲学方法论和符号科学》，1985：225－226）³⁵，即"言语层面的语言并非源自交际这一总体性（或趋同性）的需要"（1985：233），反倒源自特定的社会组织发展水平相关的特定社会需求，以及社会再生产的需要。正如罗西－兰迪所宣称的一般，语言不能降级为单纯的交际，否则就不可能从神经结构的系统发生论（phylogenesis）³⁶和相关的心理功能（1985：234）角度，对一套连贯的框架中的语言能力做出定位。

虽然作为模式化系统的语言在发声系统和一般意义（口语和文字）言语符号中出现了外化（externalization）³⁷和增强（enhancement）这两大手段，但这并不意味着外化不会通过其他（非言语层面的）语言而出现。"婴儿"（顾名思义，还不会说话）通过非言语符号（作为一个关乎生命的交际问题）得以有效地交际。不仅如此，借助这一类型的交际，婴儿也习得了言语层面的语言。就聋哑人而言，在不能获得语音形式的语言发展时，作为模式化的语言——亦可称为"文字"（如果得以充分地激活），就可（通过手势、图像等）获得其他发展的可能性，虽然独立于言语，但也同样可以强化原始的语言能力。因此，没有什么能够阻止聋哑人获得诺贝尔奖！

文字为语言作为名副其实的模式化系统这一特征，使言语层面和非言语层面的语言得以作为自洽的符号（self-sufficient signs）而发挥作用，即在没有任何具体目标的情况下，这一符号系统自身就会生成一种过度的认知、交际、操纵功能（参见 Sebeok，1986：40－41）³⁸。这一能力也存在于非人类动物的行为之中，虽然仅是体现在重复角度说的。解释项之间对话的一致性，以及因此产生的取代符号性（signness）方向中单纯信号性（signality）的能力、意指方向中的单纯意指过程，即巴尔特（1982）³⁹称之为关于交际或信息以及意指的第三感知意义，均与理解为模式化系统特征的文字相关，属于文字这一符号系统的符构能力。

不论是"作为模式化系统的语言"，还是"作为交际的语言"问题，语言的区别性特征都是符构。符构能力是人类动物——符号学意义上的动物区别于其他动物的要素，其中其他动物为也被赋予了意识、解决问题的能力、足智多谋和自觉性的非人类动物，只是程度相对较低而已。由于被赋予了这一初级的模式化系统，除了单纯的"意识"，人类动物——符号学意义上的动物还具有发明性、创新性、创造性、原创性能力，这让人想起皮尔斯所言的"沉思游戏"的能力（亦见 Sebeok，1981[40]，西比奥克将"沉思游戏"用作该书题名）。

我们曾声称，人类动物具有符指过程的"符号学"能力，这恰是一种"元符指过程"能力，即使用符号反思符号的能力、意识和自我意识能力、伴随着结果条件的良知能力以及责任能力——不可推卸的强制性责任之能力。巴赫金对这一观点的反思是很有趣的。他认为，意识在世界上出现，伴随着出现的是图形，或更恰当地说是位置，即出现见证者和判断者。世界并非只是存在，而是证实和评价的对象。这意味着已经介入了某种最低层次感觉和知觉的评价。世界不仅是由事物和呈现事物的符号构成的，而且是由价值观、呈现价值观的符号和事物的价值构成的。见证者的立场同判断者的立场一样，都不可能避免责任。没有责任主体之责，就不可能存在证词或判断（参见 Bakhtin，1986：137）[41]。

3. 写作即沉思游戏

因具备了初级模式化系统或语言，人类才得以不断地发明"交际用语"意义上的新语言，也可能是我们称之为新形式"文字"的符构成分。一方面，凭借新技术，而另一方面又因不同文化之间的接触和交流（如全球范围内跨文化论的发展态势），今日以不同形式出现的写作比以往任何时候都更加繁盛。我们甚至可以认为，这就是写作的文明。其中，此处所用的"写作"不应与"文字符号"混淆。凭借技术和人工智能的发展，不同形式的"写作"作为表达和交际的形式，以作为模式化系统的语言或文字写作为基础，正在不断地激增（如文学创作、设计、摄影、电影、戏剧、电视剧本，以及不同形式的新媒体素材）。这些写作形式均是人类写作能力的具体呈现，因此，又有助于提升人类的"沉思游戏"能力。

在今日的交际世界中，即在全球化的交际世界中，重要的是对不同的写作形式做出主题化和价值观评估，而不是将"写作"与"形象"加以并置，因为后者（即形象——译者注）的不同形式的具现并非一种写作的表述。相反，我们的确需要认识到的是：一方面，写作范围不断拓展，语言形式激增，自由沉思游戏不断拓展范围；另一方面，政治经济秩序对交际网络持续管控，二者之间存在客观的矛盾，其中，权利越来越集中于少数者手中，越来越侧重于他者。

然而，不同形式写作的激增，尤其是在艺术形式的问题上，所呈现的是逃离社会秩序（social programming）和主导意识形态的可能性，即摆脱那些当今时代设计所谓"交际生产"[42]世界之人的操控。在小说《华氏451度》（Fahrenheit 451）中，雷·布拉德伯里（Ray Bradbury, 1920 – 2012）[43]将写作视为面对权利以及社会现状合法化施加的管控之时做出批评、反抗和激进社会变革的最后一道堡垒。用他小说中一个人物贝蒂（Beatty）对主人公蒙塔格（Montag）所说的话来讲：

> 这并非直接来自政府。首先，没有口述，没有声明，没有审查制度，什么都没有！天啊，这一伎俩依赖的是技术、大规模的开发和少数群体的压力。今天，依赖于这一切，你才可以乐在逍遥，你才能看漫画，你才能读到那些昔日美妙的忏悔录或贸易杂志。……我们必须都一样平等。亦如《美国宪法》所言，并非人人生而自由平等，而是人人力求平等。到了每个人都是其他人写照之时，那么，所有人都会欢喜，因为再也不存在令他们胆怯的山脉，再也不存在让他们自以为有罪的屏障。（贝蒂与蒙塔格的对话，引自雷·布拉德伯里的小说《华氏451度》）[44]

交际世界的同调（homologation）将"倾听"降级为与沉默关联的"想听"（wanting to hear）。这就意味着说同调降低了沉默的空间。其中，*倾听自由与言论自由同样必要*。倾听与想听之间的差异在于对他者开放或对他者关闭之区别。想听意味着沉默（或闭口不言）；相反，倾听意味着回应性理解的沉默，因此具有反讽、间接话语等性质。这一差异是面向他者所持的态度差异，隐含的是意识形态和政治秩序。

交际世界中的平级化过程（levelling processes）不加选择地运用所有的符号系统，不论是言语符号还是非言语符号，并将所有符号系统降低到皮尔斯所理解的指称性（indexicality）或象征性（symbolicity）地位。不论是信号的规约性特征，还是音响的自然属性特征问题，也不论是从自然特征的必要性到规约性特征的重复，还是如皮尔斯所言的从*指称性*到*象征性*问题，同调化的符号就是失去了歧义性、可塑性、独创性、自主性、绝对他者性的符号，即失去了皮尔斯归入*像似性*（iconicity）的所有专属品性符号。同调化符号不再能够质疑存在——现象世界的同一性，而是被困在一个单一且封闭的话语世界之内，被困在能指与所指、被阐释符号与阐释符号[45]之间的平等交换关系之中。

单一对话性（monologism）转换为单一语言性（monolingualism），不论是从外部到同一种语言，还是从内部局限于同一种语言，都可弥补表达力和批评能力的丧失，从而有利于充分、有效而又顺从的交际。降级为沉默（闭口不言）的空间之内，即与沉默和自由倾听分离，符号就被降级为机械性和自然性的阶段——降级为信号的规约性和音响的自然性，即不力求达意和意指的阶段。失去了表达正常人需求的能力，失去了面向无限性——交际世界开放的能力，语言也就被降级为表达同样需求、同样欲望、同样梦想的工具。

在《美国教训——下世纪的六部备忘录》（*Lezioni americane. Sei proposte per il prossimo millenio*）中，卡尔维诺（Italo Calvino，1923 - 1985）[46]将文学的视野描述为人类对抗以最独特的方式袭击人类的"瘟疫"，力求"健康的可能性"。这一"瘟疫"就是"语言的瘟疫"和一般意义上生命的瘟疫：

> 不论是在政治、意识形态、政府的同一性、大众媒体的单调性上，还是在学校扩散庸俗文化的方式上，我都不想详述这一流行病的可能性根源。我所感兴趣的是健康的可能性。文学，也许只有文学，才能培养出抗体，对抗这一语言中的瘟疫。（Calvino，1988；英译版第56页）[47]

文学创作具有非凡的能力，能够从正常人的角度，将人生的价值观表现到极致，从这一角度说，文学创作尤其有趣。通过建构奇幻文学色彩的实验方式，即使用创造、模仿、反讽等手段，文学作品对他者性，即在世界上处于主导地位的现实性视域，以及在世界（即现象世界）上处于主导地位的现实性视域的他者视域开放。文学创作探索的是刻画他者话语的问题，从而探索倾听他者和对话的问题。艺术价值不同于通过以自我——单一性对话的自我和总体性的自我为中心的世界观来实现（参见 Bakhtin，1993：63 -

74)⁴⁸。相反,艺术价值离不开他者,即相对于自我及其同一性逻辑的非趋同性、与他者相关的视角和价值观。事实上,这些价值观的特点是对他者高度开放、给予他者时间的倾向、面向他者的回应性/负责性,精确地说就是倾听他者。

面向他者性开放之处的论证颇多,如跨越不同语言的翻译实践,抑或是跨越不同地域和国界的民族移居现象。翻译和移居所涉及的不仅是不同语言之间的遭遇,而且是不同文化之间的遭遇,故可定位为倾听或想听。其中,倾听与热情好客关联,而想听关涉的是在封闭的同一性逻辑基础上否定他者。通常,这涉及的是诉求于捍卫同一性权益的范畴,即自我权益,故不利于他者的权益和视角。

应用于翻译之中,倾听是从译者责任即对他者负责的角度,论证跨语言转换的伦理维度。译者也必须对他者负责,陈述他者。事实上,译者在语言、符号和文化之间的遭遇中扮演着重要的角色。从翻译的伦理符号学角度看,译者作为一名对话者,并不排斥他者,反倒被要求对他者做出回应,对他者的奇特性做出回应,对文化差异做出回应,对他者的价值观和具体习语做出回应。因而,伦理符号学意义上的译者乃一种倾听的工具,热情地对待他者话语,热情地对待他者的他者性。

伦理符号学的一大特殊任务就是揭示漠视性差异(indifferent differences)地位这一主张的虚妄性本质,以及论证实体间性、关联间性以及符号间对话性参与的生物符指过程条件这一主张的虚妄性本质。鉴于地球的命运最终隐含在每个个体的命运之中,反之亦然,因此伦理符号学的重要任务就是助人揭示为何对差异持漠视态度是不良的。伦理符号学必须以我们今天所处的社会历史角度——当代性为切入点,对我们的社会体制、今日的交际生产关系、对人类的意义起到主导和定位意义的价值观和社会实践加以质疑。

伦理符号学并不具有一个带有预定目标和实践指向的计划,也不具有一个或多或少诚实地,或多或少虚伪地应用的戒律或修炼法门。如果说有的话,那就是伦理符号学对人类的批评能力负责,主张对原型(*stereotypes*)、规范、意识形态以及不同类型的价值观做出批评(参见 Morris,1964)⁴⁹。伦理符号学的使命是对似乎并不存在的符号网络加以证实。这就意味着要追溯（实际上，这是巨大的符指过程网络中难以避免的）联系与含义。其中，似乎只存在纯粹的分离与割据、边界与距离，以及相对的不在场证据（alibi）。不在场证据有助于捍卫有限意义上的责任，即容易自我呈现为一种清白良知的个体良知。伦理符号学并非局限于预先设定的目标，即最终的目的或至善状态（summum bonum）关注的反倒是对话的全球性和非趋同化全球性中的符指过程。实际上，伦理符号学超越了总体性，超越了单一性对话的封闭状态。根据开放性、无限性符指过程的动态性来说，伦理符号学所持的是对他者性做出回应所需要的一种超越同一性、存在性限度的视角。

下一章，我们将详细探讨自然与文化交叉点上的符指过程与交际，其中既涉及言语符号的作用，也涉及非言语符号的作用。符号活动构成的是连接巨大生物符号域中所有生命域的结缔性组织，包括从单细胞到多细胞的所有生命有机体，即传统上被分为人类与非人类动物、植物和真菌构成的三大"王国"，外加微生物，首先是原核生物、真核生物和细菌，其次是既非动物，也非植物，又非真菌的原生生物和藻类。符号生命和生命符号中存在的此类重叠和连续性，揭示了跨学科研究路径在更好地理解一般意义上的符指过程和交际中所具有的重要意义。

注释：

1　"Gaia"一词源自古希腊语，乃地球的拟人化，亦是古希腊的原始神祇之一。盖娅是所有生命祖源之母，即原始的大地母亲之女神。盖娅也是掌管天空的神祇乌拉诺斯（Uranus）之母，与之结合诞生了泰坦神（Titans，他们自身又是众多奥林匹亚神祇之父母），亦是掌管海洋神祇蓬托斯（Pontus）之母，与之结合诞生原始的海洋之神。她与罗马神话中的泰拉（Terra）相对应。——译者注

2　莫斯科-塔尔图学派生物符号学家维尔纳茨基（Vladimir Ivanovich Vernadsky，1863-1945）提出的"生物域"启发了洛特曼，洛特曼遂在第8届爱沙尼亚理论生物学春季书院（The 8th Estonian Spring School in Theoretical Biology）提出"符号域"的概念，并于1984年和1989年写作专述"符号域"（semiosphere）的文章。基于生物域乃因生命过程所引发的化学变化的物质集合，洛特曼将符号域定义为侧重于生命过程中符指关系所构成的集合。——译者注

3　这一术语系洛特曼受维尔纳茨基提出"生物域"思想所影响，于1984年在《论符号域》（"On the Semiosphere"）一文提出，并在1990年出版的《思维域——文化的符号学理论》一书中得

以完善。但是，洛特曼的符号域思想存在先天不足的毛病，即将符号域等同于文化空间，同时又等同于符号关系，还容易误导读者走向一元论的倾向。另外，丹麦生物符号学家杰斯帕·霍夫梅耶（Jesper Hoffmeyer，1942－2019）采用了"符号域"这一术语，但并非承袭洛特曼的路径，而是指地球上符号过程的总集合。霍夫梅耶认为，生命的符号属性自身就倾向于形成习惯，即倾向于演化为新的规范，也就是说霍夫梅耶从生物学角度阐述的符号网络（符号域或曰符指关系）不但蕴含了动态性、系统性、层级性、历时性（或进化性）、关联性，还体现出符号主体之间存在的类似宇宙万物相关联的"全息性"。美国符号学家迪利（John Deely，1942－2017）将洛特曼的符号域归为狭义范畴，建议用术语符号圈（signosphere）命名霍夫梅耶提出的广义符号域范畴，参见 Deely, John. 2001. *Four Ages of Understanding: The First Postmodern Survey of Philosophy from Ancient Times to the Turn of the Twenty-First Century*. Toronto：Toronto University Press, p. 629；有关 1984 年一文的详细信息，参见 Lotman, J. M. 1984. On the semiosphere. *Sign Systems Studies* 17：6－23 [English version trans. by Wilma Clark, see *Sign Systems Studies* 33（1）：215－239]；Lotman, J. M. 1989. The semiosphere. *Soviet Psychology* 27：40－61.

4 爱沙尼亚文学家、符号学家、文化史家，爱沙尼亚科学院院士，曾任爱沙尼亚符号学会会长，符号学理论贡献为符号域、语言模式化系统、文化文本。——译者注

5 Lotman, J. M. 1990. *Universe of the Mind: A Semiotic Theory of Culture*. Trans. Shukman, Ann. London：I. B. Tauris.

6 Sebeok, Thomas A. 2001. *Global Semiotics*. Bloomington：Indiana University Press.

7 "符号学说"是西比奥克自洛克思想中恢复的一种表述，指方法论、概念工具和对象角度仍然在形成中的一种研究路径（参见 Sebeok, 1976；Sebeok, 1986；Cobley et al., 2011；Deely, 1976）。有关此处文献信息，参见 Cobley, Paul；Deely, John；Kull, Kalevi；Petrilli, Susan（eds.）. 2011. *Semiotics Continues to Astonish. Thomas A. Sebeok and the Doctrine of Signs*. Berlin：Mouton；Deely, John. 1976. The Doctrine of Signs：Taking Form at Last. *Semiotica* 18：2, pp. 171－193. [Essay review of Eco 1975/1976.]；Sebeok, Thomas A. 1976. *Contributions to the Doctrine of Signs*. (Joint publication of) Lisse, Netherlands：The Peter de Ridder Press, and Bloomington, IN：Research Center for Language and Semiotic Studies of Indiana University, Indiana University Press；2nd edition. Lanham, MD：reprinted as Vol. IV in the Sources in Semiotics, Lanham, MD：University Press of America, with a Preface by Brooke Williams "Challenging Signs at the Crossroads," pp. xv－xlii, 1985；Sebeok, Thomas A. 1986. *I Think I Am a Verb: More Contributions to the Doctrine of Signs*. New York and London：Plenum Press；*Penso di essere un verbo*, It. trans., ed. & introd., pp. 11－18, by S. Petrilli. Palermo：Sellerio, 1990.

8 "符号学领域"（Il campo semiotico）是意大利哲学家、符号学家、小说家艾柯（Umberto Eco, 1932－2016）在有生之年与米兰的伯恩皮亚尼出版社合作之时，为自己主编系列丛书选择的表达方式。

9　Petrilli, Susan; Ponzio, Augusto. 2005. *Semiotics Unbounded. Interpretive Routes in the Open Network of Signs*. Toronto: Toronto University Press.

10　原文为法语表述: science qui étudie la vie des signes au sein de la vie sociale，英译文（略有出入）为: a science which studies the role of signs as part of social life。——译者注

11　Saussure, Ferdinand de. 1916. *Cours de linguistique générale*, ed. by C. Bally and A. Secheaye. Paris: Payot, 1922; Critical edition by R. Engler. Wiesbaden: Otto Harrassowitz, 4 Vols., 1968 – 1974; *Course in General Linguistics*, Eng. trans. by W. Baskin, Intro. by J. Culler. London: Peter Owen, 1959, 1974; & by R. Harris. London: Duckworth, 1983; *Corso di linguistica generale*, Intro., It. trans., ed. & comment by Tullio De Mauro. Rome: Laterza, 1967, 2005, 24th ed. 2011.

12　Eco, Umberto. 1984. *Semiotica e filosofia del linguaggio*. Turin: Einaudi. Eng. trans. *Semiotics and Philosophy of Language*. Bloomington: Indiana University Press, 1984.

13　Petrilli, Susan. 2014. The Critique of Glottocentrism, European Signatures. *Chinese Semiotic Studies* 10, 1: 25 – 42. Editor-in-Chief, Yongxiang Wang, de Gruyter Mouton, 2014; Petrilli, Susan. 2016. *The Global World and Its Manifold Faces. Otherness as the Basis of Communication*. [Reflections on Signs and Language, Vol.1, Editors: Susan Petrilli and Augusto Ponzio]. Bern, Berlin, Bruxelles, Frankfurt am Main, New York, Oxford, Wien: Peter Lang.

14　Barthes, Roland. 1964. *Éléments de sémiologie*. Communications 4. Paris: Seuil; *Elements of Semiology*; Eng. trans. by R. Howard. London: Cape, 1967; Hill and Wang, 1968.

15　Petrilli, Susan. 2007. *La filosofia del linguaggio come arte dell'ascolto / Philosophy of Language as the Art of Listening*. Bari: Edizioni dal Sud; Petrilli, Susan; Ponzio, Augusto. 2016. *Lineamenti di semiotica e di filosofia del linguaggio. Un contributo all'interpretazione del segno e all'ascolto della parola*. Perugia: Guerra Edizioni; Ponzio, Augusto. 2009a. *Da dove verso dove. La parola altra nella comunicazione globale*. Perugia: Guerra Edizioni; Ponzio, Augusto. 2018a. "Musica, immagine, scrittura". In S. Petrilli 2018a, pp.11 – 87.

16　20世纪奥地利著名哲学家、先验现象学创始人，为近代最伟大的一位哲学家，早年攻读数学、物理，受德国哲学家兼心理学家布伦塔诺影响，专研哲学，先后在德国哈雷大学、哥廷根大学和弗莱堡大学任教，其哲学尤其是现象学思想影响了海德格尔、萨特、梅洛庞蒂等现象哲学家。——译者注

17　构成现象学的奠基性文本是胡塞尔的第一部专著——《有关纯粹现象学和现象哲学的思想》（如 *Ideen zu einer reinen Phänomenologie und phänomenologischen Philosophie*, 1913）。但是，有关资料（如 *Online Routledge Encyclopedia of Philosophy*）显示，胡塞尔早在1906年就开始了超验性的构成现象学的探讨了。1930年英译本《有关纯粹现象学和现象哲学的思想》序言指出，"自然态度的构成现象学"亦称"庸俗"或"世俗"现象学，主要内容相当于现象心理学。构成现象学强调的是有意识生命中的过程，因为这些过程是对象的意向性，但也相应地对此类过程中

29

的意向对象加以反思。构成现象学通过关注构成而具现。分析物质的"构成"绝对不是区分物质构成的成分,而是描述有意识生命中意向过程的综合构成。有关构成现象学的详细信息,参见 https://www. rep. routledge. com/articles/overview/phenomenological-movement/v-1/sections/constitutive-phenomenology,2020 - 02 - 25。——译者注

18 Husserl, Edmund. 1948. *Erfarung und Urteil*, ed. by L. Landgrebe. Praha：Akademia. New edition, Hamburg：Felix Meiner, 1990; *Experience and Judgment. Investigations in a Geneology of Logic*, revised and ed. by L. Landgrebe, Intro. by J. S. Churchill, Afterword by Lothar Eley, Eng. trans. by J. S. Churchill & K. Ameriks. Evanston：Northwestern University Press, 1973.

19 Petrilli, Susan. 2010. *Sign Crossroads in Global Perspective. Semioethics and Responsibility*, editor, John Deely, Preface, In Her Own Voice, pp. vii - ix, & The Seventh Sebeok Fellow, pp. xi - xiii. New Brunswick, London：Transaction Publishers.

20 Petrilli, Susan; Ponzio, Augusto. 2001. *Thomas Sebeok and the Signs of Life*. London, UK：Icon Books; Petrilli, Susan; Ponzio, Augusto. 2002. *I segni e la vita. La semiotica globale di Thomas Sebeok*. Milan：Spirali; Petrilli, Susan; Ponzio, Augusto. 2007. *Semiotics Today. From Global Semiotics to Semioethics. A Dialogic Response*. Ottawa：Legas.

21 Petrilli, Susan; Ponzio, Augusto. 2005. *Semiotics Unbounded. Interpretive Routes in the Open Network of Signs*. Toronto：Toronto University Press.

22 Sebeok, Thomas A. 1986. *I Think I Am a Verb：More Contributions to the Doctrine of Signs*. New York and London：Plenum Press; *Penso di essere un verbo*, It. trans. , ed. & introd. , pp. 11 - 18, by S. Petrilli. Palermo：Sellerio, 1990; Sebeok, Thomas A. 1991. *A Sign Is Just a Sign*. Bloomington-Indianapolis：Indiana University Press; *A Sign is just a sign. La semiotica globale*, It. trans. & Intro. , pp. 7 - 19, by S. Petrilli. Milan：Spirali, 1998; Sebeok, Thomas A. 2001. *Global Semiotics*. Bloomington：Indiana University Press.

23 Mladenov, Ivan; Iankova, Reni. 2016. Semiotica Anima (1), *Chinese Semiotic Studies*, Vol. 12, Issue 3, pp. 407 - 413, Editor-in-Chief：Wang Yongxiang, Berlin/Boston：Walter de Gruyter.

24 最初出自皮尔斯所做的主题演讲,正式出现在 1878 年 11 月,皮尔斯在《大众科学月刊》(*Popular Science Monthly*) 第 12 卷第 1 至 15 页发表《澄清观念》("How to Make Our Ideas Clear")一文。从时间上来说,这一术语为 1905 年前皮尔斯所用术语。因詹姆斯将实用论发展到伦理学和心理学层面,旨在探究幸福、满意度等终极问题,不免偏离了皮尔斯当初提出实用论的初衷;为了捍卫自己的初衷,皮尔斯于 1905 年公开发文,将实用论改为实效论"pragmaticism",但操作准则和原则未变,即 1878 年 11 月,皮尔斯在《澄清观念》一文,将实效论准则初次界定为:"考虑到可能具有令人信服的实用意义之效应,才设计了我们的概念对象。也就是说,这些效应的概念就是这一对象的概念整体。"1905 年 4 月,皮尔斯在《一元论者》(*The Monist*) 第 15 卷第 2 期第 161 至 181 页发表《何谓实效论》("What Pragmatism Is"),

将实效准则重述为:"任意一枚象征符号的所有知识意义,均由理性行为的所有普遍模式构成,始于基于所有可能的相关情况和要求,接受这一象征符号。"尽管皮尔斯对实效论准则做出了重述,但主体精神未变。也就是说,作为方法论的皮尔斯实效论准则主张,皮尔斯的符号概念所具有的理性意义取决于可想象的实用意义,即体现在其可能的应用之中。有关皮尔斯实效论的详细内容,参见贾洪伟:《哲学实效论与翻译符号学》(苏州大学出版社,2019)相关章节内容。——译者注

25 美国哲学家、逻辑学家、数学家、科学家、符号学家等,初学化学,后学艺术(1862年获得哈佛大学艺术硕士),又涉科学(1863年获得哈佛大学理学-化学学士),痴迷逻辑、数学等,曾多年供职于美国海岸和大地测量局,曾当选美国艺术科学学院驻院研究员、哈佛天文台助理研究员、美国国家科学研究院院士等,因在逻辑学、数学、哲学、科学方法论、符号学以及实用论方面做出的贡献而闻名。尽管在数学、统计学、哲学、科研方法论以及不同科学中有所创新,但皮尔斯将自己视为逻辑学家,故将自己在今日称作认识论和科学哲学的大多思想视为逻辑学;他界定了试推(溯因)推理概念,严格厘定了数学归纳和演绎推理。因而,他被后世称为"美国最具有原创精神、涉猎最广泛的哲学家和美国最伟大的逻辑学家""20世纪末21世纪初最具原创精神的思想家和最伟大的逻辑学家"。——译者注

26 Peirce, Charles S. 1931–1958. *Collected Papers of Charles Sanders Peirce* (i 1866–1913), Vols. I–VI, ed. by C. Hartshorne & p. Weiss, 1931–1935, Vols. VII–VIII, ed. by A. W. Burks, 1958. Cambridge, Mass.: The Belknap Press, Harvard University Press. All eight vols. in electronic form ed. John Deely. Char lottesville, VA: Intelex Corporation, 1994. Dating within the *CP* is based on the Burks Bibliography at the end of *CP* 8. Theabbreviation followed by volume and paragraph numbers with a period between fol lows the standard *CP* reference form.

27 Ponzio, Augusto. 2006. *The Dialogic Nature of Sign*. Ottawa, Toronto, New York: Legas.

28 Petrilli, Susan; Ponzio, Augusto. 2002. *I segni e la vita. La semiotica globale di Thomas Sebeok*. Milan: Spirali.

29 俄国作家,被部分学者认为是存在主义的奠基人,以小说《罪与罚》《地下室手记》《白痴》等闻名于世。——译者注

30 哥白尼革命源自托勒密的天体说到日心说的范式转换,托勒密的天体说将宇宙描述为地球静止在宇宙中心,而太阳位于太阳系之中心,这一观点与今日的宇宙全息论不吻合。这一革命分为两个阶段,第一阶段在本质上是极度数学化的,第二阶段始于1610年伽利略出版的小册子。自康德之后,哥白尼革命这一术语,在20世纪逐渐被用于指称任何(包括假设式)范式转换,如指称弗洛伊德的精神分析、后现代批判理论等。——译者注

31 Bakhtin, Mikhail. 1981. *The Dialogic Imagination: Four Essays*, Eng. trans. by C. Emerson and M. Holquist, ed. by M. Holquist. Austin: Austin University of Texas Press.

32 Sebeok, Thomas A. 1986. *I Think I Am a Verb: More Contributions to the Doctrine of Signs*. New York

and London: Plenum Press; *Penso di essere un verbo*, It. trans., ed. & introd., pp. 11 – 18, by S. Petrilli. Palermo: Sellerio, 1990.

33 美国语言学家、哲学家、逻辑学家、政治评论家，麻省理工学院语言学荣休教授。他提出的生成语法被认为是对20世纪理论语言学研究的重要贡献；采用以自然为本的研究路径研究语言的方法影响了语言和心智哲学的研究；根据语法生成能力不同而对形式语言加以分类，被称作乔姆斯基层级；发展了结构语言学的句法树理论，形成转换生成语法树形图思想，提出最简方案，极大地推动了数理层面的形式语言学研究。——译者注

34 法国博物学家、分类学家、生物学的奠基人之一，率先提出生物进化学说，乃进化论的倡导者和先驱，代表作为《动物哲学》。——译者注

35 Rossi-Landi, Ferruccio. 1985. *Metodica filosofica e scienza dei segni. Nuovi saggi sul linguaggio e l'ideologia*. Milan: Bompiani.

36 系统发生乃一个分类单元（任何层级）出现的生物学过程。研究这些过程的科学被称为系统发生学（phylogenetics）。这一术语易与系统发生学混淆，后者为分子分析方法（分子生物学和基因组学）应用于解释系统发生及其研究。系统发生关系是通过以评价所观察到的可以从性状特征的系统发生推断方法得以发现的。——译者注

37 在弗洛伊德心理学里，外化是一种无意识的防御机制。通过这一机制，个体将自身的内在特征"投射"到外部世界，尤其是投射到他者身上。譬如，一位过于爱争论之人，反倒可能认为他人爱争论，而自己却是无咎的。如同其他防御机制一般，外化是一种防止焦虑的机制，因此，也是一个健康、正常运作思维的组成部分。然而，如果过度的话，这种状况就会引发神经症。——译者注

38 Sebeok, Thomas A. 1986. *I Think I Am a Verb: More Contributions to the Doctrine of Signs*. New York and London: Plenum Press; *Penso di essere un verbo*, It. trans., ed. & introd., pp. 11 – 18, by S. Petrilli. Palermo: Sellerio, 1990.

39 Barthes, Roland. 1982. *L'obvie et l'obtus. Essais critiques III*. Paris: Éditions du Seuil.

40 Sebeok, Thomas A. 1981. *The Play of Musement*. Bloomington: Indiana University Press.

41 Bakhtin, Mikhail. 1986. *Speech Genres & Other Late Essays*, ed. by C. Emerson and M. Holquist, Eng. trans. by V. W. McGee. Austin: Austin University of Texas Press.

42 在当前发展阶段的资本主义体制中，交际就是生产。今日的资本主义体制就是一个全球化交际生产体制（参见 Ponzio, 1999; Ponzio, 2009: II, 1, 63 – 65; Petrilli and Ponzio, 2005: 491 – 494, 520 – 527）。有关文献参见 Ponzio, Augusto. 1999. *La comunicazione*. Bari: Graphis, 2nd ed. 2004; Ponzio, Augusto. 2009. *Da dove verso dove. La parola altra nella comunicazione globale*. Perugia: Guerra Edizioni; Petrilli, Susan; Ponzio, Augusto. 2005. *Semiotics Unbounded. Interpretive Routes in the Open Network of Signs*. Toronto: Toronto University Press.

43 美国科幻、奇幻、恐怖小说家，曾获得世界奇幻协会的终身成就奖（1977），代表作为《火星

纪事》《图案人》《十月国度》等。有关其影响力，曾任美国总统的奥巴马有言：他重塑了我们的文化，拓展了我们的世界；美国知名导演史蒂文·斯皮尔伯格曾言：他是我们科幻电影事业中的缪斯女神，通过科幻作品，他构筑了一个属于他的科幻世界；德州州立大学教授安妮·里德也曾言：他是将科幻小说从低级书刊带到主流书刊的第一人，他一生获得很多荣誉，好莱坞星光大道上有属于他的一颗星，太空中有以他命名的小行星；等等。由此可见雷·布拉德伯里在科幻文学、影视领域的影响力。——译者注

44 Bradbury, Ray. 1953. *Fahrenheit 451*. New York: Del Rey.

45 对应的英文为"the interpreted sign"和"the interpretant sign"，系模仿法语术语能指（the signifiant）与所指（the signifié）而提出的，也可以模仿对索绪尔这对术语的翻译，将其译为"能释符"和"所释符"。——译者注

46 意大利记者、小说家，去世时已经是意大利当代作家中外译作品最多的作者，代表作为《我们的祖先三部曲》《隐身城市》等。——译者注

47 Calvino, Italo. 1988. *Lezioni americane. Sei proposte per il prossimo millenio*. Milan: Garzanti; *Six Memos for the Next Millenium* (Charles Eliot Norton Lectures 1985–1986). A note on the text by Esther Calvino, pp. 2–3, Eng. trans. by Patrick Creagh. Cambridge, Mass.: Harvard University Press, 1988.

48 Bakhtin, Mikhail. 1993. *Toward a Philosophy of the Act*, English translation by V. Liapunov, edited by M. Holquist. Austin: Austin University of Texas Press (see Bakhtin 1920–1924a.).

49 Morris, Charles W. 1964. *Signification and Significance. A Study of the Relations of Signs and Values*. Cambridge, Mass.: MIT Press; It. trans. by S. Petrilli in Morris 1988; as an independent volume, see Morris 2000.

第三章 自然与文化之间的交际

1. 语言人

在与生命科学尤其是生物学的对话中,符号科学即符号学,尤其是生物符号学和全球符号学,多从代际遗传密码基础上所获得的细胞间交际能力的角度,描述生物有机体。与人类和非人类动物相关的同异,均具有类比和同源序列性质,即组织外部现实模式化,也即世界观层面的差异;具有不同进化起源的有机体可观察特征之间的相似性,即表层相似性,与进化中共同血统或共同模态(即遗传同源性基础上的发育或遗传结构相似性)对立而存在。从全球符号学的角度看,具体的同异之处体现在人类符指过程与动物符指过程、人类域与非人类域之间的交际模态之中。人类与非人类动物都通过他们共有且将他们联系在一起的不同类型的符号来交际(参见 Petrilli, 2012:105-112)[1],但"语言"为人类动物的一大专属特征。正因为有了语言,与非人类动物———一种"具备符指过程的动物"对立而存在的后者(即人类动物——译者注),也是一种"符号学意义上的动物"。通过进化发育这一历程,人类超越了"交际动物"范畴,变成了一种"会说话的动物",即语言人(homo loquens)。

2. 交际与言语

"不会说话的动物如何交流"这一表述,作为西比奥克于 1998 年出版的动物交际主题论文集的题名,由本书作者翻译为意大利语——《无语言动物如何交际》(*Come comunicano gli animali che non parlano*)², 并非仅仅引发读者的好奇心, 也并非简单地暗示一个事关动物或行为学秩序的问题。从广义上来说, 这一表述事关普通符号学以及人类交际的地位, 尤其是符号世界以及符号研究中言语层面的语言所具有的地位。

我们会立即注意到, 这是一个似是而非的问题。根据常识所达成的共识, 人们普遍认为动物存在交际。但是, 许多符号研究专家, 尤其是"结构符号学家", 倾向于将研究兴趣限定为人类世界的交际, 而有些人仍然将"交际动物"(communicating animal)这一表述视为人类特有的一种资质。然而, 在现实中, 我们都知道所有动物都存在交流现象, 不仅是人类, 非人类也交流。实际上, 将交际作为人类的资质, 只是证实了这一事实: 人类属于动物这一王国。更重要的是, 近来生物学领域的研究表明, 形成另外两个超级王国的成员——植物和真菌也存在交际。除此之外, 微生物中也存在交际。具有一枚未被包裹细胞核的细胞, 即原核生物和细菌也存在交际现象。此外, 被赋予了一枚被包裹细胞核的更为发达的细胞, 即真核生物, 同样存在交际现象。此三者形成了三大超级王国〔鉴于营养生成既不是通过植物的光合作用形式——合成类(composers), 也不是通过动物的摄入形式——转化类(transformers), 更不是通过真菌的*分解*形式——分解类(decomposers), 而是通过上述三种过程的结合, 如海藻, 因而也存在第四大王国, 即原生生物——既非植物, 也非动物, 又非真菌〕。

诸如"细胞间交际"(intercellular communication), 即无人会误解为两个人通过手机产生的交际, 以及"遗传码"(genetic code)等表述, 现在已在日常语言中流通。因此, 说人类是一种交际动物, 就如同说人类是生物一般。事实上, 虽然不确定是否没有声明, 就没有交际, 但毫无疑问的是举凡有生命的地方, 就存在交际(和模式化系统)。实际上, 这一说法是言(做广义理解的)生命与交际之融合。因此, 与假定的人类作为一种"交际动物"这一"定义"相比, 人类作为一种"哺乳动物"的定义更具有代表性, 尽管这一定义并没有提及人类属的特殊性。

但是, 即便是将人类特征界定为一种"会说话的动物", 仍然不符合人类的特质。言语并非人之所以为人的必要条件, 这可以由聋哑人的存在加以证明, 即对于所有的意图和目的, 聋哑人均能生成较高程度的文化表述, 只是并非以言语形式而已。

将人界定为人类的条件并非言语，而是语言。后者——语言，被理解为一种模式化系统，即模式化的语言，而非用于交际的语言（参见 Petrilli, 2012：5.8）[3]。此外，我们知道婴儿维护生命需求的交际（亦如这一表述所示），完全表现在言语之外。正如西比奥克所言，婴儿（infants 中的"in"为表示私有性前缀，前置于表示"说话"的现在分词"*fari*"）以非言语形式交际，就如同患了失语症之人一般，因此被视为残疾人士（Sebeok, 1986：13）[4]。

亦如此前的分析所示，即便动物不会说话，也不涉及人类的交际，要回答动物如何交际的问题也并非易事。"不会说话的动物"，即"无言语交际的动物"（speechless animal），是一种只能从人类中心论角度做出的表述。鉴于这意味着言语是人类获取信息的一个必然条件，当然对于聋哑人来说是一种谬误，故这一观点也是逻各斯中心论观点。但是，除了聋哑人的问题，正如西比奥克不厌其烦地在口头陈述及其著述中反复强调，人类世界中交际的主要部分是通过非言语符号，而只有一小部分是通过言语，即言语符号。在婴儿与母亲或所谓"母亲"之间的关键性非言语交际基础上，人类习得言语层面的语言，其中的所谓"母亲"指的是不论什么性别，举凡参与照顾婴儿的所有人士（Vaughan, 2015）[5]。但是，对婴儿来说，非言语交际不仅对于生存至关重要，对其成年后的整个后期发展过程也至关重要。

在 20 世纪 80 年代中期，笔者对西比奥克做了一次访谈。在访谈中，笔者当时问了他一个事关动物符号学对人类科学的作用的问题。西比奥克从全球符号学视角做出答复，证明了非人类符号与动物世界中人类物种专属的符号之间关系的重要性，因此也证明了涉及自然与文化的交际过程中非言语符号与言语符号之间关系的重要性。西比奥克仅是从数量的角度，提请学界注意非言语符号所占据的压倒式优势（高达这个符指活动的约99%），其中非言语符号与言语符号的重叠仍然为人类所专有。用西比奥克的话说：

> 显而易见的是，就所涉及的言语符号（语言）与非言语符号研究而言，符号学存在两个层面。然而，大多数受过生物学训练的符号学家似乎不明白的是：侧重非言语层面的符号学是一个巨大的领域，不仅涉及人类的非言语行为，这实际上占据人类行为总量的99%，而且涉

由数百万计非人类动物构成的一个巨大的世界。此外,非言语符指过程也包括植物符指过程以及其他类型的符指过程,诸如体内出现的符指过程,如遗传码、免疫码,以及其他类型的内在机制。从纯量的角度说,非言语符指过程完全淹没了言语符指过程。当然,在由人类占据和活动的这一个地球的小角落里,言语符指过程至关重要。因此,我认为,一位合格的符号学家必须既研究言语符指过程又研究非言语符指过程。如果不忽略世界上占据99%的符号现象,就不可能将我们的符号学视野仅局限于人类。我想要说的是,自然是由占据99%不同于人类的事物构成的。(Petrilli, 2015: 228)[6]

如前文所示,如果将重点放在非人类动物之间的交际层面,那么,"不会说话的动物如何交际",换句话说"无言语交际的动物如何交际",就是一个非常糟糕的问题,亦如此处所涉的事实所示。将非人类动物与人类动物区别开来的并非缺乏言语,即"我的狗只是缺失言语"(通常指称的是某人自己所有的狗,即"我的"狗),这难道是真的么?仅是缺失言语,这对聋哑人或婴儿来说是事实。但是,在我们将无言语交际的动物如何交际这一问题应用于探究非人类动物交际之时,我们很容易落入此类表述之藩篱。即便是西比奥克也在无意之中使用了诸如"无言语的生物"(speechless creatures)这样的表述,而他坚信的是将人类与其他动物区别开来的是这些动物不具有"语言"这一事实。

然而,关键的一点在于:在这一话语语境之中,西比奥克将语言理解为一种不同于言语的初级模式化系统[7],即不同于身为二级模式化系统[8]的历史-自然语言。鉴于最初因适应形成的言语具有独特的交际功能(Sebeok and Danesi, 2000; Petrilli and Ponzio, 2002: I.5, II.4; Sebeok, 1991: Ch.5, 1994/2001: Ch.9)[9],这仅是拓展适应过程产生的一种结果。有关问题参见下文详述。当前,笔者想要证明在突破人类中心论、逻各斯中心论和音响中心论视角方面所遇到的困难,尽管我们的意图是好的,不论我们所持的概念多么广义,也不论我们所持的概念多么公允。

3. 他者之间的交际

在探究他者之间不同于我们自己的交际之时，我们很容易错将此类交际赋予人类交际特有的缺点、相似性或潜在性，并将其视为评价的标准[10]。这可能被视为一种人类中心论秩序错误的驱动逻辑，与本例中所涉种族中心论和语言中心论秩序错误的驱动逻辑酷似，即一门特定的语言（即自己的母语）所具有的特征，被偏见地假定为一般意义上思想和语言所具有的特征。此类混淆可以追溯到英语分析哲学，其声称描述的是日常语言的一般特征，但实际上描述的是英语这门语言的具体特征。乔姆斯基（1959/1967）[11]也犯了类似错误，他声称自己指向的是先天普遍语法，即最近在与美国进化生物学家豪瑟（Marc D. Hauser, 1959 - ）[12]和惠誉（W. Tecumseh Fitch, 1963 - ）[13]的合作（2002 年）[14]中，乔姆斯基所持有的一种观点，实际上他确定的是与英语相关的语法规则。事实上，乔姆斯基的语言例证一旦转换为其他语言，就不灵验了（参见 Ponzio, 1992）[15]。

理解他者之间交际的问题，不仅涉及以语言－民族中心论秩序偏见主导的语言学、民族语言学或文化人类学，还涉及非人类动物的交际。尽管存在巨大的多样性，但即便是非人类动物交际的特征也往往建立在人类中心论偏见基础之上。我们倾向于将交际局限在人类符指过程层面，实际上甚至更严格地限制在人类社会符指过程层面，即人类社会交际这一层面，含蓄地否认或至少忽视非人类动物交际这一事实（在这种情况下，符号学就是一门专注于人类的科学）。因此，我们从这一倾向转向其对立面。换言之，只是在不断变化的科学思想发展趋势的基础上，某些非人类动物［如黑猩猩、马——聪明的汉斯现象（Clever Han Phenomennon）[16]、狗、海豹、海豚等，参见 Sebeok and Rosenthal, 1981］[17]被认为获得了人类特有的认知能力，诸如计数，甚至是言语行为。

动物交际研究应该以他者性这一问题的主题化为导向，故交际与面向他者的倾向相关联。从自我的角度与他者确立关联，意味着尽量避免将自我投射到他者身上，或避免认同他者，也同样避免与他者分裂和制造障碍的相反倾向。这样一种态度往往意味着同一性、高估自我、高估观察对象和主导于他者的傲慢态度，因此就侵犯了他者（参见 Petrilli，2014，2016）[18]。

4. 动物符指过程中的同源性与类比性

动物交际研究现在被称作动物符号学（*zoosemiotics*）这一学科的组成部分。连同植物符号学（*phytosemiotics*）——研究植物世界中的交际，*真菌符号学*（*mycosemiotics*）——真菌之间交际的潜在研究，*微生物符号学*（*microsemiotics*）——研究细菌或原核生物，以及*内部符号学*（*endosemiotics*）——研究大型有机体中的交际，动物符号学进入了*生物符号学*（*biosemiotics*）这一更大的领域。生物符号学探究的是库尔（Kalevi Kull，1952 - ）[19]于 1999 年[20]所讨论的*符号域*（*semiosphere*），不同于洛特曼所指的人类文化域（参见 Lotman，1984，亦见 Lotman，1981）[21]。但是，随着生物符号学的近来发展，现在显而易见的是符号域与整个生物域融合，因为生命意味着符指过程（没有符指过程就不存在生命这一事实是肯定的，这也是我们此处直接的关注点所在，但是，没有生命符指过程依然存在这一点仍有待于验证。不论怎样，这都与我们当前的关注点无关）。

有两种方法可以考察与他者之间的差异，识别与他者之间的关系，一种方式是*对比*，另一种方法是通过*相似性*。亦如巴赫金所证实的，第一种方法无助于识别独特性。巴赫金对俄国形式主义者提供的方法持批评态度，即"独特性标识项"（specifiers）意在通过将其余日常交际加以对比的方式，对文学语言的独特性加以解释。相反，巴赫金研究的是相似性范畴。在 1926 年的一篇精彩的文章，即《生活中的话语和艺术中的话语》（"Slovo v žizni i slovo v poezii. K voprosam sociologičeskoj poetiki"）[22]，署名为巴赫金的好友兼亲密合作者沃罗希诺夫（Valentin N. Vološinov，1895 - 1936）[23]。文章于 1976 年被译为略微不同的题目《生活中的话语和诗歌中的话语——社会诗学问题》（"Discourse in Life and Discourse in Poetry: Questions of Sociological Poetics"），作为附录编入著作《马克思主义批评中的弗洛伊德主义》（*Frejdizm. Kritičeskij očerk*，1927）[24]，并于 1973 年译为英文，又在 1987 年的新版做出整体性的题名调整——《弗洛伊德论——一部批评导论》（*Freudianism: A Critical Sketch*，俄文版见 Vološinov，1926 & 1927；意大利文版见《巴赫金及其学术圈》,2014:271-333)[25]。巴赫金指出文学词汇的独特性是以日常生活词汇的相似性为理据的。当然,所指的相似性类型并非表层的相似性,即所谓的类比,而是更深层次的相似性,即基因和结构相似性,也即"同源性"。巴赫金是根据自己在生命科学方面的经验来认识这种差异的。事实上,在好友兼合作者——生物学家卡纳耶夫(Ivan Ivanovitch Kanaev, 1893-1984)的影响下,巴赫金还如生物学家一般研究了与进化发展相关的问题,并对当时达成共识的*生机论*(vitalism)[26]加以批评(参见Kanaev, 1926)[27]。即便是西比奥克高度评价的这位生物学家和密码符号学家——乌埃克苏尔(Jakob Johann von Uexküll, 1864-1944)[28]也未能幸免[参见Uexküll, 1982 (1940); Sebeok, 1979:187-207][29]。

维尔比夫人(1837—1912)也将类比与同源性之间的区别,主题化为她广泛的研究以及对生物学的特有兴趣之结果:不具有科学重要性的相似性(类比),即日常语言中可能用同一称谓的事物之间的相似性(如一只昆虫的翅膀与一只鸟的翅膀),与具有科学重要性的相似性(同源性),诸如一只鸟的翅膀、一个人的上肢和一条鱼的胸鳍,两个类别之间事物存在的相似性(参见Petrilli, 1998; Petrilli, 2015)[30]。亦如西比奥克(2000)[31]所示,众科学中反对分裂论的研究路径,尤其是在人类科学和自然科学之中,可以基于同源相似性(homological similarity)来实现。分裂论的一位重要批评者——罗西-兰迪也强调同源相似性对辨识差异与独特性具有的重要意义,甚至将他自己对于符号研究的一般方法——"方法论"(methodics)描述为一种"同源方法"(参见Petrilli, 2010: Ch. 2, 3, 5; Petrilli, 2014: Ch. 14; Landi, 1968; Landi, 1975; Landi, 1985; Landi, 1992; Landi, 2016)[32]。

人类和非人类动物的独特性——区别彼此的他者性程度,在遗传结构的相似性层面更为显豁,即在历时和共时两个层面联系彼此的同源相似性更为显豁。譬如,科学业已证明:非人类动物(不论是对每一物种加以单独考察,还是做整体考察)使用与人类相同的符号类型。就皮尔斯(1839—1914)所构想的符号之间的三元关系区别而言,即(基于规约性的)*象征符*(symbol)、(基于连续性或因果演替的)*指示符*(index)以及(基于相似性的)*像似符*(icon)之间的区分,所有三种类型的符号(象征符-指示符-

像似符）均呈现于人类和非人类动物世界之中（参见 *CP* 2.74 – 2.308）[33]。除此之外，非人类动物也使用称谓，也能够说谎[34]，亦如西比奥克在许多有关命名和谎言的论文中充分证明的一般（参见 Sebeok，1986：Ch. 7 and 10）[35]。

尽管如此，正如莫里斯（Charles Morris，1901 – 1979）在《统一科学国际百科全书》（*International Encyclopedia of United Sciences*）第 1 卷第 2 期发表的《符号理论基础》（"Foundations of the Theory of Signs"，1938）[36]所阐明的一般，人类动物世界与非人类动物世界之间的连续性并不排除非连续性和独特性。我们现在知道人类符指过程是动物符指过程的一部分，因此人类符指过程乃动物符号学这一涵盖范围更广阔的研究领域的一个分支。考虑到连续性、相似性（同源性）以及这两个域之间存在的进化关联性关系，此乃辨识他者性关系——独特性的一大条件，同时又不会走向还原论（reductionism）或分裂论（separatism）。将一个域缩小为另一个域，或在两个域之间制造障碍的相反倾向，阻碍了理解他者性的可能性，不论自己还是他人，在面对自己或他人的同一性而无视所存在的差异之时。

5. 总体性（趋同性）与他者性

关于还原论，有些研究路径旨在从人类行为角度解释非人类动物的行为。但是，在某一行为论中，相反的研究路径往往占据主导地位，倾向于将非人类行为视为参考模型，用以解释人类行为。更糟糕的是，所提及的通常是实验室所研究且在进化论角度相距遥远的动物（如巴浦洛夫[37]研究中的老鼠和狗的例子）。[38]莫里斯本身为美国心理学家米德（George Herbert Mead，1863 – 1931）[39]行为心理理论的主要倡导者，同时也是还原论视角理解的行为论的主要批评者（莫里斯的研究路径与皮尔斯的实用论并不遥远）。行为论的还原论路径主张从非人类动物行为的角度解释人类符指过程[40]，将言语行为和非言语行为同调化，其中对非言语行为的理解也不够充分。

相反，他者性逻辑视角的研究路径，有助于避免还原论谬误（reductionist fallacies）不可避免地蕴含着的生物学类型产生新的误解。符号域与生物域融合的符号学研究——研究生命符指过程（参见 Posner et al.,

1997–2004；Sebeok，2001）[41]的全球符号学，与生物符号学的融合，无需蕴含任何形式的生物论就能得以证明。事实上，莫里斯（1938）[42]及之后的西比奥克（1972，1976，1979，1981，1986，1991，1994，1998，2000，2001）[43]都是朝这个方向推进的，但二者均未落入行为主义或生物学还原论的陷阱。然而，莫里斯（虽然不受还原论影响）却特别暴露于还原论之中，因为他所在的时代，以科学的"统一"主导的关注点，特点就是倾向于重新将所有科学的使用语言引导为物理学所使用的语言。

如果旨在鼓励人类科学、物理－自然科学、逻辑－数理科学等科学之间的对话，又不让其中任何一门科学压过其他科学，那么，出现他者性的问题也就是自然的。如果从符号学的视角来看待的话，互动（即对话——译者注）就是最为深入和有效的方式，因为所有的科学无疑都涉及符号及其阐释。与其说符号学是一门超级科学（super science）或一门主张无所不包的哲学，不如说符号学是基于各自特有的兴趣点和方向定位，不同科学能够相互面对彼此的一个交汇之所，即这是*真正对话*（real dialogue）——*实质性对话*（substantial dialogue）[44]的条件之所在。每一门科学都带着自身的独特性参与对话，从其他科学的他者性角度看，就是这门科学的他者性。所有的科学都涉及符指过程，而符指过程呈现的是众多的层面，且所有的层面都需要对其物质性和客观性层面加以辨识。这才是真正意义上全球化且因而能够理解不同特性层面符指过程的符号学路径。

他者性问题与总体性（即趋同性——译者注）问题密切相关。只能在一个条件下才能了解他者性关系，即任何单一的构成部分都不能生成总体性。根据索绪尔的界定，或者更恰当地说对索绪尔界定做出的歪曲性阐释（参见 Petrilli，2018；Ponzio，2018）[45]，结构符号学是研究（人类）社会生活领域符号的一门符号科学，将关注点局限于规约符号，因此也就是局限于刻意为交际目的而生成的符号。在结构符号学声称是一门符号的一般科学（即普通符号学——译者注）之时，结构符号学就将人类符号学——动物符号学的一部分换成了全球符号学，这是以部分代替整体，因而就产生了*以偏概全这一谬误*[46]。此外，结构符号学的语言学缘起蕴含着言语符号模式角度下所有其他符号的研究和理解，将语言学视为模式化科学[47]。这就意味着，如前所述的"结构符号学"是以言语范式为基础，且因*以偏概全这一谬误*

而弱化，其中的以偏概全为用人类符号，尤其是言语符号，代替人类和非人类所有可能性符号（Petrilli and Ponzio, 2001, 2002）[48]。

但是，要在不同的研究领域中确立一种他者性关系以及各领域具体的分析对象，就需要一种*非趋同化方法*(*detotalizing method*)，而不是一种趋同化的研究方法，如索绪尔的研究方法一般（Petrilli, 2010）[49]。这就意味着要重新确定某些学科面向他者所持的帝国主义态度，要从外延更为广泛的整体角度重新确立部分的位置——需要重新考虑的另一概念。

全球符号学以一种力求避免任何一门学科变为绝对或将自身观点错误地阐释为唯一可能观点的方式，确定符指过程研究中每一门学科的边界。符号研究中的一种非趋同化方法和一种真正意义上全球化的符号学研究路径相互以彼此为前提。相对于一种趋同化的视角，全球符号学推崇的是非趋同化(*detotalization*) 的过程。将符指过程与生命等同，此乃符号学避免将自身局限于"狭隘"眼界的关键条件。正如西比奥克所说，这是符号学采用尽可能"普适"(ecumenical) 的方法这一优势的条件所在。

然而，正如所料，生命与符指过程的融合并不意味着符指过程会在生命中穷尽。西比奥克明确地宣布了这一点，从而使其全球符号学可用于探究非趋同化的过程，亦如皮尔斯在做出整个宇宙充满了符号——实际上宇宙是由符号学组成的这一论断之时所预言的一般。全球符号学不断地暴露自身的非趋同化且不断地向非趋同化开放，甚至到了涉及一种宇宙符指过程的维度[50]。如果我们不能培养出这一广博的眼界［可以描述为"卢克莱修式"[51]的眼界，让人想起了《物性论》(*De rerum natura*) 中所提出的那无与伦比的愿景，参见 Lucretius, 1916/2008[52]][53]，那么，（不同程度）短视的风险所涉及的不仅是一个学科（符号学）的命运，而且是生命及其符号的命运。被视为全球符号学的符号学，消除了边界，清除了声称为绝对整体的部分（即以偏概全谬误——译者注）所构成的障碍。相反，全球符号学揭示的是无可避免型融入关系——部分之间不可分割的相互蕴涵关系，追溯的是并非必然的意图型交际的存在，即并非由主体决定的交际，而是被动、施加，同时又至关重要的交际。

6. 他者性与命名

与确立界定"动物"的标准相比（Sebeok，1991：Ch. 10）[54]，对鸭嘴兽这样的动物加以分类的问题［参见 Eco，1979（1999）[55]］，是相当微不足道的。在所有的分类法中，区别都是近似的，其中也包括三大超级王国之间的区分。这意味着极难对理解为"动物"的生物与所有其他生物确立一种明确且精确的区分标准。因此，我们假定了第四大王国，将既非"动物"，亦非"植物"，也非"真菌"，而是"其他"的生物纳入其中。这第四大王国所呈现的是一种直接性的困境。

在涉及他者的问题时，命名通常是一个复杂的问题。从"相同性""同一性"的角度说，他者是"非相同性""非同一性"，或"超相同性"（the "extra-same"）、"超同一性"（the "extra-identical"）。譬如，鉴于在音响中心论偏见基础上赋予言语符号的首要地位，相对于言语符号研究范式的所有他者符号都被简单地归类为"非言语"或"超言语符号"。这也适用于相对于人类且身为他者的动物，即被称作"非人类动物"。在这种情况下，一部分也主导着他者。显然，所有此类命名都类似于人类世界中极为"令人不快"的他者名称，如"外来者"（extra-communitarian）、"老番"（alien）及"外国人""种族""美洲印第安人""红皮肤""非法""插队者"等。此类表述在日常语言中广泛地流通，甚至到了似乎正常的程度。然而，鲸鱼被称为"鱼"，这令人十分震惊。正如西比奥克所言，通俗分类法（popular taxonomies）有时可以弥补科学分类法的僵化和过度抽象性。就鲸鱼一例而言，这种对鲸目动物的通俗命名，对于"现实"做出的回应无异于"哺乳动物"这一命名。

7. 语言符指过程与非语言符指过程

从全球符号学视角——符号、意义、符指过程、交际、阐释等角度，探究普通符号学的范畴是非常重要的。但是，同样重要的是避免用相对于具体以及通常具有主导性的符指过程领域的这些范畴的任何专属特征替代一般范畴。鉴于今日符号学中的主导性方向,重复强调说唯有在全球符号学的研究路径这一视角下才有可能存在真正意义上的普通符号学,并非多余。

对于惯于研究文本、社会互动、不同层面的文化符号域、历史-自然语言、特殊语言乃至诸如销售这样的现象(一种时代性的符号)的符号学家来说,必须要研究细菌似乎并不合适。然而,正如西比奥克所言,如果理解为符号一般科学的符号学,在界定一般范畴(如交际、符号、阐释、符指过程等)之时,还尚未考虑诸如细菌这样的基本生命形式,那么,符号学最终就不免会以部分代替整体。

在一种遗传码基础上,对原核生物、真核生物、免疫系统、孕育中的有机体做出阐释,对(系统发生和个体发生层面的)人类生活所具有的重要意义不亚于人类之间的言语和非言语交际。此类阐释过程确实对人类世界的交际至关重要。譬如,在技术发达的人类社会,蜂窝间(intercellular)通信(即通过蜂窝制式交际——手机通信),唯有通过电话连接的两人的有机体内细胞间交际(即细胞之间的交际)——内部符指过程正常发挥作用这一条件,才能够发生。

甚至选作1998年意大利语版的西比奥克文集《无语言动物如何交际》(*Come comunicano gli animali che non parlano*)题名的表述,仅是本书上一节提及的那些"令人不悦的"表述之一。言语在人类世界中占据的地位微乎其微,更不用说一般意义上的动物世界了。因此,将"不会说话的动物如何交际"或"无言语的动物如何交际"这一表述,应用于动物王国中的大量成员这一事实,仅是在音响中心论偏见基础上,(不公正地)对言语赋予特权产生的结果。这一偏见如此根深蒂固,故而这一表述被纳为致力于非人类动物交际这一著作的题名;在意大利语中,这一表述实际上比更准确的表述"非人类动物如何交际",抑或是同样正确的表述"无语言动物如何交际"更易于接受。上文所言的著作是一部西比奥克专论动物符号学的论文集,由笔者遴选论文和翻译,所呈现的题目是由笔者提议、西比奥克本人同意的。

理解为模式化并以句法(更恰当地说是符构)为特征的语言能力,赋予了人类类似于所有其他动物物种构建一个世界的能力,而且还赋予了人类构建无数个可能世界的能力。这一物种特有的模式化能力出现在人科动物身上，决定了人类从能人（*Homo habilis*）到直立人（*Homo erectus*）再到智人（*Homo sapiens*），乃至现在的现代人（*Homo sapiens sapiens*）整个发展过程中的进化历程。句法或写作［文学产生之前的写作（*ante litteram* writing），即字母出现之前的写作（*avant la lettre*），用列维纳斯[56]引入的表述就是言语转录之前的写作］涉及（无声地）用有限数量的要素，构建多重意义和含义（meanings and senses）——多重语域（registers），即相对于不同语域的多种意义（参见 Lévinas, 1972）[57]。口头言语层面的语言可以从"写作"角度加以讨论（Petrilli and Ponzio, 2003: 7 - 10, 11 - 26；亦见 Petrilli, 2012: 121 - 124）[58]。与人科动物进化过程中（语言）模式化能力的激活类似，非言语符号也用于同其他动物一样的交际之中，不同的是，在人类交际之中，非言语符号根植于（无声的）语言（模式化）。从这一意义上说，这些非言语符号就是语言层面的非言语符号（Posner et al, 1997 - 2004, Art. 18, §5, §6）[59]。

言语出现在人类进化的过程中，其复杂性、表达的精确性和阐释的有效性不断增加，并作为一种交际工具，与非言语交际的不同模态并驾齐驱。然而，言语预设的是（理解为模式化系统的）语言能力。这就意味着，有了言语，就有可能产生"无限数量的句子"（想起乔姆斯基的话，Chomsky, 1965: 8）[60]，或更确切地说，产生由有限数量意义要素或形素［monemes, 亦称语素（morphemes）］以及有限数量的独特实体或音素（phoneme）构成的话语（utterance），亦如马蒂内[61]（1957/1965）[62]及其语音的双重切分论[63]所预见的。从言语根植于被理解为一种句法模式化能力的语言这一意义上说，言语具有语言性质。语言是一种初级模式化程序，言语是一种二级模式化程序，而理解为转录、记忆技术的写作涉及的是三级模式化程序（参见 Sebeok, 1991: Ch. 5）[64]。

唯有在人类言语和非言语交际中，言及"语言"（language）和"诸语"（languages），抑或是使用"语言学"的形容词（linguitic），在科学上才是正确的（参见 Petrilli, 2014; Ponzio, 2015）[65]。整个生物域中的符指过程都被赋予了一种交际能力，但赋予的并非理解为模式化系统的语言，因此也并非人类专属的与这种模式化系统相关联的诸语。语言和诸语属于人类符指过程独有的范畴。但是，这并非排除连续性和同源性。譬如，在语言的符构层面与遗传码之间可以发现同源关系。非人类动物符号学由符号系统主导，并非由人类的诸语；尽管如此，同一类型的符号既可以出现在符号系统之中，也可以出现在诸语之中，亦如西比奥克在符号学说主题的专著中所证实的一般（参见 Petrilli，2012：4.5 – 4.7）[66]。这是为何西比奥克的意大利语论文集的题名不是《无言语动物如何交际》，而是《无语言动物如何交流》。

尽管如此，赋予言语符号特权，将人类错误地视为一种会说话的动物这一倾向太过普遍，若将"语言"这一表述用在西比奥克论文集的题名中，就会很容易地被认定为"言语层面的语言"，因此就会再次被解读为"无言语动物如何交际"，从而忽视了这一事实：人类也是不用言语交际的动物。但是，在这一点上，通过题名来直接陈述，不论多么充分，都不如使用更有吸引力的表述继续解释所涉的相关问题达意。

如同下一章更为详细的阐述一般，人类世界中的实体间性、对话关联性、他者的创造性意识这一全球条件所产生的结果，促使这一"符号学意义上的动物"在生物符指过程和系统发生层面，被赋予了对生命负责、在愉快的对话多重性中关怀生命、倾听和负责任的独特能力。这一做出决策、表明立场、改变人类行为方式的能力具有同样重要的意义。从这一意义上讲，被赋予了一种元符指过程能力的这一符号学意义上的动物就是一种"伦理符号学意义上的动物"。就是因为有了作为元符指过程的符号学，人类才被赋予了生存于世的第三种倾向。这一倾向也是超越了生物符号学，超越了作为伦理符号学之符号学的一种物种专属的倾向。

下一章，我们将深入地探讨迄今所引入的问题、主题和概念，这些均是符号和价值观全球研究路径的核心问题。从根本上说，我们的目标是更好地理解如何才能维护符指过程、符号学意义上的意识和人类关系的健康。从本书的观点看，这一志向涉及对符号物质性的探究，并从不同的视角加以探究，其中包括符号学、生物学、哲学和伦理符号学的视角。在整个20世纪乃至步入21世纪，符号哲学诸科学通过人类符指过程的进化发展——人类动物作为符号学意义上动物的进化发展，越来越了解到符号在意识构成以及随着人类世界而出现的符号特殊性层面所具有的渗透性。地球上的所有生命形式，由于共同参与了符指过程，彼此之间存在的形体间相互关联的这一条件也已经得到明确的确认。此外，通过符号和符指过程的重要性，意识到全球范围内相互依存的这一条件，也使得人们越来越意识到人类符指过程伦理符号学维度的重要性，用迪利的话说，"就我们所涉及的整体而言，我们恰恰参与其中。（伦理符号学的问题就是）对这一整体负责的一个维度"（Deely，2015：771）[67]。

对行为的符指过程本质的认识，同全球化世界语境中符指过程对话本质的认识是并驾齐驱的，其中在全球化世界的语境之中，技术进步驱动着各层面符号活动的发展，既包括符指过程层面，又包括元符指过程层面。现在，比以往任何时候都显而易见的是：除了对伦理的传统理解，责任意识不能仅局限于对个体行为负责，更不能局限于依据制约正式社会角色的规范和规则所确立的不在场证明所涉及的责任问题（参见 IV.2）[68]。人类社群是一个同文化实体一样不断延展的生物体，且同所有的人类和非人类生命社群一样，人类社群在符指过程意义上（除了符号学意义上）依存于我们的环境。这就意味着人类社群依存于人类和非人类他者，但作为一个文化共同体，这一依存关系可以从价值观和意识形态的角度加以有意识或无意识的阐述。因此，人类社群被设计和构建为一个开放的社群，其使命为对他者做出回应，而这一他者又需要在生物伦理符号学意义上理解为倾听他者能力的责任——对他者负责和做出回应能力的责任，超越了由任何材料构成的人为障碍和界限，不论是钢铁、水泥、淡漠还是恐惧。倾听他者是一种无法逃避的义务，因为他者和倾听他者既蕴含在符指过程之中，又源自符指过程，乃符指过程的必然结果。

在我们推进到以下诸章之时，请恕笔者将这些考虑因素再次与本书所献之已故迪利的话联系起来。迪利以强烈的热情，赞同我们将"符号学意义上的动物"界定为一种"伦理符号学意义上的动物"（参见 Petrilli，2004）[69]。事实上，在迪利最新出版的一部著作中，他引发了我们关于这一主题的对话（其中也涉及已故奥地利符号学家伯纳德[70]，参见 Deely，2010：xv - xvi）[71]，因为这一对话是通过我们以不同的出版物形式成形的：

> 因此，符号意义上的动物变成了伦理符号学意义上的动物，因而伦理也就变成了伦理符号学——作为现在所理解的"严格地来源于符指

第三章 自然与文化之间的交际

过程"的一种责任接受，亦如伯纳德所说，不仅是对个体行为负责，更是对集体行为负责，要对文化内部的行为结果负责，更要对生物域内部的行为结果负责——文化世界突然脱离了的生物域，就如同语言脱离动物符指过程一般。

从人的角度讲，全球符号学蕴含的是伦理学；但是，从人作为一种符号学意义上动物的角度讲，伦理学最终被证明是伦理符号学。（Deely，2015：783）[72]

注释：

1 Petrilli, Susan. 2012. *Expression and Interpretation in Language*, Pref. by Vincent Colapietro, pp. xv - xviii. New Brunswick, London：Transaction Publishers.

2 Sebeok, Thomas A. 1998. *Come comunicano gli animali che non parlano*, introduced, translated and edited by Susan Petrilli［includes an interview with Thomas A. Sebeok, now available in English in S. Petrilli 2015.］Bari：Edizioni dal Sud［series：Antropologia dell'alterità.］

3 Petrilli, Susan. 2012. *Expression and Interpretation in Language*, Pref. by Vincent Colapietro, pp. xv - xviii. New Brunswick, London：Transaction Publishers.

4 Sebeok, Thomas A. 1986. *I Think I Am a Verb: More Contributions to the Doctrine of Signs*. New York and London：Plenum Press；*Penso di essere un verbo*, It. trans., ed. & introd., by S. Petrilli. Palermo：Sellerio, 1990：11 - 18.

5 Vaughan, Genevieve. 2015. *The Gift in the Heart of Language*. Foreword by S. Petrilli, pp. 13 - 14. Milan：Mimesis International.

6 Petrilli, Susan. 2015a. Language, Communication, and Speech：Human Signs in Global Semiotics. Supplemented by an interview with Thomas A. Sebeok. *Semiotica. Journal of the International Association for Semiotic Studies*, 2015；204, pp. 173 - 237. Berlin：de Gruyter Mouton.

7 西比奥克符号学语境下的初级模式化系统，对应的是婴儿期语言习得状态，与皮尔斯符号学中的一级符号范畴和一级范畴的符号现象对应，多体现在感知、感性、感官状态。——译者注

8 西比奥克符号学语境下的二级模式化系统，对应的是青少年阶段语言习得状态，与皮尔斯符号学中的二级符号范畴和二级范畴的符号现象对应，多体现在自感性阶段升级的准理性状态，进入半成熟的指称阶段。——译者注

9 Sebeok, Thomas A.；Danesi, Marcel. 2000. *The Forms of Meaning. Modelling Systems Theory and Semiotics*. Berlin, New York：Mouton de Gruyter；Sebeok, Thomas A. 1991. *A Sign Is Just a Sign*.

Bloomington-Indianapolis: Indiana University Press; *A Sign Is Just a Sign. La semiotica globale*, It. trans. & Intro. by S. Petrilli. Milan: Spirali, 1998: 7 – 9; Sebeok, Thomas A. 1994. *Signs. An Introduction to Semiotics*. Toronto: Toronto University Press. New edition, 2001; It. trans. & Intro., by S. Petrilli, *Segni. Introduzione alla semiotica*. Rome: Carrocci, 2004: 11 – 44; Petrilli, Susan; Ponzio, Augusto. 2002. *I segni e la vita. La semiotica globale di Thomas Sebeok*. Milan: Spirali.

10 此处,作者将人类与他者对立,显然将他者视为非人类动物,但他者还包括人类中的弱势群体、性少数群体等。可见,作者应该对他者分类并做层级处理,如动物分为人类动物和非人类动物,人类动物中的他者和非人类动物作为他者。——译者注

11 Chomsky, Noam Avram. 1959/1967. A Review of B. F. Skinner's Verbal Behaviour. *Language* 35 (1), pp. 26 – 58 (Reprint). In *Readings in the Psychology of Language*, ed. by Leon A. Jakobovits, Murray S. Miron. New York: Prentice-Hall, pp. 142 – 143.

12 美国科学家、灵长类动物行为研究者、动物认知研究专家、人类行为研究专家,1998—2011年在担任哈佛大学教授时因科研行为不端(伪造数据)辞职,代表作为《交际的进化》(*The Evolution of Communication*, 1996)、《野生思维——动物到底在思考什么》(*Wild Minds: What Animals Really Think*, 2000)、《道德思维——自然如何设计我们普遍的对错意识》(*Moral Minds: How Nature Designed Our Universal Sense of Right and Wrong*, 2006)等。——译者注

13 美国进化生物学家、认知科学家,1994年获得布朗大学认知与语言科学博士学位,1996—2000年在麻省理工大学和哈佛大学从事博士后研究工作,先后在哈佛大学、圣安鲁斯大学工作,2009年获得维也纳大学教授职位,为维也纳大学认知生物系的共同创始人,研究人类和其他动物的生物学和认知与交际的进化问题,尤其是言语、语言和音乐的进化问题,代表作为《语言的进化》(*The Evolution of Language*, 2010)。——译者注

14 Hauser, Marc D.; Chomsky, Noam Avram; Fitch, Tecumseh W. 2002. The faculty of language: What is it, who has it, and how did it evolve. *Science* 298 (5598), pp. 1569 – 1579.

15 Ponzio, Augusto. 1992. *Production linguistique et idéologie sociale*. Québec, Canada: Les Editions Balzac. [French Translation of the Italian original, *Produzione linguistica e ideologia sociale*. Bari: De Donato, 1973.].

16 聪明的汉斯为一匹马,被认为能够做很多高难度的数学加法题目,解开复杂的数学问题,后来发现汉斯是通过观察周围人做出的回应这种方式给出正确答案的,故被称作聪明的汉斯现象。——译者注

17 Sebeok, Thomas Albert; Rosenthal, Robert (eds. & conference chairmen). 1981. *The Clever Hans Phenomenon: Communication With Horses, Whales, and People. Papers Presented at the 6 – 7 May 1980 Conference on the Clever Hans Phenomenon*. New York: The New York Academy of Sciences [Annals of the New York Academy of Sciences. Volume 364.].

18 Petrilli, Susan. 2014. *Riflessioni sulla teoria del linguaggio e dei segni*. Milan: Mimesis; Petrilli,

Susan. 2016. *The Global World and Its Manifold Faces. Otherness as the Basis of Communication*. [Reflections on Signs and Language, Vol.1, Editors: Susan Petrilli and Augusto Ponzio]. Bern, Berlin, Bruxelles, Frankfurt am Main, New York, Oxford, Wien: Peter Lang.

19 爱沙尼亚塔尔图大学生物符号学教授,研究生物行为学、野外生态学、社区物种共存机制,建立了生态生理学数学模型,一直为爱沙尼亚理论生物学年会的主要组织者,也是生物符号学的重要代表人。——译者注

20 Kull, Kalevi. 1999a. Towards Biosemiotics with Yuri Lotman. *Semiotica* 127 (1/4), pp. 115 – 131; Kull, Kalevi. 1999. Biosemiotics in the Twentieth century: A View from Biology. *Semiotica* 127 (1/4), pp. 385 – 414.

21 Lotman Yuri M. 1981. The Semiotics of Culture and the Concept of a Text. *Journal of Russian and East European Psychology* 26 (3), pp. 52 – 58, Eng. trans. 1988; Lotman, Yuri M. 1981. The text within the text. *Publications of the Modern Language Association* 109 (3), pp. 377 – 384, Eng. trans. 1994; Lotman, Yuri M. 1984. On the semiosphere, Eng. trans. by Wilma Clark. *Sign Systems Studies*, 33 (1), pp. 205 – 229, 2005.

22 Vološinov [Voloshinov], Valentin N. 1926. Slovo v žizni i slovo v poezii. *Žvezda*6, pp. 244 – 267; "La parola nella vita e nella poesia". In Bachtin e il suo circolo 2014, pp. 271 – 333; Discourse in Life and Discourse in Art (Concerning Sociological Poetics). In V. N. Vološinov 1927, Eng. trans. 1987, Revised edition, Appendix I, pp. 93 – 116; Discourse in life and discourse in poetry: Questions of sociological poetics, trans. by John Richmond. In *Bakhtin School Papers: Russian Poetics in Translation*, ed. by Ann Shukman. Somerton, AZ: Old School House, 1983, pp. 5 – 30.

23 俄苏语言学家,在文学理论和马克思主义意识形态理论方面颇有影响力,代表作为《马克思主义与语言哲学》(1973)。该书写于20世纪20年代末,试图将语言学融入马克思主义;以批评洪堡特的语言概念作为一个持续性的创造性或生成性过程,以及索绪尔的语言作为一种符号系统概念为基础,认为语言是意识形态的承载媒介,与意识形态是不可分割的关系,指出语言作为一种社会构建的符号系统,既是意识得以产生的条件,自身又是一种物质现实,强调如同索绪尔一般对语言做抽象的共时研究是错误的,因为词汇是动态的社会符号,在不同的历史语境中对不同的社会阶级具有不同意义,故词汇的意义不受被动理解制约,而是包括说话者和听话者的积极参与。——译者注

24 Vološinov [Voloshinov], Valentin N. 1927. *Frejdizm: Kritičeskij očerk*. Moscow, Leningrad: Gosizdat; *Freud e il freudismo*, A. Ponzio (ed.), L. Ponzio (trans.). Milan: Mimesis; now in Bachtin e il suo circolo 2014, pp. 355 – 597; *Freudianism. A Critical Sketch*, Eng. trans. by I. R. Titunik, ed. by I. R. Titunik with N. H. Bruss. Bloomington: Indiana University Press, 1987. [*Freudianism: A Marxian Critique*, Eng. trans. New York, London: Seminar Press, 1973.].

25 Petrilli, Susan. 2014. *Sign Studies and Semioethics. Communication*, *Translation and Values*, series:

Semiotics, Communication, Cognition, Vol. 13, ed. p. Cobley & K. Kull. Berlin, Boston: Mouton de Gruyter.

26 生机论认为,"生命有机体与非生命实体之所以存在根本性的区别,是因为生命有机体包含某一种非物质要素,或受不同于无生命题原理的支配"。举凡生机论明确地提出生机原理之处,那一要素通常被视为"生命的火花""能量"或"活力",其中一些要素等同于灵魂。在18世纪和19世纪,生物学家纷纷讨论生机论,其间的论争大体分为两派,一派为主张已知的物理学原理最终会解释生命与非生命之间的差异,另一派为生机论者,主张生命的过程不能归结为一种机械化过程。某些生机论生物学家提出可验证的假设,意在揭示机械性解释的不充分之处,但这些实验无法为生机论提供理据。现在,生物学家认为这一意义上的生机论已经被经验实证证据驳斥,因此认为生机论是一种被取代了的科学理论。——译者注

27 Kanaev, Ivanov I. 1926. Sovremennyj vitalizim. *Chelovek i prioda*, 1, pp. 33 – 42; 2, pp. 9 – 23. New edition in *Dialog, Karnaval, Chronotop* 4, pp. 99 – 115 (2014). It. trans. Il vitalismo contemporaneo. In Michail Bakhtin e il suo circolo 2014, pp. 215 – 270.

28 波罗的海德意志生物学家,从事肌肉生理学、动物行为研究和生命控制论等领域的工作,但为人称道的贡献为提出"环境界"(Umwelt)这一概念,后被符号学家西比奥克和哲学家海德格尔袭用,还将生物符号学确立为一个独立的研究领域。——译者注

29 Uexku ll, Jakob von. 1982 [1940]. The Theory of Meaning, translated by Barry Stone and Herbert Weiner. *Semiotica* 42 (1). pp. 25 – 82 [*Bedeutungslehre*. Leipzig: Johann Ambrosius Barth (Bios. Abhandlungen zur theoretischen Biologie und ihrer Geschichte sowie zur Philosophie der organischen Naturwissenschaften 10), 1940.]; Sebeok, Thomas A. 1979. *The Sign & Its Masters*. Texas: The University of Texas Press; Intro. by Brooke Williams Deely, Lanham, MD: University Press of America, 1989; It. trans. of the 1979 ed. by S. Petrilli, Pres. by A. Ponzio, pp. 7 – 12 and Intro. by S. Petrilli, pp. 15 – 21, *Il segno e i suoi maestri*. Bari: Adriatica.

30 Petrilli, Susan. 1998. *Teoria dei segni e del linguaggio*. Bari: Graphis, 2nd ed. 2001; Petrilli, Susan. 2015. *Nella vita dei segni. Percorsi della semiotica*, Pref. di A. Ponzio, pp. 11 – 16. Milan: Mimesis.

31 Sebeok, Thomas A. 2000. Semiotics as a Bridge between Humanities and Sciences. In *Semiotics as a Bridge between the Humanities and the Sciences*, edited by Paul Perron, Leonard G. Sbrocchi, Paul Colilli and Marcel Danesi, pp. 76 – 102. Ottawa: Legas Press.

32 Petrilli, Susan. 2010a. *Sign Crossroads in Global Perspective. Semioethics and Responsibility*, editor, John Deely, Preface, In Her Own Voice, pp. vii – ix, & The Seventh Sebeok Fellow, pp. xi – xiii. New Brunswick, London: Transaction Publishers; Petrilli, Susan. 2014. *Sign Studies and Semioethics. Communication, Translation and Values*, series: Semiotics, Communication, Cognition, Vol. 13, ed. p. Cobley & K. Kull. Berlin, Boston: Mouton de Gruyter; Rossi-Landi, Ferruccio. 1968. *Il*

linguaggio come lavoro e come mercato. Milan: Bompiani. [5th ed. by Augusto Ponzio, 2003]; *Language as Work and Trade*, Eng. trans. by M. Adams et al. South Hadley (Mass.): Bergin and Garvey, 1983; Rossi-Landi, Ferruccio. 1975. *Linguistics and Economics*. The Hague, Paris: Mouton. [2nd edition, 1977. For the first Italian edition, see Rossi-Landi 2016.]; Rossi-Landi, Ferruccio. 1985. *Metodica filosofica e scienza dei segni. Nuovi saggi sul linguaggio e l'ideologia*. Milan: Bompiani; Rossi-Landi, Ferruccio. 1992. *Between Signs and Non-signs*, ed. and Intro. by S. Petrilli, pp. ix – xxix. Amsterdam: John Benjamins; Rossi-Landi, Ferruccio. 2016. *Linguistica ed economia*, Preface A. Ponzio, ed. & intro. by C. Zorzella. Milan: Mimesis.

33　Peirce, Charles S. 1931 – 1958. *Collected Papers of Charles Sanders Peirce* (i 1866 – 1913), Vols. I – VI, ed. by C. Hartshorne & p. Weiss, 1931 – 1935, Vols. VII – VIII, ed. by A. W. Burks, 1958. Cambridge, Mass.: The Belknap Press, Harvard University Press. All eight vols. in electronic form ed. John Deely. Char lottesville, VA: Intelex Corporation, 1994. Dating within the *CP* is based on the Burks Bibliography at the end of *CP* 8. The abbreviation followed by volume and paragraph numbers with a period between follows the standard *CP* reference form.

34　从符号学学科这一层面系统论述符号谎言的是意大利符号学家艾柯。有关艾柯论述符号谎言的详细情况，以及后期在中国的推进，参见 Eco, Umberto. 1975. *Trattato di semiotica generale*. Milan: Bompiani; Eng. trans. by David Osmond-Smith, *A Theory of Semiotics*. Bloomington: Indiana University Press, 1976. [See review in Deely 1976.]; 连甫. 1997. 你身边的符号——符号学入门[M]. 哈尔滨: 黑龙江人民出版社; Zhang, Suojun; Jia, Hongwei. 2019. On sign lies: An interview with Prof. Hongwei Jia. *Chinese Semiotic Studies* 15 (3): 449 – 459. ——译者注

35　Sebeok, Thomas A. 1986. *I Think I am a Verb: More Contributions to the Doctrine of Signs*. New York and London: Plenum Press; *Penso di essere un verbo*, It. trans., ed. & introd., pp. 11 – 18, by S. Petrilli. Palermo: Sellerio, 1990.

36　Morris, Charles W. 1938. *Foundations of the Theory of Signs*. In *International Encyclopedia of Unified Science* I (2): 1 – 59. Chicago: University of Chicago Press; It. trans. by F. Rossi-Landi. *Lineamenti di una teoria dei segni*. Turin Paravia, 1954. New ed. by S. Petrilli, Lecce: Manni, 1999; and Lecce: Pensa Multimedia, 2009.

37　英文名为 Ivan Petrovich Pavlov（1849—1936），俄苏生理学家、心理学家，以经典条件反射论而闻名。自童年时期，巴浦洛夫就显示出科学研究的本能，受到当时俄国文学批评和生理学进步思想的影响，他放弃了神宗教职，专注于科学研究，遂于 1870 年报考圣彼得堡大学物理学和数学系学习自然科学，1904 年获得生理学或医学诺贝尔奖，为俄国首位摘得诺贝奖桂冠的科学家。2002 年在《普通心理学评论》上发表的一份调查表明，巴浦洛夫的经典条件反射原理已经应用于一系列的行为理疗、科学实验、临床医学、教学课堂之中。——译者注

38　1903 年，俄国生理学家巴浦洛夫（于 1904 年因在消化生理学领域的贡献获得诺贝尔科学奖）

率先描述的经典条件反射论，于1921年被美国心理学家华生（John B. Watson，1878－1958）拓展至对婴儿的研究之中，因此赢得了行为心理学学派创始人的美誉。

39 美国（实用）哲学家、社会学家、心理学家、社会心理学创始人、符号互动论（symbolic interactionism）——芝加哥社会学传统的创始人。米德的著述大多侧重于自我的发展与社会视角下世界的客观性研究，坚信个体思维仅能存在于与他者思维共享意义的关系之中。米德的研究———一般意义上的符号互动论有两个最重要的根源，即实用论哲学和社会行为论（与心理行为论对立）。米德关注的是具有丰富含义的社会对象和手势产生的刺激，而非行为心理学家视作刺激的物理对象。米德的实用论有四大信条：（1）现实世界中不存在真正的现实性，真正的现象是我们在世界中面向世界施之时积极地创造的；（2）记忆和知识源于有用性以及改造无用事物的可能性；（3）根据实用性来界定世界上的社会和物理"对象"；（4）基于现实行为结果来理解主体和主体的行为（与皮尔斯力求概念总体效应的实用论准则颇为相似）。其中的三条思想对符号互动论异常重要，即（1）侧重于主体与世界之间的互动；（2）将主体与世界视为动态过程而非静态结构；（3）主体阐释社会世界的能力。——译者注

40 莫里斯在《符号理论基础》（1938）一文中正是借鉴了动物条件反射论的刺激—反应学说，构建了基于刺激－反应为主导的行为符号学学说。——译者注

41 Posner, Roland; Robering, Klaus; Sebeok, Thomas A. （eds）. 1997－2004. *Semiotik/Semiotics. A Handbook on the Sign-Theoretic Foundations of Nature and Culture*, 4 Vols. Berlin, New York：Walter de Gruyter; Sebeok, Thomas A. 2001. *Global Semiotics*. Bloomington：Indiana University Press.

42 Morris, Charles W. 1938. *Foundations of the Theory of Signs*. In *International Encyclopedia of Unified Science* I(2)：1－59. Chicago：University of Chicago Press; It. trans. by F. Rossi-Landi. *Lineamenti di una teoria dei segni*. Turin Paravia, 1954. New ed. by S. Petrilli, Lecce：Manni, 1999; and Lecce：Pensa Multimedia, 2009.

43 Sebeok, Thomas A. 1972. *Perspectives in Zoosemiotics*. The Hague：Mouton; Sebeok, Thomas A. 1976. *Contributions to the Doctrine of Signs*. （Joint publication of）Lisse, Netherlands：The Peter de Ridder Press, and Bloomington, IN：Research Center for Language and Semiotic Studies of Indiana University, Indiana University Press; 2nd edition. Lanham, MD：reprinted as Vol. IV in the Sources in Semiotics, Lanham, MD：University Press of America, with a Preface by Brooke Williams. Challenging Signs at the Crossroads, pp. xv－xlii, 1985; Sebeok, Thomas A. 1979a. *The Sign & Its Masters*. Texas：The University of Texas Press; 2nd ed. Intro. by Brooke Williams Deely, Lanham, MD：University Press of America, 1989; It. trans. of the 1979 ed. by S. Petrilli, Pres. by A. Ponzio, pp. 7－12 and Intro. by S. Petrilli, pp. 15－21, *Il segno e i suoi maestri*. Bari：Adriatica; Sebeok, Thomas A. 1981. *The Play of Musement*. Bloomington：Indiana University Press; Sebeok, Thomas A. 1986. *I Think I Am a Verb: More Contributions to the Doctrine of Signs*. New York and London：Plenum Press; *Penso di essere un verbo*, It. trans., ed. & introd., pp. 11－18, by S. Petrilli. Palermo：

Sellerio, 1990; Sebeok, Thomas A. 1991. *A Sign Is Just a Sign*. Bloomington-Indianapolis: Indiana University Press; *A Sign is just a sign. La semiotica globale*, It. trans. & Intro., pp. 7 – 19, by S. Petrilli. Milan: Spirali, 1998; Sebeok, Thomas A. 1994. *Signs. An Introduction to Semiotics*. Toronto: Toronto University Press. New edition, 2001; It. trans. & Intro., pp. 11 – 44, by S. Petrilli, *Segni. Introduzione alla semiotica*. Rome: Carrocci, 2004; Sebeok, Thomas A. 1998. *Come comunicano gli animali che non parlano*, introduced, translated and edited by Susan Petrilli [includes an interview with Thomas A. Sebeok, now available in English in S. Petrilli 2015.] Bari: Edizioni dal Sud [series: Antropologia dell'alterità.]; Sebeok, Thomas A. 2000. Semiotics as a Bridge between Humanities and Sciences. In *Semiotics as a Bridge between the Humanities and the Sciences*, edited by Paul Perron, Leonard G. Sbrocchi, Paul Colilli and Marcel Danesi, pp. 76 – 102. Ottawa: Legas Press; Sebeok, Thomas A. 2001. *Global Semiotics*. Bloomington: Indiana University Press.

44 此处蕴含的是假对话、准对话、真对话的类型信息，这在政治场域中非常常见，且具有非常丰富的资源。另外，在其他话语环境中，也可能存在此类对话的类型。因而，作为以关怀生命为主导的伦理符号学，也要关注此三类对话在关怀生命中所发挥的不同作用，而不能将所有对话都视为理想型的真对话。——译者注

45 Petrilli, Susan. 2018. Semiologia saussuriana e semiotica della traduzione. In M. W. Bruno et al., 2018, pp. 414 – 428; Ponzio, August. 2018. La linguistica di Saussure prima dei suoi corsi di linguistica generale. Gli *Écrits de linguistique générales*. In M. W. Bruno et al., 2018, pp. 429 – 436.

46 其实，索绪尔本人倒是没这么说过，这的确应该属于一种歪曲性的阐释，但索绪尔将结构符号学归入（普通心理学）心理学，而心理学所研究的仍然是人类的心理行为，可以包括物理呈现和心理呈现两个层面的言语行为。可这仅是人类符号学作为动物符号学的一个层面，仍然犯有以偏概全的谬误；与此同时，仅侧重心理层面而忽视物理层面，也属于以偏概全的行为。——译者注

47 试图用符号学中言语符号研究为主导的符号学代替作为元科学的符号学，充当模式化科学，也属于以偏概全的谬误。——译者注

48 Petrilli, Susan; Ponzio, Augusto. 2001. *Thomas Sebeok and the Signs of Life*. London, UK: Icon Books; Petrilli, Susan; Ponzio, Augusto. 2002. *I segni e la vita. La semiotica globale di Thomas Sebeok*. Milan: Spirali; Petrilli, Susan; Ponzio, Augusto. 2002. Sign Vehicles for Semiotic Travels: Two New Handbooks. *Semiotica* 141 – 1/4 (2002), pp. 203 – 350.

49 Petrilli, Susan. 2010. *Sign Crossroads in Global Perspective. Semioethics and Responsibility*, editor, John Deely, Preface, In Her Own Voice, pp. vii – ix, & The Seventh Sebeok Fellow, pp. xi – xiii. New Brunswick, London: Transaction Publishers.

50 从这一角度说，无所不包的宇宙符指过程所指的思想并非现代科学的新事物，早在中国先秦时期，老子有关道、阴阳的相关论述（亦如道家说：无极生太极，太极生两仪，两仪生四象；道

生一，一生二，二生三，三生万物）早已涉及类似今日宇宙符号符指过程的思想。——译者注

51 源自古罗马末期的诗人和哲学家——卢克莱修（Titus Lucretius Carus, 99 B.C－55 B.C），以哲理性长诗《物性论》著称于世。——译者注

52 Lucretius Carus, Titus. 1916/2008 ［c. 94 - c. 49 BC］. *On the Nature of Things*, Eng. trans. William Ellery Leonard. New York：E. p. Dutton and Co J. M. Dent and Sons, 1916. *De Rerum Natura: The Latin Text of Lucretius*, ed. by William Ellery Leonard and Stanley Barney Smith. Madison, WI：University of Wisconsin Press, 2008 (1st edition).

53 《物性论》由古罗马诗人兼哲学家卢克莱修（99 B.C－55 B.C）所写，后在1473年（在布雷西亚）至1850年之间抄录者基于不同版本的手稿加以重写，编辑出版许多不同的修订本，直到1850年最可靠的评论版才由以文本批评闻名的德国哲学家兼评论家卡尔·拉赫曼（Karl Konard Friedrich Wilhelm Lachmann, 1793－1851）加以阐述和讨论，参见 Karl Lachman (ed.). 1850, *Lucretii de rerum natura libri* VI, Berolini：Impensis Georgirii Reimeri。最受欢迎的英文版为威斯康辛大学麦迪逊分校的古典语言学家兼诗人伦纳德（William Ellery Leonard, 1876－1944）的英译本。相关历史记载可见于《物性论——卢克修斯拉丁文本》的编者弁言（Leonard, William Ellery；Smith, Stanley Barney. 2008. *De Rerum Natura*：*The Latin Text of Lucretius*, *Latin and English Edition*, 1st Edition. Madison, WI：University of Wisconsin Press.）。

54 Sebeok, Thomas A. 1991. *A Sign Is Just a Sign*. Bloomington-Indianapolis：Indiana University Press；*A Sign Is Just a Sign: La semiotica globale*, It. trans. & Intro., pp. 7－19, by S. Petrilli. Milan：Spirali, 1998.

55 Eco, Umberto. 1997. *Kant e l'ornitorinco*. Milan：Bompiani；Eng. Trans. *Kant and the Platypus*. New York：Harcourt Brace, 2nd ed. 1999.

56 全名为Emmanuel Lévinas（1906—1995），当代犹太裔法国哲学家，1928年追随胡塞尔研究现象学，对海德格尔的《存在与时间》有深入研究，故可以说他的著述在一定程度上是对海德格尔的一种批判和延续。列维纳斯认为，胡塞尔的现象学与海德格尔的现象学存在哲学盲点，二者虽然均关注存在者与存在。他本人则采用逆向思维，思索存在如何才能变成存在者，且坚信存在者必须将优先性交给他者。——译者注

57 Lévinas, Emmanuel. 1972. *Humanisme de l'autre homme*. Montpellier：Fata Morgana；*Humanism of the Other*, Eng. trans. by Nidra Poller. Urbana：University of Illinois Press, 2003.

58 Petrilli, Susan；Ponzio, Augusto. 2003. *Views in Literary Semiotics*, Eng. trans. & ed. by S. Petrilli. New York/Ottawa/Toronto：Legas；Petrilli, Susan. 2012. *Expression and Interpretation in Language*, Pref. by Vincent Colapietro, pp. xv－xviii. New Brunswick, London：Transaction Publishers.

59 Posner, Roland；Robering, Klaus；Sebeok, Thomas A. (eds). 1997－2004. *Semiotik/Semiotics. A Handbook on the Sign-Theoretic Foundations of Nature and Culture*, 4 Vols. Berlin, New York：Walter

de Gruyter.

60 Chomsky, Noam Avram. 1965. *Aspects of the Theory of Syntax*. Cambridge, Mass.: The Massachusetts Institute of Technology Press.

61 法国语言学家，法国主要的布拉格结构主义语言学派的代表，以论文《日耳曼语言中表达源的辅音凝化现象》(*La gémination consonantique d'origine expressive dans les langues germaniques*, 1937)和《丹麦语词汇的音位学》(*La phonologie du mot en danois*) 获得博士学位（法国提交双论文）。1938—1946 年，他任高等研究实践学校的研究部主任，第二次世界大战后移居美国。在纽约，他指导国际辅助语言协会一直到 1948 年；1947—1955 年，他任哥伦比亚大学历史比较语言系主任，同时兼任语言学刊物《词汇》的编辑；1955 年，返回高等研究实践学校任索邦校区普通语言学部主任，曾任欧洲语言学会会长，建立功能语言学学会及会刊《语言学》。马蒂内的主要影响力体现在布拉格语言学派上，因将功能语言学路径引入句法学研究，与乔姆斯基产生激烈的论争。一生之中，马蒂内写作 20 多部语言学著作，从历史语言学（《语音演变的经济性》，*Économie des changements phonétiques*, 1955) 到普通语言学理论，其中最著名的作品为《普通语言学的要素》(*Elements of General Linguistics*, 1960)，已经译为 17 种语言，影响了一代法国内外的语言学家。——译者注

62 Martinet, André. 1957/1965. Arbitraire linguistique et double articulation. *Cahiers F. de Saussure* 15 (1957), pp. 105 – 116. In *La linguistique synchronique*, par André Martinet, pp. 21 – 35. Paris: Presses Universitaire de France.

63 双重切分（double articulation）为语言学和符号学所使用的概念，指的是一种符号系统固有的双重结构，因为这一符号系统由两类要素构成：(1) 意指或意义（meaningful）；(2) 区别或无意（meaningless）。该概念为法国语言学家马蒂内于 1949 年率先提出，指的是言语流的双重结构，第一重切分为有意义的符号（如词汇或语素），第二重切分为区别性要素（如字母或音素）。譬如，英语词汇"cat"由 [k] [æ] 和 [t] 三个音构成，作为独立的个体音是无意义的，但可组合成具有不同意义的不同词汇，这些音被称作音素，代表的是第二重也是最底层的言语组织层次切分，更高一级的组织如形态、句法和语义制约着个体层面无意义音素组合成有意义的要素。——译者注

64 Sebeok, Thomas A. 1991. *A Sign Is Just a Sign*. Bloomington-Indianapolis: Indiana University Press; *A Sign is just a sign. La semiotica globale*, It. trans. & Intro., pp. 7 – 19, by S. Petrilli. Milan: Spirali, 1998.

65 Petrilli, Susan. 2014. *Sign Studies and Semioethics. Communication, Translation and Values*, series: Semiotics, Communication, Cognition, Vol. 13, ed. p. Cobley & K. Kull. Berlin, Boston: Mouton de Gruyter; Petrilli, Susan. 2014. *Riflessioni sulla teoria del linguaggio e dei segni*. Milan: Mimesis; Ponzio, Augusto. 2015. *Il linguaggio e le lingue. Introduzione a una linguistica generale*. Milan: Mimesis [From the 1st 2002 edition, now reviewed and enlarged].

66 Petrilli, Susan. 2012. *Expression and Interpretation in Language*, Pref. by Vincent Colapietro, pp. xv –

xviii. New Brunswick, London: Transaction Publishers.

67 Deely, John. 2015. From Semiosis to Semioethics. In Trofonas, Peter Pericles (ed.). *International Handbook of Semiotics*. Dordrecht: Springer, pp. 771 – 789; see also Deely, John. 2005. From Semiotics to Semioethics; or, How does responsibility arise in semiosis?. *Semiotics* 2004/2005, ed. Stacy Monahan, Benjamin Smith, Terry J. Prewitt. Ottawa: Legas, 2006, pp. 242 – 261. ——译者注

68 本书第四章第 2 节。——译者注

69 Petrilli, Susan. 2004. The Responsibility of Power and the Power of Responsibility: From the "Semiotic" to the "Semioethic" Animal. In Gloria Withalm & Josef Wallmannsberger (Hg./Eds.), *Macht der Zeichen, Zeichen der Macht / Signs of Power, Power of Signs. Essays in Honor of Jeff Bernard*, pp. 103 – 119. Wien: INST.

70 英文名为 Jeff Bernard（1943—2010），网上关于他的信息并不多，现将苏珊·佩特丽莉于 2010 年 5 月 18—19 日写作并于次日贴在美国符号学会刊 *Semiotica* 网站布告栏上的悼文译为中文，权当对他的介绍：

1984 年，在国际符号学研究会（International Association for Semiotic Studies）组织主题为"人类的符号"的第四届国际会议上，我初识伯纳德和阿尔姆（Gloria Withalm）夫妇。会议于 3 月 31 日至 4 月 6 日分别在西班牙的巴塞罗那和法国的佩皮尼昂举行。在佩皮尼昂会议上，西比奥克（已故）将我介绍给伯纳德和阿尔姆。二人愉快地参与了这次大型会议的各方面组织工作，且令我印象深刻的是，这一对杰出的伉俪真正地致力于符号学研究，积极地参与国际符号学会的活动，热情地招呼参会者。他们似乎特别在意这一切，这是我第一次参与国际符号学活动留下的印象。

1992 年，在以纪念突然早亡的著名意大利符号学大家罗西－兰迪（Ferruccio Rossi-Landi, 1921 – 1985）的国际符号学会议上，我们再次相遇，结下了友谊。以朋友、超级崇拜者和罗西－兰迪及其思想的传播者身份，我在这次会议上更亲切地见到了伯纳德。此次会议由罗西－兰迪和伯纳德的好友——匈牙利科学院教授凯勒门（Janos Kelemen）组织，由奥地利符号学会协办，于 1992 年 2 月 21 日在匈牙利科学院召开。伯纳德时年 49 岁，比以往任何时候都有感染力，对研究和各类会议颇有建树。伯纳德提出荟聚文杰、交流思想的计划，他为理想，为强烈的目的感，为强烈的团体意识——莫里斯意义上的"开放团体"而动。

此次会议论文集由伯纳德亲任主编，由邦凡蒂尼（Massimo A. Bonfantini）、凯勒门和庞其奥任编辑，1994 年以题名《阅读费鲁乔·罗西－兰迪——作为社会实践的符号学》（*Reading su Ferruccio Rossi-Landi. Semiotica come pratica sociale*）出版，编入由邦凡蒂尼主编的"符指过程——文本的意义与生成"丛书。在会议论文集的编辑事务中，我负责排版和文体工作，与庞其奥一起编排了罗西－兰迪截至 1993 年的书目。

在论文集封底上，伯纳德写下这一介绍："杰夫·伯纳德，社会学家、符号学家、建筑师，出

第三章　自然与文化之间的交际

版若干著作，执掌维也纳社会符号学研究所，任奥地利符号学会秘书长、刊物《S——欧洲符号学研究》（S—European Journal of Semiotic Studies）主编、刊物《符号学通讯》（Semiotische Berichte）共同主编。"

此外，我还需要补充的是：自1994至2004年，伯纳德还担任国际符号学研究会秘书长，一任十年，仅是冰山一角！此前，在任期间以及卸职之后，他致力的研究范围越发广泛，也越发明确，故毫无疑问的是，这是国际符号学发展史上非凡的十年。自1992年罗马会议上的会晤以来，我们的接触越发频繁。举凡与伯纳德和阿尔姆相熟的人都好似符号学家庭的一份子，这是一个开放的符号学家庭，即伯纳德和阿尔姆总是那么兴趣盎然，总是那么慷慨大方，总是那么全身心地投入。他们夫妇将符号学研究视为重心，二人构成了一个取之不尽用之不竭的信息、思想和倡议的源泉。这对伉俪一起创造了一个令人难以置信的人际关系、机构关系互通的网络，尤其是在互联网和电子邮箱不如今日这般通达的时代。伯纳德和阿尔姆乃忠诚而又忙碌的学者，他们在整个关系网络中共同传递的总是创新性、充满活力和令人振奋的能量。

在罗马会议上，我们创立了费鲁乔·罗西-兰迪关系网。这项提议由伯纳德，连同凯勒门、邦凡蒂尼和庞其奥发起。伯纳德提议庞其奥作为一位重要的罗西-兰迪研究者和罗西-兰迪思想的传播者任该网络主席。

伯纳德在罗西-兰迪主题国际研讨会上提交的论文题目为《费鲁乔·罗西-兰迪的社会哲学与社会符号学》。在论文题目中，伯纳德已经捕捉到了罗西-兰迪思想的一个重要层面，即罗西-兰迪并非完全认同符号学这一事实。实际上，罗西-兰迪将自己视为一位哲学家，尤其是一位语言哲学家，因为在他1985年去世当年出版的最后一部著作题为《哲学方法论与符号科学》（Metodica filosofica e scienza dei segni）。

伯纳德的论文为1992年罗西-兰迪主题研讨会发表的第一篇，也是主题研讨会论文集的开篇之作。伯纳德所做的分析是精准而详尽的，亦如其风格。首先在黑板上（当时尚未出现PPT）以及在后来的论文集中，伯纳德列举了无数个伴随其言语分析的图表，这也是他的学术风格所在。他喜欢以视觉化呈现自身的观点，将他所谓的罗西-兰迪"社会哲学"概念转化为像似化图形，且做得十分出色，这一定是他内在的艺术细胞在"作祟"。像罗西-兰迪一样，伯纳德是一位多面手，他不仅是一位符号学家，更是一位建筑师、音乐家，更重要的是他还是一位怀揣倾听使命的学者。

伯纳德呈现了一个图示。在图示中，他阐述了意识形态作为谬误思维、意识形态作为世界观、意识形态作为社会规划之间的关系。在另一幅图示中，他令人艳羡地将罗西-兰迪的同调模式加以视觉化，而在别的图表中，他又呈现了罗西-兰迪视为万物之源的"社会再生产图示"。

自罗马会议后，我、庞其奥和身在维也纳的伯纳德之间的接触出现了一个真正的高潮期。我们多次会晤，且过程通常很有趣，总是充满着希望。随着我们从一个项目推进到另一个项目，举办会议，出版著述，我们合作的机会越来越多。1999年，在德累斯顿（Dresden）举办的第七届国际符号学大会上，伯纳德邀请我同他一起组织题为"符指过程、社群、社会性"的分论坛，这于我而言，实在是荣幸之至。伯纳德和阿尔姆多次造访意大利巴里。我们合作筹备了纪念罗西-兰迪的国际研讨会，伯纳德将会议主题定为"今日罗西-兰迪符号学的相关性"（The Relevance of Rossi-Landi's Semiotics Today），于 2002 年 11 月 14—16 日在意大利巴里举行。会议论文集定名为《无形的遗产》（*Lavoro immateriale*），于 2003—2004 年出版，收入庞其奥与甘德曼（Claude Gandelman, 1936 - 1996）于 1989 年创立的丛书"阿坦尼斯"（*Athanor*），（甘德曼于 1996 年早逝）仍由庞其奥主持。在伯纳德的帮助下，我和庞其奥于 1998 年在《符号学通讯》（*Semiotishe berichte*）出版名为"符号研究的符号"（Signs of Research on Signs）的专刊，又于 1999 年在《S——欧洲符号学研究》（*S—European Journal for Semiotic Studies*）出版了名为"巴里的符号学研究"（Semiotic Studies in Bari）的另一专刊。伯纳德自己做了所有的编校工作，包括排版。为了赶上最后期限，我记得深夜里疯狂地与他交换校稿修正邮件。伯纳德的慷慨奉献精神、热情好客的美德和乐于参与的态度举不胜举。

我以为，可以公正地说，贯穿于我跟伯纳德友谊主线的始终是我们对罗西-兰迪学术思想所持的共同兴趣。罗西-兰迪是我们最初结下友谊之果的关键所在。

我们还和庞其奥一起在维也纳为伯纳德庆祝 60 大寿。但是，我们最后一次见到伯纳德是在他自己与凯勒门于 2005 年 11 月在维也纳和布达佩斯举办的一次研讨会上。那次研讨会依然由伯纳德发起，主题仍然是罗西-兰迪。伯纳德宣读的论文为《费鲁乔·罗西-兰迪与罗西-兰迪关系网络简史》（Ferrucci Rossi-Landi and a Short History of the Rossi-Landi Network），现可在庞其奥主持的相关网站上查阅。

上述仅是我们共同工作与合作的一些点滴。不言而喻的是，这仅仅是沧海一粟。

相反，关于多年来一直将我、庞其奥和伯纳德系联在一起的友谊，莫不如说作为朋友，伯纳德为世间绝版，从人类智慧、忠于友谊和慷慨乐施角度讲，他是世间仅有的朋友。因此，失去了我们亲爱的朋友——伯纳德，在我们心中和工作中留下的痛楚与空虚是难以言表的。（有关英文原文，参见 http://iass‐ais.org/jeff‐bernard‐in‐memorian/，2020‐03‐01）——译者注

71　Deely, John. 2010. *Semiotic Animal: A Postmodern Definition of "Human Being" Transcending Patriarchy and Feminism*. South Bend, IN: St. Augustine's Press.

72　Deely, John. 2015. From Semiosis to Semioethics. In Trofonas, Peter Pericles (ed.). *International Handbook of Semiotics*. Dordrecht: Springer, pp. 771 - 789; see also Deely, John. 2005. From Semiotics to Semioethics; or, How does responsibility arise in semiosis?. *Semiotics* 2004/2005, ed. Stacy Monahan, Benjamin Smith, Terry J. Prewitt. Ottawa: Legas, 2006, pp. 242 - 261. ——译者注

第四章 从符号学到伦理符号学
——符号、语言、责任

1. 从符指过程到伦理符号学

"符号学"这一表述既指称的是人类符指过程的独特性,又指称的是符号的一般科学。在第一项意义中,符号学与人类特有的元符指过程能力相关。在包括符指过程[1]的生命世界里,人类符指过程以元符指过程为特征,即作为反思符号的可能性。我们可以将符号视为阐释对象,与我们对符号的回应不可分割。但是,我们暂停对符号做出的瞬时回应,然后加以深思熟虑;我们也可以用这种方式来研究符号。作为元符指过程的符号学与责任密切关联,即人类——现存唯一的"符号学意义上的动物",是唯一能够对符号和符号行为负责的动物。因此,符号学意义上的动物——人类受责任*制约*,同时又是责任的*主体*。在这一层面,语言哲学对符号科学所持的批评立场具体表现在:并非将注意力局限于符指过程的认知层面,也侧重于符指过程的符效层面——符指过程=生命的健康、幸福度,以及对生命的关怀和一般意义符指过程的健康。

从这一角度说,普通符号学,即当前所称的"全球符号学"[2](参见 Sebeok, 2001)[3],假设符指过程与生命融合,从而关注地球上所有的生命,恢复与古代医学符号学(*medical semeiotics*)的关系。这不仅是一个涉及起源知识的历史秩序问题,更是关乎今日全球化世界之现实的一个研究路径。在这一全球化的世界中,所有生命的命运——地球上所有他者的命运中彼此命运的意义从未变得如此的显豁。我们将这一定位——符号研究中这一特殊的拐点，命名为"伦理符号学"（参见 Petrilli, 2014; Petrilli and Ponzio, 2003, 2010）[4]。

伦理符号学与倾听问题密切关联，其中倾听是从医学符号学、听诊意义上理解的，而并非仅从倾听的理论层面——音乐意义上来理解。我们必须倾听今日全球化世界的病症，辨识社会疾病的不同声音，从而扭转走向自我毁灭的路向。

我们的未来是"符号学未来之完善"。正如本书开篇所预言的，这意味着我们今天决定的是符号学的未来，不仅是作为一门科学的未来，而且是作为一种人类物种专门使用符号反思符号并依此做出决策能力的未来。这一问题不仅事关一种理论秩序，更不可避免地涉及作为医学符号学——症候学的符号学，以及作为伦理符号学的符号学，因此符号学（实际上是生命的）未来是一个关乎认知、符效和伦理秩序的问题。

现在（作为今天，即我们自己的当下）从未被赋予担负未来之责的如此重任，从未将未来自身的可能性置于如此风险之中。今天决定着我们的明天，今天的决策决定着符号生命和生命符号的未来，决定着这一星球——地球上符指过程的连续性。作为一种符号学意义上的动物，人类是唯一能够对符指过程——生命负责的动物。相对于任何其他人来说，将符号研究视为一种职业的人所担负的责任尤其沉重。

雅柯布森（1959）[5]重新阐述了古罗马剧作家特伦斯（Terence, also Publius Terentius Afer, 195 B.C - 159? B.C）[6]的明言，即"我为人，故人事皆与我相干"（Homo sum: humani nihil a me alienum puto），进而断言："我为语言学家，故举凡涉及语言之事皆与我相干。"（linguista sum: linguistici nihil a me alienum puto）可见，符号学家所致力的是一切语言学意义上的符号，实际上致力的是一切的符号材料（不仅关涉人类符指过程，或所涉范围更为广泛的动物符指过程，而且关涉整个生物符号域），意向不仅具有认知的属性，更具有伦理属性。此类研究涉及对他者的关注，不仅是"关涉"意义上的，而且是"关怀""呵护"意义上的。实际上，从这一角度看，对他者的关怀——对他者的呵护蕴含的是毫无归属感、亲近感和群体感限制的负责能力。事实上，这一负责能力并非"语言学家"或"符号学家"所独有。将雅柯布森的感悟加以发挥，我们就可以说，并非作为职业的语言学家

第四章 从符号学到伦理符号学——符号、语言、责任

或符号学家,更重要的是作为人类,没有什么符号"不与我相干"(*a me alienum*)。对特伦斯明言的第一部分"我为人"(homo sum)不做任何更改,我们现在依然可以说,生为人类,我们不仅是*符指过程意义上的动物*(与所有其他动物一样),也是*符号学意义上的动物*。从这一角度说,与动物王国的其他动物相比,人类是独特的。因而,我们得出的结果就是:举凡符指过程意义上的事物,包括生物域和生物域所遗存的进化宇宙"无不与之相干"(*a me alienum puto*)。释译特伦斯的明言就是:"我研究符号,故符号生命的任何事物无不与我相干。"

再重复一遍,人类是一种"符号学意义上的动物",因此我们才被赋予了理解为"元符指过程"的符号学能力,才被赋予了做出决策、采取立场、干预符指过程走向的能力。这一切都意味着人类被赋予了对符指过程负责的这一独特能力,这一能力源自符指过程本身,尤其源自人类的元符指过程的能力。从这一角度看,符号学意义上的动物也是一种"伦理符号学意义上的动物"。"伦理符号学"这一表述,表明符号学具有恢复其作为侧重病症和生命质量的"医学符号学"(或症候学)这一古老使命的倾向。伦理符号学的意向并非成立一门独立的学科,而是在"全球符号学"框架下发展出的一个符号研究的方向。

《从符号学到伦理符号学》("From Semiotics to Semioethics",2005)[7]一文,描述的是从价值观角度研究符号的一个研究方向。虽然整个20世纪的符号研究存在一个持续性的焦点(诸如维尔比夫人、莫里斯、罗西-兰迪以及巴赫金、皮尔斯等),但符号与价值观之间的关系并未成为主流的关注点,可在今天的全球化世界中,解决这一关系,培养这一研究热点,就变得愈发紧要了。

伦理符号学是回答符号学未来这一问题的关键所在,即西比奥克在《符指过程与符号学——二者之未来》("Semiosis and Semiotics: What Lies in Their Future?",Sebeok,1991:97-99)[8]一文提出的符指过程之命运。伦理符号学旨在证实符号学对符指过程的责任,从而提出"全球符号学"以皮尔斯构想的符号一般科学为基础,现在恰好从"伦理符号学"的角度进一步推动其发展。

生物学与社会科学、行为学与语言学、心理学与健康科学,从遗传学到

医学符号学（症候学）、精神分析学、老年学和免疫学的内部专业化，都可在全球符号学中找到融合与相互交换，以及系统化与统一化的场域。然而，需要注意的是，"系统化"与"统一化"并非"百科全书"式静态意义上从新逻辑实证角度做出的理解（不论是将知识与语言实践并置的问题，还是将知识归结为一个单一的科学领域及其相关语言的问题，亦如新实证主义物理学论的视角一般）。全球符号学是一门元科学（metascience），关注所有与符号相关的学科。全球符号学不能降低到"（实验性——ideoscopic，皮尔斯语）科学哲学"的地位，虽然作为一门个别（cenoscopic）科学[9]，全球符号学在对话层面涉及哲学，其实乃哲学所固有的特征。通常，其他知识领域和人类实践或因一种专业化秩序的合理需要，或因对短视的宗派化所持的一种无用乃至有害的倾向（宗派化并非不受意识形态的影响，且大多数情况下，被所谓的一种科学秩序的动机所遮蔽），被全球符号学结合在一起。

相反，符指过程的全球研究路径使之成为可能的连续性和创造性视角转换，有利于辨识新的学科间性关系[10]和新的阐释实践，亦如莫里斯等人所预见的一般。举凡被认为不存在符号关系之处，均会发现符号关系的存在，即举凡事物之间发现存在貌似独立于交际和阐释过程的单纯"事实"和关系之处。此外，这一连续性的视角转换也有利于发现对话层面互动的新的认知领域和语言——实质上就是业已存在和亟待认知的符号之间的一种对话关系问题。这并非仅是固有的构建桥梁的问题，而是最终在符指过程与意指过程的相互关联中认识业已存在的对话实体间性（dialogical intercorporeality）问题，即存在物的结构问题。以探究不同科学序列之间的边界和边际的能力为特征，即以对他者开放的能力为特征，符号学业已被西比奥克称作"符号学说"（Sebeok，1976，1986）[11]。

伦理符号学所提出的一个基本主张是：不仅必须描述和解释符号，而且必须探索出充分的探究方法用以获取知识，并对约束人类行为和社会规划提出倡议。作为符号的一般（个别）科学，符号学必须克服狭隘的专业化发展趋向，即诸科学之间存在的所有形式的分裂倾向（参见 Perron，Sbrocchi，Cololli，Danesi，2000；Landi，1968，1972，1992）[12]。随着伦理层面逐渐地从符指过程、元符指过程、符号学意义上的意识之中映现出来，我们可以断定符号学的伦理层面具有投射性。符号学的伦理层面参考了从生物学到社会文化研究中所有的生命现象，对一般意义上的人类实践做出批评，侧重重新联系那些被错误地认为是分离的生命现象。对于致力于质疑科学意识以及人类眼中的生命意识的一种符号研究方法来说，批评、社会意识和担责行为的能力乃符号学的核心问题。发展了西比奥克的观点并力求超越他的观点，伦理符号学证实了全球符号学的伦理含义及其对交际乃至生命整体所具有的重要意义（参见 Cobley, 2010；Petrilli, 2014）[13]。

2. 符号意义上的动物——一种伦理符号学意义上的动物

由于被赋予了"人类的模式化能力"及其"符构"，亦被称为"语言"——一种物种专属的特征，人类可以被描述为一种"符号学意义上的动物"。正是由于被赋予了这一特殊的模式化系统，我们现在才知道人类不仅具备符指过程的能力，还具备元符指过程能力或符号学意义上的能力，即一种使用符号来反思符号——批评意识的能力（Deely, Petrilli, Ponzio, 2005）[14]。在这一命题中，"语言"[15]这一表述被用来命名不同于交际的人类模式化能力；而"符号学"这一表述，除了用作符号的一般科学这一称谓，还表明人类符指过程——元符指过程的独特性（Petrilli, 1998: 8-10, 145-147）[16]。第二层义项的"符号学"将人类动物定性为"符号学意义上的动物"，将人类意识与责任能力联系起来，其中的"责任"既是在回应性意义上，也是在回答性——负责性意义上来理解的。

理解为模式化并以句法（更恰当地说是符构）为特征的语言能力，赋予了人类类似于所有其他动物物种一样构建一个世界的能力，而且赋予了人类构建无数个可能世界的能力。这一物种特有的模式化能力出现在人科动物身上，决定了人类从能人（*Homo habilis*）到直立人（*Homo erectus*）再到智人（*Homo sapiens*），乃至现在的现代人（*Homo sapiens sapiens*）整个发展过程中的进化历程。句法或写作［文学产生之前的写作（*ante litteram* writing），即字母出现之前的写作（*avant la lettre*），用列维纳斯引入的表述就是言语转录之前的写作］涉及（无声地）用有限数量的要素，构建多重意义和含义（meanings and senses）——多重语域（registers），即相对于不同语域的多种意义（参见 Lévinas, 1972）[17]。口头言语层面的语言可以从"写作"角度加以讨论（Petrilli and Ponzio, 2003: 7 - 10, 11 - 26；亦见 Petrilli, 2012: 121 - 123）[18]。与人科动物进化过程中（语言）模式化能力的激活类似，非言语符号也用于同其他动物一样的交际之中，但不同的是：在人类交际之中，非言语符号根植于（无声的）语言（模式化）。从这一意义上说，这些非言语符号就是语言层面的非言语符号（Posner et al, 1997 – 2004, Art. 18, §5, §6）[19]。[20]

作为"符指过程意义上的动物"，人类阐释符号，而无需对在笔者建议下被我们称为直接符指过程（direct semiosis）——初级符指过程（primary semiosis）的瞬时阐释层级与对阐释做出的理解加以区分。相反，作为"符号学意义上的动物"或"元符指过程意义上的动物"，人类可以暂停对符号的直接、瞬时阐释，设定反思和深思熟虑的条件，即我们所称的*间接或二级符指过程*（indirect or secondary semiosis）——*复杂符指过程*（complex semiosis）。事实上，如前所述，在生命世界之中，人类符指过程应该定性为元符指过程，这意味着不仅我们可以将符号视为等同于我们对符号做出回应的阐释对象，我们还可以暂停我们的回应和思考。

元符指过程是一种生物符指过程和系统发生能力，因具备了符构能力或理解为模式化的语言能力，有利于培养一种独特的能力以对符指过程层面的创造性和批判性加以干预。具备了这样的能力，人类就是唯一能够对生命、符号和符号行为承担责任、关注生命质量的动物。这与人类的倾听和负责任的能力——在愉悦与对话的多重性中关怀生命的能力相关，其中的关怀蕴含着对象，即他者——被关怀的那个他者，但无需通过理疗和治愈来获得权利和加以管控。这一倾向产生于全球实体间性、对话关联性以及他者作为同一个生命符指过程网络中的主体所具有的创造性意识这一语境之中。

基于西比奥克的"全球符号学"所阐述的公理，即举凡有生命之处，就存在符指过程，故生命与符指过程重合（Sebeok, 1986, 1994, 2001）[21]，"符号学意义上的动物"——人科的理性动物，是唯一能够做出反思、深思熟虑、批判选择和采取立场的动物。因此，符号学意义上的动物能够对整个地球上的符指过程和生命及其健康和正常功能负责。在这一意义上，我们既受责任制约，又是责任的主体。

作为符号学意义上的动物，人类具有全球性的生命观和交际[22]观，因此，就出现了"我们对全球化视角下的生命和宇宙具有怎样的责任？"这一关键问题（Petrilli and Ponzio，2010：157）[23]。这一问题乃被称作"伦理符号学"的符号学定位的核心问题。我们引入"伦理符号学"这一表述，用以表明今日符号学研究相对于人类世界（更确切地说是代表人类符指过程的多重真实与可能的人类世界）的一个不可避免的转向（参见 Petrilli and Ponzio，2005：562）[24]。同时具备创造性和批判性的反思能力（如前所述，此乃人类符指过程的一个物种专属特征），即元符指过程能力，有效地帮助我们更好地理解为何且在什么意义上我们对符指过程负责，即对整个"（生物）符号域"中的生命负责。

符号学意义上的（即元符指过程意义上的）能力蕴含着生物符指过程和符号学以外世界存在的第三个人类物种专属的模态，即我们所称的*伦理符号学模态*。将全球交际网络中有关符号活动的这些不同视角加以综合，有助于我们更全面地理解人类对一般意义上所有形式符指过程的"健康"——对地球上人类和非人类生命质量负责的程度。因而，"符号学意义上的动物"也是一个"伦理符号学意义上的动物"。

人科动物不仅是一种"符号学意义上的动物"，而且是一种"伦理符号学意义上的动物"，这是依据皮尔斯将"理性"（reason）以外的"合理性"（reasonableness）概念主题化这一思想加以阐述的。皮尔斯将"合理性"理解为开放性、辩证性对话的符指过程活动，即未完成、不可终结、不受偏见左右，却受博爱逻辑、他者性和连续性或他所称作"持续性"（synechism，*CP* 1.615，*CP* 2.195，*CP* 5.3）[25]制约的符指过程活动。合理性这一概念旨在取代抽象灵知论（gnoseologism）的限度，旨在将符号学研究定位于一种实效-伦理或评价-操作意义上的探究。在1903年出版的《实用论演讲录》（*Lectures on Pragmatism*，*CP* Vol.5，Bk.I）的前言中，皮尔斯写下如下陈述［引自皮尔斯在鲍德温1902年出版的词典《哲学与心理学词典》中所写的词条"实效与实用论"（Pragmatic and Pragmatism）］：

> 现在，近乎每个人都会认同的是：至善（ultimate good）在某种程度上存在于进化过程之中。果若如此，至善不存在于分裂过程的个体回应之中，反倒存在于一般或连续的事物之中。连续性以如下观念为基

础:聚合、连续性、法则制约性、做出一般概念的本能,只是合理性发展同一个过程的不同阶段而已。首先要在逻辑领域用数学的精确性证明其真实性,然后从形而上学角度推断其正确性。这与皮尔斯应用方式中的实用论并不对立,反倒将这一程序当作一个步骤。(*CP* 5.4)

皮尔斯认为,理性和知识中最先进的发展是通过由〔逻辑与博爱之间的关系,参见 Boole,1931(1950)[26]〕博爱(agapasm)[27]力量制约之合理性创造力实现的[28]。他认为,博爱的指向是具体而非抽象;指向邻里,并非必然是空间意义上的方位,而是亲切关系意义上的"生活中和情感上(……)跟我们相近"(*CP* 6.288)之人。博爱是逻辑程序中以试推/溯因、像似性和创造性为特征的一种驱动力。心灵的发展在很大程度上是通过由此理解的博爱力量实现的。持续性所预见的进化类型,即连续性原则,是通过博爱作用而进化的。在此类问题上,皮尔斯直接将其引向 1893 年发表的论文《心灵法则》("The Law of Mind",*CP* 6.102–165)[29]。此外,皮尔斯颇富争议地对比了通过邻居之间的同情关系取得的进步——"基督的福音",与回应自己所在时代的主流意识形态,鼓励个体维护自己的权益、个体性或超越他者的个体认同——他所称的"贪婪的福音"(*CP* 6.294)。

博爱、合理性和创造性都是以他者性和对话性逻辑为基础的,共同推动人类世界中符指过程的进化动态性发展。鉴于人类作为符号学意义上的动物所具有的独特性、物种专属性能力,亦如所意料一般,人类也被赋予了一个主要的角色,即对一般意义上的符指过程负责,也就是说要对整个地球上所有形式的生命负责。

从人类社会符号学的角度看,我们自己的符号研究方法,不论是语言和非语言,还是言语和非言语,定位于伦理符号学,在探究传统上就属于伦理学、美学和意识形态层面的问题(参见 Landi,1978;Landi,1992)[30]。这一意义上的观点可以追溯至皮尔斯。在他自己的实用论框架下,皮尔斯提出与人类社会行为研究及其总体利益密切相关的一套符号学认知研究方法。从皮尔斯的视角看,认识论问题必然涉及对一种价值和实效秩序的考量。事实上,伦理符号学将视角延展至符号学的逻辑-认知和认识论边界之外,关注符号与价值观之间的关系,从而关注符号活动的价值论维度,包括人类对评价、批评、创造性和责任感的倾向，因而可克服任何教条主义和毫无条件接受的倾向。

符指学（significs）[31]的提出者维尔比夫人见证了整个20世纪上半叶极其有趣的符号学发展，也预示了这一定位方向（参见Petrilli, 2009; Petrilli, 2015）[32]。"符指学"这一术语指出人类倾向于做出评价，为事物赋予意义，确定人类行为的意指潜势和意义，融入认知和逻辑层面符号生命活动，参与物质、情感、实效和伦理层面的符号生活活动。[33]

创造性的博爱与合理性将知识和经验与实效-伦理维度相关联。如果我们不坚持在相反的意义上继续推进乃至分离，甚至反其道而行，将彼此整合和完善的过程并置，那么，我们很快就会意识到：超越符号活动研究中一个严格意义上的灵知论研究路径具有的局限性，不仅是适当之举，也是必然之行（参见Petrilli, 2014a: 67-83）[34]。

综而言之，这些思考揭示了普通符号学具有的研究计划，与任何特定意识形态取向无关。符号学意义上的动物是一种正常的担责行为主体，能够使用元符号（*signs of signs*），能够调控符号行为，能够反思符号行为，能够具有符号意识，能够暂停符号行为，以及能够对符号行为加以深思熟虑。因此，针对整个地球上的符指过程，符号学意义上的动物具备批判、创造和反应意识，能够对符指过程的不同层面采取一种批评性的立场，且在这一基础上能够做出理性且合理的行为。从这一角度看，符号学意义上的动物也可以被描述为一种伦理符号学意义上的动物。

3. 关怀与责任乃社交之秘

符号学（因此也是符号学家）可以致力于维护符指过程的健康，培养面向符指域（semiosic universe）做出负责性和回应性（阐释和）理解的能力。元符指过程是面向全球责任的一大条件，蕴含的是倾听——倾听他者的能力。构想为符号一般科学的符号学，需要完善倾听觉和批评功能，需要培养倾听和批判的能力，而伦理符号学有助于这一任务的实施。从这一角度看，"全球符号学"并非局限于符指过程的一种认知研究路径，反而对符号活动的实效-伦理维度很敏感。全球符号学以认知符号学为基础，但正如我们所宣称的，也必须向本质上为伦理维度的定量和理论层面以外的符指过程的第三大维度开放。这第三个维度关注的是我们在符号研究中竭力求索的目的。在这一研究之中，目标和手段的调整超越了所有形式的唯技术论和分离论，即事实上，此前为指称这一特定的符指过程维度所引入的其他表述，除了"道德符号学"（ethosemiotics），还包括"目的符号学"（teleo-semiotics）和"终端符号学"（telosemiotics），虽然仍然指称的是符号学与伦理学之间的关系，但我们现在更倾向于"伦理符号学"（semioethics）这一表述（Petrilli，1998：180 - 186；Petrilli and Ponzio，2016：223 - 259）[35]。伦理符号学本身并非一门学科，而是一个研究定位，即符号研究的一种视角，继承的是语言哲学的批判立场——对含义的探究[36]。

"伦理符号学"这一表述表明符号学恢复"医学符号学"或"症候学"侧重于病症研究这一古代使命的一个倾向。我们曾提及伦理符号学（同医学符号学一样）的一个主要论题是关注生命，但从全球性的视角看，符指过程与生命重叠，亦如西比奥克所假定。"关注生命"这一表述并非蕴含着任何形式的治愈的能力——治愈力，更为根本的反倒是蕴含着融入他者、对他者感兴趣、非漠视他者的能力。正是在这一意义上，普通符号学才能与古代希波克拉底和盖伦提出的医学符号学或症候学，及其关注符指过程、关注生命的使命相关联（有关古希腊医学中的符号概念，参见 Langhoff，1990；有关符号学的医学缘起问题，参见 Sebeok，1994：50 - 54；有关盖伦的医学符号学思想，参见 Sebeok，2001：44 - 58）[37]。由于符指过程（至少）与生命重合，这一古老的医学分支对生命健康的关注，可由理解为符号一般科学并从伦理符号学角度重组的"符号学"来恢复。

关注符指过程健康——（人类与非人类）生命健康的符号学家，侧重于病患——疾病和个体与社会混乱的症候，但并非以一名内科医生、全科医生或某种类型的医学专家身份，他不开药物处方，也不做任何形式的治疗。实际上，当今社会中普遍存在的医疗状况需要加以否定，亦如不加批判地诉诸正常与不正常、健康与疾病这样的范式也需要加以否定［有关如何忽略来自美国心理分析学家兼精神病学家萨克（Thomas Szasz，1920 - 2012）在这一意义上发出的警告，参见 Szasz，1961，2001，2007；Petrilli and Ponzio，2017；Schaler，Lothane，Vatz，2017］[38]。

第四章 从符号学到伦理符号学——符号、语言、责任

符号学家对病症的兴趣与弗洛伊德精神分析具有某种相似之处,因为阐释在两种情况中均起着核心作用,而倾听他者的倾向又对阐释具有决定性的意义。但是,此处的倾听并非医学意义的,即倾听他者并非听诊。如果症状的符号学或更确切地说伦理符号学分析与弗洛伊德精神分析类似,那么,症状的符号学分析与制度化和医学化的精神病学、医学化与"精神病学化"的心理分析、精神病患者、精神病的治疗、用药方式、各种混合药物的实践并无相同之处,即符号学分析与当今全球化世界中越来越普通的生命医疗化和精神病化现象并无相同之处。

维尔比夫人说出以下引文的话,从而在充分考虑了符指过程的批评、实效和伦理维度基础之上,发展了她的意义理论。此时,这就与维尔比夫人及其原创性的符号研究路径确立了另一种联系:

> 不幸的是,习俗规定了诊断这一术语仅局限于病理领域,因而很难找到一个更好的术语指称符指学的训练可以促生的那种"洞察一切"的能力。我们必须被培养为理所当然地认为自己就是诊断者,我们要最大限度地培养那种看到真正存在区别的能力,那种阅读符号的能力,不论多么的微弱,但可以解释含义与意义真正区别的能力。诊断可以被称为符指学的典型过程,因为转换(或最广义上的翻译——译者注)是符指学意义上典型符指过程的典型形式。[Welby, 1983 (1903): 51][39]

从类比角度说,"诊断"可以与符号学中伦理符号学的定位相关联。事实上,创立伦理符号学的灵感,源自维尔比夫人的符指学及其对含义、意义和意指义的关注,源自皮尔斯对伦理的旨趣,源自莫里斯对符号与价值观、意指过程(signification)与意指义(significance)、符号学与价值学之间关系的关注(Morris, 1964[40]),以及巴赫金和列维纳斯将他者性和对话性主题化的视角。与传统上被定性为符号学研究的一种严格意义上的符号、语言和行为的认知、描写以及意识形态中立的研究路径不同,今日符号学的一项重要任务是恢复人类符指过程的伦理-价值学维度。

对于为何每个人都必须对符指过程负责,对整个地球上的生命负责这一问题,即伦理符号学研究的核心问题——为何以及在什么意义上会如此,我们的回答是对伦理学与伦理符号学加以区分。事实上,从伦理学的角度讲,

这一问题并非必须给出一个答复，即对地球上的生命负责是一种道德原则，一种绝对性的施为。相反，从伦理符号学角度讲，对这一问题的确需要给出一个答复，即与伦理学不同，伦理符号学涉及科学研究、论争、阐释、由他者性逻辑制约的一种对话性回应以及质疑。伦理符号学将人类界定为一种"符号学意义上的动物"，也蕴含着一种"伦理符号学意义上的动物"之义。

他们在讨论责任之时，所指的并非有限责任、具有不在场证明的责任，而是无限责任、非具有不在场证明的责任、绝对责任。在资本主义晚期的交际生产发展阶段，对生命的责任（与符号和交际融合）是无限的，也就是说，责任不仅局限于人类生命，而且涉及地球生态系统中与人类生命具有必然性关联的所有生命形式。作为符号的研究，符号学无法回避这一问题。考虑到历史-社会域与生物域即文化域与自然域、符号域与生物域之间的交际本质[41]，恢复符指过程的伦理符号学维度这一任务现在非常紧迫，因为生物域中全球范围的干扰比以往更具破坏力。仅举一个较新的例子予以说明：想想 2010 年 4 月 29 日墨西哥湾石油钻井平台爆炸对全世界自然和文化环境造成的破坏性影响；但是，也要想想当今全球范围内大规模移民所引发的人类学意义上的错乱，以及人类学意义上的革命与进化；想想这一实践的因果对全球范围内社会经济系统产生的影响及其对整个人类所具有的意义。

据列维纳斯所言，人的生命意识即真正人类的生命意识，建立在"我"对他者负责的基础上。*原则上来说，如此理解的责任比求生意志（conatus essendi）的历史更为悠久，比原始思想的历史更早；换言之，责任是先于存在和本体范畴的无-政府状态（an-archical）*。这类责任并未在本体论范畴中有所涉及。正如列维纳斯在 1968 年的论文《人道主义与无政府状态》（"Humanism and Anarchy"）的结论中所言，现代反人道主义的缺点在于在人类身上并未找到这种史前和无-政府状态责任的痕迹，完全消失在历时和总体性之中了。对他者的责任乃与他者之间的原始关系，且是无限、绝对的责任（参见 Lévinas，1987：138-139）[42]。正如列维纳斯在《历时与表征》（"Diachrony and Representation"）一文中所言，如此描述的责任乃"社会性之秘"（Lévinas，1991：169）[43]。

在原则上，自原始时期，遭遇他者便是对他者的责任，对某人不论是谁的"邻居"负责，"邻居"即这个人要负责的他者。正如列维纳斯在《我们之间——论他者思想》(*Entre nous: Essais sur le penser à l'autre*, 1991) 中所言,即具体是在题为"哲学、正义与博爱"的一节所言,作为漠视、慈善的博爱是原始的,且是原始的和睦 (Lévinas, 1991: 103 - 121)。绝对责任是对他者的责任,即理解为受他者制约和对他者负责的责任。这种责任既不允许平息也不允许和睦。和睦为战争之功,和睦为战争之内在诉求,即一种休战状态,从绝对责任角度讲,完全体现在战争的痛苦与虚荣之中。与他者之关系是不对称的、不平等的,即责任与"我"所拥有的权利和自由不相称。道德意识就是对这种比例失衡状态的感知,对自我的自由提出质疑 (Ponzio, 2006)[44]。

全球符号学框架下构想的普通符号学表现为一门元科学,旨在克服人类科学与自然科学之间确立的人为分离,倾向于用以证实诸科学之间相互关联这一状况的一种跨领域和学科间性研究路径[45]。全球符号学框架下的普通符号学也继续推进对含义的哲学研究,首先体现在现象学学说之中,尤其是胡塞尔和梅洛-庞蒂 (Maurice Merleau-Ponty, 1908 - 1961)[46]的思想。在我们自己的阐释之中,对一般意义上的科学研究者,尤其是符号学研究者来说,是胡塞尔在论文《哲学作为一门严谨的科学》("Philosophy as a Rigorous Science") 及其专著《欧洲科学的危机与先验现象学》(*The Crisis of the European Sciences and Transcendental Phenomenology*, 1954)[47]中有关"精确科学"和"严谨科学"的区分[48]确定了含义问题的研究方向。胡塞尔质疑了科学知识分子的含义观,避免了所有形式的唯科学论 (scientism) 和唯技术论 (technicalism),避免了手段与目的意识觉知 (conscious awareness) 之间所有形式的分离,与异化主体 (alienated subject) 和假意识对立。从这一角度看,符号学就是伦理符号学。

全球符号学、认知符号学和伦理符号学这一三分法,不仅在理论上,且在伦理-实效维度上,对我们理解符指过程具有决定性的意义。符号学必须不断地完善倾听觉和批评功能,即符号学的倾听和批判能力,以便将注意力转向全球意义上的符指过程领域,除了从认知和分析层面理解,还要履行维护"符指过程健康"的义务。因此,要完成这一任务,我们坚信符号学必须是 (1) 全球符号学;(2) 认知符号学;(3) 伦理符号学[49]。

全球符号学既提供一个现象学语境,也提供一个本体论语境。然而,如前所述，对于正确理解当今的交际，尤其是从"交际-产生"的角度理解时，参考社会经济语境也是必然的。伦理符号学路径必须考虑全球交际-生产与社会经济语境融合这一事实。从伦理符号学角度看，现象、本体和社会经济这三大语境是密切关联的。对于构想为全球符号学和伦理符号学的普通符号学来说，今天的一项重要任务是谴责全球符号系统中的任何不协调行为，因此，也就是谴责全球符号系统对地球上的生命所产生的任何威胁。

在朝向伦理符号学方向发展之时，全球符号学强调的是蕴含生命质量的人类关怀生命的能力。亦如所预料的，这一研究路径并非从任何特定的意识形态意义上确定符号学的研究方向，反倒侧重的是人类行为作为与价值观相关联的符号行为。伦理符号学乃两种驱动力产生的结果，其一为生物符号学——将生物作为符号研究的科学综合体，其二为生物伦理学（bioethics）。伦理符号学可以为生物学和医学进步相关的伦理问题，提供一个统一而又具批评性的视角，譬如基因功能、微生物学、神经生物学和药物研究等领域。随着生物伦理学的发展，伦理问题成为一门具体学科的研究对象。但是，在引入这一全新的学科之前，伦理问题已然是共同促成伦理定性两大整体的一部分——符号（生物）域和全球社会经济交际生产系统。从全球符号学和伦理符号学角度形成的普通符号学，在解决所关注的核心问题之时，必须考虑到这一双重语境。在这一意义上，普通符号学也有助于实现伦理符号学的哲学使命，有助于探知批评重构的可能性，因此也有助于形成探究基础性和批评性的符号生命和研究方法的探究路径。

生物符号学的奠基者——爱沙尼亚裔德国生物学家乌埃克斯库尔（Jakob von Uexküll, 1864-1944）[50]对人类世界中的符号与意义、交际与理解的研究做出了卓越的贡献。他以跟符号科学对话的方式从事生物学研究，证实了人类模式化系统所具有的物种专属的特征，这先于人类通过言语和非言语符号的交际，且是这一交际发生的必然条件。据西比奥克所言，乌埃克斯库尔的研究在推进符号科学自身或"符号学说"（Sebeok, 1976, 1979）[51]这一层面，发挥着至关重要的作用，尤其是在选择此类问题作为其研究对象之时。"生物符号学"——一门相对较新的符号学分支学科（包括动物符号学和人类符号学），也是普通符号学的一大基础维度（Favareau, 2010; Petrilli, 1998: 3-14, 29-37）[52]。

据乌埃克斯库尔所言,每一个有机体在建构其环境界——其物种专属的世界时,都会采用不同的内向和外向模式化过程。环境界——任何物种的每一个生命有机体的一种特征禀赋,关注的是一般意义上的物种,不论是人类还是非人类。但是,在非人类生物之中,环境界是稳定的;在人类世界中,环境界允许发生变化,且涉及单一性形式的每一个个体。换言之,人类环境界和模式化系统的一种物种专属的特征,就是创造性和创新性的能力(参见 Kull, 2001, 2010; Merrell, 1996, 1999)[53]。

这使得乌埃克斯库尔这位专研动物学、生理学、行为学的生物学家,迈向生物学和生命科学领域之外,严格地说是走向了人类世界中伦理-政治秩序问题的关注和研究。正如他在《贯穿于人类和动物的环境界》(*Streifzüge durch die Umwelten von Tieren and Menschen*, 1934) 的结论处明确地阐述的一般,人类环境界是一种特权,赋予了人类一种其他生物所没有的优势。然而,人类环境界也暴露了人性,将人类置于风险和危险之中。事实上,我们物种专属的环境界不仅是物种以不同形式合作的必然条件,也是竞争和冲突的必然条件,甚至是发动战争的必然条件。早在1920年,乌埃克斯库尔就出版了一部专著《国家生物学——国家解剖学-生理学-病理学》(*Staatsbiologie. Anatomie-Physiologie-Pathologie des Staates*)。

根据符号学模式化理论,符号学所指的人类行为和环境(即人类环境界),显然无可避免地转向广义上理解的伦理方向。广义上理解的伦理学包括根据模式、项目和计划,即根据社会规划——亦是在这意义上的意识形态(Rossi-Landi, 1972/2011: 203 - 204)[54],关注人类社会行为的所有现象,同时参考伦理学、宗教学、政治学等。如前文所述,对术语"伦理学"或更确切地说是"伦理符号学"的另一解释项为"责任"。人类模式化系统的开放性特征倾向于从一个个体到另一个个体的延异,故不可避免地涉及选择、立场,以及对这一立场负责的问题。

4. 伦理需求

"伦理符号学转向"源自符号学探究中不同倾向之间的持续性对抗,以及符号学舞台上出现的不同人物之间的对话。不仅在符号学及其历史的关系上,而且在面向符号学自身上,这一定位都具有做出批判的使命。自康德(Immanuel Kant, 1724 – 1804)[55]开始的整个哲学传统可能因此被唤醒,其中"批评"这一表述以一种特殊的意义,即以具有回应、"自我回应"和"自我负责"这一义务意义上的伦理意义,对以前,或至少此时从他者处寻求理性和证实的回应。有关批评概念的哲学思想这一特殊的传统涉及更多且重要的作者,包括马克思及其"政治经济学的批判"——马克思大多基础文本次标题中出现的一种表述,巴赫金——批判地恢复了马尔堡学派〔以赫尔曼·柯恩(Hermann Cohen, 1842 – 1918)[56]为首,以及重要成员如恩斯特·卡西尔(Ernst Cassirer, 1874 – 1945)[57]、保罗·纳托普(Paul Natorp, 1854 – 1924)[58]等〕提出的新康德主义,维尔比夫人及其符指学,皮尔斯——回归康德主义以及对笛卡尔教条理论的批判,参见论文《范畴新论》("On a New List of Categories", 1867, *CP* 1.545 – 567)[59]。

我们所勾勒的这一研究路径涉及符号与价值观、符号学与价值学、意指过程与意指义、意义与含义、符义学与符用学[60]之间的关系。这一路径需要对模式和结构的概念加以详细的研究,从而对模式化系统论与以"结构主义"为名的不同见解之间的关系加以详细的探究。这不可避免地涉及西比奥克引入的所谓"全球符号学"与20世纪之初以"结构符号学"命名的符号学之间的对抗。结构符号学不仅中断了与洛克构想的符号学之间的联系,而且中断了与更早缘起之间的联系,即中断了与西比奥克所追溯的古代希波克拉底和盖伦著述关联的医学符号学(症候学)之间的联系。

标记为"符码符号学"(或"解码符号学")以及"阐释符号学"(参见Bonfantini, 1981)[61]的符号学在历经各个发展阶段之后,其边界不断拓展,已然将更侧重符号与价值观之间关系的研究纳入研究范围。实际上,这一关系被铭刻在符号学的构成及其历史之上。关注符号与价值观之间的关系,对于更好地理解符号表述、阐释和交际具有重要意义。

今天,世人根据索绪尔的未刊作品,尤其是根据毕生致力于索绪尔遗著研究的意大利语言学家莫罗(Tullio De Mauro, 1932 – 2017)[62]于1966、2005、2011、2014年完成的著述,对《普通语言学教程》进行重读并重新评价。索绪尔以边际经济学提出的交换价值论为基础,创立了自己的符号理

第四章　从符号学到伦理符号学——符号、语言、责任

论。相反，皮尔斯基于无限符指过程这一概念（或如果我们愿意的话，可以称作自一枚符号到另一枚符号的无限延异）提出的一种符号模式，打破了等价交换逻辑的平衡。这一研究路径以他者性逻辑为导向，允许面向他者开放，纳入意指过程（signifying surplus）这一概念。莫里斯明确地强调有必要探讨符号与价值观之间的关系问题，并将他的大部分研究定位于这一方向。然而，普遍认可的符号学在很大程度上已经成为一门理论或灵知论科学，一门宣称抱持中立态度的描写性科学。随着伦理符号学的出现，我们提议恢复和发展符号学中的这一偏向，公开探究具有价值学秩序的问题，更加侧重于人类及其所使用符号的全球性理解。

伦理符号学侧重于符号与含义之间的关系，因此也侧重于研究意指义作为价值的问题。然而，我们已经看到，维尔比夫人在19世纪业已引入术语"符指学"来表示相同的旨趣，标志着她与当时普遍理解的"符义学"与"符号学"所拉开的距离。除了刚才所提及的著名经典文献——索绪尔、皮尔斯和莫里斯的著述，维尔比夫人也在符号学史的重构之中，不论在历时-年代学视角上还是在理论意义上，都为她对推进符号与意义的理解做出的宝贵贡献赢得了一席之地。事实上，同作为现代符号学之父的皮尔斯类似，维尔比夫人现在被认为是现代符号学之母（Petrilli and Ponzio, 2005: 35-79, 80-137)[63]。

截至目前，我们所提及的这些思想家均可被视为侧重社会符号、价值观和一般意义上人类行为之间关系这一理论研究倾向的代表人物，他们的研究路径与脱离社会实践、仅局限于从抽象认识论视角做纯粹哲学分析截然不同。

如果我们赞同皮尔斯的观点，认为人即一枚符号，那么，这一观点所产生的一种直接结果就是：就符号而言，*举凡与人相关的事皆与我相干*（*humani nihil a me alienum puto*）。这一陈述的一个重要的涵指就是：人类世界中的符号不应脱离价值取向加以研究，也不应只侧重于真值及其条件。相反，真正意义上具有普遍性的一套一般符号理论，应该能够探究人类生命的所有层面以及所有价值，而不是仅仅探究真值。符号乃自我模式化和发展的物质介质，就如同符号自身就是价值观的承载物质介质一般，虽然符号可以脱离价值观存在，但价值观不能脱离符号存在（Petrilli, 2010: 137-

158)⁶⁴。从人类社会生活的角度看，证实人类的*符号*本质（尤其在实践层面），与对人类做出断言是相对应的，也就是说与断言符号的*真正*的人类本质是相对应的。

朝着这个方向努力，就会发现识别一种新形式人文主义的可能性，而这种新形式的人文主义旨在批评符号与价值观的具体化和实体化，相反的是又对产生符号与价值观的过程加以研究。意指过程与价值观之间的关系，关注的是人类与世界、自我和他者确立关系的能力，因此就需要进行去神秘化的批判性研究。在这一框架之中，符号与价值观是人类历史特定活动的生动表述。就社会符号而言，这意味着恢复符号之于人类的含义和价值，而不是将其视为自然的馈赠。最终，这一研究路径恢复了胡塞尔最初以先验构造现象学（transcendental constitutive phenomenology）方式构想的一个项目。

而基于如下这一条件：有关纯粹描述性、中立性的任何主张被搁置一边，这一切就都有可能实现。遵循这些条件，符号的一般科学对致力于更好地理解我们与世界、他者与自我关系的哲学研究具有重要意义。这意味着恢复胡塞尔及其现象学所提出的研究目标，即恢复我们研究知识、经验和实际行动，以及探究符号的科学所具有的含义这一目标。值得注意的是，胡塞尔曾写作一篇重要的论文，题为《符号学》（"Semiotik"），且在《逻辑研究》（*Logische Untersuchungen*，1900-1901）⁶⁵中专门探究符号及其类型问题。符号科学的这一哲学框架，有助于我们更充分地理解交际、意义、价值和阐释问题。通过朝着这一方向努力，符号的一般科学或符号学可以更充分地作为一门人类科学而发挥作用，其中"真正人类"就是一个关键的价值所在（Petrilli，2010：205-209）。

伦理符号学乃本书所勾勒的符号研究批评路径的一种回应和推进。伦理符号学还在描述一种符号研究的路径，与那些倾向于所谓"正宗符号学"（official semiotics）的抽象理论观的研究路径相对立。因而，伦理符号学不可避免地，与本研究称作"他者性人文主义"（humanism of otherness）的一种新形式的人文主义观念相关联，与意指过程中符号相关的价值观的理解和产生相关联。严格地说，尽管术语"符号学"（理解为符号的全球科学，因此涵盖了莫里斯意义上与人类符指过程相关的意指过程和意指义两个领域）应该足够充分了，但我们坚信"伦理符号学"（如前所述，表示的是符号研究中并非纯粹描写的一种研究路径,并不宣称中立观念,反倒是延展至抽象的逻辑-认识论边界之外,侧重于一种价值学秩序的问题研究,即与价值观相关联,因此就与伦理学、美学和意识形态论相关联),更明确地表明了今天的符号学所要遵循的方向。

5. 全球交际即全球倾听

当今世界中的全球交际,以产生和效率的意识形态为主导。如今,"兴趣""欲望"等均由此类价值观相关的认同能力所决定。在当今世界与资本主义市场逻辑,或(如果我们愿意的话,可以称作)后资本主义的交换逻辑融合的主导意识形态之中,"兴趣"越来越以粗鲁的方式,被以自我为本位且庸俗的"自利"取代。这与巴赫金主题化的"狂欢式"(carnival)世界观截然不同。

但是,全球交际的世界,或更确切地说是全球化的交际世界,对个体主义的颂扬达到了令人恼怒的程度,随之而来的是理解为"封闭社群"(closed community)的社群,也是建立在个体主义之上的。没有了理解为"开放社群"的社群,个体就越来越感觉孤单、孤立甚至恐惧。此外,个体主义不可避免地伴随着竞争的逻辑,即精明和狡猾意义上的竞争。事实上,诸如生产力、效率、个体主义、竞争力和速度之类的价值观,代表了当代社会中"正常人"(properly human)所持有的主导价值观,因而不可避免地伴随着恐惧,即对他者的恐惧。

然而,尽管存在这一取向,即我们所宣称的在当今全球化世界中占主导地位的价值观,但怪诞躯体的结构性呈现、自我躯体与他者躯体的相互作用和互融是不能被忽视的。从这一意义上说,人类对于"食肉主义者"的天职、对主导秩序的过分追求,仍然是抗拒的,有待于用文学创作来加以验证的。从这一意义上说,文学创作,实际上是一般意义上的艺术话语,是且将来也是狂欢化的(Petrilli and Ponzio, 2003, 2006)[66]。

倾听对于全球符号学,对于调谐到符指过程域并与之同步的能力具有决定意义。倾听的能力与音乐相关联。在《符号学——一部自然与文化符号理论基础手册》(*Semiotics. A Handbook on the Sign-Theoretic Foundations of*

Nature and Culture, Posner, Sebeok, Robering 1997 – 2004)第一、二卷中，音乐被视为符号研究的一大主题，且被置于西方历史的不同时代和不同文化，即古希腊和古罗马音乐的符号概念（Riethmüller, 1997）[67]、拉丁中世纪音乐的符号概念（Gallo, 1997）[68]、自文艺复兴到19世纪早期音乐的符号概念（Baroni, 1998）[69]、自19世纪到当代音乐的符号概念（Tarasti, 1998）[70]之中加以分析。作为讨论符号学与各个学科之间关系的一部分，第三卷还包括一篇关于音乐符号学的文章（参见 Mazzola, 2003）[71]。关于其他学科，音乐学中的反思集中于认识论层面的相关问题，即这一学科的主题、方法和表现形式，在多大程度上可以从符号过程角度去理解。

倾听必然会对分裂主义以及倾向于错误地或根植于恶念以部分替换整体的趋势做出批评性讨论，亦如社会和文化生活中令人恼怒的个体主义，以及科学研究之中的"过度专业化危机"。正如西比奥克所言（Sebeok, 1986; Petrilli and Ponzio, 2001, 2002）[72]，倾听能力是将符号学与其早期作为医学符号学和病症阐释的使命加以关联的一大条件。

如果符号学关注的是整个地球上的生命，因为生命与符号学重叠（有关生命过程概念与符号过程概念之间等同的批评性讨论，参见 Kull, 2002）[73]，如果研究符号更准确地说是病症的初衷是"健康"，即符指过程的健康作为生命的健康，那么，符号学的不可忽视的一大任务就是阐释社会语言异化的病症，呼吁人们注意在全球范围内关注地球上所有的生命和交际，尤其今天处于一个全球化的时代。全球范围内的社会疾病之病症正在增加，为我们提供了不少信息。

倾听唤起了听诊，即一种医学态度。在古希腊，音乐被赋予了一种治疗性的特征，即便在今日依然如此。正如前文所述，符号学可能起源于医学符号学（或症候学），盖伦将其归类为医学的一大重要分支，旨在阐释疾病的症候。除了听诊和其他探究病症的方式，自盖伦之后，诊断和了解病史（anamnesis）的方式还包括邀请病人讨论疾病，倾听病人讲述过往病史。

但是，今天的医学（亦如法国哲学家福柯所谴责的一般）之职责，在于行使他所称的"生物力量"，促进具身服从于*生物政治*（*biopolitics*）所具有的知识力量的技术。医学有助于将具身加以人为控制，嵌入生产周期。通过将具身作为一种自足的实体加以专门性管控，今日的医学话语强化了个体

第四章 从符号学到伦理符号学——符号、语言、责任

作为一个独立域的主导性概念,即个体效率高、自给自足、漠视他者,追求免责于他者或免责于个体依赖于他者的自身条件的需求和志向,最终追求的就是免责于不可避免的符指过程的个体需求和志向,这在人类符号域中也是于这一意义上与他者相关依存的相互依存和相互关联的条件所在。这一切都转换为无法考虑个体倾听他者、对他者做出回应的需求,这在人类世界中也是面向他者的责任,不论是自我他者还是自我以外的他者,也不论是自我面前的他者,还是自我以外的他者。

在这一语境之下,倾听自身就变成了"直接、单向倾听",即法律所规定的倾听(Barthes and Havas,1977:989)[74],"话语秩序"(Foucault,1971)[75]所规定的倾听,因而倾听就变成了"应用型倾听""想听",强迫式言说,因此也就变成了单向倾诉。倾听是一回事,想听(wanting to hear)是另一回事。倾听是回应性理解(回应性的理解):"倾听即言说",亦如巴尔特所言(Barthes and Havas,1977:900),与巴赫金所持观点类似;倾听在符号构成性对话中转换为符号。

相反,审听,也就是想听、"应用型倾听",将回应性倾听能力排除在外,因为回应性倾听属于对话性倾听。因此,"想听"属于一种"封闭型话语域"(Marcuse,1964)[76],提出了质疑,确定了社会角色,将倾听与回应性理解区别开来。理解为对话和回应性理解的倾听,持续性地产生新的能指和解释项,同时不会确定或固化含义,但与此类倾听有所不同的应用型倾听,在僵硬的言语角色网络中将能指与解释项固化:应用型倾听保持着"信徒、门徒、患者固有的位置"(Barthes and Havas,1977:990)。

罗西-兰迪的哲学方法论(1985)[77]是一种倾听方法论(Petrilli and Ponzio,2016:11-37)[78]。倾听是回应性理解产生的一枚解释项,一种好客的倾向,一种愿意接纳他者符号——另一个人符号的倾向,一种愿意将他者属性的符号纳入符号学研究范围的倾向,即具有高度他者性的符号,通常我们仅能以否定方式来命名,如"非言语符号"。倾听是一套符号一般理论存在的前提。

符号学是一门批评性的科学,但不限于康德意义上的批评科学,也就是符号学探究自身的可能性条件。符号学是一门批评性的科学,因为符号学对今天的人类世界提出质疑是基于以下这一前提:这并非唯一的可能世界,也

并不可能是唯一的世界；这并非某种利己、个体主义、唯利是图的意识形态所建立的终极确定性世界。批评符号学将这一世界视为一种可能世界，也就是说是一个易于混淆的世界，因此仅是众多可能世界中的一个而已。

作为全球符号学、元符号学、批评符号学、双重意义上承担责任的符号学，即"做出回应"（而非漠视）和"谴责"（而非逃避或清洗，亦如种族清洗一般）[79]，符号学必须关注地球上的生命，不仅是在认知的意义上，而且是在实效和伦理的意义上。换言之，符号学必须关怀生命。从这一角度看，如前所述，符号学必须恢复与医学符号学之间的关系。这也并非仅仅是一个历时问题，即铭记起源的问题。更重要的是，我们所彰显的是一个意识形态规划秩序的问题。

同样，符号学是倾听，此乃医学意义上的倾听，而非仅是符号学中一般符号理论意义上的倾听；符号学是医学符号学或症候学意义上的倾听。符号学必须倾听今日全球化世界的病症，如前所述，必须辨识社会关系、国际关系、个体生命、环境、地球上一般意义上生命等层面的不安与疾病的符号。根据被称作伦理符号学的符号学所确定的研究方向，我们需要对全球化的未来、全球范围内符指过程的健康，因此也是全球范围内生命的健康加以诊断并开药方，指出可能性的治疗方案，从而抵制逐步走向自我毁灭的全球化世界。

符号学揭示了为何他者是不可避免的且是无法逃避的。我们甚至可以说符号的使命就是传递他者，其中的符号就是生命的特征、生命活动的现象、（不论是言语还是非言语）交际活动、人类关系的显现。他者与降生于这一世界的我们每个人都具有不同的背景；他者见证了我们来到这一世界，见证了我们离开这一世界；他者就是生命旺盛和交际顺畅的可能性条件。全球符号学将目光延展至子系统和微系统之外，证明了总体性的相互关联和相互依存的条件，不仅存在于构成人类域的各子系统之间及其多孔边界之间，而且存在于人类域与构成大型生物域的所有其他子系统之间，最终存在于我们所认识的自然和文化之间，当然也存在于盖娅（即地球生命）乃至之外的事物之间。

生命质量和我们每个人的命运皆由与他者之间不可逆转的关系，以及我们对这一关系状态的意识觉知（conscious awareness）决定。因为只要我们

第四章 从符号学到伦理符号学——符号、语言、责任

活着,并与将我们融入其中的符号网络相关联,我们就无法逃避他者,就必须以某种方式与之打交道。故而,在更大的格局之中并非我们选择他者,但如果可能的话,反倒是他者选择我们。

如果这一世界并非每个人的世界,也不为任何人所有,漠视他者也就并非一种理性的选择了。在自然界中,地球的震动(即地震——译者注)让我们感受良多;在文化之中,人性的震颤——社会疾病的病症也让我们感受良多,不论是战争、恐怖主义,还是各种形式的社会和语言的异化问题。此类状况蕴含的是我们每个人对每一位他者所负的责任,不论是侵占土地,政府先前存在的人类和非人类社会的问题,还是创造新的社会-政治体系、建立国家和国际关系的问题,抑或仅仅是关注弱势群体、世界上的儿童和我们自己的问题。

当代世界即现象世界本身,以主流意识形态为主导,而主流意识形态在今日又是无边界限制的,即全球性的,因为一套交际网络刚好也是不受边界限制的,且刚好是全球性的,因而就充当了这一主导系统的完美支撑体系。伦理符号学强调的是我们符号系统即我们生命系统内价值观角色的意识觉知的需要。在人类世界,符号与价值观汇聚在一起,即举凡存在价值观之处就存在符号,而价值观的物质载体为符号,价值观是通过符号来理解和传达的,但不论是言语符号还是非言语符号,真正的人类符号都充满了价值观。这是我们无法无视的另一条公理。我们的语言、我们的行为,不论是言语还是非言语的,均倾向于一个方向或另一个方向的语调、强调和定调,因此在易于被认定为伟大的意识形态系统出现之前是如此,超出此类的意识形态系统也是如此。

就世界公民而言,这一切不应该仅仅因为我们进入一个译介给定的世界,一个已经定调的世界,一个固定的社会程序,就转换为一种消极避世的理由,一种宿命感,一种漠视他者的态度。我们业已宣称符号的使命就是他者性。此处所蕴含的是对我们每个人自己身为的他者、我们每个人所具有的奇特与独特之处,因此也是对绝对的他者性,他者性所呈现的创造性、批评性和对任何特定系统的过度追求的能力,以及过度膨胀和逃避话语秩序的能力所具有的意义。

融入和参与他者的生命,不论是我们之外的他者,还是我们自身身为他

83

者，都是不可避免的。我们如何处理此类必然性，将取决于驱动我们行为超越当前状况的价值观。与今天的全球传播成正比的是批评、倾听和博爱之需，并非恐惧，反倒是对邻居所付出的博爱，且不论这位邻居住得远近。此外，我们如何对待这位邻居是我们每个人做出的选择，也是我们每个人所要担当的责任。

注释：

1   前文早已且多处提到符指过程，故关于符指过程的注释应该放在本书第一章，而非第四章，否则就会出现（1）默认前三章的读者为通晓符号学知识的专业人士；（2）削弱了本注释提供必要专业辅助知识的作用。——译者注

符指过程（semiosis）即某事物充当一枚符号的过程、关系或情境。符号与符指过程是不可分割的。某事物要成为一枚符号，就必须由其他事物来呈现。这第二个事物（即其他事物——译者注）就被视为一枚解释项。解释项本身是一枚符号，因此与另一枚解释项关联，并以此类推，构成一个开放性、无限的解释项链［参见 Petrilli and Ponzio, 2005: 1. 3（即 Petrilli, Susan; Ponzio, Augusto. 2005. *Semiotics Unbounded. Interpretive Routes in the Open Network of Signs*. Toronto: Toronto University Press.）］。这就意味着每一枚符号都伴随着一个符指过程。每一枚符号都是自身符指过程的一部分，且不能与之分离。这与一个细胞与其所帮助构成的细胞组织之间的关系颇为类似。因此，每一个符指过程依次与其他符指过程相关联。符号以无限的链形式缔结在一起；就其作用而言，符指过程构成了酷似网络的东西。如同符号是符指过程的一部分，符指过程是符号网络的一部分（参见本书第五章）。

2   同符指过程注释一样，本应出现在前三章。——译者注

符号学研究的是构成符号域不同形式的符指过程、符号过程、符号活动。从符指过程被描述为与生命融合（在这一意义上，全球符号学就是"生命符号学"）的所谓"全球符号学"这一角度看，符号域等同于生物域［俄苏生物学家、生物符号学家弗拉基米尔·韦纳茨基（Vladimir Vernadsky, 1863 – 1945）于 1926 年提出的俄文术语］，因此被视为*生物符号域*［semiobiosphere（本译者在想是否也存在一个符号生物域——"biosemiosphere"这一术语和概念，二者之间应该是怎样的关系呢？——译者注）］。如此拓展的符号域被划分为与巨大的生命王国重叠和融合的不同次域，即以动物符号学（zoosemiotics）研究对象的动物符指过程为研究素材的动物域（zoosphere）；以植物符号学（phytosemiotics）研究对象的植物符指过程构成的植物域（phytosphere），以及以真菌符号学（mycosemiotics）研究对象的真菌符指活动构成的真菌域（mycosphere）。人类世界的符指过程——人类符指过程及其不同的分支进入了更具有一般性且范围更广泛的动物符指过程域，构成了人域（anthroposphere），故由人类符号学加以研究。

第四章 从符号学到伦理符号学——符号、语言、责任

但是，这一切仅涉及全球符号学的一部分，涉及"真核生物"世界，遗漏了大量生命赖以出现在地球上且不断繁殖乃至进化到今天的"原核生物"。这一切的出现，要归功于覆盖整个地球的网络中所有生命形式相互关联的一个极其精细的交际系统（此处颇有宇宙全息论的味道——译者注）。原核生物乃被称作微生物符号学（microsemiotics）这一普通符号学分支的研究对象，被确认为具有内符号学（endosemiotic）属性。正如这一表述本身所释，内符号学侧重的是生活在巨大王国中有机体内部的符指过程和交际。除了原核生物，内符号学还研究大型有机体内细胞间的交际，包括遗传码、免疫系统、神经系统，即主导一个具体环境界（*Umwelt*）相关的细胞繁殖、维持系统和总体行为的所有交际系统。

3 Sebeok, Thomas A. 2001. *Global semiotics*. Bloomington: Indiana University Press.

4 Petrilli, Susan. 2014a. *Sign Studies and Semioethics. Communication, Translation and Values*, series: Semiotics, Communication, Cognition, Vol. 13, ed. p. Cobley & K. Kull. Berlin, Boston: Mouton de Gruyter; Petrilli, Susan; Ponzio, Augusto. 2003. *Semioetica*. Rome: Meltemi; Petrilli, Susan; Ponzio, Augusto. 2010. Semioethics. In Paul Cobley in *The Routledge Companion to Semiotics*, by Paul Cobley, pp. 150 – 162. London: Routledge.

5 Jakobson, Roman. 1959. On Linguistics Aspects of Translation. In Reuben A. Brower (ed.), *On Translation*, pp. 232 – 239. Cambridge, Mass.: Harvard University Press; Oxford, New York: Oxford University Press; also in R. Jakobson, *Selected Writings*, Vol. II, pp. 260 – 266. The Hague: Mouton, 1971.

6 古罗马时期伟大的剧作家，写作的六部喜剧长诗被视为纯洁拉丁语的样板。此外，特伦斯的剧作构成了现代喜剧的基础模式。——译者注

7 Deely, John. 2005. *From Semiotics to Semioethics*; or, How Does Responsibility Arise in Semiosis?. *Semiotics* 2004/2005, ed. Stacy Monahan, Benjamin Smith, Terry J. Prewitt. Ottawa: Legas, 2006, pp. 242 – 261.

8 Sebeok, Thomas A. 1991. *A Sign Is Just a Sign*. Bloomington-Indianapolis: Indiana University Press; *A Sign Is Just a Sign. La semiotica globale*, It. trans. & Intro., pp. 7 – 19, by S. Petrilli. Milan: Spirali, 1998.

9 出自 Peirce (1908), 参见 *CP* 8. 342 和 *CP* 8. 343。在写给维尔比夫人的信中，皮尔斯说道："对所有符号所做的个别研究（即不依赖于新的专门观察数据的那些研究）仍然是一门不可分割的科学"；进而"最初走向医学符号学的一门科学或研究符号的个别科学较为有用的一步，必然是对科学概念做出精确定义或逻辑分析"。[此处有关皮尔斯的文献，参见 Peirce, Charles S. 1931 – 1958. *Collected Papers of Charles Sanders Peirce* (i 1866 – 1913), Vols. I – VI, ed. by C. Hartshorne & p. Weiss, 1931 – 1935, Vols. VII – VIII, ed. by A. W. Burks, 1958. Cambridge, Mass.: The Belknap Press, Harvard University Press. All eight vols. in electronic form ed. John Deely. Char lottesville, VA: Intelex Corporation, 1994. Dating within the *CP* is based on the Burks Bibliography

at the end of *CP* 8. The abbreviation followed by volume and paragraph numbers with a period between follows the standard *CP* reference form.]

10 有人将"interdisciplinary relationships"译为"跨学科关系",但容易与"transdiciplinary relationship"混淆。——译者注

11 Seboek, Thomas A. 1976. *Contributions to the Doctrine of Signs.* (Joint publication of) Lisse, Netherlands: The Peter de Ridder Press, and Bloomington, IN: Research Center for Language and Semiotic Studies of Indiana University, Indiana University Press; 2nd edition. Lanham, MD: reprinted as Vol. IV in the Sources in Semiotics, Lanham, MD: University Press of America, with a Preface by Brooke Williams. Challenging Signs at the Crossroads, pp. xv – xlii, 1985; Sebeok, Thomas A. 1986. *I Think I am a Verb: More Contributions to the Doctrine of Signs.* New York and London: Plenum Press; *Penso di essere un verbo*, It. trans. ed. & introd., pp. 11 – 18, by S. Petrilli. Palermo: Sellerio, 1990.

12 Perron, Paul; Sbrocchi, Leonard G.; Colilli, Paul; Danesi, Marcel (eds). 2000. *Semiotics as a Bridge between the Humanities and the Sciences.* Ottawa: Legas Press; Rossi-Landi, Ferruccio. 1968. *Il linguaggio come lavoro e come mercato.* Milan: Bompiani. [5th ed. by Augusto Ponzio, 2003]; *Language as Work and Trade*, Eng. trans. by M. Adams et al. South Hadley (Mass.): Bergin and Garvey, 1983; Rossi-Landi, Ferruccio. 1972. *Semiotica e ideologia.* Milan: Bompiani. [5th ed. by A. Ponzio, 1994, 2011.]; Rossi-Landi, Ferruccio. 1992. *Between Signs and Non-signs*, ed. and Intro. by S. Petrilli, pp. ix – xxix. Amsterdam: John Benjamins.

13 Cobley, Paul. 2010. Communication. In p. Cobley (Ed.). *The Routledge Companion to Semiotics.* London: Routledge, pp. 192 – 194; Petrilli, Susan. 2014a. *Sign Studies and Semioethics. Communication, Translation and Values*, series: Semiotics, Communication, Cognition, Vol. 13, eds. P. Cobley & K. Kull. Berlin, Boston: Mouton de Gruyter.

14 Deely, John; Petrilli, Susan; Augusto Ponzio. 2005. *The Semiotic Animal.* Ottawa/Toronto/New York: Legas.

15 语言这一术语是西比奥克为人类属专有的初级模式化系统引入的。初级模式化系统并非如莫斯科-塔尔图学派所认为的自然语言(洛特曼于1972年提出的"初级语言模式化系统"所指的自然语言,类似于语言学上说的语言种类,如英语、汉语、法语、俄语等——译者注)(即法语里的 *langue*、意大利语里的 *lingua*),反倒是法语里 *langage*(话语)和意大利语中 *linguaggio* 意义上的语言。相反,自然语言(即法语的 *langue*、意大利语的 *lingua*)在人类进化过程中出现得相当晚,属于二级模式化系统。因此,预设自然语言的文化符号系统属于三级模式化系统。模式化这一概念来自所谓的莫斯科-塔尔图学派符号学家,如苏俄历史语言学家兼方言学家扎里兹涅雅克(Andrey Anatolyevich Zaliznjak, 1935 – 2017)、苏俄语言学家兼符号学家伊凡诺夫(Vyacheslav V. Ivanov, 1929 – 2017)、苏俄语言学家兼符号学家托波洛夫(Vladimir N.

第四章 从符号学到伦理符号学——符号、语言、责任

Toporov, 1928 – 2005)、苏俄符号学家洛特曼（Juri M. Lotman, 1922 – 1993）等［参见 Lucid, 1977; Rudy, 1986（Lucid, Daniel P. ［ed.］. 1977. *Soviet Semiotics*. Baltimore: John Hopkins University Press; Rudy, Stephen. 1986. Semiotics in the USSR. In *The Semiotic Sphere*, ed. by T. A. Sebeok & J. Umiker-Sebeok, pp. 34 – 67. New York: Plenum.）］，他们将模式化系统应用于自然语言研究（即法语中的 *langue* 和意大利语中的 *lingua*），被描述为一种"初级模式化系统"［参见 Deely, 2007（Deely, John. 2007. The Primary Modelling System in Animals. In S. Petrilli ［ed.］. *La filosofia del linguaggio come arte dell'ascolto/Philosophy of Language as the Art of Listening*. Bari: Edizioni dal Sud, pp. 161 – 179）］，以及将其应用于描述为"二级模式化系统"的其他人类文化系统。相反，我们追随西比奥克将这一概念拓展至人类符指过程域之外，将其与生物学家乌埃克斯库尔（Jakob von Uexküll, 1864 – 1944）及其环境界（Umwelt）概念联系起来［参见 Kull, 2010（Kull, Kalevi. 2010. Umwelt and Modelling. In p. Cobley ［ed.］. *The Routledge Companion to Semiotics*. London: Routledge, pp. 43 – 56; Kull, Kalevi. 2010. Umwelt. In P. Cobley ［ed.］. *The Routledge Companion to Semiotics*. London: Routledge, pp. 347 – 348.）］。在西比奥克的阐释中，环境界指的是"外部世界模式"。在生物符号学研究基础上，我们知道模式化能力可以在所有生命形式中观察得到［参见 Sebeok, 1979: 49 – 58, 68 – 82; Sebeok, 1991: 117 – 127（Sebeok, Thomas A. 1979. *The Sign & Its Masters*. Texas: The University of Texas Press; Sebeok, Thomas A. 1991. *A Sign Is Just a Sign*. Bloomington-Indianapolis: Indiana University Press.）］。近来，西比奥克与达内西合作，重新修订了"模式化系统论"［Sebeok and Danesi, 2000（Sebeok, Thomas A.; Danesi, Marcel. 2000. *The Forms of Meaning. Modelling Systems Theory and Semiotics*. Berlin, New York: Mouton de Gruyter.）］。他们研究了作为模式化过程的符号现象。根据模式化系统论意义导向的符号学思想，符指过程可以定义为所有生命形式依据特定模式产生和理解符号的一种能力，即每一个物种所确立的组织感知输入的能力（Sebeok and Danesi, 2000: 5）。

16 Petrilli, Susan. 1998. *Su Victoria Welby. Significs e filosofia del linguaggio*. Naples: Edizioni Scientifiche Italiane.

17 Lévinas, Emmanuel. 1972. *Humanisme de l'autre homme*. Montpellier: Fata Morgana; *Humanism of the Other*, Eng. trans. by Nidra Poller. Urbana: University of Illinois Press, 2003.

18 Petrilli, Susan; Ponzio, Augusto. 2003. *Views in Literary Semiotics*, Eng. trans. & ed. by S. Petrilli. New York/Ottawa/Toronto: Legas; Petrilli, Susan. 2012. *Expression and Interpretation in Language*, Pref. by Vincent Colapietro, pp. xv – xviii. New Brunswick, London: Transaction Publishers. ［内容与前文第三章第 7 节第 5 段一致，但引用页码标识不同，为忠实于原文仍保留前后不一致的页码。——译者注］

19 Posner, Roland; Robering, Klaus; Sebeok, Thomas A.（eds.）1997 – 2004. *Semiotik/Semiotics. A Handbook on the Sign-Theoretic Foundations of Nature and Culture*, 4 Vols. Berlin, New York: Walter

de Gruyter.

20 本段内容与前文第三章第7节第5段一致，属于重复内容，可能与作者基于此前发表的论文写作本书内容具有一定的关系。——译者注

21 Sebeok, Thomas A. 1986. *I Think I Am a Verb: More Contributions to the Doctrine of Signs*. New York and London：Plenum Press；*Penso di essere un verbo*, It. trans., ed. & introd., pp. 11 – 18, by S. Petrilli. Palermo：Sellerio, 1990；Sebeok, Thomas A. 1986. *Encyclopedic Dictionary of Semiotics*. 3 Vols. Berlin, New York：Mouton de Gruyter；Sebeok, Thomas A. 1994. *Signs. An Introduction to Semiotics*. Toronto：Toronto University Press. New edition, 2001；It. trans. & Intro., pp. 11 – 44, by S. Petrilli, *Segni. Introduzione alla semiotica*. Rome：Carrocci, 2004；Sebeok, Thomas A. 2001. *Global Semiotics*. Bloomington：Indiana University Press.

22 "交际""模式化"和"对话性"是符号学中的三大基本概念。在符号学中，第一个概念"交际"通常优先于其他两个概念，但没有这两个概念就无法理解"交际"这一概念。
交际预设了模式化，因为交际发生在由其预设的模式化过程所产生的世界内部。反过来，模式化系统又从出现在物种之中的交际，以及作为由适应行为产生之模式化语境的环境之中逐渐发展出来。但是，交际通常以代表一种物种特征的模式化类为基础。
通过*对话*，我们可以理解一个有机体在特定的环境界中与物种内（intraspecific）和物种外（extraspecific）有机体，以及无机体所存在的关系模式。符指过程就是一般意义上的*对话过程*。*对话性*（dialogism）这一概念与坚信生命有机体自主性的概念并不矛盾，反倒是补充和证实了这些概念，如俄国生物学家兼符号学家乌埃克斯库尔（Jakob von Uexküll）的*功能循环*（*functional cycle*）概念，以及智利生物哲学家马图拉纳（Humberto Maturana, 1928 – ）与瓦雷拉（Francisco Varela, 1946 – 2001）共同提出的*自体生成*（*autopoiesis*）概念。此外，对话必须与交际加以区别。交际仅是符指过程的一个层面，而符指过程的其他两个层面为*模式化*和*对话性*。
标志着人类物种专属能力的对话性、模式化和交际，属于一般意义上的符指过程，因此可以在所有生命体中追随其不同形式、程度和模态。言语符指过程的对话特征、模式化和交际功能，乃可以追溯至任何生命体内一般意义上符指过程的人类物种专属能力的具体特征。有关理解为"*langage/ linguaggio*——言语"（初级模式化）的语言符指过程、理解为"*langue/ lingua*——语言"（二级模式化）的语言符指过程，以及有关预设语言理解为"langue/ lingua——语言"（三级模式化）的其他文化符号系统的详细内容，参见笔者与庞其奥于2015年出版的专著《语言和语言学的生物符号学视角》（*Biosemiotic Perspectives on Language and Linguistics*）第一章"作为基础模式化系统的语言和自然语言——生物符号学视角"（"Language as primary modelling and natural languages：a biosemiotic perspective"）。

23 Petrilli, Susan；Ponzio, Augusto. 2010. Semioethics. In Paul Cobley in *the Routledge Companion to Semiotics*, by Paul Cobley, pp. 150 – 162. London：Routledge.

24 Petrilli, Susan；Ponzio, Augusto. 2005. *Semiotics Unbounded. Interpretive Routes in the Open Network*

第四章　从符号学到伦理符号学——符号、语言、责任

of Signs. Toronto：Toronto University Press.

25　Peirce, Charles S. 1931 – 1958. *Collected Papers of Charles Sanders Peirce* (i 1866 – 1913), Vols. I – VI, ed. by C. Hartshorne & p. Weiss, 1931 – 1935, Vols. VII – VIII, ed. by A. W. Burks, 1958. Cambridge, Mass.：The Belknap Press, Harvard University Press. All eight vols. in electronic form ed. John Deely. Charlottesville, VA：Intelex Corporation, 1994. Dating within the *CP* is based on the Burks Bibliography at the end of *CP* 8. The abbreviation followed by volume and paragraph numbers with a period between follows the standard *CP* reference form.

26　Boole, Mary Everest. 1931. *Collected Works*, ed. E. M. Cobham, Pref. Ethel S. Dummer. London：C. W. Daniel.

27　泛爱论或普爱论，主张爱应该是唯一最终的价值，所有其他的价值都发源于此，或者唯一的道德诫命就是去爱人——有点西方宗教价值观的色彩。——译者注

28　皮尔斯将人类世界寻找那个符指过程的终极目标确定为：既非个体享受（享乐主义——hedonism），亦非社会公益（功利主义——utilitarianism），而是确立一个制约宇宙进化发展的原则，他将之称作"合理性"（*CP* 5.4）。在皮尔斯看来，至善（*summum bonum*）这一概念的终极价值在于理性和理性的发展，即理解为一种开放性、辩证性过程的理性，理解为不带偏见研究的理性，抑或如巴赫金所说的，理解为一个持续性、辩证性的对话过程，即一场他者性逻辑导向的运动。这一过程永远也不会完整或完成，而是根植于连续性或持续性的原则（*CP* 1.172）。因此，皮尔斯自己超越了一种单纯的灵知论符号学固有的局限性，朝向可被描述为符号研究和人类行为的一种伦理 - 实效或评价 - 操作研究路径而努力。除了《皮尔斯论文选集》（*Collected Papers of Charles S. Peirce*, 1931 - 1958），此处将扼要回顾呈现皮尔斯符号学研究定位的遗作选集题名：《偶然、博爱与逻辑》〔*Chance, Love and Logic*, 1923（Peirce, Charles Sanders. 1923. *Chance, Love and Logic*, ed. and intro. by Morris R. Cohen. New York：Harcourt.）〕。在皮尔斯写作生涯的最后阶段（总体跨度大约从 1887 至 1914 年）——法国哲学家德莱德尔（Gérard Deledalle, 1921 - 2003）在 1987 年出版的专著（*Charles S. Peirce, phénoménologue et sémioticien*. Amsterdam/Philadelphia：John Benjamins, 1987. ——译者注）中称之为阿里斯比时光（Arisbe Period，皮尔斯为宾夕法尼亚州米尔福德居所所起之名，他一直在此居住到寿终正寝），皮尔斯将注意力特别转向了规范科学：除了逻辑学，规范科学还包括美学，因此也是终极目标或至善这一问题。

29　Peirce, Charles S. 1931 – 1958. *Collected Papers of Charles Sanders Peirce* (i 1866 – 1913), Vols. I – VI, ed. by C. Hartshorne & p. Weiss, 1931 – 1935, Vols. VII – VIII, ed. by A. W. Burks, 1958. Cambridge, Mass.：The Belknap Press, Harvard University Press. All eight vols. in electronic form ed. John Deely. Charlottesville, VA：Intelex Corporation, 1994. Dating within the *CP* is based on the Burks Bibliography at the end of *CP* 8. The abbreviation followed by volume and paragraph numbers with a period between follows the standard *CP* reference form.

30 Rossi-Landi, Ferruccio. 1978. *Ideologia*. Milan: ISEDI; new expanded edition, Milan: Mondadori, 1982; new edition ed. by A. Ponzio, Rome: Meltemi, 2005. *Marxism and Ideology*. Eng. trans. from the 1982 edition by R. Griffin. Oxford: Clarendon Press; Rossi-Landi, Ferruccio. 1992. *Between Signs and Non-signs*, ed. and Intro. by S. Petrilli, pp. ix - xxix. Amsterdam: John Benjamins.

31 "符指学"是维尔比夫人在19世纪90年代杜撰的一个新术语,用以指称其意义理论以及所有形式与关系中符号研究的特殊方法,尤其侧重符号与价值观之间的联系。在价值论以及意义行为之所以成为可能的条件研究方向上,符指学超越了纯粹的描述主义（descriptivism）,以及灵知学或逻辑-认识论的边界〔参见 Welby, 1983; Welby, 1985（Welby, Victoria. 1983 [1903.] *What is Meaning? Studies in the Development of Significance*, ed. and Preface by A. Eschbach, pp. ix - xxxii, Intro. by G. Mannoury, pp. xxxiv - xlii Foundations of Semiotics 2. Amsterdam/ Philadelphia: John Benjamins; Welby, Victoria. 1985. *Significs and Language*, ed. and Intro. by H. W., ix - ccxxxvii, Foundations of Semiotics 5. Amsterdam-Philadelphia: John Benjamins.）〕。正如维尔比夫人在1903年11月18日写给皮尔斯的信中所言——她提及自己与意大利哲学家兼数学家瓦拉蒂（Giovanni Valati, 1863 - 1909）在思想上的一致性,"符指学"是符号学的一个"实践性分支":"瓦拉蒂教授,（……）赞成你对符指学重要性的观点,即逻辑学本体领域和地位在符号学中的比重,我可否将我所称为的符指学称为实践性的分支呢？"〔参见 Hardwick, 1977: 5 - 8; 亦见 Vailati, 1971, 1981〔Hardwick, Charles（ed. with the assistance of J. Cook）. 1977. *Semiotic and Significs. The Correspondence between Charles S. Peirce and Victoria Lady Welby*, Pref., pp. ix - xiv, Intro., pp. xv - xxxiv, by C. S. Hardwick. Bloomington-London: Indiana University Press; Vailati, Giovanni. 1971. *Epistolario* 1891 - 1909, ed. by G. Lanaro, Intro. by M. Dal Pra. Turin: Einaudi; Vailati, Giovanni. 1987. *Scritti*, 3 Vols. ed. by M. Quaranta. Bologna: Forni.）〕。尽管这一说明似乎是多余的,因为实效维度打着皮尔斯符号学路径的烙印,但有必要强调的是:意指过程的伦理-价值层面与操作-实效层面密切相关。

32 Petrilli, Susan. 2009. *Signifying and Understanding. Reading the Works of Victoria Welby and the Signific Movement*. Foreword by p. Cobley, pp. xvii - x〔= Semiotics, Communication and Cognition 2, Editor: Paul Cobley.〕 Berlin: Mouton; Petrilli, Susan. 2015. *Victoria Welby and the Science of Signs. Significs, Semiotics, Philosophy of Language*, Foreword by Frank Nuessel, pp. xi - xviii. New Brunswick, London: Transaction Publishers.

33 符指学选择"意指义"作为相对于"含义"（sense）和"意义"（meaning）的终极研究对象,与其他两个术语（含义和意义）构成了维尔比夫人的意义三元观。"含义"对应的是最原始层级的前理性生命,即人类对环境做出的反应,关注的是符号的使用（马林诺斯基、维特根斯坦、皮尔斯和维尔比夫人有关词汇意义在于使用之中的观点,为实效论-语用学奠定了基本的思想基础——译者注）,并作为所有经验的一大必然条件;"意义"关注的是理性生命,即意指

第四章 从符号学到伦理符号学——符号、语言、责任

义（significance）的意图和意愿层面；"意指义"蕴含着含义和意义，外延至含义和意义之外，关涉符号为我们每一个人提供的"含意"（import）和"价值"。因此，这一概念可以与莫里斯自己对"意指义"概念的阐释相关联，参见 Welby［1983（1903：5-6），引自 Petrilli, 2009：264, 265-272（Welby, Victoria. 1903. *What Is Meaning? Studies in the Development of Significance*. London: Macmillan; Welby, Victoria. 1983 [1903.] *What Is Meaning? Studies in the Development of Significance*, ed. and Preface by A. Eschbach, pp. ix-xxxii, Intro. by G. Mannoury, pp. xxxiv-xlii Foundations of Semiotics 2. Amsterdam/Philadelphia: John Benjamins; Petrilli, Susan. 2009. *Signifying and Understanding. Reading the Works of Victoria Welby and the Signific Movement*. Foreword by P. Cobley, pp. xvii-x. Berlin: Mouton.）］。据维尔比夫人所言，"含义""意义"和"意指义"表示的是表达力、阐释力和操作力发展过程中的三大即时性互动维度（参见 Heijerman and Schimtz, 1991; Schmitz, 1985, 1990 [Heijerman, Eric; Schmitz, Walter H. (eds.). 1991. *Significs, Mathematics and Semiotics. The Signific Movement in the Netherlands*. Proceedings of the International Conference, Bonn, 19-21 November 1986. Münster: Nodus Publikationen; Schmitz, Walter H. 1985. Victoria Lady Welby's Significs: The origin of the signific movement. In V. Welby 1985a, ix-ccxxxv; Schmitz, Walter H. 1990. *Essays on Significs*. Papers Presented on the Occasion of the 150th Anniversary of the Birth of Victoria Lady Welby, Pref. by H. W. Schmitz, pp. i-ix. Amsterdam: John Benjamins.）］。

在专著《符指学与语言》［*Significs and Language*, 1911（*Significs and Language. The Articulate Form of Our Expressive and Interpretative Resources*. London: Macmillan）］的前言中，维尔比夫人将符指学描述为"各种形式和关系的意指义本质的研究，从而也是意指义在每一个可能的人类意义和目的域中运作机制的研究"；将阐释功能描述为"自然意义上先于人类交际，且为人类交际的先决条件，即描述为人类掌握人类世界的功能"［Welby, 1985: vii（*Significs and Language*, ed. and Intro. by H. W., ix-ccxxxvii, Foundations of Semiotics 5. Amsterdam-Philadelphia: John Benjamins.）］。在专著《符指学与语言》中，亦如在她所有的著述之中，分析意指过程的问题也是研究价值观产生的过程作为人类符号活动中意义生成一个构成部分的问题。意指过程的认识论、伦理和实效维度在"市井之人"于无意识之中所问的哲学问题中找到表述，亦如维尔比夫人所说的在日常语言之中找到表述，即"你用……表示什么意思？""这指的是什么？""……是什么意思？"等。在可能被视为她就符号和意义问题出版的完成度最高的专著《何谓意义？》（*What Is Meaning?*, 1903）中，维尔比夫人认为，"人在质疑之时，答案就在等他了。（……）他首先必须对通过触觉、听觉、视觉感知到的一切含义加以观察、分析和评价，才能意识到这一含义的价值，即这一含义实际上为他所意指的一切；然后再对行为的意义——意图、行为动机、每一个结果的因由加以观察、分析和评价。因此，他最终会发觉所有经验、所有知识、所有事实和所有思想的意指义、最终审听结果、核心价值、至关重要的含义"（Welby, 1983: 5-6）。

进而，她在同一著作中指出，"特定意义上的符指学旨在将智力活动集中于我们默认为所有研究的主要价值之上，并模糊地称之为'意义'"（Welby，1983：83）。因此，面对不断累积的知识和经验，所谓的"符指学家"，不论是科学家、哲学家，还是日常生活中的人，都急于提出如下问题，即"……的含义是什么？""用……，我们想指什么？""……的意义是什么？""为何我们会对诸如美、真理、善之类的事情感兴趣？""为何我们会赋予经验以价值？""某一经验的表述价值是什么？"在维尔比夫人看来，此类问题以及人们对此类问题做出的反应，关系到科学和哲学的含义，其基础就是有关美学、伦理学和宗教的所有论争。因此，符指学之所欲关乎生命的所有领域，并非因为符指学宣称的是符号学的无所不知，而是因为符指学将注意力转向作为经验和理解条件的阐释和意义。

作为意指义的研究，符指学推崇一种日常生活的研究路径（或许这也是日常哲学的一大来源，或许至少是日常哲学的一种推动力——译者注），推崇一种定位于批评和创造力、自教条主义、辩证-对话性负责以及倾听和责任能力的科学研究路径。符指学源自符号与含义的研究与伦理学之结合。伦理学不仅是研究对象，还是研究的视角。就其产生含义和价值而言，对所有人类知识和经验的符义-符效效度的衡量手段本身就具有伦理属性。

"意指义"这一术语指称的是*面向评价的倾向*。指称（reference，即符号与所指事物之间的关系——译者注）指向的是我们对某事物赋予的价值、关联关系、含义，以及意义自身的价值，即*被意指的条件*。这取决于人类参与理论、情感、伦理和实效层面的符号生命之中。维尔比夫人将她自己的大部分研究定位于符号与价值观的关系，这是"伦理符号学"作为"全球符号学"的一种发展这一方向的一个重要导向。因而，维尔比夫人倾向于使用"符指学"这一术语，强调她所研究的这一方向，而非采用"符号学"和其他类似的表述，诸如"语义学"［semantics，符号学上称作符义学（Bréal，Michel. 1897. *Essai de sémantique. Science des significations*. Paris：Hachette.）。此外，有关布里阿尔更早的文献——《语言的理性原则：语义学纲要（1892）》，即语义学或符义领域的一部法文奠基作，法文版附录于贾洪伟博士后出站报告《国外语义学在中国的传播与影响》（上海交通大学出版社，2014），汉译刊布于《语言文化研究》2015年第1期。——译者注］、"词义学"［semasiology，由德国学者莱西希（Karl ChristJan Reisig，1792 - 1829）在《拉丁语言学讲稿》（*Vorlesungen über lateinische Sprachwissenschaft*，1825/1839）中提出，用指专门研究词义的学科，详细内容参见贾洪伟. 2012."语义学"称谓考［J］. 语言与翻译2：26——译者注］或"符号语义学"［sematology，由英国学者本雅明·斯马特（Benjamin Humphrey Smart，1786 - 1872）在符号理论著作《符号理论纲要》（*An Outline of Sematology*，1831）中提出，详细内容参见贾洪伟（2012：26 - 27）。——译者注］等。

在1909年3月14日写给维尔比夫人的信中（参见 Hardwick，1977：108 - 130［Hardwick, Charles (ed. with the assistance of J. Cook). 1977. *Semiotic and Significs. The Correspondence between Charles S. Peirce and Victoria Lady Welby*, Pref., pp. ix – xiv, Intro., pp. xv – xxxiv, by C. S. Hardwick. Bloomington-London：Indiana University Press.］），皮尔斯确立了维尔比夫人的意

第四章 从符号学到伦理符号学——符号、语言、责任

三元观（含义-意义-意指义），与自己的解释项三元关系（直接解释项-动态解释项-终端解释项）之间的对应关系。皮尔斯的"直接解释项"关注的是正常情况下（怎样才算正常情况？——译者注）阐释者使用的意义。关于直接解释项与含义之间的关系，正如维尔比夫人所说，意义关注的是阐释者对符号做出的直接回应。"动态解释项"关注的是一个特定语境中符号的意指。因此，关于动态解释项与意义之间的关系，正如维尔比夫人所宣称的，意义的使用是以特定的意图为依据的。但是，更为有趣的是皮尔斯在自己的"终端解释项"与维尔比夫人的"意指义"之间确立了联系 [Petrilli, 2009：288-293 (Petrilli, Susan. 2009. *Signifying and Understanding. Reading the Works of Victoria Welby and the Signific Movement*. Foreword by P. Cobley, pp. xvii - x. Berlin：Mouton.)]。据皮尔斯所言，终端解释项关注的是处于符号阐释可能性两极之间的符号。换言之，终端解释项关注的是对一个潜在性的无限解释项序列中的一枚符号做出所有可能性的回应。亦如与维尔比夫人的"意指义"的对应所证明的一样，"终端解释项"也蕴含了意指潜势、创造性和批评的能力，同时从根本上关注与价值有关的态度。

34　Petrilli, Susan. 2014. *Sign Studies and Semioethics. Communication, Translation and Values*, series：Semiotics, Communication, Cognition, Vol. 13, ed. p. Cobley & K. Kull. Berlin, Boston：Mouton de Gruyter.

35　Petrilli, Susan. 1998. *Teoria dei segni e del linguaggio*. Bari：Graphis, 2nd ed. 2001；Petrilli, Susan；Ponzio, Augusto. 2016. *Lineamenti di semiotica e di filosofia del linguaggio. Un contributo all'interpretazione del segno e all'ascolto della parola*. Perugia：Guerra Edizioni.

36　在回答迪利关于"伦理符号学"这一术语提出的问题时，庞其奥在2010年1月4-5日的一封电子邮件中做出如下答复：伦理符号学诞生于20世纪80年代，与佩特丽莉为西比奥克、莫里斯、维尔比夫人等人著作的意大利语译本写作的介绍，以及我自己对巴赫金、罗西-兰迪、瓦拉蒂和皮尔斯作品的译介和阐释有关。关键问题是与佩特丽莉一同，找寻一个术语，表示符号与价值观、古代（医学）符号学与（现在一般意义上的——译者注）符号学、意义与意指义之间关系的研究，这在某种程度上推动了维尔比夫人的"符指学"意大利语版本的诞生。我们杜撰了一些术语和表述，诸如"目的符号学"（teleosemiotica）、"道德符号学"（etosemiotica）、"伦理符号学"（semiotica etica），与"认知符号学"（semiotica cognitiva）形成对比（参见 Bonfantini, Massimo A. (ed) 1980. *Semiotica. I fondamenti dell semiotica cognitiva*. Turin：Einaudi.）。关于伦理符号学的缘起，见我本人和佩特丽莉为（佩特丽莉翻译的）西比奥克《符号学及其大师》（*Il segno e i suoi maestri*, Bari, Adriatica, 1985）意大利语版、维尔比夫人《含义、意义与阐释》（*Significato, metafora e interpretazione*, Adriatica, 1985）写作的介绍，以及沃尔特·施密兹（Walter Schmitz）主编的《符指学论文集》（*Essays in Significs*, Amsterdam, John Benjamins, 1990），佩特丽莉于20世纪80年代出版的著作，如《符指学、符号学、意指义》（*Significs, semiotica, significazione*, 由西比奥克作序, Adriatica, 1988），以及庞其奥的著作《语言哲学》（*Filosofia del linguaggio*, Adriatica, 1985）收录的佩特丽莉和我本人写作的论文。

1990年9月27—29日，加拿大渥太华卡尔顿大学比较文学系召开国际研讨会，会议主题为"折射——20世纪七八十年代当代意大利的文学批评、哲学与人类科学"（"Refractions: Literary Criticism, Philosophy and the Human Sciences in Contemporary Italy in the 1970s and the 1980s"）。在这一国际研讨会的背景下写作的私人笔记中——［在宣读了自己论文《介于意识形态和人文科学之间的罗西-兰迪》（Rossi-Landi tra *Ideologie e Scienze umane*）之后的讨论中］，我使用意大利语术语"伦理符号学"（semioetica）来替代意大利语中带字母"e"的词"符号学"（semeiotica），即在符号学中表明医学符号学（由希波克拉底和盖伦构建）用以提升生活质量、改善生命质量的这一古代的使命。

但是，在澳大利亚科廷理工大学（Curtin University of Technology）与佩特丽莉共同讲授的三堂课程的题目中，我们依然使用"目的符号学"（teleosemiotica）这一术语，即"目的符号学与全球符号学"（teleosemiotics and global semiotics），见1999年7—9月澳大利亚巡回学术讲座：阿德莱德大学、莫纳什大学、悉尼大学、科廷理工大学、北领地大学等。我与佩特丽莉合著的《伦理符号学》（*Semioetica*）于2003年出版，实乃文本、概念和词汇这一持久性盘旋的着陆性成绩，亦如书后参考文献所示。

实在是很难具体地确定何时出现这一术语指称的概念，难道果真是在一个苹果从树上掉到牛顿头上之时就诞生了"万有引力"么？［引自Petrilli，2012：186-187（*Expression and Interpretation in Language*, Pref. by Vincent Colapietro, pp. xv - xviii. New Brunswick, London: Transaction Publishers.）］

37 Langhoff, Volker. 1990. *Medical Theories in Hippocrates*. Berlin: Walter de Gruyter; Sebeok, Thomas A. 1994. *Signs. An Introduction to Semiotics*. Toronto: Toronto University Press; Sebeok, Thomas A. 2001. *Global Semiotics*. Bloomington: Indiana University Press.

38 Szasz, Thomas S. 1961. *The Myth of Mental Illness. Foundations of a Theory of Personal Conduct*, New York: Harper Perennial, 2010; Szasz, Thomas S. 2001. *Pharmacracy: Medicine and Politics in America*. Westport: Praeger; Szasz, Thomas S. 2007. *The Medicalization of Everyday Life. Selected Essays*. Syracuse: Syracuse University Press; Petrilli, Susan; Ponzio, Augusto. 2017. In Dialogue with Thomas Szasz. In J. A. Schaler, H. Z. Lothane, R. E. Vatz 2017, pp. 25 - 47; Schaler, Jeffrey A.; Lothane, Henry Zvi; Vatz, Richard E. (eds.) 2017. *Thomas S. Szasz. The Man and His Ideas*, Introduction by Henry Zvi Lothane, Brunswick, New Jersey, New York: Transaction Publishers; London: Routledge.

39 Welby, Victoria. 1983 [1903.] *What Is Meaning? Studies in the Development of Significance*, ed. and Preface by A. Eschbach, pp. ix - xxxii, Intro. by G. Mannoury, pp. xxxiv - xlii Foundations of Semiotics 2. Amsterdam/ Philadelphia: John Benjamins.

40 莫里斯1964年出版专著的题名为《意指过程与意指义——符号与价值观关系的研究》（*Signification and Significance. A Study of the Relations of Signs to Values*），具有重要意义。在书中，

第四章 从符号学到伦理符号学——符号、语言、责任

他将关注力引向符号域价值观之间的关系,亦如本书副标题所预示。莫里斯对价值观的阐述,与对符号的阐述几乎占据同样的篇幅。他反对仅仅通过描述符号这一单一的事实就可以洞察价值观 [Rossi-Landi, 1953, 1975, 1992: Ch. 2 – 3; Petrilli, 1992: 1 – 36 (Rossi-Landi, Ferruccio. 1953. *Charles Morris*. Milan: Bocca; Milan: Feltrinelli; Rossi-Landi, Ferruccio. 1975. *Linguistics and Economics*. The Hague, Paris: Mouton; Rossi-Landi, Ferruccio. 1992. *Between Signs and Non-signs*, ed. and Intro. by S. Petrilli, pp. ix – xxix. Amsterdam: John Benjamins; Petrilli, Susan. 1992. *Social Practice, Semiotics and the Sciences of Man: The Correspondence Between Morris and Rossi-Landi*. Semiotica. Special Issue 88 (1/2), Intro. by S. Petrilli, pp. 1 – 36.)]。莫里斯的大部分研究都侧重于探究伦理和美学价值问题,即在1938年发表的论文《符号理论基础》和1946年出版的专著《符号、语言与行为》(*Signs, Language, and Behavior*, Prentice Hall)之后,他的专著《人类价值的多样性》(*Varieties of Human Value*, The University of Chicago Press, 1964)专门侧重于价值理论的研究。

在《意指过程与意指义》一开篇,莫里斯就依据"to have meaning"(具有意义)这一表述可以理解为(1)具有价值、具有意义,以及(2)具有特定的语言意义、具有特定的意指,描述了两种含义。莫里斯使用术语"意义"(meaning)表示可分析为"意指过程"和"意指义"的一个全球性概念,旨在通过术语"意义"的模糊性验证,恢复人类世界中意指过程(signifying processes)的一致性。理解为意指过程的意义是符号学的研究对象,而意指义是价值学的研究对象。符号与价值观之间关系的一个重要层面为:需要承认符号学与价值学之间存在的必然联系。虽然是不同角度的研究,但这两门学科在研究对象上是一致的,即人类行为的过程。莫里斯的意图是重新发现"意义"这一术语本身的模糊性所验证的符号学意义上意指过程的同一性。亦如莫里斯在《意指过程与意指义》前言中做出的解释:"显然,术语'意指过程'与'意指义'之间存在着密切的关联。在许多语言中,都存在类似英语术语'意义'的一个术语,且这一术语分为两极,即某事物的意指,以及意指的价值或意指义。因此,如果我们考问何谓生命之意义,那么,我们可能就在考问一个事关生活的价值或意指义,或二者兼而有之的问题。诸如'意义'这类术语在许多语言中如此普遍地存在(且带有前文提及的极性特征),这一事实表明我们所区分的意指过程和意指义之间存在着一种基本的关系。"(Morris, 1964: vii)不论阐述符号与价值观之间的关系具有怎样的哲学意义,在符号理论的语境中探究价值观的问题,至少还存在另外两大原因,其一为历史原因,其二为理论原因:(1)这一方向的研究业已开始(尤其是皮尔斯的研究);(2)符号学需要对解码过程背后的价值理论的细致研究做出充分的批评。

索绪尔在《普通语言学教程》(*Cours de linguistique générale*. Paris: Payot, 1916)中详细阐述的符号理论,即所谓"正式出版的索绪尔思想",其实仅是几个上过该门课程的学生执笔的,是以由沃尔拉斯(Leon Walras)和帕累托(Vilfredo Pareto)为代表的洛桑经济学派以及边际主义经济学提出的等价交换价值(equal exchange value)理论为基础的 [Ponzio, 1986, 1990: 117 –

118 (Ponzio, Augusto. 1986. Economics. In *Encyclopedic Dictionary of Semiotics*, ed. by T. A. Sebeok, pp. 215 – 217. Berlin: Mouton de Gruyter; Ponzio, Augusto. 1990. *Man as a Sign: Essays on the Philosophy of Language*, Eng. trans., ed. & Intro. pp. 1 – 13, Appendix I & II by S. Petrilli, pp. 313 – 92. Berlin: Mouton de Gruyter.)]。索绪尔将语言与处于理想平衡状态的市场加以关联。语言的分析使用的范畴与"理论经济学"(pure economics)所形成的范畴是一样的。理论经济学研究的是规范市场行为的法则,不关注罗西－兰迪[Rossi-Landi, 1968, 1975, 1992 (Rossi-Landi, Ferrucio. 1968. *Il linguaggio come lavoro e come mercato*. Milan: Bompiani; Rossi-Landi, Ferrucio. 1975. *Linguistics and Economics*. The Hague, Paris: Mouton; Rossi-Landi, Ferrucio. 1992. *Between Signs and Non-signs*, ed. and Intro. by S. Petrilli, pp. ix – xxix. Amsterdam: John Benjamins.)]所称作"社会语言研究"(social linguistic work)的生产社会关系及其社会结构。这一研究路径从等价交换逻辑的方向对索绪尔的符号模式加以定位,确立了能指(*signifiant*)与所指(*signifié*),以及以交际意图与理解为解码过程的阐释之间的等价关系。

这一特殊的符号模式及其所蕴含的价值理论,于20世纪60年代受到罗西－兰迪的批评。罗西－兰迪从历史－辩证唯物主义的角度,证实了基于等价交换逻辑中语言价值的语言理论所具有的局限性。当年,相对于一个更严格意义上的社会经济秩序问题,马克思对交换价值理论做出批评。罗西－兰迪将这一语境下最初形成的理论工具应用于语言的分析之中[Rossi-Landi, 1972, 1985 (Rossi-Landi, Ferrucio. 1972. *Semiotica e ideologia*. Milan: Bompiani; Rossi-Landi, Ferrucio. 1985. *Metodica filosofica e scienza dei segni. Nuovi saggi sul linguaggio e l'ideologia*. Milan: Bompiani.)]。然而,罗西－兰迪的批评可以追溯至更早的专著《交际、意义与共同话语》(*Comunicazione, significato, e parlare commune*, Padua: Marsilio, 1961)。其中,他(以嘲讽的语调)讨论了自己所称之的"邮包理论"(postal package theory)。这一表述强调了用以描述符号、语言和交际的研究路径所具有的不充分性,因为这些研究路径将符号、语言和交际描述为酷似从一个邮局发出、另一个邮局接收的邮包式信息。通过这一隐喻,罗西－兰迪从单一话语意图角度对交际做出的分析加以批评,即交际好似由发信人巧妙地组合的交际意图碎片以及由收信人同样巧妙地识别的交际意图碎片构成。

罗西－兰迪将莫里斯引入意大利的符号学研究之中。罗西－兰迪于1953年出版了一部关于莫里斯的早期专著,次年翻译了莫里斯的《符号理论基础》("Foundations of the Theory of Signs", 1938)一文,以此开始了他的符号学研究生涯。《符号、语言与行为》(1946)早在1949年就由意大利哲学家兼语言学家塞卡托(Silvio Ceccato, 1914 – 1997)翻译并出版了意大利语译本。但是,尽管出现这样的文本输入,正如罗西－兰迪《意大利符号学史中的一个断章》[A Fragment in the History of Italian Semiotics, 1988 (Rossi-Landi, Ferrucio. 1992. *Between Signs and Non-signs*, ed. and Intro. by S. Petrilli, pp. ix – xxix. Amsterdam: John Benjamins, pp. 7 – 17.)]一文所述,在当时的意大利,对莫里斯来说,时机还不算成熟,因为莫里斯的著作并没有如罗西－兰迪所希望的那么受欢迎。从那时起,莫里斯研究已经被证明对国际符号学研究具有开创

第四章 从符号学到伦理符号学——符号、语言、责任

性意义。1975 年,罗西-兰迪关于莫里斯主题的专著,在(米兰)费特里内利出版社出版了新的扩编本,终于得到了应有的关注。在反思了成功的文化交流条件后,罗西-兰迪在《意大利符号学史中的一个断章》中做出如下解释:"对于要获得的文化交流来说,符码和次符码必须业已具备足够的相似性;噪音和干扰必须要相对较低。或者说,成功的文化交际需要大量的冗余信息。更清楚地澄明我的意思就是:如果一个人要想被正确地理解,这个人就要通过许多不同的渠道,在许多不同的场合,重复做同样的事情,文化交流必须成为一种宣传,那么,每一位作者都将被迫在集中精力生产思想和发动一场征服观众的战争之间做出选择。在此,我们可以再次看到理论和实践因素之间的纠葛具有多么不可分割的偶然性。进而,正如凯撒所言,'不仅在其他事情上,即便在战争艺术上,也是命运起着很大的作用'(multum cum in omnibus rebus, tum in re militari potest fortuna)"(Rossi-Landi, 1992:14 - 15,同上注)。

罗西-兰迪的研究也可能与巴赫金(1895 - 1975)的研究有所关联。巴赫金的名字通常与他的好友兼合著者沃罗希洛夫(1895 - 1936),于 1929 年以俄语初版专著《马克思主义与语言哲学》相关联。在此书,乃至在沃罗希洛夫更早的专著《弗洛伊德论———一部批评导论》(1927)中,巴赫金与沃罗希洛夫批评了索绪尔的《普通语言学教程》,阐明了为何《普通语言学教程》无法解释真正的阐释过程,无法解释人类交际互动的特殊性,即无法解释如此定性的人类交际现象。此中所蕴含的现象包括诸如多语(plurilingualism)或杂语(heteroglossia)能力、语言多音性、歧义性、多义性、对话性和他者性。巴赫金与沃罗希洛夫认为,语言的复杂生命并不包含在"单一语言系统"与"个体言说"的两极之间;能指与所指并非以一对一这一基础确立彼此之间的关系;符号并非为这一基础以外预先确立的意义服务;符号并非为意指过程以外预先确立的意义服务〔Voloshinov, 1929:Part II, Ch. 1 - 3(*Marksizm i filosofija jazyca. Osnovnye problemy sociologičeskogo metoda v nauke o jazyke.* Moscow-Leningrad:Priboj.)〕。

在这一视角下,"语言学研究"(罗西-兰迪语)即"阐释研究"(巴赫金、沃罗希洛夫语)并不局限于解码,即以一枚所释符号(interpreted sign)机械地替换一枚能释符号(interpretant sign);换言之,阐释并非仅仅是识别所释符号的问题。相反,通过可以从一枚符号到另一枚符号的"无限符指过程"(infinite semiosis,皮尔斯语)、"无休止的延异"〔unending deferral,德里达语(Derrida, Jacque. 1967. *L'Écriture et la différence*. Paris:Seuil)〕(有关这两个概念之间的区别,参见 Eco, Umberto. 1990. *I limiti dell'interpretazione*. Milan:Bompiani),以及从"反致"〔雅柯布森语(Jakobson, Roman. 1963. *Essais de linguistique générale*. Paris:Minuit)〕角度描述的复杂过程,阐释工作才得以发展,才得以在符号之间的辩证-对话关系之中激活。

巴赫金与沃罗希洛夫将符号置于对话性、回应性理解和他者性的语境之中,由此从交际中部分之间的对话回应角度描述阐释工作。因此,阐释工作是通过延异行为得以表述的。在这一意义上,阐释工作就是符号活动或符指过程构成要素的翻译行为(即符号转换)。在这一框架之中,焦点在于从交际意图相关的意指过量(signifying excess)角度看待阐释或翻译过程,即从所释符号与能释符号之间辩证-对话关系中意指过剩价值生成过程的角度看待阐释或翻译过程。

早在 20 世纪 20 年代，巴赫金已看到今日阐释符号学（interpretation semiotics，即等同于更通用的 interpretive semiotics）所认可的事实，即在现实的意指过程中，符号并不是在平衡的状态下，或能指与所指之间等价交换的基础上发挥作用的。阐释符号学所提出的是范围更广、灵活性更强，与实效和价值成分不可分割的一套符号模式；通过对含义、意指过程和意指义的分析，能够更好地解释人类意指过程和交际互动的独特性。

41　从符号学角度，思考"交际"这一哲学问题之时，当代理论家越来越少地从"信息发送者""信息""符码""信道""信息接收者"的角度去思考问题，而通俗的符号科学信徒却依然倾向于固守此类概念。这一呈现交际过程的特殊方式，主要产生于"符号研究"的结构符号学路径，盛行的索绪尔研究路径就被人贴上了这样的标签。这种研究路径通常被等同于诸如"代码符号学/符码符号学"（code semiotics）、"解码符号学"（decodification semiotics）、"代码/符码与信息符号学"（code and message semiotics，参见 Bonfantini, Massimo A. 1981. Le tre tendenze semiotiche del novecento. *Versus* 30, pp. 273 - 294.），或"等价交换"（equal exchange，参见 Ponzio, Augusto. 1973. *Produzione linguistica e ideologia sociale*. Bari: De Donato; Ponzio, Augusto. 1977. *Marxismo, scienza e problema dell' uomo*. Verona: Bertani.）之类的表述。早在 20 世纪 60 年代，罗西-兰迪就在其开创性的专著《作为工作和贸易的语言》（*Il linguaggio come lavoro e come mercato*, 1968）之中对这一问题大加批判。

现在，这一定位被"阐释符号学"抵消，尤其是皮尔斯及其著述的复现，恢复了诸如"无限符指过程"这样的概念，以及符号与阐释之间的对话关系这样的观念。这一阐释路径将阐释描述为源自"解释项"之间，或者更确切地说是"所释符号"与"能释符号"之间对话关联关系的一种现象（参见 Ponzio, Augusto. 1990. *Man as a Sign. Essays on the Philosophy of Language*. Berlin: Mouton de Gruyter.）。意义并非符号过程之外预先确定的，反倒是在"解释项"之中识别出来的，即在替代前一枚符号的另一枚符号中识别出来的。作为一枚符号，解释项之存在仅能依赖于另一枚解释项，以此类推，即解释项存在于一个开放性的符号延异链之中。这一符号学研究运动将符指过程呈现为一个开放性的过程，且这一过程依赖于与一个特定社群阐释"习惯"、惯例或"百科全书式"相关的辩证-对话关系中解释项的潜在创造性。与解码符号学、符码与信息符号学、等价交换符号学不同，在阐释符号学中，符号活动并非由符码制约。作为阐释实践之结果，符码仅充当阐释过程的一部分，容易被修改和替代。

然而，从致力于人类及其符号的全球理解这一角度说，即从致力于人类与自身、世界和他者的总体关系角度说，阐释符号学有其自身的局限性。就特征而言，符号学倾向于侧重符号的灵知论层面，且倾向于忽视不能归结为符号与仅在灵知论意义上"真实性"认知问题的价值之间关系的问题。从这一角度说，符号学通常以理论的形式呈现。对符号的生命采取一种单边性、抽象性的灵知论研究路径，意味着忽视了关乎这些不同于真值的价值层面。

42　Lévinas, Emmanuel. 1987. *Collected Philosophical Papers*, Eng. trans. & ed. by A. Lingis. Dordrecht: Martinus Nijhoff Publishers.

第四章　从符号学到伦理符号学——符号、语言、责任

43　Lévinas, Emmanuel. 1991. *Entre nous. Essais sur le penser à l'autre*. Paris：Grasset；*Entre nous. On Thinking-of-the-Other*, Eng. trans. by M. B. Smith & B. Harshav. London：The Athlone Press, 1998.

44　Ponzio, Augusto. 2006. *The Dialogic Nature of Sign*. Ottawa, Toronto, New York：Legas.

45　如前所述，从一个历时视角看，理解为全球符号学的普通符号学之缘起，至少可追溯至医学科学崛起之时，尤其是可以追溯至症候学，参见 Petrilli, Susan. 2014. *Sign Studies and Semioethics. Communication, Translation and Values*. Berlin, Boston：Mouton de Gruyter, 4.1 and 4.4。按照西比奥克的考证，符号学的缘起可定位于医学符号学或症候学，而根据自希波克拉底到盖伦的传统，这一缘起仅是一个触发性的问题，即有关缘起的知识。如前所言，最重要的是，将符号学与医学相关联，因此与病症研究相关联，也意味着恢复有关符号研究的伦理立场。换言之，这意味着恢复"医学符号学"关注生命健康的古老使命，此乃符号学的一大直接关注点，因为亦如西比奥克所假定，符指过程与生命，即整个地球上所有的生命，处于共延状态。从这一意义说，符号学也是伦理符号学。亦如预期，伦理符号学所形成的符号学伦理立场，也围绕着列维纳斯和巴赫金的观点而展开。

46　法国哲学家、公共知识分子，为第二次世界大战后法国存在主义哲学和现象学的代表人物，以体悟、感知和本体论等方面的成就而闻名，对艺术哲学、历史哲学、语言哲学、自然哲学和政治哲学的发展做出了重要贡献。早年，他曾参与存在主义运动，在传播现象学思想中发挥着核心作用，力求将现象学与完形心理学、心理分析、马克思主义、索绪尔语言学相结合，对法国后结构主义学者如福柯、德鲁兹、德里达等产生重大影响，甚至可以说这些学者就是在推进他在不同层面提出的思想，代表性作品为《行为的结构》（*The Structure of Behavior*, 1942）、《知觉现象学》（*Phenomenology of Perception*, 1945）、《含义与非含义》（*Sense and Non-Sense*, 1948）、《符号》（*Signs*, 1960）等。——译者注

47　Husserl, Edmund. 1954. *The Crisis of the European Sciences and Transcendental Phenomenology*, Eng. trans. by D. Carr. Evanston：Northwestern University Press, 1970；Husserl, Edmund. 1965. "Philosophy as a Rigorous Science". In *Phenomenology and the Crisis of Philosophy*, Eng. trans. & ed. by Q. Luaer. New York：Harper, 2010.

48　关于"精确科学"和"严谨科学"的区分问题，皮尔斯有关规范学科、科学范畴分类中，以及英国数学家兼生物统计学家皮尔逊（Karl Pearson, 1857-1936）在《科学的基本原理》（*The Grammar of Science*, 1911）有关科学分类问题中，均做过相关探讨。——译者注

49　有关全球符号学，参见西比奥克的相关研究，尤其是2001年出版的《全球符号学》；有关认知符号学，参见加拿大学者兼现任美国符号学会会刊《美国符号学研究》（*American Journal of Semiotics*）的副主编佳明（Pelkey Jamin）的认知符号学著述；有关伦理符号学，参见佩特丽莉和庞其奥的有关著述。——译者注

50　德国生物学家、生物符号学家，从事肌肉生理学、动物行为学和生命控制论研究，但最著名的成就就是提出"环境界"（Umwelt）概念，被美国符号学家西比奥克和德国哲学家海德格尔袭用，

推动了生物符号学成为一大研究领域。有关环境界问题的思考缘起于他对生物如何感知环境问题的兴趣。他认为，有机体从物种专属的时空、自我世界主观的参考框架角度去体验生命，他将之称作"环境界""现象世界""自我世界"和环境。这些环境界不同于他所称的"环境"（Umgebung），即与类似特殊的角度看待的生物环境，抑或是人类观察者所称作的"环境界"。因此，环境界被定义为一个有机体存在和作为主体施为的可感知世界。通过研究不同生物体感官的运作方式，他能够建构生物体体验世界方式的理论。因为所有有机体将感官数据感知为符号，并且能够对作为符号的感官数据做出回应，所以有机体被视为有生命的主体。这一主张是他提出这一生物学理论的基础，而在这一理论之中，生物存在——生命的特征不能简单地被描述为其非有机部分的综合，反倒要描述为主体以及一个符号系统的一部分。——译者注

51 Sebeok, Thomas A. 1976. *Contributions to the Doctrine of Signs*. （Joint publication of）Lisse, Netherlands：The Peter de Ridder Press, and Bloomington, IN：Research Center for Language and Semiotic Studies of Indiana University, Indiana University Press；2nd edition. Lanham, MD：reprinted as Vol. IV in the Sources in Semiotics, Lanham, MD：University Press of America, with a Preface by Brooke Williams "Challenging Signs at the Crossroads," pp. xv - xlii, 1985；1979a. *The Sign & Its Masters*. Texas：The University of Texas Press；2nd ed. Intro. by Brooke Williams Deely, Lanham, MD：University Press of America, 1989；It. trans. of the 1979 ed. by S. Petrilli, Pres. by A. Ponzio, pp. 7 - 12 and Intro. by S. Petrilli, pp. 15 - 21, *Il segno e i suoi maestri*. Bari：Adriatica.

52 Favareau, Donald（ed.）. 2010. *Essential Readings in Biosemiotics. Anthology and Commentary*, Preface, "A Stroll Through the Worlds of Science and Signs," pp. v - xii, and Introduction, "An Evolutionary History of Biosemiotics," pp. 1 - 80. Dordrecht, Heidelberg, London, New York：Springer；Petrilli, Susan. 1998. *Teoria dei segni e del linguaggio*. Bari：Graphis.

53 Kull, Kalevi. 2001. Jakob von Uexkuüll：An Introduction. *Semiotica* 134（1/4），pp. 1 - 59；Kull, Kalevi. 2010. Umwelt and Modelling. In p. Cobley（ed.）2010a, pp. 43 - 56；Kull, Kalevi. 2010. Umwelt. In P. Cobley（ed.）2010a, pp. 347 - 348；Merrell, Floyd. 1996. *Signs Grow: Semiosis and Life Process*. Toronto：University of Toronto Press；Merrell, Floyd. 1999. Living signs. *Semiotica* 127（1/4），pp. 453 - 479.

54 Rossi-Landi, Ferrucio. 1972. *Semiotica e ideologia*. Milan：Bompiani. （5th ed. by A. Ponzio, 1994, 2011.）

55 德国哲学家，德国古典哲学创始人，德国启蒙运动时期最后一位主要哲学家，德国思想界的代表人物。康德的哲学思想影响了近代哲学，开启了德国古典哲学与康德主义诸多流派。他调和了笛卡尔的理性主义和培根的经验实证主义，故被认为是继苏格拉底、柏拉图和亚里士多德之后欧洲最有影响力的一位思想家。——译者注

56 德国哲学家、新康德主义马尔堡学派创始人，通常被称为"19世纪最重要的犹太哲学家"，代表作为《逻辑学与纯粹认识》（1902）、《伦理学与纯粹意志》（1904）、《美学与纯粹感受》

第四章 从符号学到伦理符号学——符号、语言、责任

(1912)。——译者注

57 德国哲学家,受学于马尔堡学派的新康德主义传统,提出了一套独特的文化哲学思想,主张哲学主要不是研究认识对象,而是认识的方式,因为客观世界只是"先验原则"和经验现象的结合,强调扩大康德批评方法的应用范围,变康德"静态"的理性批评为"动态"的理性批评,以便容纳更丰富、更广阔的人生经验。卡西尔的哲学思想是一种人类文化哲学,主张从探讨人和人类文化本质来展开全部思想体系,认为人是符号的动物,文化是符号的形式,人类活动本质上是一种"符号"或"象征"。在符号学思想上,卡西尔提出"情感符号说"。——译者注

58 德国最有名望的一位哲学家,起初以解释、辩护和阐明柯恩的康德阐释思想为主导,自柯恩起从马尔堡学派主张的古典哲学,转向具体科学的逻辑学,受自由社会主义思想的影响,开始探究伦理学、政治学等。——译者注

59 Peirce, Charles S. 1931–1958. *Collected Papers of Charles Sanders Peirce* (i 1866–1913), Vols. I–VI, ed. by C. Hartshorne & p. Weiss, 1931–1935, Vols. VII–VIII, ed. by A. W. Burks, 1958. Cambridge, Mass.: The Belknap Press, Harvard University Press.

60 国内语言学界通用"语义学"和"语用学",与莫里斯1938年发表的论文《符号理论基础》的思想和初衷有所偏离。——译者注

61 Bonfantini, Massimo A. 1981. Le tre tendenze semiotiche del novecento. *Versus* 30, pp. 273–294.

62 意大利语言学家、政治家,生前为罗马大学人文学院普通语言学荣休教授。在为《特雷卡尼百科全书》(*Treccani Encyclopedia*) 写作符号学词条基础上,他出版了简编版《微型语义学》(*Minisemantica*, 1982)。在政治领域,他曾任意大利教育部部长。——译者注

63 Petrilli, Susan; Ponzio, Augusto. 2005. *Semiotics Unbounded. Interpretive Routes in the Open Network of Signs*. Toronto: Toronto University Press.

64 Petrilli, Susan. 2010. *Sign Crossroads in Global Perspective. Semioethics and Responsibility*, editor, John Deely, Preface, In Her Own Voice, pp. vii–ix, & The Seventh Sebeok Fellow, pp. xi–xiii. New Brunswick, London: Transaction Publishers.

65 Husserl, Edmund. 1900–1901. *Logische Untersuchungen*, Erster Teil, *Prolegomena zur reinen Logik*, Zweiter Teil, *Untersuchungen zur Phänomenologie und Theorie der Erkenntnis*. Halle a. d. S.: Max Niemeyer; *Logical Investigations*, Vols. 1, *Prolegomena to Pure Logic*, Vol. 2, *Studies in Phenomenology and the Theory of Knowledge*, Eng. trans. by J. N. Finlay. New York: Humanities Press, 1970; London: Routledge, 1973.

66 Petrilli, Susan; Ponzio, Augusto. 2003. *Views in Literary Semiotics*, Eng. trans. & ed. by S. Petrilli. New York/Ottawa/Toronto: Legas; Petrilli, Susan; Ponzio, Augusto. 2006. *La raffigurazione letteraria*. Milan: Mimesis.

67 Riethmüller, Albrecht. 1997. Signs Conceptions in Music in Ancient Greece and Rome. In R. Posner, K. Robering and T. A. Sebeok 1997–2004, Vol. 1, Art. 43, pp. 893–900.

68　Gallo, Franco Alberto. 1997. Sign Conceptions in Music in the Latin Middle Ages. In R. Posner, K. Robering and T. A. Sebeok 1997–2004, Vol. 1, Art. 54, pp. 1060–1065.

69　Baroni, Mario. 1998. Sign Conceptions in Music from the Renaissance to the Early 19th Century. In R. Posner, K. Robering and T. A. Sebeok 1997–2004, Vol. 2, Art. 68, pp. 1326–1330.

70　Tarasti, Eero. 1998. Sign Conceptions in Music from the 19th Century to the Present. In R. Posner, K. Robering and T. A. Sebeok 1997–2004, Vol. 2, Art. 81, pp. 1625–1656.

71　Mazzola, Guerino. 2003. Semiotic Aspects of Musicology: Semiotics of Music. In R. Posner, K. Robering and T. A. Sebeok 1997–2004, Vol. 3, Art. 152, pp. 3119–3188.

72　Sebeok, Thomas A. 1986. *I Think I Am a Verb: More Contributions to the Doctrine of Signs*. New York and London: Plenum Press; Petrilli, Susan; Ponzio, Augusto. 2001. *Thomas Sebeok and the Signs of Life*. London, UK: Icon Books; Petrilli, Susan; Ponzio, Augusto. 2002. *I segni e la vita. La semiotica globale di Thomas Sebeok*. Milan: Spirali; Petrilli, Susan; Ponzio, Augusto. 2002. Sign Vehicles for Semiotic Travels: Two New Handbooks. *Semiotica* 141–1/4, pp. 203–350.

73　Kull, Kalevi. 2002. A Sign is not Alive-a Text is. *Sign Systems Studies* 30–31, 2002, pp. 327–336.

74　Barthes, Roland; Havas, Roland. 1977. Ascolto. In *Enciclopedia*, vol. 1, pp. 982–991. Turin: Einaudi; now in R. Barthes 1982, pp. 345–364.

75　Foucault, Michel. 1971. *L'ordre du discours*. Leçon inaugurale au Collège de France prononcée le 2 décembre 1970, Coll. Blanche. Paris: Gallimard.

76　Marcuse, Herbert. 1964. *One-Dimensional Man: Studies in the Ideology of Advanced Industrial Society*. Boston: Beacon.

77　Rossi-Landi, Ferrucio. 1985. *Metodica filosofica e scienza dei segni. Nuovi saggi sul linguaggio e l'ideologia*. Milan: Bompiani.

78　Petrilli, Susan; Ponzio, Augusto. 2016. *Lineamenti di semiotica e di filosofia del linguaggio. Un contributo all'interpretazione del segno e all'ascolto della parola*. Perugia: Guerra Edizioni.

79　作者此处的措辞，貌似存在将全球符号学、元符号学、批评符号学、双重意义上承担责任的符号学与一般意义上的符号学等值的倾向，但不论在当前的现实应用中，还是以往的符号学历史，抑或是在现代学科的建制之中，全球符号学、元符号学、批评符号学，以及双重意义上承担责任的伦理符号学等，都只能是一般意义上符号学的一个分支，故前者（全球符号学、元符号学、批评符号学、双重意义上承担责任的伦理符号学）仅是在研究内容的层面上与伦理符号学存在一定程度和范围的部分交叉，而非全部，所以并非等值，否则这些学科及其称谓就没有存在的必要了。——译者注

第五章 实效-伦理维度下新的语言研究路径

1. "意义之意义"的20世纪阐释者

意义和"意义之意义"的问题与符指过程的概念密切相关。符指过程是某事物充当符号角色的过程、关系或情境。符号与符指过程密不可分。事实上,要使某事物成为一枚符号,就必须存在其他事物(不论是真实的还是潜在的),用以阐释前者(某事物——译者注),并为前者赋予意义。第二个要素(即其他事物——译者注)是一枚解释项,反过来又成为一枚符号,这一枚符号本身又与另一枚解释项相关联,这一枚解释项处于从一枚解释项到又一枚解释项的一个开放性延异链之中。使用一个与皮尔斯[1]相关联的表述,尽管这一表述似乎从未真正地为其所用,但这一延异运动——这一延异过程可以被描述为"无限度"或"无限性符指过程"。

符号与符指过程密不可分这一事实,意味着一枚符号与其在三元关系上跟其他符号相关联的关系、过程或情境不可分割。当然,符号具有不同的概念。从索绪尔——其著述如今正被视为一个重新评估和重新评价过程的一部分,参见《索绪尔未刊之作》(Gliscritti inediti di Saussure, Mauro, 2014)[2]以及布鲁诺等人的作品(Bruno et al., 2018)[3]——提出的二元观角度看(即能指与所指),抑或是从皮尔斯——(在这一关键的特殊情况下)恢复了符指过程的三元特征,即"一枚符号的存在模式",亦如他在1904年所说(CP 8.332)[4]——提出的三元观角度看(即符号代表项-对象-解释项),一枚符号就是一个(符指)过程中的一个因素。

在本章作为参考点而呈现的"意义之意义"阐释者中，除了皮尔斯和查尔斯·奥格顿（Charles K. Ogden, 1889-1957）[5]，我们还要涉及符指学提出者维尔比夫人[6]的作品，巴赫金及其学术群的作品，沙夫[7]的作品，罗西-兰迪[8]的作品，以及庞其奥的作品。

正如本书导言所言，索绪尔的语言价值理论所呈现的与洛桑学派（以沃尔拉斯和帕累托为主导的）边际经济学提出的经济价值论具有类比性，这并非偶然。事实上，索绪尔将"纯经济学"的价值论应用于他所描述为纯粹价值系统的语言之中，其中纯粹价值系统由物品的瞬间状态决定。但是，"纯经济学"与经济价值的拜物论观念相关联。应用于语言研究之中，价值论就使得索绪尔忽视了语言生产的社会系统，即忽视了能指与所指——一枚符号与另一枚符号之间交换所产生的社会关系。同边际经济学家一样，对于《普通语言学教程》（1916）的作者索绪尔来说，社会（语言）系统乃个体行为——一种平均数、一种媒介所产生的结果。构成语言的社会关系是储存在构成一个特定社群的所有个体之中言语意象（verbal image）的总和。因此，社会系统就被简化至一种纯粹外部单元的地位（参见 Petrilli, 2018; Ponzio, 2018）[9]。

从索绪尔到乔姆斯基的"正统"语言学（以及"先天普遍语法"的伪生物学理论，并未解释"语言变乱的巴别塔现象"，即语言的多样性），无法真正地阐述能够有效地作为符号一般科学或符号学一个分支的普通语言学。

在《语义学导论》（*Wstęp do semantyki*, 1960）中，沙夫批判了符号拜物论。他认为，这种语言拜物论所表征的是将符号情境简化为符号关系，或符号与对象、符号与思想之间关系的语言阐释。沙夫参考了马克思的商品分析论，确定了经济学中交换价值批判与语言价值批评之间存在类比现象。尽管如此，沙夫对符号拜物论的批判并未充分地解决社会语言生产的问题。

相反，意大利的罗西-兰迪认为，语言生产的问题对充分理解语言和交际问题至关重要。自1968年出版专著《作为工作和贸易的语言》（*Il linguaggio come lavoro e come mercato*, Eng. trans. 1983），到1985年去世前出版的《哲学方法论与符号科学》（*Metodica filosofica e scienza dei segni*），罗西-兰迪所有的著述都以这一方向为关注点。在探究符号学基础的过程中，语言学必须从符号的一般科学中找到这一定位，即对"语言生产"的探究可以被视为与符号学方法论相关，因此被视为与符号学理论相关，尤其是与言语层面的语言理论相关，确切地说语言学应该将符号学视为其基础。在词源上，"method"（方法）的意思是"meta-hodòs"（跨越路径）。作为人类"元符指过程"的一种发展，所有的科学均朝向这一方向发展。这意味着摆脱"结构符号学"的局限性及其语言中心论，索绪尔语言学或更确切地说归结论对索绪尔语言学的阐释均限制在语言中心论的范畴之内（参见Petrilli, 2016: 45 – 67）[10]，因而也意味着走进了"全球符号学"的视角。在这一视角下，我们提出不可避免的"伦理符号学转向"。

2. 符指学

"符指学"为维尔比夫人在1896年一篇重要的论文《含义、意义与阐释》（"Sense, Meaning and Interpretation"）中正式引入的新术语，用以指称符号与意义研究的专门路径。在介绍这一表述之时，维尔比夫人考虑到"这个词意指什么"这一日常的表述，旨在将关注力引向符号对人类行为所具有的最终价值和意指义，超越了严格意义上语义层面上的意义。在同一篇论文中，维尔比夫人排除了术语"符指学"（significs）的可能替代词，如"意指学"（sensifics），也排除了对应的动词"义指"（sensify），因为这两个术语与感官世界的联系不太紧密，在一般意义理论层面可能过于简化。然而，与直接指称音响和文字层面的语言形式的术语"言语"相比，术语"含义"和"含义的"除了让人想到其与有机域之间的联系，还具有揭示意指价值的优点。

符指学的重中之重在于维尔比夫人将意义分析为三大主要层面："含义"（sense）——"对环境[11]做出有机回应"，"意义"——一个词语"旨在传达的"具体含义，以及"意指义"——"某一事件或经验所产生的深远影响、涵指（implication）、最终结果或后果"（参见Hardwick, 1977: 169）[12]。皮尔斯充分地认识到维尔比夫人提出的意义三元观所具有的重要意义，并将之与他自己的三元解释项关系加以关联，即直接解释项-动态解释项-终端解释项，确立了皮尔斯自己提出的三元关系与维尔比夫人提出的意义三元关系（如上所述）之间的对应关系（Hardwick，1977：109-111）。

符指学的旨趣是成为侧重意指实践实效和道德维度的一套意义理论。事实上，维尔比夫人用符指学理论，有效地提出了一种批判思维的研究方法，即一种"符指方法"（significal method），旨在超越纯粹的描述论和严格意义上逻辑-认识论边界的局限，朝着符效（pragmatics）与价值学之间关系、符号、价值与行为之间关系的价值化，以及探讨生成有意义行为的可能性条件这一方向发展（参见 Petrilli，2014）[13]。

除了"符指学"和"意指学"，维尔比夫人为意义论所试验的其他命名包括"符学"（signics）。然而，大约在1894年[14]，她选择了术语"符指学"（significs），偏爱这一术语，而放弃了其他现成的术语如"符号学"（semiotics）、"词义学"（semasiology）、"符义学"（semantics）等。发表在《历史原则新英语词典》（*A New English Dictionary on Historical Principles*，现有网络版可参考）上的《牛津词典》（The Oxford Dictionary）1911年版词条"符指学"，由维尔比夫人亲定，具体内容如下：[15]

> 符指学：【指称 signific-ance（符指-意义），系-ics（学）形式的类比构词方式，于1896年由维尔比夫人引入】指在意识到术语与概念的具体意指义及其对思想和生活产生的影响基础上形成的一门科学和教育方法。[16]

同时，形容词性的术语 signific/al（符指学的/符指的）、副词性术语 significally（符指地），以及名词性术语 significian（符指学家）也被采用。

1896年，维尔比夫人在学术刊物《心灵》（*Mind*）第32页[17]曾言：考虑到孩童无限量地存储兴趣和好奇心这一事实，让"符指学"或"意指学"成为最具吸引力的研究应该不难。1903年，同上第161页，那么，符指学将会为我们带来的是意指哲学（philosophy of significance），即将我们的整个意义概念提升至一个更高、更有效的水平。[18]

在1911年的同一年内，维尔比夫人出版了第二部专著《符指学与语言——我们的表达与阐释资源的表述形式》（*Significs and Language. The*

第五章 实效－伦理维度下新的语言研究路径

Articulate Form of Our Expressive and Interpretive Resources）[19]，而第一部专著《何谓意义？——意指义发展研究》（*What Is Meaning? Studies in the Development of Significance*）出版于1903年。在《符指学与语言》中，我们发现了符指学的以下"临时性"定义。用维尔比夫人自己的话说："（符指学）就是研究所有形式和关系中意指义的本质，从而研究人类利益和目的的每一个可能领域意指义的作用"，但她继续声称："这项研究甚至在教育领域也完全被忽视了，这一事实导致当前很难给出一个完全令人满意的界定。事实上，阐释功能是在任何直接意义上唯一被忽视，或至少被随意对待的功能。然而，正是这一功能自然先于非人类交际，且是非人类交际的先决条件，亦如是人类掌握自己世界的先决条件一般。"因而，维尔比夫人进而认为，她这部著作的目的是揭示"符指学对语言，以及人类在施为、发明和创造过程中的每一种表述形式所具有的实际意义"〔Welby, 1985 (1911)：vii – ix〕[20]。

维尔比夫人业已为她与鲍德温（James M. Baldwin, 1861 – 1934）[21]和斯托特（George F. Stout, 1860 – 1944）[22]合编的三卷本《哲学与心理学词典》（*Dictionary of Philosophy and Psychology*, 1902）撰写一个词条界定（参见Petrilli, 2009：194 – 196）[23]，并于1911年撰写一个百科全书词条，该词条原为《大不列颠百科全书》（*Encyclopaedia Britannica*）第25卷委托词条（参见Hardwick, 1977：167 – 175；Petrilli, 2009：345 – 350）[24]。与"符义学""词义学"和"符号学"相比，术语"符指学"不受学术联想约束，故而适合指称所有层面的意义与价值之间的联系——实效、社会、伦理、美学、经济学、语言学等层面。1902年版《哲学与心理学词典》词条的具体内容如下：

符指学：德语为"Bedeutungslehre"，法语为"théorie des significations"（符指过程论），意大利语为"teorie delle significazioni"（此为建议外文等值术语）。（1）符指学蕴含的是在（a）含义或意指过程（见该条术语）与（b）意义或意图（见该条术语），以及（c）意指义或理想价值（见该条术语）之间的仔细区分。可见，第一项所指主要是言语（或者说是感性层面，见该条术语），第二项所指是意

107

愿，第三项所指是道德（如我所言及"意指义不可被高估"的某一事件；在这种情况下，不可能在不产生严重损失的情况下取代此事件的"含义"或"意义"）。因此，符指学探究的是最广义层面的符号与每一枚符号之间的关系。

（2）一种建议的心理训练方法，旨在将智力活动集中在隐含地假设为构成每一种研究形式的初级和终极价值，即目前被漠视为意义或含义、含意（import）或意指义的事物。

符指学也提供了一种让人注意到语言相对于其他人类交际的滞后性的方法，让人注意到在所有表述形式的逻辑、实践和美学价值层面创造的一般兴趣这一方式，激发思想的急迫需要。此外，符指学还提供了一个方便使用的通用术语，通过对语言施加一定的社会和学术"制约"的威慑，或许可以达成国际共识，并自然地制止对现有语言资源的蓄意浪费或滥用（参见《哲学与心理学词典》编者前言第8页）。

符指学实际上有助于在形式逻辑学这一学科不那么直接或简单的发展方向上，发现潜在的混淆或似是而非的断言。但是，有人认为，这一研究非但没有被取代或替换，甚至分散人们对业已被认可的学科所给予的关注力，反而使这些学科的效应更加突出，因为对这些学科更具有至关重要意义的是：更明显地与日常经验和兴趣相关联。符指学还在更大程度上彰显语言传统和未来所具有的道德价值；事实上，在为拓展清晰表达限度打好基础的同时，符指学倾向于创造一种语言良知，且这种语言良知必须对思想做出有益的回应，从而逐渐且自然地在定义上达成一种自发性共识。

在这一方向上，学界业已做了很多尝试。作为一门科学，符指学将集中并协调精力，阐释他人成果且相互关联，挖掘每一种形式的意义，从而以清晰且明确的形式划分意指过程属性的各种应用。

文献：（1）阿尔弗雷德·西奇威克著《信念的区别与批判》[25]；（2）卡尔·皮尔逊著《科学的基本原则》[26]；（3）约翰·马哈菲撰《现代巴别塔》[27]；（4）鲁道夫·欧肯著《哲学术语史》及《哲学术语及其历史——称谓与说明》[28]；（5）米歇尔·布里阿尔著《语义学探究》[29]；（6）奥托·叶斯伯森著《语言的进步》[30]；（7）费迪南德·特恩尼斯撰

《哲学术语》[31]，以及培根、霍布斯和后期的沃特利、科内威尔·刘易斯、米勒等讨论过这一具有一般性的主题。参见 Martinak, E. 1901. *Psychologische Untersuchungen zur Bedeutungslehre*. Leipzig.

3. 意指资源

维尔比夫人将意义的多价性、变化性加以理论化，并在1893年早期的论文《意义与隐喻》（"Meaning and Metaphor"）中正式地批评了"朴素意义"（plain meaning）这一概念。她将一个动态性、结构式、生成型的意义概念加以理论化，与一成不变、统一型、单一性且倾向于将词汇和话语描述为好似具有一致性的数字、标签或符号的意义概念相对立。根据信息发送者和信息接收者之间关系中"交际意图"所具有的"意指等价"（signifying equivalence）原则，从我们可以称作"解码过程"（decodification processes）的角度，文本得以从严格意义上的阐释偏见中解脱出来。因而，"朴素性常识意义"（plain, common-sense meaning）概念，即"朴素性显性意义"（plain and obvious meaning）概念，被视为一种神话，也是一种谬误。

维尔比夫人强调的是需要从教育学和理论的视角，认识她所称的语言"符号"特征，即广泛而通常是无意识地使用类比和隐喻[32]，并因此考察符号系统（symbolic systems）与符号所表征的事物之间的关系：

> （……）我们可以从更好地学习符号（symbolism）在表达仪式中扮演何种角色开始，并自问除了是符号语言自身还是什么，且语言表征的是什么。然后，我们应该重新审视"符号"与"现实"之间的关系，重新审视图像、图形、隐喻与我们所称的字面意义或实际意义之间的关系。因为这关系到我们所有人。可以说，意象（imagery）从"符号"到"现实"世界，又从"现实"世界到"符号"，反复穿梭。（Welby, 1893: 511，参见 Petrilli, 2009: 422）[33]

"我们到底是什么意思？"这才是要问的关键问题，即作为澄清意义，理解意指义、含意和最终表达含义的一种号召所具有的头等重要意义的问题。与此同时，维尔比夫人批评了简化论和过度简化的倾向，因此正如我们刚刚所见的谬论,即文本可以衍化为一种单纯的阅读,一种任何时候都有效、绝对且确定的解释项,这就是她批评朴素意义的含义所在［参见 Welby, 1893: 513, 亦见 Petrilli, 2009: 421 - 430; Welby, 1983 (1903): 143; 亦见佩特丽莉为 Welby (1985, 2007) 写作的导言; 以及 Petrilli, 1998, 2012: 191 - 230］[34]。

令人矛盾的是,"清晰""朴素"和"具有说服力"的话语,极容易转换为以过度简化和神秘化过程为主导的晦涩和反常的话语。在"简化"和"清晰"的旗号下使用"朴素意义""常识""共同点"的表述,强迫语言意义多元论变成一个单一意义的单语论,对这些表述自身来说甚至是正确的,因为每次出现隐喻意义被转换为单一、固定和确定意义之时,都会确定无疑地出现这种状况(参见 Petrilli, 2009: 423 - 427)。通常,若对必要却未被认识的阐释和意指过程的某些层面缺乏认识,就会出现神秘化现象,如(可能改变和发展的)话语中的推理、未明言之意和隐含之意;词汇和一般意义上的符号,每一个都具有自身的意指过程史;指向符号和交际的他者性逻辑的确定性作用等,这一切都可以归入"符号物质性"的概念之下(参见 Petrilli, 2005: 129 - 145; Petrilli, 2010: 137 - 158)[35]。理解和交际建立在未明言之意、已理解之意、隐含之意的基础上,也就是说建立在意指和阐释过程的他者性维度基础之上(参见 Petrilli, 2016)[36]。

隐喻化和象征化的过程既没有系统层面也没有类型层面的边界。相反,这两个过程涉及符号的整个网络,有时候可能属于根植于语言的阐释性路径,似乎与"朴素意义"具有同源关系,其实并非如此(参见 Petrilli, 1995: 323 - 360; Petrilli, 2006; Petrilli, 2009: 357 - 362)[37]。因此,通过重新评价语言能力的"多元性"和"多重逻辑性",即便维尔比夫人并不一定使用这些术语,但她谴责了与意义本身的还原性概念有关的歧义性,并同时将创造性能力中的歧义性和模糊性视为意指资源。[38]

维尔比夫人承认定义在某些情况下的实用性,以及定义在其他情况下的不充分性,譬如,在用以解释语言的歧义性之时,在语言对他者性开放之时,在语言作为意指行为、意指义以及一般意义上顺畅交际发展的条件自身之时。在探究语言问题的解决方法时,维尔比夫人提出了一套意义理论:符指学具有三元关系特征,即含义-意义-意指义(sense-meaning-significance),区分了"朴素意义""现实意义""字面意义"或"直接意义"与"比喻意义""间接意义"或"反应意义"(reflective meaning,也称联想意义)之间的关系。定义唯有在一套充分的意义理论支撑的情况下才实用,尽管绝不能作为解决语言歧义(equivocation)和误解问题的补救之法。除了在技术语言(即技术用语)范围内的最终实用性,定义忽略了词汇表达的可塑性或灵活性,即词汇固有的活力(vitality),因此就形成了针对语言问题做出的不充分回应[参见 Welby,1983(1903):2;Petrilli,2009:351-387;Petrilli,2014:139-157;Petrilli,2015:39-62][39]。

术语"含义"的基本意义,对应的是前理性生活,对应于意指过程的原始层级,即阐释者-解释项对构成环境的符号做出未分化的有机本能回应。如此理解的含义概念,从根本上说是有机性的,故涉及有机世界中所有的生命实体。如上所述,含义概念乃适应世界能力的先决条件,因为这一世界是一个直接体验到的世界,即一个"可感知到的"世界。此外,就含义涉及整个生命世界而非仅仅是动物世界而言,获取不同于"意义"这一理解的"含义"能力,即获取与理解为意指价值的"含义"对立的"含义"能力,并非为人类所特有,即"整个动物'王国'(如非遵循的也是植物秩序的话),共享感官世界":虽然在进化过程中,"意义之含义的出现——最高层级的含义标志着一个新的起点,即这一意义的含义开启了人类独有的时代"[参见 Welby,1983(1903):28;Petrilli and Ponzio,2005:80-137][40]。

所有的意指行为,从有机到认知和价值学秩序的所有经验,预设了含义层级存在的阐释能力。实际上,"含义"也表示意指过程[41]的实效层面,因为"含义"蕴含的是符号*使用*、环境以及更高形式的动物生命、思维状态、参照物等,即便仅出于前意识层级亦是如此。另外,我们业已发现:在包括意义的含义和意指义的含义在内的所有表意涵指中,术语"含义"构成了经验的价值。在这一广义上看,"在这一术语所有'意义'中的含义"被用以表明意指过程的"价值"——符指过程的价值,即地球上生命域中意指过程一般定位的价值。因此,就含义所指称的经验价值而言,含义也与世界的智识、伦理和美学维度相关联。"所有意义之中的含义可以被称为智识、道德和美学世界中间的联系或关系。因为在所有意义之中，这些世界之所以可能存在，正是因为含义之存在"［Welby，1983（1903）：48］。从这一角度讲，"含义"这一术语具有专属意义，由"在什么意义上"这一问题引出，关注单一性的符号与个体意义上的阐释者/解释项之间存在的关联性。

所有对人类有价值的事物都被赋予了一个广义上的全球意义上的意义，即不仅是意向意义层面的意义，而且是跨越和超越意向意义层面的意义，也就是意指义方向上可以预见的意义，作为生产更多事物能力的意义，相对于已知、业已给定、业已言说的一种意指过剩。这一能力与意指过程的伦理维度相关，因此这一能力与具备面向他者开放、做出批评、善待他人和担负责任能力的意指行为相关联，这就是我们采用新术语"伦理符号学"发展维尔比夫人在与诸如皮尔斯哲学的学者对话中所形成的思想主线，同时也发展了与巴赫金和列维纳斯的一个理念维度（参见 Petrilli and Ponzio，2003，2005，2010；Petrilli，1990，2014，2015：245 - 261）[42]。

继维尔比夫人之后，莫里斯也将符号与价值相关联，因此将符号学与价值论相关联。用莫里斯自己的话说："（……）如果我们考问何谓生命之意义，我们可能问及的是一个事关术语'生命'意指过程的问题，或问及的是一个事关生命价值或意指义的问题，抑或是二者兼而有之。"（Morris，1964：vii）[43]莫里斯进而认为，使用诸如"意义"这样的术语（暗示着极性思想）是非常普遍的现象，这一事实表明莫里斯称为"意指过程"与有别于"意指过程"的"意指义"之间存在一种根本性联系。

但是，回到维尔比夫人及其意义论，我们发现符指学从实效和伦理角度，将人类行为的效应和结果概念化了（人类行为在行为学或机械角度看是从未被庸俗化或简化的），而人类行为的效应和结果是由符号与价值（观）相互联系产生的。事实上，符指学是维尔比夫人［自1881年出版专著《联系与线索》（*Links and Clues*）[44]开始，一直到1912年去世这段时间所致力发展的学说］对处于20世纪当代论辩核心的理论和实效问题做出的回应。在这一框架之下，维尔比夫人将注意力集中于与意义、语言、知识、术语、交际、一般意义上的意指行为、人际关系和主体性相关的问题。在维尔比夫人重要著作《何谓意义？——意指义发展研究》（*What Is Meaning?: Studies in the Development of Significance*，1903）中，她开篇即言：

第五章 实效-伦理维度下新的语言研究路径

人类质疑之时，就有答案等着他了。但是，首先，人类必须学会说话，实际上是学会"表达"自己和世界。要做到这一点，人类必须学会意指和示意（signalise）。人类必须首先发现、观察、分析和评价通过触觉、听觉、视觉所感知到的一切事物所具有的含义，并意识到这一切所具有的利益，即这一切实际上为他所意指的一切；然后，再发现、观察、分析和评价行为的意义——行为的意图、行为的动机、每一种效应产生之因。由此，人类最终会发现所有经验、所有知识、所有事实以及所有思想所具有的意指义、最终的影响、核心的价值、至关重要的涵指。[Welby, 1983（1903）: 6]⁴⁵

在同一著作略后之处，维尔比夫人将她提出的意义三元观与《吠檀多经》（*Vedantasara*）⁴⁶这一东方哲学作品中所描述的意义及其在"表达"意义、"指示"意义和"暗示"意义之间的关系联系起来：

必须记住的是，符指学在不止一项"含义"中蕴含着含义、意义和意指义之间的细致区分。这一三元关系存在于许多形式之中，其中最引人注目的一种或许来自东方："（可能属于一个词语的）意义被认为有三重，即表达意义（Express meaning）、指示意义（Indicated meaning）和暗示意义（Suggested meaning）。表达意义为通过（词语）外延形式传达给理解层面的意义；指示（意义）被认为是由（词语）暗示来传达的。这些意义就构成了一个词语的三种力量。"[Welby, 1983（1903）: 46]⁴⁷

维尔比夫人为解释"意义的三大主要层次"或"表述类别"而引入的其他三元意义关系包括：与含义（*sense*）相关联的"倾向"（tendency）、"意指过程"（signification）、"对环境做出的有机回应"（organic response to an environment）；与意义（*meaning*）相关联的"意图"（intention）、"旨在传达的具体含义"（the specific sense that it is intended to convey）；与意指义（*significance*）相关联的"理想价值"（ideal worth）、"基本利益"（essential interest）、"理想价值观"（ideal value）。相对于以这一意义三元关系中第一个术语理解的含义来说，指称的是"言语意义"（或更确切地说是"感官意义"），也是"本能层面的意义"；相对于以这一意义三元关系中第二个术语理解的意义来说，指称的是"意愿意义"；相对于这一意义三元关系中第三个术语理解的意指义来说，指称的是"道德意义"。也就是说，我们感觉不适或看到的是：某一事物在某种意义上是真实的，我们意欲（即倾向于）做某件事情，以及我们谈论的是意指义不能被高估的某一事件。正如维尔比夫人所说：

> 人类科学在某种意义上必须是失败的，除非我们能够掌握我们模糊地称之为"意义"的密钥。我们一直在找寻目的（purpose），但我们宁可寻到主旨（purport）；我们找寻最终的目标、目的、行动或过程目标，但我们宁可寻到其中的含义、意义，尤其是意指义。［Welby，1983（1903）：46-47］

如前所述，事实上，符指学超越了纯粹的描述论，从符号学与价值论交叉的严格意义上的符号学认识论和认知边界以外之伦理、实效乃至美学维度来研究符号与意义。除了符义学的专业性视角，维尔比夫人所提出的符指学源自这一假设：符号、意义和价值观之间的关系，在人类利益与行为的每一个可能的域中都具有至关重要的意义。有关所有这些层面的信息，参见Welby（1983，1985）、Welby（2007，导言）、Petrilli（2009，2015）、Schmitz（Welby，1985导言）等[48]。

符指学作为一种可能性的基础和出发点，对维尔比夫人之后交际的社会心理专属维度加以研究，即20世纪上半叶荷兰符指学运动（Signific Movement）[49]所形成的诸层面（参见Heijerman & Schimitz, 1991；有关近来与符指学相关的研究，参见Colapietro, Nuessel & Petrilli, 2013）[50]。

4. 从符指学到伦理符号学

1923年，英国哲学家、语言学家奥格顿（Charles K. Ogden）与英国修辞学家瑞恰慈（Ivor A. Richards）[51]出版开创性的专著《意义的意义——语言对思维的影响与符号科学研究》之时，人们不禁要问他们是否充分地意识到：他们的研究为整个20世纪的符号讨论烙下了一个印记，这一话语将导致超越现代性的决定性转变，从而步入一个科学和哲学发展的全球性后现代时代。

然而，尽管奥格顿在学生时代是维尔比夫人的一位尤为重要的对谈者，但维尔比夫人有关符号和语言研究的大多数贡献，在该书中未得到认可，除了在《意义的意义》附录 D 部分第 6 节讲到皮尔斯的相关内容时再次出现，以及第 8 章 "哲学家的意义观"（The Meaning of Philosophers）第 1 个脚注中提及维尔比夫人的名字。其中，她与罗素和席勒一同被列为少数几位意识到有必要探究被极大地忽略却又普遍地存在的意义问题之学者。第 11 章 "意义的意义"的另一个脚注也提及了维尔比夫人，尽管是在揭示她对意义问题研究方法的整体性含义理解不足的评论。由于她1896 年的论文《含义、意义和阐释》及其专著《何谓意义？》［1903（1983）］、《符指学与语言》［1911（1985）］，维尔比夫人被指控"自满于对意义作为人类意图的模糊性坚守"，对意义概念的分析性描述不够充分，而且"与早期宗教阶段的措辞遥相呼应"。为了支持这一（令人难以信服的）论点，两位作者从《符指学与语言》中摘录如下引文：

> 所有表述中一个关键性的问题是表述的特殊属性，首先是含义属性，即表述使用所表达的含义，其次是意义作为使用者意图的属性，最为深远且最为重要的是涵指属性，即最终意指义的属性。（Ogden & Richards, 1923, 转引自 1989：192）[52]

维尔比夫人的符指学有关意义问题的研究，远远超过了严格意义上的（符指学所体现的）逻辑语言和意图层面，将侧重点放在与"价值观"概念相关的意义之上。其中所蕴含的不仅是语言价值观，而且是价值论意义上（远超宗教意义上）理解的价值观，即伦理社会和实效意义上理解的价值观。如前所述，符号与价值观之间的关系问题使我们将维尔比夫人的研究，与诸如莫里斯之类的学者著作联系起来，也就是说，与莫里斯所著的《开放的自我》（The Open Self, 1948）、《人类价值的多样性》（Varieties of Human Value, 1956）、《意指过程与意指义———一项符号与价值观的关系研究》（Signification and Significance: A Study of the Relations of Signs and Values, 1964），以及围绕这一问题的多篇其他文章联系起来。[53]

维尔比夫人超越了仅仅基于符码、惯例和意图教条论的描述性语言学研究路径所具有的局限，在一种伦理框架下发展了她的意义与意指义理论，即今日我们提议称之的"伦理符号学"（Petrilli and Ponzio，2003a，2010）[54]。因此，这不仅仅是停止她宗教的、道德的或幻想的暗示的一个问题（对此，她已受到来自不同层面的指摘），而且是将她的研究放在她对人性化符号的符指义以及个体的符指义理解和探究这一更广阔的语境下的一个问题，其中她将侧重点放在言语层面的语言与意义之上，将二者视为真正人类的一种基本的表述。维尔比夫人选择"符指学"这一术语，专门用于传达她有关意义研究的这一特殊的定位，因为与其他现成的术语，如"符义学""符号学""词义学"有所不同，"符指学"不会产生严格意义上学术层面的联想。

关于《意义的意义》的作者奥格顿受维尔比夫人影响的程度和持久性，不论我们得出怎样的结论，事实仍然是：从书名上看，这本书都不免被阐释为对符指学中的一大基本问题，即"何谓意义？"做出的一种可能性回应，而"何谓意义？"又是维尔比夫人于1903年出版的重要专著的题名。

除此之外，两位作者所关注的问题以及他们处理这些问题的方式也与维尔比夫人具有相似之处，即意义、阐释的问题，意义生成过程的条件，符号生产和流通的条件，含义和意指义的问题，意义与价值观和社会之间关系的问题，意义与行为和责任之间关系的问题等。此外，如奥格顿与维尔比夫人之间的通信所示，奥格顿与维尔比夫人对术语、概念表达混淆、歧义性、定义的功能、固定意义谬误、语言良知概念、语言批评、翻译理论等问题有着共同的兴趣。在翻译理论部分，翻译不仅是从语际交际的常识，或从仅作为替换或重述（语内或语言内部交际）的角度来理解，而且是从广义的阐释的角度来理解，因此翻译被视为意义的发现和更新、知识的获取过程（参见 Gordon，1991：125-130；Schmitz，1985：lxxxviii-xciii 等有关奥格顿论译者的内容）[55]。

此外，深信有必要探究传统在确定语言、思想和现实之间的关系中所具有的作用，维尔比夫人与奥格顿将人类学史和宗教史的研究放在优先地位。最终，二者都认为有必要发展他们理论关注点产生的实际结果，坚信他们研究语言、教育和社会变革的不同方式。在奥格顿方面，著名的奥格顿研究者戈登（Terrence W. Gordon，1942-）的有关著述（1990，1991，1994）[56]，不仅证实了《意义的意义》与符指学之间存在的显著相似性，而且通过维

第五章 实效-伦理维度下新的语言研究路径

尔比夫人对"符指学卓有成效的进步"的认可性话语,指出奥格顿与瑞恰慈合著的这部作品甚至可能被认为是维尔比夫人以一个新的维度研究意义这一特殊方法的一个可能性的发展:

> (奥格顿与瑞恰慈)著作与维尔比夫人的作品之间联系的最重要的方面,不是此处所提及的密切关联,反倒是二者将她的符指学视域推进到一个全新维度的方式。

奥格顿与瑞恰慈接受了维尔比夫人呼吁以心理学和哲学作为一个新的切入点的这一挑战。在《意义的意义》第3章"符号情境"(sign situations)中,奥格顿与瑞恰慈提出一种涉及这两大学科的研究路径。其中,行为心理学中最基本的前提得以发展,并与符号理论相关联,从而对支撑全书的语境(context)的一个技术界定加以详细的阐述。(Gordon, 1991: 122)

以下引文出自《意义的意义》导论"思想、词汇与事物"("Thoughts, Words and Things")。这段引文描述了奥格顿与瑞恰慈对意义理论所持符号阐释研究路径的主要特征。同该书中许多其他段落一样,该引文清晰地回顾了奥格顿与维尔比夫人通信的内容,有关日期为1910年11月15日的信笺内容尤为如此(参见Petrilli, 2009: 767)[57]。其中,奥格顿使用维尔比夫人的术语,谈到有必要培养一种"语言良知",以达到降低剑桥大学异学社(Heretic Society)举办的每周一次的讨论中出现的混淆程度:

> 然而,在另一方面,所有这些专家都没有意识到当前语言学理论的不足之处。民族学者忙于记录快速消失的语言细节;语言学家忙于探究语音规律和派生原则的精妙技术;哲学家忙于所谓的"哲学"。尽管他们都全神贯注地忙于自己的业务,但他们都忽视了更好地理解讨论中实际发生的一切这一迫切的需要。交际过程的分析,一部分具有心理学性质,因为心理学目前已经达到了可以成功地开展这部分研究的程度。在尚未开展这一研究之前,符号科学必然处于搁置状态,但再也没有任何借口对意义做含糊其词的谈论,同时无知于语词欺骗我们的方式。(Ogden and Richards, 1923, 转引自1989: 8)[58]

作为语言理论的研究对象,意义问题要从现实的交际过程中的实效-操作层面以及元话语层面加以探究。奥格顿和瑞恰慈对语言学家以传统的实践方式研究的语言学,以及与语言学既非显性又非隐性联系的某些哲学研究路径做出批评。在这两种情况下,这种在总体上未能对现实的语言用法以及潜在的理论意义加以分析是有据可依的。此处也与维尔比夫人的观点存在相似性,她也超越了自己所在时代正统语言研究实践的语言学。譬如,我们知道维尔比夫人批评了布里阿尔以及布里阿尔于1897年写作的专著《语义探究——意义科学》(*Essai de semantique: Science des significations*)[59]所呈现的语言学思想。

在《意义的意义》较前面的一个段落中,奥格顿与瑞恰慈提到了索绪尔。在认可了索绪尔自历时转向共时层面这一语言研究视角转换的优点之时,奥格顿与瑞恰慈对索绪尔提出的抽象语言(*langue*)概念,对他排斥指称(相反,奥格顿和瑞恰慈认为这是阐释过程不可或缺的组成部分)以及他对约定俗成和固定意义的过高估计加以批评:"作为过分尊重语言约定俗成的一位语言学家,索绪尔不忍心篡改他所想象的一个固定意义,即语言的一部分。这种对虚构的'普遍接受的'词汇用法的谨慎态度是语言学家中一种常见的特征。"(Ogden and Richards,1923,转引自1989:6)[60]

5. 意义与理解

奥格顿与瑞恰慈提出符号的三元论,其中阐释和意义作为关系过程而出现,产生于符号、解释项和对象之间持续的动态互动,抑或是产生于两位作者所用的专属术语——符号(symbol)、指称(reference)和指称项(referent)之间持续的动态互动。

从这一角度看,阐释并非由符码(语言)的双重逻辑来引导,即并非由语言要素之间约定俗成的惯例所确定的一种二元对立关系系统来引导,如能指与所指,或语言的组合轴和聚合轴之间约定的二元对立关系。语言与意义研究的这一路径一直被称作"符码与信息符号学""解码符号学",或简单地称之为"符码符号学",正如杰出的意大利哲学家兼符号学家邦凡蒂尼(Massimo A. Bonfantini,1942 - 2018)所描述的一般(参见 Bonfantini,1981,1984,2004)[61],且这一路径在很大程度上是索绪尔结构符号学的派生模式。这一路径所涉及的是将语言生命归结为抽象的语言系统与这一系统个体使用（即*语言与言语*）之间的关系，归结为*能指*与*所指*，以及语言系统中缺乏对话成分（如我们所理解）的符号之间出现的交换关系（参见Petrilli and Ponio, 2005; Petrilli, 2012: 167 – 173）[62]。

相反，在所谓的"阐释符号学"的一般框架之下，阐释被描述为并不局限于信号性与解码过程这一单一逻辑二元对立的一个*对话过程*。在此，一枚符号的意义并不存在于符号或语言的系统，而是存在于符号与解释项之间的关系。其中，后者（即解释项——译者注）作为一枚*回应性理解的解释项*，而并非仅仅是一枚识别性的解释项，在不同程度的对话他者性层面得以发展。不论如何，关键的核心问题并非二元对立论（或二元论）与三元论之间的选择，反倒是一枚给定的符号模式是否能够恰当地对整个意指行为的不同且复杂的层面加以解释。从这一角度看，真正的选择是在单一*逻辑*与多*元逻辑*之间做出抉择。索绪尔结构符号学所提出的符号模式所具有的局限性，并非在于二元对立，而是在于如下这一事实：二元对立论在能指与所指之间平等交换逻辑的概念，以及在将复杂的符号生命归结为由符码与信息构成的二元范式之中找到表述（参见 Petrilli, 2012: 178 – 179）[63]。

奥格顿与维尔比夫人沿着相似的路径，研究语言的歧义性问题。同维尔比夫人一样，奥格顿与瑞恰慈也指出歧义性问题，从我们可能称作的"对话多元性"（dialogic plurivocality）角度，将其积极地理解为意指行为和交际互动持续性发展的一种必然的普遍性条件。除了仅基于符码和惯例确立意义的基础性语言，两位作者基本上认同的是：人类交际在很大程度上取决于诸如歧义性和模糊性这样的符号属性，而这些属性又被认为具有结构构成层面的关联性，实际上为符号和语言所固有，因此就构成了成功交际的必然条件，正如特别明显的某些话语类型所示，如文学话语。

在对模糊性加以反思之时，皮尔斯指出对话者之间的交际既非确定的，亦非完全不模糊的，因为总是出现可能性的变化，故而也就不可能保持绝对的精确性了。皮尔斯希望有朝一日生理学家能够对不同人之间的感觉品质加以比较，以便这些感觉品质不再成为误解之根源，进而指出造成误解的一大根源为不同人之间交际的智识旨趣和经验的多样性。交际之所以必然是模糊的，"是因为人们对词汇做出的阐释并非完全基于与任何其他人完全相同的经验"（*CP* 5. 506）⁶⁴。因此，正如我们将注意力集中于画作的某一细节之上，同时忽略了总体的语境，因而无视于画作的整体感；同样，我们越是试图做出精确的判断，同时又忽略了意义的"可塑性"，即忽视了维尔比夫人所言的全球性的意指语境，我们就越是无法达到更高的精确性，即便是涉及智识性的概念问题亦是如此（参见 Petrilli, 2009: 173 - 193; Petrilli, 2014: 154 - 157; Petrilli, 2015）⁶⁵。

皮尔斯所描述的模糊性是以他者性逻辑为导向的，进入了我们所称的"符号物质性"（semiotic materiality）这一范畴。因此，模糊性就是面向交际和构成交际自身可能性条件的符号物质，因而，模糊性就是表述我们所要传达命题的一种先验条件。从这一角度看，模糊性乃指称自有机本能型生命到智识生命域的不同经验所产生的结果。从这些角度看，模糊性并非产生误解之根源所在，正如皮尔斯和维尔比夫人所言，反倒是从对话角度开展交际的可能性条件，不论是内在对话（在自我边界之内）还是外在对话（与其他对话之间），参见 Petrilli（2016: 279 - 305）⁶⁶。

单一个体经验的变化蕴含的不仅是显性阐释（explicit interpretation）层面的变化，而且是隐性理解（implicit understanding）层面的变化。因此，在严格意义上讲，交际中的对话与理解取决于模糊性、变化性、含蓄性和未尽之言。

理解之所以是可能的，就是因为被理解之言，即推理（巴赫金语）的含蓄性。甚至更有趣的是，事实上，考虑到模糊性为理解之所以成为可能的要素，正如维尔比夫人所言，我们越是试图精确，我们就越无法理解对方。使隐含意义或不确定意义显化并使其可见，就意味着开辟新的阐释轨迹、新的意指路径，从而意味着在意指他者性之中引入新的涵指、新的变量、新的模糊性。在这一框架之下，交际就是对话者或解释项对话语指称项，不论是一般指称项、真理，还是限制性的直接指称项，做出对话性的探究与估量。言说、解释、确定，因此也就是理解，均以被理解、未言、隐含之意，以及不确定性与模糊性为前提。正如维尔比夫人、皮尔斯以及本书前文所提及的其他作者所言，所有这些层面的共同作用，有助于探究我们话语意指域的生成能力。

但是，回到《意义的意义》这一话题，意大利符号学家艾柯（Umberto

第五章　实效－伦理维度下新的语言研究路径

Eco, 1932-2016)⁶⁷在1989年版的导论中，也证实了语言歧义性对表述和交际所具有的重要性：

> 其实，一套完善的语言学理论可能使我们更清楚地意识到我们所用的语言具有的功能，能够意识到语言为我们设置的陷阱：一个对一门语言了如指掌之人，可以极为精确地表达自己的观点，甚至能够以更令人信服的方式撒谎⁶⁸。（……）同样，在日常会话当中，询问对话者他真正想要说的是什么，他所用的某一个词语到底什么意思，这是很有用的。但是，同样正确的是，日常语言依存于歧义性、细微差异和暗示性；虽然人们使用语言知识漫不经心，表述不精确，常常省略言语，甚至出现误读，但人们通常都设法理解对方。任何语言治疗（linguistic therapy）都无法消除日常语言具有的这些缺陷，因为这些缺陷也代表着语言的丰富性程度和生命力。（Eco, 1989: vii-viii）⁶⁹

《意义的意义》对意义问题的研究，采用的是在符号学框架下，从指称因果论角度，发展出一种跨学科的研究路径，这一研究路径的决定因素为语境和用法。该书强调的是从交际论以及根据实际效用解决理论问题的角度发展意义理论的必要性。因此，一方面，《意义的意义》预示着结构语言学、符号学、符效学（pragmatics，国内语言学界通称语用学——译者注）、心理语言学以及人工智能领域的发展；另一方面，该书可以追溯至奥格顿对符指学的兴趣，以及当时世人普遍忽略的语言对思维产生的影响这一主题。乃至今日，因侧重于阐释，该书仍然与当前有关意义与意指过程的论争有所关联：

> 几乎在整个的生命历程之中，我们都将事物视为符号。所有的经验——尽可能广义上使用的这一术语，要么被感受，要么被阐释（即被视为一枚符号），要么两者兼而有之，很少有经验能逃脱某一程度的阐释。因此，阐述阐释过程乃理解符号情境的关键所在。（Ogden and Richards, 1023, 转引自 1989: 50）⁷⁰

实际上，奥格顿与瑞恰慈解决的一个基本问题，正如预期一般，是"意义"与"指称"之间的区别（即皮尔斯术语中"解释项"与"对象"之间的区别）。另一个同样重要且相互关联的问题是他们将所谓"符号"

121

（symbols）与现实之间（不论是内在还是外在）的关系，如果我们愿意的话，亦可称作"符号"与其"指称"之间关系的介质特征概念化。符号介质被描述为认知的一大必然条件，是通过所谓的"表征"（representation）或"指称"（reference）过程来实现的。言语符号代表的是皮尔斯所说的"在某种程度上"，相对于一个特定"表征"的某事物，抑或是通过奥格顿与瑞恰慈术语所说的一个特定指称方式表示某事物。

与意义问题的二元研究路径相对立，即将意义归结为一套符码的地位——索绪尔结构符号学术语中的语言，因此与固定意义谬论相对立，即根据固定意义谬论，意义被素朴、简单明了、一劳永逸地固定下来，奥格顿与瑞恰慈也采取了意义研究的三元研究路径，这使得他们能够解释动态的意义关系本质。如此描述的符号与意义随时准备好适应新的意指情境，从而有利于获得新的知识和经验。

同维尔比夫人一样，奥格顿与瑞恰慈在被称作"阐释符号学"的思想传统之中占有一席之地，这为批评意义的具体化和实体化概念提供了一个适合的框架。

正如莫里斯于1938年在划时代专著《符号理论基础》（*Foundations of the Theory of Signs*）[71]中明确阐明的一般，意义并非事物，因而，说有意义与说有诸如树木和岩石之类的事物并不一样，因为意义不能与符指过程分离，即意义不能与意义生成的过程分离。正如罗西-兰迪所阐明以及庞其奥对罗西-兰迪所阐明的一样，意义不能与语言生产过程和一般意义上的社会再生产过程分离（参见 Morris, 1938：44-45；Rossi-Landi, 1968；亦见 Ponzio, 1973, 1993）[72]。

奥格顿与瑞恰慈是精神分析批评领域的先驱。在精神分析风靡一时的时代，他们基于对意指现象的符号-解释项指称的研究路径，对内省研究方法做出批评。对自己和他者加以阐释，需要探究语义三角右侧的边，即词汇与外界世界之间的关系，而并非仅仅探究左侧的边，即词汇与概念之间的关系：

> 一枚符号的阐释正确与否，即某一事物不仅被体验或享受，而且被理解为指称的其他事物。因此，任何可以被体验的事物也可以被如此理

解，也就是说，也可以是一枚符号；故而要切记的是：阐释或一位阐释者身上（或头脑之中）所出现的一切，既不同于符号，也不同于符号代表或符号所指称的事物。那么，如果我们谈及一枚符号的意义，我们势必就不能像哲学家、心理学家和逻辑学家惯常所做的那样，将一枚符号与这枚符号所指称的符号之间的（虚拟）关系，或是与指称项（符号所指称的事物），抑或是与阐释过程（阐释者头脑之中"正在进行"的活动）加以混淆。（Ogden and Richards, 1923，转引自 1989：21－22，脚注）[73]

从跨学科的角度来看，奥格顿与瑞恰慈旨在将他们提出的符号三角理论如同应用于精神分析领域一样有效地应用于其他领域。譬如，在语言研究方面，他们在下定义的语言问题上，认为有必要基于知识或指称理论，故采取了如下立场："下定义所需要的并不总是新词汇，反倒是一种将新词汇作为符号加以控制的手段，即一种随时发现在世界上任何场合使用新词指称事物的手段，这就是一套充分的下定义理论所应提供的知识。"（Ogden and Richards, 1923，转引自 1989：19）

6. 指称项问题

在符号学相对较近历史中的某一特定时刻，"指称符号学"（referential semiotics）与"非指称符号学"形成了对比。这一对比论争的起点为奥格顿与瑞恰慈提出的著名却通常有所背离的符号三角理论[74]，亦如在《意义的意义》中所描述的，将三个角的顶点分别命名为"符号"（symbol）、"思想或指称"（thought or reference）和"指称项"（referent）。基于如下这一事实：意义被描述为由"符号"与"思想或指称"的关系构成，这一立场乃主要是索绪尔提出的符号由能指与所指关系构成二元概念的影响之结果，当下论争的问题因而就变成了是否应该从这一符号三角中删除"指称项"的问题。奥格顿与瑞恰慈对指向当代非指称符义学（semantics）[75]的指称实体化理论加以批评，从这一角度看，二者可以被视为 20 世纪 60 年代"指称符义学"与"非指称符义学"支持者之论争的先驱者。

支持非指称符义学的一方代表作为乌尔曼（Stephan Ullman, 1914 - 1976）[76]写作的《符义学——意义科学导论》（*Semantics: An Introduction to the Science of Meaning*, 1962）[77]，以及艾柯写作的《符号学理论》（*Trattato di semiotica generale*, 1975, 英译本为 1976）[78]。随后，艾柯《符号学与语言哲学》（1984）[79]意识到符指过程与指称概念之间的关联性，并借用雅柯布森所阐述的反致概念（the concept of *renvoi*），以隐性的方式恢复了这一关联性（参见 Jakobson, 1963, 1990; Ponzio, 2015）[80]。

非指称符义学指的是那些倾向于将指称项从符指过程中排除的趋势，而符指过程能够将指称项具体化，同时将指称项与意义之间相互独立的关系理论化。但是，持相反立场的人（即支持指称符义学之人——译者注）坚持认为，指称项是意指过程——符指过程的一个构成部分，实际上仅能够在符指过程中被确定。事实上，将指称项等同于物理对象，通常会得出这一错误结论，即因为存在并不指称事物——物理对象的符号，所以指称项并非符指过程之根本所在。但是，指称项所指之现实是以多种形式呈现的，包括诸如思想、概念、情感、欲望乃至想象或虚构的对象之类的事物。此外，指称项可以是一个个体对象，如"这是一台计算机"这一表述所示；抑或可以是一般类别层面的一个对象，如"计算机需要软件"这一表述所示。

莫里斯对符号理论的一大重要贡献就涉及指称项这一问题。在 1938 年的专著《符号理论基础》（*Foundations of the Theory of Signs*）[81]中，莫里斯将指称项（referent）分为能指项（denotatum）和所指项（designatum），区别了符号（总是）指称存在于符号所预示意义上的某事物（所指项）和符号（并非总是）指称存在于符号所预示意义上的某事物（能指项）。在 13 世纪出版的《逻辑哲学论》（*Tractatus*）或《逻辑学概论》［*Summule logicales*, 1972（1230）］[82]中，西班牙的彼得（Peter of Spain）[83]用术语"*suppositio*"（假释）——代表某事物，以及术语"*appellatio*"（称谓）——代表某一存在的事物，二者均不同于他提出的意指（*significatio*）——赋予意义（参见 Peter of Spain 意大利译本：Ponzio, 2010）。莫里斯将能指项与所指项区别开来，围绕这一区分的指称项和误解问题就轻而易举地解决了。在 1938 年莫里斯最初提出这一区分之后，他在 1946 年的专著《符号、语言和行为》（*Signs, Language, and Behavior*）以及后来的著述之中，重新提出有关术语变体区分这一问题。然而，他在 1938 年描述的立场仍然是最有说服力的（参见 Petrilli, 1999, 2001; Petrilli and Ponzio, 1998, 2005: 80 - 136, 167 - 201）[84]。

正如莫里斯在《符号理论基础》一文中所说："举凡所指称的事物，在现实中作为指称对象而存在，就是构成一个*符号能指项*（*denotatum*）。"[Morris, 1971 (1938): 20][85]譬如，如果符号"独角兽"指称的是被视为在神话世界中存在的对象，那么，这枚符号就有其能指项，因为这一能指项存在于神话世界之中。相反，如果符号"独角兽"指的是被视为动物学的世界中存在的指称对象的话，那么，这一符号就不具有能指项，因为这一能指项不存在于动物学的世界之中。在这种情况下，符号有其*所指项*（*designatum*）或*意指项*（*significatum*），正如莫里斯《符号、语言和行为》（*Signs, Language, and Behavior*, 1946）所称（亦见 Morris, 1964）[86]，但这一符号不具有能指项。"因此，显而易见的是，虽然每一枚符号都有一个所指项，但并非每一枚符号都有一个能指项。"[Morris, 1971 (1938): 20]

事实上，基于莫里斯区分的能指项与所指项之间的区分[87]，有关指称项的误解是可以避免的。在奥格顿与瑞恰慈《意义的意义》（1923）提出的符号三角模型中，指称项通常是可以预见的，且形成了符号三角三大顶点之一。相反，在其他符义学理论（参见 Ullman, 1962; Eco, 1975, 1984）[88]中，基于符号的所指项并不总是如符号所指的那般存在这一事实，指称项是完全可以被消除的。然而，这意味着没有将所指项考虑在内。反之，符号总是有其指称项，或用莫里斯的术语说，符号总是有其所指项，且如果这一指称项之存在恰如符号之所指，这枚符号也有其能指项：刘易斯·卡罗尔（Lewis Carroll, 1832 - 1898）[89]著《爱丽丝仙境奇遇记》中"柴郡猫"（Cheshire cat）[90]的指称项既是一个所指项，又是一个能指项；对信徒来说，"上帝"既作为所指项，又作为能指项的指称项，但在"上帝不存在"这一命题中，"上帝"仅存在所指项形式的指称项（否则这一命题就没有意义了），但不存在能指项（参见 Petrilli, 1999; Ponzio, 1990: 33 - 37）[91]。

正如所预见的，在莫里斯著《符号、语言与行为》（1946）引入术语变化——以术语"*意指项*"（*significatum*）取代术语"*所指项*"（*designatum*）之时，这一区分仍保持不变。用莫里斯的话说："任何可以满足这些条件成为一个*能指项*（*denotatum*）的条件，就被称作这一符号的*意指项*（*significatum*）"［Morris，1971（1946）：94］[92]。如莫里斯所言，符号或符号载体（sign-vehicle）可以说是意指一枚意指项（*significatum*）。意指、生成意指过程与生成意指项可以被视为同义词。在对允许某事物充当一枚符号的条件的描述中，莫里斯指出，意指项类似于与其融合的所指项，但不同于能指项。所有符号均有一枚意指项，因此能够意指，但并非所有符号都具有能指项。意指项表达的是一枚符号可以具有能指项且因而能够指称事物的条件。因此，如果一枚符号能够指称事物这一条件得到满足的话，这枚符号就被同时赋予了意指项和能指项。引起巴甫洛夫实验中的犬（阐释者）注意的蜂鸣声（符号）所具有的意指项就是可以获得吃食；该犬所发现的吃食能够让它以某一方式（解释项）做出蜂鸣声这一符号所触发的回应，而吃食就是能指项。然而，令此犬大为失望的是，吃食实际上可能并不存在。

在《符号理论基础》（1938）一文第2节，莫里斯使用了术语"所指项"而不是术语"意指项"。每一枚符号只要是一枚符号就有其所指项，但并非每一枚符号都有其能指项，因为并非每一枚符号都指称现实中存在的某事物，即举凡所指称的事物（能指项或后来提出的意指项），在现实中作为指称对象而存在，这一指称对象就是一个*能指项*（*denotatum*）。换言之，所指项或意指项就是符号或符号载体所指称的事物，即阐释者所做出回应的一种或一类对象或事件构成的一组品性，根据符号赋予的存在价值——能指项存在的可能性条件，完全不依赖于所指称之事物在现实中存在（能指项）这一事实。在《意指过程与意指义》（1964）中，莫里斯以术语"意指（过程）"（signification）替换了术语"意指项"（significatum），同时一并抛却了术语"能指项"（denotatum）。

关于20世纪60年代在"指称符义学"与"非指称符义学"之间引发的论争问题，艾柯在支持符号学的"反指称"（anti-referential）研究路径之后，继续从"非指称"符号学向"非直接指称符号学"推进（Eco，1968，1976，1984）[93]，最终走向全面地恢复"指称符号学"的路向。然后，艾柯也以区分"指称项"（能指项）与"延迟"（rinviato，即所指项）告终，他又将所指项与意义加以区别。在专著《作为一枚符号的人类——语言哲学论集》（*Man as a Sign: Essays on the Philosophy of Language*）中，庞其奥对所有这些问题做了批判性解读（Ponzio，1990：33 – 36；Ponzio，1993：27 – 33）[94]。

7. 符号拜物论之批评

莫里斯对皮尔斯思想最感兴趣的就是皮尔斯强调行为对意义的重要性。皮尔斯认为，要确定一枚符号的意义，我们就必须确定符号所产生的行为习惯，而这又恰恰是莫里斯在他自己的符号理论中所发展的层面。在莫里斯看来，皮尔斯符号学的优点在于驳斥了传统上笛卡尔的唯心论，正如皮尔斯谈及他自己研究中有关的唯心论一样，最终却被行为习惯这一概念取代。在莫里斯看来，行为习惯将符号学研究引向一个更充分的符号过程阐述。

莫里斯发展了一种意义的实效论概念，这使他不仅关注符号，也关注价值观。他先后出版了专著《生命之路》（*Paths of Life*，1942）和《开放的自我》（*The Open Self*，1948）。[95]这两部著作侧重的是人类的偏好行为，描述了不同文化中存在的"基本选择模式"。他于1956年出版的专著《人类价值的多样性》（*Varieties of Human Value*）[96]收录了莫里斯关于价值观的实验研究成果。他于1964年出版的专著《意指过程与意指义——一项符号与价值观的关系研究》（*Signification and Significance: A Study of the Relations of Signs and Values*），继续研究与符号研究相关的价值观，巩固了符号学与价值论之间的联系。英语术语"meaning"（意义）具有双重含义，不仅指符号的符义维度（意指过程），也指符号的价值维度（意指义），即"某事物意指的事物与所指事物的价值或意指义"（Morris，1964：vii）[97]。此外，该书将莫里斯的符号学研究路径认定为一种"跨学科研究"（Morris，1964：1），侧重于关系到人类与非人类动物的各种形式和具现的符号——正态与病理符号、语言与非语言符号、个人与社会符号。

在《符号理论基础》（1938）一文中，莫里斯将符号学分为符构学（syntactics）、符义学（semantics）和符效学（pragmatics）[98]三大分支学科，分别对应于符指过程的符构、符义和符效三大维度。从根本上说，这一三分法是两方面主要影响产生的结果，一方面为逻辑经验实证论与行为主义学说，而另一方面为米德和皮尔斯的实效哲学思想（参见 Morris，1970）[99]。

这就解释了莫里斯为何早在1938年就已经意识到不宜将实效论与符号学分离的重要意义，因此也不宜将符指过程的实效维度与符构和符义维度分离的重要意义。有关这三大层面的内容，参见 Petrilli（1988，1999，2000，2004）[100]；亦见佩特丽莉为 Morris（1938，1948，1988，2000）意大利语译本写作的导言。

符号学三大分支学科之间的这一区分是莫里斯符号理论最卓越的思想。然而，尽管他的理论描述在其他符号学框架中得以成功地应用，莫里斯有关这方面的研究却普遍被误读。其中，主要的误读体现在如下这一事实之中，即意义通常只与符指过程的符义维度相关联，而恰恰相反的是：意义呈现于符指过程的所有三大维度之中。在莫里斯宣称符构学探究的是符号之间的关系时，他的观点并不排除符构维度涉及意义这一点，这也是符号之间关系的构成部分。同样，符效学侧重的是符号与阐释者之间的关系，正如莫里斯所言，符效维度侧重于符号，因而也侧重于意义。对证实符指过程所有三大维度中的意义痕迹，并因此强调意义问题与符号学所有三大分支学科相关性做出重大贡献的一位学者，就是意大利语言哲学家、符号学家罗西-兰迪（参见罗西-兰迪有关莫里斯的专著，如 Rossi-Landi, 1953, 1975; 亦见 Rossi-Landi, 1961, 1972, 1975, 1992）[101]。

在《语义学导论》（1960）中，波兰哲学家沙夫肯定了奥格顿与瑞恰慈及其"意义三角"在批评"符号拜物论"（sign fetishism）方面所具有的价值，以及最终将指称引入外部现实作为符号情境或符指过程实现的一大必然条件方面做出的贡献。然而，在唯物主义、历史辩证法的框架下，沙夫进一步关注人在意指过程中的作用，驳斥了有关奥格顿与瑞恰慈在涉及人"与他人交流之时保持沉默"（Schaff, 1960; 1962: 222）[102]这一言论。

沙夫批评了符号拜物论、意义的迁移（relocation）和实体化（hypostatization）。他批评了那些将注意力局限于从符号关系角度简化分析符号情境的语言阐释行为，其中的符号关系，一方面是符号与对象（指称项）之间的关系，另一方面是符号与解释项（思想、指称）之间的关系，而忽略了此类关系背后的人类元素。他强调了现场交际（live communication）具有的主体间性社会本质，以及对某人来说，唯有被赋予意义的符号才能如此存在的这一事实，即人类的表达和交际过程只有在人与人之间的主体间性关系中才能形成：

"意义"是一个被用作缩略语的典型术语，不仅指任何被称作意义的实体（不论是物质的还是思想的），而且指彼此之间相互交际的人，通过使用某些对象或事件将他们对周遭世界的想法传递给他人（Schaff，1960，1962：217）。

而且，沙夫继续按照同样的思路，做出如下评述：

我经常重复这一论点：所有对符号与意义做出的有效分析都应该以交际的社会过程分析为切入点，或换言之，以符号情境的社会过程分析为切入点。（……）

举凡我们必须探究人类交际过程中的符号之处，就会出现意义问题。从这一意义上说，意义是相互交际的人之间的一种确定性关系。（Schaff，1960，1962：264-265）

在《语言生产与社会意识形态》（*Produzione linguistica e ideologia sociale*，1973）[103]中，庞其奥认为，对符号拜物论的充分批评必须涉及社会语言生产的问题，即促使语言的生产和流通成为可能的社会结构。庞其奥声称，仅仅说意义是一种社会过程或意义是由一个给定的社会关系系统来确定，这是不充分的。沙夫将关注力局限于交际交换层面，即交际行为层面。符号拜物论被描述为符号情境作为一种符号关系的分析，而不是将符号情境分析视为使用符号交际以及为了交际目的而生产符号的人际关系分析。但是，正如庞其奥所言，停滞在这一层面，就意味着将问题关注点从*语言*（*langue*）转向*言语*（*parole*）层面，而不是继续推进到社会语言生产层面。相反，对符号拜物论做出激进式的批评，就要求我们解决交际赖以发生的社会系统问题，关注符号产生和使用的语言生产系统，而不是仅仅从整体性角度关注意指过程一个层面的交际交换问题。对此，庞其奥做出如下推论：

为何在某一特定言语行为中会产生和使用特定意义？在生成信息的过程中说话者采用什么模式？在语言学层面，他为谁而工作？他所说的话、他说话的方式、他所谈论的主题、他说话的原因以及他为何转向他所谈论的人等属于哪一种语言生产模式？自问这些问题则完全是另一码事。从这一角度看,意义是一个社会过程——一个社会关系系统的表述,而这一表述反映的是一个精确的语言生产系统。(Ponzio, 1973: 191, 1992: 215)[104]

朝着这一方向发展就意味着沿着罗西-兰迪 1968 年出版的专著《作为工作和贸易的语言》(*Linguaggio come lavoro e come mercato*)[105]所开启的路线前进。正如该书题名所示,一般来说,人类做如此认定的两大条件——**劳动人**(*homo faber*)与**语言人**(*homo loquens*)最终得以合二为一,目的就是从生产的社会关系,以及与世界的转换和动态互动的潜力角度探究语言问题。这就意味着要解决语言问题,以便语言能够摆脱所有形式拜物论和虚假意识的束缚,能够允许说话者所用词汇的意义内涵。

罗西-兰迪引入了"语言异化"(linguistic alienation)的概念,用以描述一种探究致使说话人处于被动状态的方法,即如同屈服于"语言暴虐"(tyranny of language)一般的状态(参见罗西-兰迪于 1970 写作的论文《语言异化》,亦见 Petrilli, 1992;Rossi-Landi, 1992)[106],这是在罗西-兰迪之前近一个世纪的维尔比夫人所强烈谴责的现象。

8. 物质与语言产生之间的同调关系

罗西-兰迪批评了诸科学之间的分离与障碍现象,确定了能够克服这一现象的符号学理论视角,即符号的一般科学。在这一框架之下,罗西-兰迪具体阐述了言语生产与交换之间的关系,以及物质生产与交换之间的关系:

> 我试图将语言生产与物质生产这两大整体融合为一个更大的整体,以便解释这一更大整体的结构。(Rossi-Landi, 1972: 288)[107]

这一方向定位涵盖了罗西-兰迪的整个研究生涯,自 1968 年出版第一部专著《语言作为工作与贸易》(*Language as Work and Trade*)到 1975 年出版专著《语言学与经济学》(*Linguistics and Economics*)[108],再到 1985 年去世前几个月出版专著《哲学方法论与符号科学》(*Metodica filosofica e scienza dei segni*)[109],以及遗著《介于符号与非符号之间》(*Between Signs and Non-signs*, 1992)[110]。

第五章　实效-伦理维度下新的语言研究路径

　　罗西-兰迪发展了马克思关于商品的研究路径，阐明了"商品"作为一种交际事实，而非作为实物关系表述这一概念。他将政治经济学视为符号学的一部分，根据将亚当·斯密（Adam Smith, 1723 - 1790）[111]、大卫·李嘉图（David Ricardo, 1772 - 1823）[112]和马克思相结合的经济学传统，通过经济科学的范畴来研究语言现象。与边际经济学及其拜物论价值观有所不同，罗西-兰迪选择的政治经济学研究方法，为他提供了研究工具，自认为这一工具足以取代那些仅停留在语言交换（语言市场）层面的理论，以便可以关注产生层面，关注语言工作的社会关系层面。

　　在专著《语言作为工作与贸易》（*Linguaggio come lavoro e come mercato*, 1968）的1983年英译本"美国版前言"中，罗西-兰迪澄明，他的许多思想"即使只是一种雏形，也已经呈现于1961年专著《意义、交际与共同言语》（*Significato, comunicazione e parlare commune*）[113]之中"。该书对独立于后期发展的语言哲学和符号学研究做出了重要贡献。在这部书中，罗西-兰迪将从皮尔斯到莫里斯的研究思路，结合牛津分析哲学、维特根斯坦（Ludwig Wittgenstein, 1889 - 1951）[114]的语言哲学和丁格勒（Hugo Dingler, 1881—1954）[115]的操作论（operationism）[116]思想，嫁接到大陆非唯心史观（idealistic historicism）的主干之上。他引入了*共同言语*（*common speech*）的概念，后来又被他发展为*语言工作*（*linguistic work*）的概念（Rossi-Landi, 1968）[117]。此外，他还提出了*初始意义*（*initial meaning*）——显性意义（explicit meaning）与*附加意义*（*additional meaning*）——隐性意义（implicit meaning）之间的重要区分。

　　"初始意义"与"附加意义"之间的这一区分，是将一个一般概念的一部分即意义视为交际与阐释这一真实过程的不可分割的组成部分。这一区分不能归结为乔姆斯基有关"表层结构"和"深层结构"的区分（参见Ponzio, 1973）[118]。乔姆斯基将语言与交际功能，以及语言的社会、主体间性和对话维度分离开来。相反，罗西-兰迪提出的"初始意义"涉及经验、实践、价值、对给定环境的熟悉程度，以及从受限制的家庭成员到整个文化群体的扩展性语境，乃至以外的可能性说话者。罗西-兰迪提出的"附加意义"由意指实践的主体间性和对话特征决定，预设了知识，以及面向他者观点和面向文化生活各个方面的趋向。

初始意义与附加意义之间的这一区分，跨越了由使用确定的意义与依赖于语境的意义之间的区分。隐含意义、间接意义、潜在意义、隐藏意义、缺项意义（absent meaning）、幽远的意义、次要的意义、无意识的意义，不仅存在于依赖语境的意义之中，也存在于特定交际情境下自主的意义之中。隐含意义（implicit meaning）也存在于由传统固定的意义之中。不论如何，"初始意义"与"附加意义"都活跃于*语言与言语*之中，"意义"与"主题"（巴赫金-沃罗希诺夫语）之中，以及"直接解释项""动态解释项"和"终端解释项"（皮尔斯语）之中。

罗西-兰迪在第二阶段的著作中提出的观点是，共同言语可以从经济科学的范畴角度，以及符号生产的一般理论框架下加以阐释。

事实上，基于他将与物质生产相关的范畴应用于语言生成的同调方法，罗西-兰迪在1961年专著中所称的"共同言语"，在1958年的专著中演变成了"语言工作"这一概念。正如罗西-兰迪于1965年3月20日写给莫里斯的书信所言：

> 我正在研究语言，这是一个改变——此次我尝试认真思考语言学家和经济学家对待语言的看法。就语言学而言，出于显见的原因，大多数"语言哲学家"极少考虑真正的语言学；就经济学而言，出于非显见的原因，我发现这两个领域（经济学与语言学）的某些分析之间存在一种有趣的对应关系。（参见 Petrilli, 1992: 99-100）[119]

在诸如《符号学与意识形态》（*Semiotica e ideologia*，1972）、《语言相对论的意识形态问题》（*Ideologies of Linguistic Relativity*，1973）、《语言学与经济学》（*Linguistics and Economics*，1975）、《马克思主义与意识形态》（*Ideologia*，1978，或 *Marxism and Ideology*，1982）等[120]著作中，罗西-兰迪一直在推进他的研究，将共同言语假说发展为一套共同符指过程（common semiosis）理论。

罗西-兰迪的同调法在于识别通常并无关联的不同知识域和专业领域对象之间存在的结构和基因秩序相似关系，实际上这些对象被认为是分离的，就如同他在人类符指过程域中物质工艺品与语言工艺品之间所确立的关系一般。同调法所探寻的是同调同系关系，而非简单的类比关系。与识别深层次相似性，即基因结构层面存在的相似性的同调相比，类别指的是直接和表层序列的相似性关系。虽然似乎存在不可调和性的差异，但物质和语言工艺品可以被认为属于同一整体序列，因为二者均是人类工作的产物。在这一层面来说，二者具有相似性。

在同调法的影响下，罗西-兰迪推动了对实体化的批评，即将构成整体性——属于整体性的部分加以具体化的倾向，但部分反而要与整体分开来考虑。在这一方向上，罗西-兰迪也反对诸科学中存在的分离主义倾向，他也为克制这一倾向做出了贡献：

> 同调法打破了专业化趋向，即同调法要求一个人同时考虑不同的事物，破坏了分离次整体（sub-totalities）独立性的作用，要求确立一个更为广阔的整体，而整体的运行法则并非其组成部分之运行法则。换言之，同调法是一套反对分离和重构的方法，因此不受专科人士的待见（Rossi-Landi，1967-1972：16-17；Rossi-Landi，1985：53）[121]。

物质生产与语言生产之间确立的同调关系，通过今日的全球化交际以及不可分割、相互关联的世界经济体系得到肯定和强化。交际并非局限于交换阶段，反倒也推动了产生和消费阶段。（从这一意义上讲）我们在生产和消费交际，不仅是产生和交际商品信息，且这些信息也是商品。

在1985年罗西-兰迪去世前一个月于意大利巴里大学召开的讨论会上，他解释了在事物的同调框架下，语言生产工作和物质生产工作在过去十年中最终是如何结合并融为一体的。计算机硬件——物质实体与软件组合，其中的软件程序就是生成一套逻辑表达的语言关系系统："处于高级阐述阶段的非语言、客体和语言符号，几乎就在我们眼前彼此融合"（Rossi-Landi，1985：171），罗西-兰迪所称的"语言工作"，在当前时代，被视为一种"非物质资源""非物质资本""非物质投入"，构成了当今知识社会中发展、竞争和就业的一大关键因素。一方面，工作与物质工艺品相结合；另一方面，工作与语言艺术品相结合，就在我们眼前具体化了，亦如罗西-兰迪所描述的计算机硬件与软件之融合一般，这就不得不有限考虑"语言工作"了。

正如罗西-兰迪在其著述（参见他为意大利语 2016 年版《语言学与经济学》写作的前言）中所清楚阐明的一般，尽管经济学与语言学似乎是两大独立的学科，但实际上二者之间的关系是复杂而微妙的，故需要对其加以充分的理解。

罗西-兰迪既未简单地承认经济学，也没有简单地承认语言学的地位，亦如他在专业文本中所示。相反，他的侧重点是这两大学科的研究对象，即人类语言作为语言科学的主要研究对象，经济交换作为经济科学的主要研究对象，故他所感兴趣的是探究在多大程度上这两个主要的研究对象可以在同一术语体系中加以分析。

罗西-兰迪从符号学的视角，考察了这两种社会过程。他从（以商品形式呈现的）货物生产和流通，以及（以言语信息形式呈现的）话语（utterances）生产和流通的角度，即从人类社会发展的两种基本的模态角度，暂时对这两种社会过程加以确定。尽管商品和话语通常是不同学科关注的对象，但罗西-兰迪提出了二者乃同一事物的这一假设，至少是在一棵树的两个树枝可以被视为"同一事物"的这一意义上是如此。换言之，罗西-兰迪提出了这一信念：货物若以商品形式流通就是信息，且话语若以言语信息形式流通就是商品。

罗西-兰迪将人类符指过程——社会历史符指过程中的"社会生产"描述为"万物之始"，即哲学思想缘起之门。"全球符号学"（参见 Sebeok, 2001）[122]的创始人西比奥克从"生物符指过程"角度描述"符指过程"，并宣称符指过程与生命重叠，因此，包括人类生命在内的生命就不可能退出身为我们生物域的巨大符号网络。同西比奥克一样，罗西-兰迪也参照"人类符指过程"，或更具体地说是人类社会符指过程，声称不可能退出社会再生产，也就是说不可能退出符指过程的社会历史维度。综合考虑了西比奥克和罗西-兰迪的观点后，我们现在知道人类符号域（anthroposemiosphere）属于更大的生物域，作为与整体相互关联和相互依存的一个部分（参见 Petrilli and Ponzio, 2001, 2002, 2017; Petrilli, 2014: 297-299, 2018)[123]。

9. 对阐释概念的贡献

维尔比夫人在符指学中所采用的另一个关键术语为"阐释"。维尔比夫

第五章　实效-伦理维度下新的语言研究路径

人论文标题［即1896年发表的《含义、意义与阐释》("Sense, Meaning and Interpretation")——译者注］中所列的这一术语是她提出意义三元项中的第三个层次。然而，没多久，她就用术语"意指（意义）"代替了"阐释"这一术语，因为"阐释"指称的是涉及意指过程所有层次和所有维度的一个活动，而不仅仅是意义三元项中的第三项，且人们确实也不免这样认为。

　　关于意义与符指过程——意义与符号过程之间关系的问题，用我们的术语来说，构成一枚符号的基本术语包括处于对象一侧的*所释符*（*interpreted signs*）与*能释符*（*interpretant signs*），二者的关系为能释符使所释符成为符指过程中的一个组成要素。诸如著作《人类作为一枚符号——语言哲学论集》（*Man as a Sign: Essays on the Philosophy of Language*, Ponzio, 1990: 15 - 60）[124]和《无边界符号学——超越符号开放网络的阐释路径》（*Semiotics Unbounded: Interpretive Routes through the Open Network of Signs*, Petrilli and Ponzio, 2005: 3 - 10）[125]所示，一枚符号要存在的话，就必须存在一枚所释符和一枚能释符。换言之，就必须存在能为一枚能释符充当所释符的一个对象。

　　我们知道，根据皮尔斯的描述，允许某事物充当一枚符号的最基本关系是三元的，涉及（1）*某一客观事物*（未必是物质对象），预先存在，且具有自主性，从这一意义上说是阐释的"物质"（即皮尔斯术语中的对象）；（2）*所释符*，即具有"意义"的同一对象（即皮尔斯术语中的符号）；（3）对象得以获得一个给定意义的*能释符*。简化为最基本的术语来说，符号呈现的是这三种层面。因此，我们所提议的"所释—能释"这一表述指的是一个（最基本且抽象的）三元关系，因为所释符蕴含的是阐释的对象，所以在现实之中，这一三元关系应该被理解为"对象-所释符-能释符"（object-interpreted-interpretant）。

　　所释符之所以成为一个*符号成分*（*sign component*），是因为它接受了一次阐释，但反过来能释符也是一个具有生成一枚新符号潜势的符号成分：因此，举凡存在符号之处，就必然存在两枚符号，可如果能释符能够生成一枚新符号的话，就必然存在三枚符号，依此类推，亦如皮尔斯提出的无限符指过程，或从一枚解释项到另一枚解释项无休止延异链（chain of deferral）这一概念所描述的一般[126]。

要以阐释对象为切入点分析符号,即分析所释符,就意味着以第二层级为切入点。换言之,以对象-所释符为分析切入点,就意味着以延异链或符指过程链的一点为切入点,但这不能被视为符指过程的始发点。要解释符号过程的运作机制,也不能在理论层面通过抽象的方式将所释符加以优先对待。譬如,皮肤上的斑点之所以是一枚符号,是因为这一斑点可以被阐释为肝脏疾病的一种病症;这已是阐释过程中的第二层级了。在第一层级,皮肤病是由有机体对干扰自身以及对干扰做出回应的一种异常现象所做出的一种阐释。因而,皮肤病本身就是一种能释符性质的回应(参见 Petrilli,2014:13-24)[127]。

说符号首先是一枚能释符/解释项,就意味着符号首先是一种回应(response)。我们也可以说符号是一种反应行为(reaction),但仅存在于将"反应行为"理解为"阐释"这一条件之下,即莫里斯提出的与机械研究方法对立的行为主义所确立的"反应行为式"阐释。为了避免与这两个方法分别产生的表层联系,我们倾向于采用"诉求-回应"(solicitation-response)这一表述,而不是"刺激-反应"(stimulus-reaction)这一表述。即便是对刺激产生的"直接"反应,或者更确切地说是对诉求产生的"直接"回应,也绝非直接的,因为这一回应受阐释所"调介"(mediated):除非我们探究的是"条件反射行为"(reflex actions),否则回应的表述就意味着辨识诉求,将诉求置于一种语境之中,并将诉求与特定的行为参数加以联系。因此,首先,符号是一枚能释符/解释项,即某事物赖以被视为一枚符号,变成这一事物的所释符,进而能够生成由其他符号构成一种开放链的回应。

解释项是皮尔斯符号学框架中引入的一个概念。如前所述,据皮尔斯所言,符指过程是一个三元符号过程,所涉成分包括符号(或符号代表项[128])、对象和解释项。"*符号或代表项属一级符号范畴*(First),与称作符号所指对象的二级符号范畴(Second),又与二级符号范畴能够确定被称作符号解释项的三级符号范畴(Third),处于一种真正的三元关系之中,而解释项又与符号将自身呈现为同一对象的符号所指对象保持相同的三元关系"(*CP* 2.274)[129]。因此,符号代表某一事物——符号所指对象,通过对象符号才能被"间接确定"(mediately determined,*CP* 8.343),但"并非在所有

第五章　实效-伦理维度下新的语言研究路径

层面，而仅是指称一种概念"（*CP* 2.228）。然而，一枚符号唯有在确定了由"这一对象间接确定的"（*CP* 8.343）解释项之时才能代表某一事物。"一枚符号在*解释项符号和所指对象之间起调介作用*"，因为符号由所指对象在某一层面、概念或基底（ground）[130]上来确定，同时"以将解释项带入对象的关系之中，与符号自身与对象的关系相对应的这一方式"（*CP* 8.332）[131]来确定解释项。

　　一枚符号的解释项为前一枚符号在阐释者层面创造的另一枚符号。这是"一枚等价符号，或者可能是一枚更发达的符号"（*CP* 2.228）。因此，解释项符号不能等同于所释符号，解释项符号之所以不能是一种重复符号，恰恰是因为解释项符号受到*调介、阐释*，因此总是新的符号。就前一枚符号而言，解释项是一种回应，因此触发了一个新的符号过程，开启了一个新的符指过程。从这一意义上说，解释项是一枚更发达的符号。作为一枚符号，解释项决定着反过来充当一枚解释项的另一枚符号；因此，解释项是面向新符指过程开放的，解释项发展了符号过程，解释项是一个新的符号事件（sign occurrence）。实际上，每次出现一个符号事件，包括"一级范畴符号"（First Sign），就会出现一枚"三级范畴符号"，即被调介的某事物、一个回应、一个阐释的新事物、一枚解释项。因此，在构成上来说，一枚符号就是一枚解释项。解释项（三级范畴符号）反过来是一枚符号（一级范畴符号），而这枚符号（一级范畴符号）反过来又是一枚解释项（已经成为一枚三级范畴符号），这一事实将符号置于一个开放的解释项网络之中：这就是皮尔斯的无限性、无休止符指过程——无止境序列的解释项的原则所在（参见 *CP* 1.339）。

　　因此，一枚符号的意义就是一个回应，即需要另一个回应、另一个解释项的一枚解释项。这蕴含了符号和符指过程的对话本质。一枚符号的意义存在于对其做出回应的另一枚符号之中，如果存在另一枚回应和对其加以阐释的符号，依此类推，*循环往复*，那么，这枚符号也反过成为一枚符号。正如皮尔斯所说，"我们自己的思想是作为一场对话在进行着"（*CP* 5.507）。

　　在我们的术语中，符指过程三元关系中的"一级范畴符号"——接受意义的符号对象，是一枚所释符号，且赋予意义的符号为能释符号。这可能存在两种主要的类型：允许识别符号的能释符是一种识别能释符（*interpretant*

137

of identification），或称作一枚识别型能释符（*identifying interpretant*），与信号、符码和符号系统相关联；反之，一枚符号的具体解释项，即阐释符号含义或实际意义的解释项，就是我们可以称之*回应性理解的能释符*。第二种能释符并不仅仅局限于识别所释符，还能表示能释符具有的适切性实效意义；一旦为能释符赋予一种融入和参与关系，就能够对所释符做出回应，同时对所释符采取一种立场（Petrilli and Ponzio，2005：9-10）[132]。

这一能释符概念与皮尔斯符号学的主旨是一致的，这一概念与皮尔斯的实效论具有不可分割的关系（Petriili，2004）[133]。在1904年写给维尔比夫人的信（有关皮尔斯与维尔比夫人的通信内容，参见Hardwick，1977）[134]中，皮尔斯写道，如果我们采取广义上的一枚符号，这枚符号的解释项就未必是一枚符号，因为这枚符号可以是一个行为或经验，乃至仅仅是一种感觉（参见 *CP* 8.332）[135]。在这一特殊的语境下，这枚符号是从严格意义上来理解的。事实上，作为一种能够意指的回应，作为一种赋予某事物意义的回应，因此也反过来成为一枚符号，解释项就必然是一个符号事件——一种符指过程意义上的行为，即便是在一种行为、经验或感觉的意义上。事实上，我们此处阐述的是*回应性理解的一枚解释项*，因此也阐释的是一枚符号。

就皮尔斯与维尔比夫人著作之间的联系而言，皮尔斯将符指学视为（皮尔斯所称）"符号学"侧重于符号与解释项之间关系的那一部分，因此，作为一种意义理论，符指学就是逻辑学的一部分。在1867年的论文《范畴新论》（"On a New List of Categories"）[136]中，皮尔斯将逻辑学界定为象征符（*作为符号*）指称对象的一般科学（*CP* 1.545-1.559）。然而，后来皮尔斯认识到科学是一项正在进行的研究，而非一套固定的学说，以及如果科学具有局限性的话，这些局限性则并非为科学所固有，而仅是科学家滋生出的效应，因而皮尔斯得出结论说，停滞在符号（象征符）与对象之间的关系这一层面就太过于狭隘了。皮尔斯拓展了这一研究路径，将符号（象征符、指示符和像似符）与解释项之间的关系纳入其中。这就涉及将象征符与对象之间的关系分析，置于符号的一般理论这一更为广泛的语境之下。

在1909年3月14日写给维尔比夫人的信中（与奥格顿与瑞恰慈在1923年出版的专著《意义的意义》中收录的是同一封），亦如所料，皮尔斯在自己提出的符号三元关系与维尔比夫人提出的意义三大层次之间确立了对应关系,即维尔比夫人的"含义""意义"和"意指义"与"直接解释项""动态解释项"和"终端解释项"[137]分别对应。皮尔斯的直接解释项关注的是阐释者日常习惯上使用的意义,因此,正如维尔比夫人关于含义所述,含义关注的是阐释者对符号做出的直接回应。动态解释项关注的是一个具体语境中符号的意指过程,因此,正如维尔比夫人的解释所言,意义是根据一个具体的意图来使用的。皮尔斯本应该将终端解释项与维尔比夫人的意指义相匹配,这才是我们目前讨论的这一语境中最感兴趣的。事实上,皮尔斯的终端解释项关注的是出现在阐释可能性两个极限的符号,即终端解释项关注的是符号在无限的解释项链中可能引发的所有可能性回应。换言之,与维尔比夫人的意指义类似,皮尔斯的动态解释项指称的是符号的创造性潜势:

> 我现在发现,我的分类几乎与你的分类重合了,原因在于:如果两种分类都正确的话,我的分类就完全应该如此。(……) 其中,最大的分歧似乎在于我的动态解释项(Dynamical Interpretant)与你的"意义"对立。如果我理解后者(即意义——译者注)的话,意义取决于(不论是口头符号还是文字符号)符号发出者意在对阐释者大脑产生的效应。我的动态解释项取决于一枚符号对其阐释者在现实中产生的直接效应。我以为,符号对一个个体的大脑产生的效应,或者说符号对许多现实个体的大脑通过独立作用于彼此的行为而产生的效应,在这个层面上,二者是一致的。我坚信,我的终端解释项与你的意指义是完全相同的;也就是说,符号对任何思维体产生的效应,即环境允许符号对任何思维体产生最大的效应。我以为,我的直接解释项,如果与你的"含义"并非完全相同的话,也是极为接近的,因为我理解的直接解释项是符号旨在产生,或在自然的情景中可能被期望产生的可分析性的总体效应;故而,我一直习惯将这一效应等同于符号最初对一个思维体产生或可能产生的效应,而没有对这一效应做过任何反思。我没有意识到你是否曾尝试对你的术语"含义"加以界定,但我从阅读你的言论得知:你的"含义"为一枚符号本可能对一个可以充分理解这一符号的思维体产生的第一回应。因为你说含义是感官性的,并不具有任何意愿的成分掺杂其中,我就假定含义具有一种"印象"的本质。因此,就我所见而言,含义完全就是我提出的直接解释项。(Hardwick, 1977:

109-110)[138]

显然,维尔比夫人的研究路径,与符号学中那些克服能指与所指二元对应的趋势,以及能够更好地阐述符号对话本质——符号的他者性使命的符号学趋向相关联。所谓的"符码符号学"或"等价交换符号学",根据预先确立的符码规则,确立符号两个面向之间完全对应的关系,从而将意义描述为符号系统内部固定、预先确定和固定的事物。实际上,维尔比夫人的观点,与今日的"阐释符号学"和专门侧重于言语层面的语言的路向是一致的,强调的是诸如符义灵活性、多元性和对话性能力的品性。事实上,对维尔比夫人来说,也是如此,即在自一枚符号到另一枚符号的转换(即广义上的翻译——译者注)-阐释过程中,意义得以发展,永远在对话者之间的意指关系中得以形成。一枚符号的最大表述价值取决于通过跨越符号网络的转换过程得以不断增强的"意指义"。

一枚符号的阐释不能局限于识别这一层面。阐释需要"积极理解"(active comprehension),即"回应性的理解"(responsive understanding)。一枚符号的含义,可理解为意指价值——意指义,取决于更多的要素,即过度地追求相对于允许符号识别的要素:含义是由那些符义层面的意识形态层面构成的,这些层面与符指过程的情境语境具有不可分割性的关联,且在某些方面又具有独特性。理解符号是"主动型的理解",因为理解符号需要做出一种回应,需要选择一种立场。对符号的理解生发于一种对话关系,反过来又生成一种对话关系:符号因作为对话中的回应而得以蓬勃发展(参见 Bakhtin, 1970-1971; Ponzio, 2004, 2006)[139]。

就言语符号的层面而言,如此描述的符号就是一个完整的话语,并不孤立于这一话语事实上所述的社会语境、意识形态或语篇体裁域而存在,正如巴赫金在遗著《言语体裁的问题》(*The Problem of Speech Genres*, 1986)中收录的未完稿论文《1970—1971年散记》("From Notes Made in 1970-71")所言:"话语体裁处于无休止的变化之中。"话语可理解为一个具体的社会历史关系中的一个组成部分,即可理解为一个活性文本,而非一个无生命的东西,也并非在语言单位与抽象语言之间关系的基础上,理解为一套有待阐释的孤立型、独白式表述。

第五章 实效-伦理维度下新的语言研究路径

正如庞其奥所言（参见《皮尔斯与巴赫金的符号学思想》，Ponzio, 1990：251-273）[140]，以巴赫金所持与皮尔斯符号概念相关联的符号概念为基础，有可能构建一套威力强大的符号学模式，比任何其他倾向于将符号归结为两个完全相关部分即*能指*与*所指*的模式，都更能有效地解释符号或符指过程的复杂性。此处所指的是索绪尔提出的结构符号学（即写作《普通语言学教程》的索绪尔，而非同形词所指的其他人）。后者（即索绪尔——译者注）不仅从*能指*与*所指*等价交换的角度构想符号，而且亦如巴赫金所言，也将语言生活中所有语言（将语言学视为模式）和所有结构符号学现象发生的两极加以理论化：这两极就是统一的系统（*语言*）和单独说话者对这一系统的个体使用（*言语*）。

正如皮尔斯所示，一枚符号或代表项为某人指称某事物，即某种意义上的符号所指对象，因为这枚符号在那个人的大脑中生成了"一枚等价符号，或许是一枚更为发达的符号"，即一枚解释项（*CP* 2.228）[141]。因此，我们再补充一点：一枚符号的意义就是一个包括这枚符号及其所有可能解释项的（开放型）集合。一枚符号的意义与对象之间的调介功能，反过来也是通过其他符号的调介来实现。皮尔斯认为，一枚符号之所以存在，是根据"三级符号范畴"做出的推断。换言之，一枚符号预设的是符号本身、符号所指对象和阐释思想——也是一枚符号这三者之间的三元关系。因一枚符号在解释项符号与符号对象之间起着调介作用，一枚符号就总是扮演着第三方的角色。

由于一枚符号的延异超出了相对于自身的边界，以及与其他符号存在的关系，因此这枚符号才得以成长。从这一意义上说，一枚符号就处于转换之中（或说翻译之中——译者注）。我们所指的符号关系也并非等价交换关系。相反，等价交换乃信号所具有的特征。与符号相比，信号的等价交换关系就是在*能指*与*所指*之间确立一一对应的关系。有关这方面的研究，最具有启发性的研究是巴赫金小组最杰出的一位成员沃罗希洛夫（参见 Bachtin e il suo circolo, 2014）[142]。更准确地说，一个信号的意义是包含那个信号及其解释项的集合，依据的是简单的替换关系（红色交通信号灯的意义是单一的，故仅是一个信号；换言之，红色交通信号灯的意义是替换颜色"红"的意义组成的集合：以图形或语音形式表示"停止"，警察张开双臂等）。

毫无疑问的是，符号也包含一个信号性因素及其相关项——自我同一性，但这并不能将其定性为一枚符号。一枚符号的理解并非仅仅是一个识别固定和可重复性要素的问题。人类符号的特点是符义和意识形态的灵活性，这使得人类符号可适应于任何新的不同意指语境。举凡存在符号之处，信号性和自我同一性因素就会被符号所专有的特征超越，即可变性、易变性和多声性：

> 在说话者的母语之中，即对于一个特定语言社群内一个成员的语言意识来说，信号识别肯定会以辨证性的方式消除掉。在掌握一门外语的过程中，信号性和识别仍然处于可察觉的状态，也就是说仍然处于有待超越的状态，故而这一语言还尚未完全成为语言。掌握一门语言的理想是通过纯粹的符号特性吸收信号特征，通过纯粹的理解掌握识别能力。(Voloshinov，1929，1973：69)[143]

这就是对所谓的符号是自我同一性与他者性对话统一体这一信条的理解。一枚符号的"实际含义"更多的是取决于允许对这枚符号加以识别或辨识的要素。实际含义是由某种意义上一枚符号特有——专属的符义—意识形态层面的那些要素构成。此外，一枚符号的含义与符指过程的情境语境具有不可分割的联系。

巴赫金与沃罗希洛夫坚持认为符号的这两个层面（即能指与所指——译者注）之间存在对话关系，将其视为"意义"（meaning）——符号中具有的重复性和稳定性且由识别过程确定的一切要素，以及"主题"（theme）——需要积极理解，做出回应，采取立场且与符指过程发生的具体情境密切相关的新的符号层面。巴赫金特别提到言语符号，同时考虑到"主题"与"意义"之间存在的对话关系，他讲道：

> 如果不将一个特定词语赋予一个主题要素，即如果不建构一个事例性的话语，甚至连传达这个词的意义都是不可能的（就教授另一个人一门外国语言的过程而言）。另一方面，一个主题必须建立在某种固定的意义之上；否则，这一主题就会与前后出现的意义失去关联，即这一主题一并失去了其意指义。(Voloshinov，1929，1973：100)

莫里斯区分了意指过程与意指义，在这一区分模式下又区别了两种不同的"意义"层面,即符义和价值论层面(参见 Morris,1964)[144]。同样,维尔比夫人也引入了术语"意指义",用以指称意义三元关系的第三个维度,其他的两大维度为"含义"和"意义"(参见 Welby,1893,1896)[145]。

下一章,我们将探讨人类社会符指过程中交际的本质特征、言语交际与非言语交际、交际的条件,即使交际成为可能的因素。对交际加以反思必然需要关注意义与理解的产生问题,必然需要关注阐释问题。如果交际的第一大使命就是面向他者,那么,交际首先就是从他者到他者的所有对话性倾听和回应,因而也就是对他者做出的所有对话性倾听和回应。这一交际就是超越"同一性者"之间交际的交际,超越同类与同类之间交际的交际,这就意味着超越交际常规和话语官方秩序的言说。

10. 维尔比夫人大事记

维尔比夫人属于英国贵族中最高层次的人士。她生于 1837 年 4 月 27 日,为家中三子女中的幼女,父亲查尔斯·詹姆斯·斯图尔特-沃特利(Charles James Stuart-Wortley,1802-1844)[146]阁下,为第一任沃恩克利夫勋爵(James Stuart-Wortley,Lord Wharncliffe,1776-1845)[147]所生三子中的次子。维尔比之母埃梅琳·斯图尔特-沃特利夫人(闺名为 Emmeline Charlotte Elizabeth,从夫名为 Emmeline Stuart-Wortley,1806-1855)[148],身为作家、诗人、旅行家,乃路特兰第五任公爵约翰·亨利·曼迪斯(John Henry Manners,1778-1857)与卡莱尔第五任伯爵弗雷德里克·霍华德(Frederick Howard,1748-1825)之女伊丽莎白·霍华德夫人(Lady Elizabeth Howard,1746-1813)所生次女。维尔比于 1837 年 6 月 17 日在圣詹姆斯教堂由索尔兹伯里主教(Bishop of Salisbury)受洗,教名为维多利亚·亚历山大·玛利亚·路易莎·斯图尔特-沃特利(Victoria Alexandrina Maria Louisa Stuart-Wortley)[149],由维多利亚公主殿下(Royal Highnesses Princess Alexandrina Victoria)和肯特公爵夫人(女王之母)共同担任教母,由约翰·欧文(John Irving,Esq.)担任教父。她的教名随第一教母名。这一事件甚至具有更大的意义,因为五天后,维多利亚公主殿下受封为第一任亚历山大·维多利亚女王，然后将签名改为维多利亚女王。

维多利亚·维尔比（即后来的维尔比夫人——译者注）于1861年被任命为维多利亚女王的女官，在宫廷里待了近两年（1861-1863），直到1863年7月4日在贝尔沃尔与威廉·厄尔·维尔比爵士（Sir William Earle Welby, 1829-1898）成婚。丈夫维尔比是一位军官、国会议员兼高级治安官，在父亲于1875年去世后，承袭了第四任男爵身份，改姓格里高利。因此，维多利亚·维尔比就随着丈夫改为维尔比·格里高利。

在19世纪80年代末以前，她以全名发表作品；自1890至1893年，她用维尔比夫人阁下（the Honourable Lady Welby）、1893年后用维多利亚·维尔比署名，虽然她继续用全名签署所有的官方和商业文件。1887年，任下议院议员兼战物部国务次长助理的儿子查尔斯·维尔比爵士（Sir Charles Glynne Earle Welby, 1865-1938）与玛利亚·路易莎·海伦娜·赫维（Maria Louisa Helena Hervey, ?-1920）成婚，她的正确名字为维多利亚·维尔比夫人，简称维尔比夫人，因为儿媳妇业已获得将"夫人"这一称号置于教名之前的权利。婚后，其子获得权位，移居丹顿庄园（Denton Manor），维尔比夫人搬去沙丘（Duneaves）居住。其余两名子女分别为维克多·阿尔伯特·威廉（Victor Albert William, 1864-1876）与小女儿艾米琳·玛丽·伊丽莎白（Emmeline Mary Elizabeth, 1867-1955）。小女儿小名尼娜（Nina），是一位画家、雕塑家和作家，想要编写母亲的传记，以及为母亲编辑两卷通信录。在成婚的最初几年，维多利亚·维尔比于1872年出资创建了皇家针线艺术学校。

维尔比夫人对宫廷生活完全不感兴趣，婚后便退居丹顿庄园。在丈夫的全力支持下，她开始做研究。1896年，她正式引入新词"符指学"，指称她对符号、含义（即所有的意指涵指）和价值观之间相互关系的专门研究路径，故而对符号、意义和阐释的现代理论做出重要贡献。她为报纸、杂志和科学期刊投了许多稿件，尤其是《旁观者周刊》（*The Spectator*）、《调解员》（*The Expositor*）、《双周评论》（*The Fortnightly Review*）、《开庭月刊》（*The Open Court*）、《自然》（*Nature*）、《心灵》（*Mind*）、《一元论者》（*The Monist*）、《希伯特杂志》（*The Hibbert Journal*）、《哲学研究》（*Journal of*

Philosophy)、《心理学与科学方法》(*Psychology and Scientific Methods*),还私自印刷一系列(除了语言与意义、科学、数学、人类学、哲学、心理学、教育学、社会问题等)各种主题的论文、寓言、格言和小册子。此外,她还出版了6部著作。除了她少年时期写作和出版的一部游记(1852)[150],一本书是对理论和宗教问题做出的批判性反思(1881)[151],其中包括她的通信摘录,另一本书是一部祈祷文(1892)[152]。另外,维尔比还出版了一部寓言、批判性反思和格言集(1897)[153]。

此后,她出版了两部专门关于符指学的专著,即《何谓意义?——意指义的发展研究》[*What is Meaning? Studies in the Development of Significance*, 1983 (1903)]和《符指学与语言——我们的表达与阐释资源的表述形式》[*Significs and Language: The Articulate form of Our Expressive and Interpretative Resources*, 1985 (1911)][154]。一部收录了维尔比夫人未刊以及自19世纪中期至20世纪初期部分已刊著述的文集——《意指与理解——维尔比夫人作品与符指学运动解读》(*Signifying and Understanding: Reading the Works of Victoria Welby and the Signific Movement*)[155]已于2009年出版。然而,维尔比夫人的大部分作品,或其余剩下的作品,仍然不为人所知,无人问津,白白地堆在加拿大多伦多约克大学图书馆维尔比夫人收藏馆的专区内,未予刊印。除此之外,维尔比夫人之居所——位于林肯郡格兰坦(Granthan Lincolnshire)的丹顿庄园连带她的作品曾两次遭遇火灾,一次为1906年,房屋当年即已修缮,另一次为1938—1939年,房屋得以第二次修缮。

有关维尔比夫人的其他宝贵信息资源包括她女儿写作的传记《漫游者——埃梅琳·斯图尔特·沃特利夫人及其女儿维多利亚游记》(*Wanderers: Episodes from the Travels of Lady Emmeline Stuart-Wortley and Her Daughter Victoria*, 1849-1955, Cust, 1928)[156],以及收录维尔比夫人在1879—1891年与1898—1911年分别与不同通信者的两卷本信笺合集,即《广域生命观的回响》(*Echoes of Larger Life*, 1929)[157]和《生命的其他维度》(*Other Dimensions*, 1931)[158]。维尔比夫人与皮尔斯的通信已于1977年出版——《符号学与符指学》(*Semiotic and Significs*)[159]。其他小型文集或是已经出版,或是可在欧洲各大学档案馆中获得。有关详细信息,参见沃尔特·施密兹(Walter Schmitz)为1985年版《符指学与语言》(*Significs and*

Language)[160]写作的信息量充分的导言,以及首次出版维尔比夫人与不同通信者往来书信的佩特丽莉 2009 年版《意指与理解》(*Signifying and Understanding*)[161]。此外,同她写作的其他作品一样(如计划出版的散文集和其他材料),维尔比夫人的大部分有关文化之外特定理论兴趣的信笺也未能出版。维尔比夫人将通信作为与他人就理论问题不断对话交流的一个场所。事实上,自 1863 年直至 1912 年去世,维尔比夫人一直是科学界(即人文科学、自然科学、硬科学[162])、哲学界和文学界主流学者之友与灵感源泉,并定期给英国、美国、法国、意大利、德国、荷兰各国 450 余位通信者写信,此可谓维尔比夫人在自己所在时代文化界影响力的一大见证。

最初,大约从 1870 年开始,维尔比夫人就开始给政治家、教会代表、贵族和知识分子写信,因此她很快开辟了一个书信网络,该网络于 1880 年后得以迅速拓展。维尔比夫人将这一书信网络视为她思想的反馈途径,以及传播思想的一种手段。通过她身为维多利亚女王宫廷一员这一颇具影响力的社会身份,维尔比夫人结交了政府官员和权贵之人。她对宗教和理论问题的兴趣,促使她与当时宗教界领袖通信,沟通思想。后来,她结交到杰出的科学家、哲学家和教育家,因而在其居所建立了一个定期会面、交流思想且颇具影响力的沙龙。维尔比夫人的作品所具有的重要性和原创性,在当时是众人皆知的,但并未获得公众应有的认同。为了避免因结交权贵所带来的阿谀奉承,维尔比夫人发表文章,经常以匿名形式;或用假名或名字的首字母缩写形式,抑或干脆用"维多利亚·维尔比"。维尔比夫人唯一珍视的荣誉就是"被劳动者当作一位严肃认真的劳动者这份荣誉"(Hardwick,1977:13)[163]。虽然她没有挂靠任何体制上的单位,但她是亚里士多德和人类学会的会员,也是社会学研究会(1903—1904)最初的发起者之一。

随着研究的不断推进,维尔比夫人也不断地推进符指学的研究,并将她对多种形式的研究旨趣融入符指学维度之中。1897 年,在她发表了两篇奠基性的论文《意义与隐喻》("Meaning and Metaphor",1893)[164]和《含义、意义与阐释》("Sense, Meaning and Interpretation",1896)[165]之后不久,《心灵》(*Mind*)期刊就设立了维尔比夫人最佳符指学论文奖。1898 年,因《哲学术语》("Philosophical Terminology",1899-1900)[166]一文,该奖颁给了德国社会学家费迪南德·特恩尼斯(Ferdinand Tönnies,1855-1936)[167]。

第五章 实效－伦理维度下新的语言研究路径

符指学获得正式认可的重要时刻为三卷本《哲学与心理学词典》(*Dictionary of Philosophy and Psychology*, Baldwin, 1901-1905)[168]中如下词条的面世："翻译"(Welby, 1902)[169]、"符指学"(Baldwin and Stout, 1902)、"感官意"(Stout, 1902)等。然而，维尔比夫人所期望的正式认可却迟至1911年才到来，那是在她于《大不列颠百科全书》发表词条"符指学"这一"艰苦劳作"30年之后了。

分为两个阶段（即1917—1926年和1937—1956年）发展的荷兰符指学运动，是通过荷兰精神病学家、诗人和社会改革家艾登（Frederik van Eeden, 1860-1932）的调介，基于维尔比夫人的符指学思想才得以发展起来的。

现在有两个档案馆收藏了维尔比夫人的科学著述，其一为加拿大多伦多约克大学档案馆维尔比夫人收藏馆，其二为伦敦大学图书馆的维尔比夫人分馆。后者（伦敦大学馆——译者注）收藏了她个人图书馆的大约1000部书，以及25箱不同作者写作的小册子、重印本与剪报、宗教册、布道文和发表的演讲稿。四个不带编号的箱子装的大多是维尔比夫人出版物的副本。维尔比夫人的大部分科学与文学作品均收藏在约克大学收藏馆，共42箱。编号1-21箱保存了维尔比夫人大部分未刊信笺，涵盖的时间范围为1861—1912年。编号22-42箱保存的是主题文件（题名均为维尔比夫人所定）。其中包括生物学、教育学、伦理学、优生学、意象、语言与意义、逻辑学与意义、物质与运动、数论、哲学与意义、符指学（9件）、时间论等不同主题的笔记、摘录、评论等；其他作者的演讲稿、课程讲稿、布道文；维尔比夫人自撰的许多未刊论文和诗集；以及图表与照片、译本、校样、出版物副本、剪报等。同样，从这些材料中挑选的一部分文稿，收录于笔者于2009年出版的著作《意指与理解》之中。1912年3月29日维尔比夫人于丹顿庄园不幸逝世，享年75岁，葬在格兰瑟姆。

注释：

1 查尔斯·桑德斯·皮尔斯（Charles Sanders Peirce, 1839-1914），美国科学家、科学史家、逻辑学家、数学家和国际知名的哲学家，被公认为现代符号学之父。他提出了符号的一般理论，并将之等同于逻辑和推断论,尤其是等同于试推(abduction,也译作溯因推理),后来又等同于实用论,或者说他更喜欢使用的"实效论"(pragmaticism)。皮尔斯于1859年毕业于哈佛大学,又于1863年从哈佛大学新成立的劳伦斯科学学院获得理学硕士学位(实质上是理学——化学学士——译者注)。他在美国海岸和大地测量局以研究科学家身份工作31年,于1891年退休。除了在巴尔的摩的约翰·霍普金斯大学(1879—1884)、波士顿的洛厄尔学院(1866)、哈佛大学(1865、1869—1870、1903、1907),以及剑桥的私人住宅(1898年及其他年份)做过短期的逻辑学和科学哲学讲师,大部分时间他都在与世隔绝的学院外做研究。在有生之年,他很难出版自己的著述。他已经发表过和未发表过的作品,以《皮尔斯论文选集》(*Collected Papers of Charles S. Peirce*)为名结集出版,其中第一卷本于1931年面世。柯恩(M. R. Cohen)任主编的《偶然、博爱与逻辑》(*Chance, Love and Logic*)——皮尔斯论文集于1923年面世。现在,皮尔斯的作品已经按照编年版模式,编成了30卷的评论本,总标题为《皮尔斯著述集——一部编年版》(*Writings of Charles S. Peirce: A Chronological Edition*, Indianapolis:Peirce Edition Project),其中第一卷于1982年面世,最近一卷为2009年出版的第八卷。

2 De Mauro, Tullio. 2014. Gli scritti inediti di Saussure, in p. Fabbri e T. Migliore 2014, pp. 19 – 24.

3 Bruno, M. W. et al. (eds.)(2018). *Linguistica e filosofia del linguaggio*. Milan:Mimesis.

4 Peirce, Charles S. 1931 – 1958. *Collected Papers of Charles Sanders Peirce* (i 1866 – 1913), Vols. I - VI, ed. by C. Hartshorne & p. Weiss, 1931—1935, Vols. VII - VIII, ed. by A. W. Burks, 1958. Cambridge, Mass.:The Belknap Press, Harvard University Press.

5 奥格顿是一位博学之人,最为知名的是与英国文论家瑞恰慈(Ivor A. Richards, 1893 – 1979)合著的《意义之意义——一项语言对思维产生的影响以及符号科学研究》(*The Meaning of Meaning: A Study of the Influence of Language upon Thought and of the Science of Symbolism*, 1923)。在剑桥大学问学之时,奥格顿曾于1909年参与创立剑桥大学异学社(Heretic Society)[中国学者刘洪涛(2012)发现:中国诗人徐志摩曾参与该社活动,于1922年1月22日写信邀请罗素夫妇来社讲演——译者注],旨在讨论哲学、艺术、科学和宗教问题。他曾任《剑桥杂志》(*Cambridge Magazine*)的编辑,后任旨在推动普通心理学和语言心理学发展的刊物——《心理学》(*Psyche*, 1923 – 1952)的编辑。在奥格顿所做的众多事业之中,他还创立矫形学研究所(Orthological Institute),发明"基础英语"(Basic English)——一种由850个英语单词构成的国际语(实质上是一门人工语言——译者注),供不懂英语的人使用。
奥格顿的研究在很大程度上受维尔比夫人[参见 Petrilli and Ponzio, 2005:Part One, II (*Semiotics Unbounded. Interpretive Routes in the Open Network of Signs*. Toronto:Toronto University Press)]以及瑞恰慈友谊的影响。值得注意的是,奥格顿与维尔比夫人之间的未刊信笺内容(大约自1910至1911年两年),主要围绕着维尔比夫人提出的符指学与《意义之意义》提出的意义概念之间的联系而展开[参见 Gordon, 1990;Petrilli, 1995, 1998:173, 218;2015:177 – 200;Caputo et al., 1998 (Gordon, Terrence W. 1990. Significs and C. K. Ogden:The influence of Lady Welby. In H.

第五章　实效－伦理维度下新的语言研究路径

W. Schmitz 1990, pp. 179 – 196; Petrilli, Susan. 1995. *Materia segnica e interpretazione*. Lecce: Milella; Petrilli, Susan. 1998. *Su Victoria Welby. Significs e filosofia del linguaggio*. Naples: Edizioni Scientifiche Italiane; Petrilli, Susan. 2015. *Victoria Welby and the Science of Signs. Significs, Semiotics, Philosophy of Language*, Foreword by Frank Nuessel, pp. xi – xviii. New Brunswick, London: Transaction Publishers; Bonfantini, Massimo A.; Caputo, Cosimo; Petrilli, Susan; Ponzio, Augusto; Sebeok, Thomas A. 1998. *Basi. Significare, inventare, dialogare*, Lecce: Piero Manni)]。作为一名大学生，奥格顿大体推崇符指学，且于1911年为剑桥大学异学社写了一篇题为《符指学的发展》("The Progress of Significs")的文章，参见 Gordon, Terrence W. 1994. *C. K. Ogden and Linguistics*, 5 vols. London: Routledge-Thoemmes Press; Bonfantini, Massimo A.; Caputo, Cosimo; Petrilli, Susan; Ponzio, Augusto; Sebeok, Thomas A. 1998. *Basi. Significare, inventare, dialogare*, Lecce: Piero Manni 等。

在《意义之意义》一书中，奥格顿与瑞恰慈提出了符号的三元关系图示，其中阐释和意义是根据符号－解释项－对象之间的动态互动关系产生的关系过程来描述的，或者用该书作者的术语说，就是根据符号（symbol）－指称（reference）－指称项（referent）之间动态互动产生的关系过程来描述。在该书中，皮尔斯对符号学的重要性是以书末附录一节专门介绍内容来澄清的。正因为如此，皮尔斯的思想连同其他重要学者的名字一同，被首次引入英国并得以传播。维尔比夫人也被提及，但她的研究所具有的意义被低估了。

6　维尔比夫人（Victoria Lady Welby, 1837 – 1912）在符号学研究领域的知名度相对较低，但她对符号和意义理论的发展做出了重要贡献。鉴于她的研究和著述大大地促进我们对符号及其机制的理解，尤其是作为主要关注点的言语层面的语言，故她可以被视为符号学领域的一位重要人物，参见 Colapietro, Vincent; Nuessel, Frank; Petrilli, Susan. 2013. *On and Beyond Significs: Cenntennial Issue for Victoria Lady Welby* (1837 – 1912), *Semiotica. Journal of the International Association for Semiotic Studies / Revue de l'Association Internationale de Sémiotique*, 2013, 196, 1 – 4. Special Issue: Guest editors Frank Nuessel, Vincent Colapietro, & Susan Petrilli, Introduction by F. Nuessel & V. Colapietro, pp. 1 – 12, Appendix I, pp. 513 – 550 and Appendix II, pp. 551 – 570, by S. Petrilli. Editor-in-Chief, Marcel Danesi; Petrilli, Susan. 2009. *Signifying and Understanding. Reading the Works of Victoria Welby and the Signific Movement*. Foreword by p. Cobley, pp. xvii – x. Berlin: Mouton; Petrilli, Susan. 2015. *Victoria Welby and the Science of Signs. Significs, Semiotics, Philosophy of Language*. Foreword by Frank Nuessel, pp. xi – xviii. New Brunswick, London: Transaction Publishers; Petrilli, Susan; Ponzio, Augusto. 2005. *Semiotics Unbounded. Interpretive Routes in the Open Network of Signs*. Toronto: Toronto University Press 等，因此，她的生命比当前语境下为更著名的符号学家所提供的介绍更值得大书特书（参见本章末尾的介绍）。

7　波兰哲学家沙夫（1913—2006）可以算是当代欧洲文化舞台上的一位主角。他的研究范围广泛，从语言哲学和符号学，到知识哲学和政治经济，再到道德哲学和政治哲学。他主要研究语义问题、意识形态论、语言与现实的关系、形式逻辑和辩证法。但是，他对伦理学也表现出极大的兴趣。他将人类个体的问题和人本主义与马克思主义关系主题化了。关于这方面的工作，他证实了马克思主义的阐释与马克思主义术语翻译之间的关联，揭示了意识形态在翻译实践中产生的影响。

作为一位波兰哲学家，沙夫将他的分析定位于符号学，重点审视当今社会政治中的症候现象。在20世纪80年代，沙夫提议在整个东西欧各国召开一系列的会议，从符号学的视角分析和比较不同语言不同版本的《1975年赫尔辛基最后议定书》(*Helsinki Final Act of 1975*)。

沙夫研究的一系列核心问题包括人类个体的概念、语言与知识的关系、语言与辩证法的关系、翻译中意识形态的影响、语言拜物论与原型概念、乔姆斯基语言理论的批评，以及诸如"结构""结构主义"概念的批评，参见 Petrilli, Susan; Ponzio, Augusto. 2012. Semantics and critique of political economy in Adam Schaff. *Semiotica* 189 – 1/4, pp. 133 – 168; Ponzio, Augusto. 2002. *Individuo umano, linguaggio e globalizzazione nella filosofia di Adam Schaff*. Roma：Mimesis 等。

8 意大利哲学家兼符号学家罗西－兰迪（1921—1985）在语言哲学和符号学领域做了开创性的工作，为符号学和语言哲学在整个20世纪的发展做出了重要贡献。罗西－兰迪尤其感兴趣的是架构起大陆哲学传统与英国（分析哲学）和美国（参见诸如皮尔斯、莫里斯等哲学家）之间的桥梁。罗西－兰迪所研究的一个核心焦点为参照符号生产过程和社会生产过程，对语言和意识形态加以批评。他还为我们理解诸如莫里斯、维特根斯坦、赖尔（Gilbert Ryle）、瓦莱特、马克思等学者的著作做出重大贡献。在日期为1984年3月的一篇未刊的生平介绍中，罗西－兰迪对自己做出如下评价："如果现在让我自己选择某种通用的套路来描述我的大部分作品，我会说，一方面主要是历史唯物主义的综合，另一方面是分析哲学和符号学，即框架为历史唯物主义，思维和技术层面至少在部分层面是分析哲学和符号学。要我说，这是一种综合性的结论；但极少会有评论者赞同这一观点。但是，也许这些作品仅是一种融合。套用维特根斯坦的一句名言，全凭大众决定吧。"［参见 Rossi-Landi, 1992：4（Rossi-Landi, Ferrucio. 1992. *Between Signs and Non-signs*, ed. and Intro. by S. Petrilli, pp. ix – xxix. Amsterdam：John Benjamins.）］。

9 Petrilli, Susan. 2018. Semiologia saussuriana e semiotica della traduzione. In M. W. Bruno et al. 2018, pp. 414 – 428; Ponzio, Augusto. 2018. La linguistica di Saussure prima dei suoi corsi di linguistica generale. *Gli Écrits de linguistique générales*. In M. W. Bruno et al. 2018, pp. 429 – 436.

10 Petrilli, Susan. 2016. *The Global World and Its Manifold Faces. Otherness as the Basis of Communication.* ［Reflections on Signs and Language, Vol. 1, Editors：Susan Petrilli and Augusto Ponzio］. Bern, Berlin, Bruxelles, Frankfurt am Main, New York, Oxford, Wien：Peter Lang.

11 此处的环境（environment）虽然可能局限于人类符号域和人类符指过程，但与乌埃克斯库尔提出的环境与环境界对应关系中的"环境"还是具有局部对应关系的，且仅是局限于人类域与整个生物域之间的部分与整体、局部域与全部域的关系。——译者注

12 Hardwick, Charles（ed. with the assistance of J. Cook）. 1977. *Semiotic and Significs. The*

第五章 实效-伦理维度下新的语言研究路径

Correspondence between Charles S. Peirce and Victoria Lady Welby, Pref., pp. ix – xiv, Intro., pp. xv – xxxiv, by C. S. Hardwick. Bloomington-London: Indiana University Press.

13 Petrilli, Susan. 2014. *Sign Studies and Semioethics. Communication, Translation and Values*, series: Semiotics, Communication, Cognition, Vol. 13, ed. p. Cobley & K. Kull. Berlin, Boston: Mouton de Gruyter.

14 在同一年（即1894年——译者注）中，索绪尔引入术语"结构符号学"（sémiologie），如一份未刊的笔记所示，参见Engler［1980：3 – 36，亦见 Auroux and Delesdalle, 1990：106（Auroux, Sylvain; Delesalle, Simone. 1990. French Semantics of the Late Nineteenth Century and Lady Welby's Significs. In Schmitz, Walter H. 1990. *Essays on Significs*. Papers Presented on the Occasion of the 150th Anniversary of the Birth of Victoria Lady Welby, Pref. by H. W. Schmitz, pp. i – ix. Amsterdam: John Benjamins, pp. 103 – 131.）］。

15 该词典第一版共12卷，于1888至1928年出版；有关符指学的具体词条出现在1911年出版的第9卷，参见佩特丽莉著《意指过程与理解》（*Signifying and Understanding. Reading the Works of Victoria Welby and the Signific Movement.* Berlin: Mouton, 2009）第308～310页，有关维尔比夫人与法国哲学家拉兰德（André Lalande, 1867 – 1964）的通信；第767～782页有关维尔比夫人与奥格顿的通信。

16 原文为 "Significs. ［f. Signific-ance, on the analogy of forms in-*ics*（see-IC 2）. Introduced by Lady Welby in 1896.］A proposed science and educational method based upon the importance of realizing the exact significance of terms and conceptions, and their influence on thought and life."。——译者注

17 Welby, Victoria. 1896. Sense, Meaning and Interpretation. *Mind* 5（17），pp. 24 – 37；5（18），pp. 186 – 202. Now in V. Welby 1985a and in Petrilli 2009：430 – 449. It. trans. in V. Welby 1985b, pp. 109 – 170 and in V. Welby 2007, pp. 13 – 47.

18 原文为 "1896 LADY WELBY in *Mind*（Jan.）32 Taking advantage of the child's endless store of interest and curiosity, it ought to be easy to make 'Significs' or 'Sensifics' the most attractive of studies. 1903 – *Ibid*. 161, Significs, then, will bring us the philosophy of Significance, i. e. a raising of our whole conception of meaning to a higher and more efficient level."。——译者注

19 此处英文名有误，正确题名应该是 "*Significs and Language. The Articulate Form of Our Expressive and Interpretative Resources*"。——译者注

20 Welby, Victoria. 1985. *Significs and Language*, ed. and Intro. by H. W., ix – ccxxxvii, Foundations of Semiotics 5. Amsterdam-Philadelphia: John Benjamins. ［Includes Welby's monograph of 1911, *Significs and Language* and a selection of other writings by her.］

21 美国哲学家、心理学家，曾就学于普林斯顿大学苏格兰常识派哲学家兼该校心理学系创立者麦科仕（James McCosh, 1811 – 1894）门下，对早期心理学、精神病学和进化论的发展做出重要贡献。但是，鲍德温的最重要理论遗产为"鲍德温效应"（Baldwin effect）或"鲍德温进化"

151

(Baldwinian evolution)。针对当时的新拉马克论者,鲍德温认为,存在一种机制为外遗传因素赖以形成先天禀赋等同于或不止于自然的选择压力。尤其是作为跨越代际的一套文化实践之人类行为决策,应该被视为形成人类基因组的一大因素。——译者注

22 英国重量级哲学家和心理学家,曾在剑桥大学学习心理学,后采用哲学方法研究心理学,反对联想论;曾任剑桥大学圣约翰学院研究员,于1896年出版两卷本《分析心理学》,其中知识过程中的活动角色观点被瑞士心理学家皮亚杰以实验方式证实了。1896年前,他曾任牛津大学心智哲学讲师,1896年任阿伯丁大学比较心理学高级讲师,后出版《心理学手册》,勾勒了后来格式塔心理学派以实验方式发展出来的许多原理,自1903至1936年任圣安德鲁斯大学逻辑学和形而上学教授,1931年出版《心灵与物质》。——译者注

23 Petrilli, Susan. 2009. *Signifying and Understanding. Reading the Works of Victoria Welby and the Signific Movement*. Foreword by p. Cobley, pp. xvii - x. Berlin:Mouton.

24 Hardwick, Charles (ed. with the assistance of J. Cook). 1977. *Semiotic and Significs. The Correspondence between Charles S. Peirce and Victoria Lady Welby*. Bloomington-London:Indiana University Press.

25 Sidgwick, Alfred. 1892. *Distinction and the Criticism of Beliefs*. London and New York:Longmans, Green & Co. ——译者注

26 Pearson, Karl. 1892. *The Grammar of Science*. GA:Lundberg. ——译者注

27 Mahaffy, John Pentland. 1896. The Modern Babel. Nineteenth Century 40, November. ——译者注

28 Eucken, Rudolf. 1879. *Geschichte der philosophischen Terminologie*. Leipzig:Verlag von Veit & Comp.;Eucken, Rudolf. 1896. Philosophical terminology and its history:expository and appellatory. *The Monist*, vol. 6, Issue4, July, pp.497 - 515. ——译者注

29 Bréal, Michel. 1897. *Essai de sémantique. Science des significations*. Paris:Hachette. ——译者注

30 Jespersen, Otto. 1894. *Progress in Language*. London:Swan Sonnenschein & Co. ——译者注

31 Tönnies, Ferdinand. 1899. Philosophical terminology (Ⅰ). *Mind* 8 (31):289 - 332;Tönnies, Ferdinand. 1899. Philosophical terminology (Ⅱ). *Mind* 8 (32):467 - 491. ——译者注

32 认知语言学上有一种说法,即类比与隐喻之间的关系为类比是一种概念隐喻。如果从哲学、符号学、逻辑学、数学等层面仔细思考这一断言,我们会发现其仅在部分层面是正确的。首先,类比和隐喻均是以已知信息认识未知信息,但二者的方式和范围有所不同,即类比是属于逻辑层面的推理范畴,而隐喻属于修辞层面的比喻手法;其次,类比是将一个事物与另一个事物以类推形式加以等同,如3:2=9:6,但隐喻不行,因为隐喻说的是"什么东西是什么东西",没有比喻标识词(明喻说什么东西像什么东西,有比喻标识词);第三,类比是逻辑推导工具,属于演绎工具,属于归纳世界规则的工具,而隐喻是认识世界的方式,也是表达和呈现世界的方式。因此,说类比是概念隐喻就存在如下问题:其一,侧重的是类比操作的过程本质,着眼于概念的推导,但这只是类比的一个层面,且在表述层面,不论是用公式还是用言语,都

第五章 实效-伦理维度下新的语言研究路径

不仅仅属于隐喻范畴,因为公式中有显性关系的标识符"=",而言语表述则可以是"等于",其中是具有现象关系标识符的,故属于明喻范畴,说"是"才能属于隐喻范畴,所以如果仅侧重本质性的概念层面,类比应该归入比喻范畴,其中既存在隐喻也存在明喻。其二,从皮尔斯符号学角度看,二者之间可能还存在一点不同,即隐喻属于像似符(Icon)范畴模态之内三元关系的第三层级:图像(image)-图形(diagram)-隐喻(metaphor),参见 *CP*. 286,而类比属于象征符(Symbol)范畴模态之中,属于规则、原则、法则的范畴,等同于逻辑范畴,二者之间还隔了一个符号类型——指示符(Index)范畴模态。——译者注

33 Welby, Victoria. 1893. Meaning and Metaphor. *The Monist 3* (4), pp. 510 – 525; Petrilli, Susan. 2009. *Signifying and Understanding. Reading the Works of Victoria Welby and the Signific Movement.* Berlin:Mouton.

34 Welby, Victoria. 1893. Meaning and Metaphor. *The Monist 3* (4), pp. 510 – 525; Welby, Victoria. 1983 [1903.] *What Is Meaning? Studies in the Development of Significance.* Amsterdam/ Philadelphia:John Benjamins; Welby, Victoria. 1985. *Significato, metafora, interpretazione*, It. trans., ed., and Intro. by S. Petrilli. Bari:Adriatica; Welby, Victoria. 2007. *Senso, significato, significatività*, ed., It. trans., & intro. by S. Petrilli. Bari:Graphis; Petrilli, Susan. 1998. *Su Victoria Welby. Significs e filosofia del linguaggio.* Naples:Edizioni Scientifiche Italiane; Petrilli, Susan. 2009. *Signifying and Understanding. Reading the Works of Victoria Welby and the Signific Movement.* Berlin:Mouton; Petrilli, Susan. 2012. *Expression and Interpretation in Language*, Pref. by Vincent Colapietro, pp. xv – xviii. New Brunswick, London:Transaction Publishers.

35 Petrilli, Susan. 2005. *Percorsi della semiotica.* Bari:Graphis, 2nd ed. 2011; Petrilli, Susan. 2010. *Sign Crossroads in Global Perspective. Semioethics and Responsibility.* New Brunswick, London:Transaction Publishers.

36 Petrilli, Susan. 2016a. *The Global World and Its Manifold Faces. Otherness as the Basis of Communication.* Bern, Berlin, Bruxelles, Frankfurt am Main, New York, Oxford, Wien:Peter Lang.

37 Petrilli, Susan. 1995. *Materia segnica e interpretazione.* Lecce:Milella; Petrilli, Susan. 2006. Meaning, metaphor, and interpretation: modeling new worlds. *Perspectives on Metaphor. Semiotica: Journal of the International Association for Semiotic Studies*, 161 – 1/4, pp. 75 – 119, Special Issue, Guest Ed. Frank Nuessel; Petrilli, Susan. 2009. *Signifying and Understanding. Reading the Works of Victoria Welby and the Signific Movement.* Berlin:Mouton.

38 1892 年,维尔比夫人匿名写作了《心理学中"内部"与"外部"的使用——隐喻的作用是促进还是阻碍?》(*The Use of* Inner and Outer *in Psychology: Does the Metaphor Help or Hinder*?),并在国际实验心理学大会上分发给与会者,得到充分的讨论。这一文本从心理学和哲学的各类出版物中搜集了一系列的摘录,用以支持她的论点,即不良语言使用会损害概念的清晰性和精确性,从而促生错误的问题。维尔比夫人分析了这些摘录,并对比喻性语言的使用做出批评性反

153

思，尤其提到了隐喻和类比的使用问题。她证明了错误使用二元对立对产生的负面认知结果，如"内在与外在""内部与外部""内与外"等，作为指称二元对立项"心理与物理""主观与客观""思想与事物""意识与非意识"的隐喻。

就是在这次国际研讨会上，维尔比夫人结识美国哲学家、心理学家兼《哲学与心理学词典》的主编鲍德温（James M. Baldwin, 1861–1934），并开始与他通信，一直持续到1908年。在这次会议上，维尔比夫人还遇到了荷兰精神病学家艾登（Frederik van Eeden, 1860—1932），事实证明，这是一次颇富成效的邂逅。在维尔比夫人符指学思想的影响下，艾登毕生致力于荷兰的符指学思想运动，参见 Petrilli, Susan. 1998. *Su Victoria Welby. Significs e filosofia del linguaggio*. Naples：Edizioni Scientifiche Italiane，第7章第2节。有关维尔比夫人与艾登的通信，参见 Petrilli, Susan. 2009. *Signifying and Understanding. Reading the Works of Victoria Welby and the Signific Movement*. Berlin：Mouton, pp. 782–796.

《〈心灵〉（1876年1月至1892年7月）、〈自然〉（1870、1888至1892）、〈自然科学〉（1892年）文选》[*A Selection of Passages from "Mind" (January, 1876, to July, 1892), "Nature" (1870, and 1888 to 1892), "Natural Science" (1892)*] 为维尔比夫人于1893年出版的另一著作的题名。其中，她继续对语言加以批评，强调语言对顺畅人际交往所具有的重要作用。此后，维尔比夫人还出版了其他的作品，如1891年出版的《目击歧义性》（*Witnesses to Ambiguity*），也旨在对术语加以批评；1893年在《一元论者》（*The Monist*）发表的论文《意义与隐喻》（"Meaning and Metaphor"），从理论角度更广泛地反思了意义问题。其后，她于1896年将另一篇重要的论文《含义、意义与阐释》（"Sense, Meaning and Interpretation"）分为两部分发表在《心灵》（*Mind*）期刊上。

39　Welby, Victoria. 1983 [1903.] *What Is Meaning?: Studies in the Development of Significance*. Amsterdam/ Philadelphia：John Benjamins；Petrilli, Susan. 2009. *Signifying and Understanding: Reading the Works of Victoria Welby and the Signific Movement*. Berlin：Mouton；Petrilli, Susan. 2014. *Sign Studies and Semioethics: Communication, Translation and Values*. Berlin, Boston：Mouton de Gruyter；Petrilli, Susan. 2015. *Victoria Welby and the Science of Signs: Significs, Semiotics, Philosophy of Language*. New Brunswick, London：Transaction Publishers.

40　Welby, Victoria. 1983 [1903]. *What Is Meaning?: Studies in the Development of Significance*. Amsterdam/ Philadelphia：John Benjamins；Petrilli, Susan；Ponzio, Augusto. 2005. *Semiotics Unbounded. Interpretive Routes in the Open Network of Signs*. Toronto：Toronto University Press.

41　上下文中所用意指过程，以及意指行为均为英文术语"signifying"构成的术语，即"signifying process"和"signifying behavior"，而并非以"semiosis"为核心术语构成的词汇，对于后者构成的相关词汇，我们一并译为"符指"，以作区分。——译者注

42　Petrilli, Susan；Ponzio, Augusto. 2003. *Semioetica*. Rome：Meltemi；Petrilli, Susan；Ponzio, Augusto. 2005. *Semiotics Unbounded: Interpretive Routes in the Open Network of Signs*. Toronto：Toronto University Press；Petrilli, Susan；Ponzio, Augusto. 2010. Semioethics. In Paul Cobley. *The*

第五章　实效－伦理维度下新的语言研究路径

Routledge Companion to Semiotics, pp. 150 – 162. London：Routledge；Petrilli, Susan. 1990. Appendix I：The Problem of Signifying in Welby, Peirce, Vailati, Bakhtin, pp. 313 – 364. In A. Ponzo, *Man as a Sign*, 1990；Petrilli, Susan. 2014. *Riflessioni sulla teoria del linguaggio e dei segni*. Milan：Mimesis；Petrilli, Susan. 2015. *Nella vita dei segni：Percorsi della semiotica*. Milan：Mimesis.

43　Morris, Charles W. 1964. *Signification and Significance: A Study of the Relations of Signs and Values*. Cambridge, Mass.：MIT Press.

44　Welby, Victoria. 1881. *Links and Clues*. London：Macmillan & Co. 2nd ed. 1883.

45　Welby, Victoria. 1983 ［1903］. *What is Meaning?: Studies in the Development of Significance*. Amsterdam/ Philadelphia：John Benjamins.

46　此处虽然可以证实维尔比夫人的符指学思想曾受到东方哲学影响，但尚无法肯定她通过佛教经典得到的印象是来自中国，因为她可能采用的是印欧研究中直接来自印度的佛经译本，也可能是来自中国的佛经译本（如果拿到确实证据说她所接触的佛经乃基于汉译本为底本的转译本）。因而有关维尔比夫人受到东方哲学影响的确凿证据仍有待于日后考证。——译者注

47　Welby, Victoria. 1983 ［1903］. *What Is Meaning?: Studies in the Development of Significance*. Amsterdam/ Philadelphia：John Benjamins.

48　Welby, Victoria. 1983 ［1903］. *What Is Meaning?: Studies in the Development of Significance*. Amsterdam/ Philadelphia：John Benjamins；Welby, Victoria. 1985. *Signifcs and Language*. Amsterdam-Philadelphia：John Benjamins；Welby, Victoria. 2007. *Senso, significato, significatività*, ed., It. trans., & intro. by S. Petrilli. Bari：Graphis；Petrilli, Susan. 2009. *Signifying and Understanding: Reading the Works of Victoria Welby and the Signific Movement*. Berlin：Mouton；Petrilli, Susan. 2015. *Victoria Welby and the Science of Signs: Signifcs, Semiotics, Philosophy of Language*. New Brunswick, London：Transaction Publishers；Schmitz, Walter H. 1985. Victoria Lady Welby's Significs：The origin of the signific movement. In V. Welby. 1985. *Signifcs and Language*. Amsterdam-Philadelphia：John Benjamins, ix – ccxxxv.

49　1892 年荷兰精神病学家艾登（Frederik van Eeden, 1860 –1932）在国际研讨会上遇到维尔比夫人，在其影响下艾登开始了荷兰的符指学思想运动。在艾登的号召下，一众荷兰思想家以艾登为首，开展荷兰本土化的符指学研究活动，其核心成员为荷兰数学家、哲学家、直觉逻辑学（intuitionistic logic）创立者布劳威尔（Luitzen E. Brouwer, 1881 –1966），将直觉逻辑思想融入符指学，而后由荷兰数学家兼哲学家曼努利（Gerrit Mannoury, 1867 –1956）进一步发展。有关荷兰的符指学运动，参见 Heijerman, Eric；Schmitz Walter H. （eds.）. 1991. *Signifcs, Mathematics and Semiotics: The Signific Movement in the Netherlands*. Proceedings of the International Conference, Bonn, 19 –21 November 1986；Brouwer, L. E. 1946. Synopsis of the signific movement in the Netherlands. *Synthese*, 5：201 –208；Schmitz, H. Walter. 1985. The origin of the signific movement. https://doi.org/10.1075/fos.5.02sch,2020-03-09; Nuessel, Frank. 2011. Victoria Welby and the signific movement. *Semiotica* 184：279-299 等。——译者注

50　Heijerman, Eric; Schmitz Walter H. (eds.). 1991. *Significs, Mathematics and Semiotics: The Signific Movement in the Netherlands*. Proceedings of the International Conference, Bonn, 19-21 November 1986. Münster: Nodus Publikationen; Colapietro, Vincent; Nuessel, Frank; Petrilli, Susan (eds.) (2013). *On and Beyond Significs: Cenntennial Issue for Victoria Lady Welby (1837-1912)*, *Semiotica: Journal of the International Association for Semiotic Studies*, 196 (1-4)。

51　英国文学评论家、修辞学家，他的研究成果构成了新批评主义的基础，即侧重文学文本细读，尤其是诗歌文本细读的文论中的一种形式主义思潮，旨在探讨一部文学作品如何作为自包和自我参照系统的美学对象。瑞恰慈对新批评主义文学方法论确立所做出的贡献体现在《意义的意义——语言对思维的影响与符号科学研究》（*The Meaning of Meaning: A Study of the Influence of Language upon Thought and of the Science of Symbolism*, 1923）、《文学批评论的原则》（*Principles of Literary Criticism*, 1924）、《实践批评》（*Practical Criticism*, 1929）和《修辞哲学》（*The Philosophy of Rhetoric*, 1936）。

瑞恰慈的生活和智识影响大致与学术兴趣对应，很多努力都与语言学家、哲学家奥格顿的合作相关联，主要有四部著作：（1）《美学基础》（*Foundations of Aesthetics*, 1922）揭示的是美学接受的原则，此乃文学和谐论之基础；美学理解取决于相互抵触性心理冲动之平衡状态；该书的结构预示了《推理的基本原则》（*Basic Rules of Reason*, 1933）、《孟子论心——多重定义实验研究》（*Mencius on the Mind: Experiments in Multiple Definition*, 1932）和《柯勒律治论想象》（*Coleridge on Imagination*, 1934）；（2）《意义的意义》揭示的是依存于心理学理论的符号学三元观，预示了心理学在文学批评实践中的重要作用；符号学家诸如艾柯，认为符号学三元方法论是对索绪尔提出的二元论的提升；（3）《基本英语——规则与语法入门导论》（*Basic English: A General Introduction with Rules and Grammar*, 1938）描述了基于850个单词的一个简化的英语系统；（4）《印度时报基础英语指南》（*The Times of India Guide to Basic English*, 1938）旨在将《基础英语》发展为一门国际辅助语言。

在《意义的意义》中，瑞恰慈与奥格顿基于皮尔斯、弗雷格等人符号三角逻辑关系的思想，创制了语义三角，旨在提升人们关于词汇如何意指的理解。此语义三角由三个要素构成，即符号或词汇、指称项、思想或指称。在三角形底部，右侧的角为指称项，即现实中的事物；左侧的角为符号或词汇；顶端的角为理念上的词汇与现实中事物之交汇，这就是我们有关对象的无形概念。最后指出，词汇的英语意义是由个体的独特经验所确定的。

此外，有两件事值得一提，其一为《意义的意义》附录了英国人类学家马林诺斯基（Bronisław Malinowski）基于人类学田野调查写作的专文《原始语言中的意义问题》（"The Problem of Meaning in Primitive Languages"）和克鲁克申克（F. G. Crookshank）写作的论文《符号理论与语言批评在医学研究中的重要性》（"The Importance of a Theory of Signs and a Critique of

第五章 实效-伦理维度下新的语言研究路径

Language in the Study of Medicine");其二为瑞恰慈几次申请来华,最终于 1930 年到清华大学,在青年学者李安宅的配合下,写作《孟子论心》,同时鼓励李安宅从事民俗与语义学研究。与此同时,瑞恰慈自己起了中文名字,又在 1931 年《清华学报》第 1 期发表《〈意义底意义〉底意义》,引进符号学术语"词义学"(semasiology),与同年王古鲁通过日本引进的"语义学"(semantics)形成对立格局,三年后李安宅在上海商务印书馆出版了中国第一部本土人写作的《语义学》,此三者(连同 1923 年乐嗣炳译为的"语意学")从根本上说就是符号学言语意义层面的研究。有关详细情况,参见贾洪伟. 2014. 现代语义学在中国的传播与影响[M]. 上海:上海交通大学出版社;贾洪伟. 2017. 汉译国外普通语言学典籍研究(1909—1949)[M]. 北京:首都师范大学出版社。——译者注

52　Ogden, Charles K.; Richards, Ivor A. 1923. *The Meaning of Meaning: A Study of the Influence of Language upon Thought and of the Science of Symbolism*, with supplementary essays by B. Malinowski and F. G. Crookshank. London:Routledge and Kegan Paul; new edition, New York:Harcourt Brace Jovanovich, 1989.

53　莫里斯(1901 年生于科罗拉多州丹佛市,1979 年逝世于佛罗里达州盖恩斯维尔市),修习过工程学、生物学、心理学和哲学。1922 年获得理学学位后,1925 年莫里斯在芝加哥大学获得哲学博士学位,自 1931 至 1958 年任教于芝加哥大学。在某些方面,莫里斯继续了皮尔斯的研究,但又与皮尔斯有所不同,即莫里斯在有生之年出版了大部分作品。

54　Petrilli, Susan; Ponzio, Augusto. 2003. *Semioetica*. Rome:Meltemi; Petrilli, Susan; Ponzio, Augusto. 2010. Semioethics. In Paul Cobley. *The Routledge Companion to Semiotics*, by Paul Cobley, pp. 150 - 162. London:Routledge.

55　Gordon, Terrence W. 1991. The Semiotics of C. K. Ogden. In T. A. Sebeok and J. Umiker-Sebeok(eds.). *Recent Developments in Theory and History: The Semiotic Web* 1990, pp. 111 - 177. The Hague and Berlin:Mouton de Gruyter; Schmitz, Walter H. 1985. Victoria Lady Welby's Significs:The origin of the signific movement. In V. Welby. *Significs and Language*. Amsterdam-Philadelphia:John Benjamins, ix - ccxxxv.

56　Gordon, Terrence W. 1990. Significs and C. K. Ogden:The Influence of Lady Welby. In H. W. Schmitz. 1990, pp. 179 - 196; Gordon, Terrence W. 1990. *C. K. Ogden: A Bio-Bibliographic Study*. Metuchen, NJ, and London:Scarecrow; Gordon, Terrence W. 1991. The semiotics of C. K. Ogden. In T. A. Sebeok and J. Umiker-Sebeok(eds.), *Recent Developments in Theory and History: The Semiotic Web* 1990, pp. 111 - 177. The Hague and Berlin:Mouton de Gruyter; Gordon, Terrence W. 1994. *C. K. Ogden and Linguistics*, 5 vols. London:Routledge-Thoemmes Press.

57　Petrilli, Susan. 2009. *Signifying and Understanding: Reading the Works of Victoria Welby and the Signific Movement*. Berlin:Mouton.

58　Ogden, Charles K.; Richards, Ivor A. 1923. *The Meaning of Meaning: A Study of the Influence of*

Language upon Thought and of the Science of Symbolism, with supplementary essays by B. Malinowski and F. G. Crookshank. London: Routledge and Kegan Paul; new edition, New York: Harcourt Brace Jovanovich, 1989.

59 Bréal, Michel. 1897. *Essai de sémantique: Science des significations*. Paris: Hachette. [此外，有关布里阿尔更早的文献——《语言的理性原则：语义学纲要（1892）》，即语义学或符义领域的一部法文奠基作，法文版附录于贾洪伟博士后出站报告《国外语义学在中国的传播与影响》（上海交通大学出版社，2014），汉译刊布于《语言文化研究》2015 年第 1 期。——译者注]

60 Ogden, Charles K.; Richards, Ivor A. 1923. *The Meaning of Meaning: A Study of the Influence of Language upon Thought and of the Science of Symbolism*, with supplementary essays by B. Malinowski and F. G. Crookshank. London: Routledge and Kegan Paul; new edition, New York: Harcourt Brace Jovanovich, 1989.

61 Bonfantini, Massimo A. 1981. Le tre tendenze semiotiche del novecento. *Versus* 30, pp. 273 - 294. Now in M. A. Bonfantini 1984; Bonfantini, Massimo A. 1984. *Semiotica ai media*. Bari: Adriatica; 2nd ed. Bari: Graphis, 2004.

62 Petrilli, Susan; Ponzio, Augusto. 2005. *Semiotics Unbounded: Interpretive Routes in the Open Network of Signs*. Toronto: Toronto University Press; Petrilli, Susan. 2012. *Expression and Interpretation in Language*, Pref. by Vincent Colapietro, pp. xv - xviii. New Brunswick, London: Transaction Publishers.

63 Petrilli, Susan. 2012. *Expression and Interpretation in Language*, Pref. by Vincent Colapietro, pp. xv - xviii. New Brunswick, London: Transaction Publishers.

64 Peirce, Charles S. 1931 - 1958. *Collected Papers of Charles Sanders Peirce* (i 1866 - 1913), Vols. I - VI, ed. by C. Hartshorne & p. Weiss, 1931 - 1935, Vols. VII - VIII, ed. by A. W. Burks, 1958. Cambridge, Mass.: The Belknap Press, Harvard University Press.

65 Petrilli, Susan. 2009. *Signifying and Understanding: Reading the Works of Victoria Welby and the Signific Movement*. Berlin: Mouton; Petrilli, Susan. 2014. *Sign Studies and Semioethics: Communication, Translation and Values*. Berlin, Boston: Mouton de Gruyter; Petrilli, Susan. 2015. *Victoria Welby and the Science of Signs: Significs, Semiotics, Philosophy of Language*. New Brunswick, London: Transaction Publishers.

66 Petrilli, Susan. 2016. *The Global World and Its Manifold Faces: Otherness as the Basis of Communication*. Bern, Berlin, Bruxelles, Frankfurt am Main, New York, Oxford, Wien: Peter Lang.

67 意大利小说家、文学评论家、哲学家、符号学家，一位绝顶聪明的博学者。作为小说家，艾柯的作品偶尔有种百科全书的感觉，将从美国小说家艾略特到布朗的喜剧情节和文化差异融于一体，其中以 1980 年出版的小说《玫瑰之名》（*The Name of the Rose*）最为知名，该小说是一部历史传奇小说，将符号学与圣经分析、中世纪研究和文学理论融于一体。作为符号学家，艾柯

第五章 实效-伦理维度下新的语言研究路径

创立并发展当代符号学中最为重要的一种研究路径,通常被称作"阐释符号学"(interpretive semiotics),代表作为《缺失的结构》(*The Absent Structure*, 1968)、《符号学理论》(*A Theory of Semiotics*, 1975)、《读者的角色》(*The Role of the Reader*, 1979)、《符号学与语言哲学》(*Semiotics and Philosophy of Language*, 1984)、《阐释的限度》(*The Limits of Interpretation*, 1990)、《从树到迷宫——符号与阐释的历史研究》(*From the Tree to the Labyrinth: Historical Studies on the Sign and Interpretation*, 2014)等。此外,艾柯与同仁共同创办符号学刊物《对抗——符号学研究》(*Versus: Quaderni di studi semiotici*),旨在发表与符号与意指过程相关的研究成果,许多学者如艾柯、格雷马斯、赛尔等都在该刊发表文章,对意大利乃至整个欧洲的符号学作为一个学术领域的发展做出很大贡献。最后,作为符号学教授,艾柯于1966年任米兰理工大学符号学教授,两年后出版专著《缺失的结构》,1971年成为欧洲历史最为悠久的博洛尼亚大学第一位符号学教授,他在该校的讲座受到符号学家的热烈欢迎。——译者注

68 有关语言谎言以及符号谎言的观点,虽然在中外各国古已有之,但如此鲜明地从理论的角度提出来并加以理论化,艾柯却是当之无愧的执牛耳者。早在1975年出版的《符号学理论》当中,艾柯就从符号学学科属性和符号本质的角度探讨过这一论题,只是在符号谎言的本质、类型、存在机制等层面探讨得不是那么深入。有关符号谎言的本质和类型问题,参见连甫. 1997. 你身边的符号——符号学入门 [M]. 哈尔滨:黑龙江人民出版社,第99~103页;Zhang, Suojun; Jia, Hongwei. 2019. On sign lies: An interview with Prof. Hongwei Jia. *Chinese Semiotic Studies* 12 (3), pp.449-459. ——译者注

69 Eco, Umberto. 1989. Introduction: The Meaning of the Meaning of Meaning. In C. K. Ogden and I. A. Richards. *The Meaning of Meaning*. 1923 (1989), pp. v-xi.

70 Ogden, Charles K.; Richards, Ivor A. 1923. *The Meaning of Meaning: A Study of the Influence of Language upon Thought and of the Science of Symbolism*, with supplementary essays by B. Malinowski and F. G. Crookshank. London: Routledge and Kegan Paul; new edition, New York: Harcourt Brace Jovanovich, 1989.

71 很有趣的是,《符号理论基础》明明是1938年芝加哥大学出版社出版的《统一科学国际百科全书》(*International Encyclopedia of Unified Science*)第1卷第2本第1~59页所载的一篇论文,且书后参考文献也注明了这一文献信息 [Morris, Charles W. 1938. *Foundations of the Theory of Signs*. In *International Encyclopedia of Unified Science* I (2). Chicago: University of Chicago Press; It. trans. by F. Rossi-Landi. *Lineamenti di una teoria dei segni*. Turin Paravia, 1954. New ed. by S. Petrilli, Lecce: Manni, 1999; and Lecce: Pensa Multimedia, 2009.],为何作者会说这是一部划时代的著作呢?一直以来,学界很多人将此文视为一部专著,但如同作者这样既注明论文的参考文献信息,又说成一部专作的,实属罕见。有关该文的汉译,参见贾洪伟. 2019. 哲学实效论与翻译符号学 [M]. 苏州:苏州大学出版社;有关该文的批评分析,参见 Jia, Hongwei. 2019. Foundations of the Theory of Signs (1938): A Critique. *Chinese Semiotic Studies* 15 (1), pp.

1-14.——译者注

72　Rossi-Landi, Ferruccio. 1968. *Il linguaggio come lavoro e come mercato.* Milan：Bompiani；Ponzio, Augusto. 1973. *Produzione linguistica e ideologia sociale.* Bari：De Donato；Ponzio, Augusto. 1993. *Signs, Dialogue, and Ideology,* Eng. trans. and ed. S. Petrilli. Amsterdam；John Benjamins.

73　Ogden, Charles K.；Richards, Ivor A. 1923. *The Meaning of Meaning: A Study of the Influence of Language upon Thought and of the Science of Symbolism*, with supplementary essays by B. Malinowski and F. G. Crookshank. London：Routledge and Kegan Paul；new edition, New York：Harcourt Brace Jovanovich, 1989.

74　有关符号三角或语义三角的起源，似乎并非源自奥格顿与瑞恰慈，反倒可能源自逻辑学家弗雷格（参见贾洪伟，2017：179）；有关三角说传入中国的缘起问题，贾洪伟通过考证指出，中国率先引入三角说的是胡以鲁的《国语学草创》（商务印书馆，1912：17），即胡以鲁参考了海尔华尔胥的语音三角（Hell-Warg Triangle）的基础上，绘制中国第一张舌位图；胡以鲁（1912：7-8）又引入意义的三角关系；此后，李安宅据马林诺斯基、瑞恰慈和奥格顿等学者观点写作《语言底魔力》（商务印书馆，1931）引入意义三角理论，于1936年并入《巫术与语言》（商务印书馆）；1945年周辨明与黄典诚写作《语言学概要》（厦门大学，1945：78），引入语义三角图示，这就构成了三角理论在中国传播的开端。详细内容，参见贾洪伟. 2017. 汉译普通语言学典籍研究（1906—1949）［M］. 北京：首都师范大学出版社。——译者注

75　语言学界通称为"语义学"，但不论是维尔比夫人时期，还是莫里斯在1938年的划时代论文中，这一术语的所指范围从未局限于语义符号这一狭小的范围，反倒是广义上的符号与所指、符号与意义之间的关系，故在符号学的语境之中，我们翻译为"符义学"。——译者注

76　匈牙利籍语言学家，大部分时间在英国，主要研究风格与符义学。乌尔曼生于奥匈帝国时期的布达佩斯，先后获得布达佩斯大学和格拉斯哥大学的学位；第二次世界大战期间，乌尔曼在英国广播公司的监控部门工作，1946年任格拉斯哥大学语言学与语文学讲师；1949年11月以对语言学产生深入影响的论文《符义学原理》（"The Principles of Semantics"）获得博士学位后，于1950年晋升为高级讲师；自1953至1968年任利兹大学法语与罗曼语文学教授，后转入牛津大学任教；1974年赴澳大利亚国立大学罗曼语系访学，讲授"词汇与意义"课程；据说，乌尔曼的符义学思想得到了整个欧洲出版物的支持。此外，乌尔曼的作品被译为多种语言，如法语、俄语、日语、西班牙语、汉语等。改革开放后，中国学术界开始大量引进国外的学术作品，1978年引进的语言学作品中就包括乌尔曼的符义学。——译者注

77　Ullmann, Stephan. 1962. *Semantics: An Introduction to the Science of Meaning.* Oxford：Blackwell.

78　Eco, Umberto. 1975. *Trattato di semiotica generale.* Milan：Bompiani；Eng. trans. by David Osmond-Smith, *A Theory of Semiotics.* Bloomington：Indiana University Press, 1976. ［See review in Deely 1976.］

79　Eco, Umberto. 1984. *Semiotica e filosofia del linguaggio.* Turin：Einaudi. Eng. trans. *Semiotics and Philosophy of Language.* Bloomington：Indiana University Press, 1984.

第五章　实效-伦理维度下新的语言研究路径

80　Jakobson, R. 1963. *Essais de linguistique générale*. Paris: Minuit; Jakobson, R. 1990. *On Language*, ed. L. R. Waugh and M. Burston. Cambridge, Mass.: Harvard University Press; Ponzio, Luciano. 2015. *Roman Jakobson e i fondamenti della semiotica*. Milan: Mimesis.

81　如前注释所述，莫里斯于1938年写作的《符号理论基础》是《统一科学国际百科全书》第1卷第2部第1~59页的一篇文章，并非独立著作。——译者注

82　Peter of Spain (Petrus Hispanus). 1972 [1230?]. *Tractatus*, called afterward *Summule logicales*. First critical edition from the manuscripts with an intro. by L. M. De Rijk. Assen, Netherlands: Van Gorcum; It. trans. from Latin, intro., and ed. by Augusto Ponzio, *Tractatus: Summule logicale*, Bari: Adriatica, 1985; new and revised bilingual edition, Milan: Bompiani, 2003, republished in 2010.

83　西班牙语名为*Petrus Hispanus*，13世纪哲学家、逻辑学家，以《逻辑哲学论》(*Tractatus*)，后称《逻辑学概论》(*Summulae Logicales*)而闻名。该著为中世纪讲述亚里士多德逻辑学的大学教科书。与该书有关的大量手稿和印刷版本表明了该书在17世纪以前的整个欧洲大学中所具有的重要地位。他支持1277年因巴黎主教的谴责而对巴黎大学所采取的教学调查，谴责与教会教义冲突的亚里士多德逻辑命题，但同时他也指出，等同于逻辑学的辩证法乃艺术之艺术、科学之科学，是通往所有科学方法原则之途径；因为事实上，唯有辩证法才能可信地论争所有其他科学原则，因此在获得所有其他科学的过程中，辩证法必须处于优先地位。——译者注

84　Petrilli, Susan. 1999. Charles Morris's Biosemiotics. *Semiotica* 127-1/4, pp. 67—102; Petrilli, Susan. 2001. In the Sign of Charles Morris. *Charles W. Morris. RSSI Semiotic Inquiry* 21 (1-2-3), pp. 163-187; Petrilli, Susan; Ponzio, Augusto. 1998. *Signs of Research on Signs*: *Semiotische Berichte*. Österreichschen Gesellschaft für Semiotik, Special Issue Jg. 22-3/4; Petrilli, Susan; Ponzio, Augusto. 2005. *Semiotics Unbounded: Interpretive Routes in the Open Network of Signs*. Toronto: Toronto University Press.

85　Morris, Charles W. 1938. *Foundations of the Theory of Signs*. In *International Encyclopedia of Unified Science* I (2). Chicago: University of Chicago Press; It. trans. by F. Rossi-Landi. *Lineamenti di una teoria dei segni*. Turin Paravia, 1954. New ed. by S. Petrilli, Lecce: Manni, 1999; and Lecce: Pensa Multimedia, 2009; Morris, Charles W. 1971. *Writings on the General Theory of Signs*, ed. T. A. Sebeok. The Hague, Paris: Mouton.

86　Morris, Charles W. 1964. *Signification and Significance: A Study of the Relations of Signs and Values*. Cambridge, Mass.: MIT Press.

87　有关莫里斯提出的能指项与所指项存在的问题，参见Pelc, Jerzy. 2000. Semiosis and semiosics vs. Semiotics. *Semiotica* 128 (3/4), pp. 425-434.

88　Ullmann, Stephan. 1962. *Semantics: An Introduction to the Science of Meaning*. Oxford: Blackwell; Eco, Umberto. 1975. *Trattato di semiotica generale*. Milan: Bompiani; Eng. trans. by David

Osmond-Smith, *A Theory of Semiotics*. Bloomington: Indiana University Press, 1976; Eco, Umberto. 1984. *Semiotica e filosofia del linguaggio*. Turin: Einaudi. Eng. trans. *Semiotics and Philosophy of Language*. Bloomington: Indiana University Press.

89 原名为查尔斯·路德维吉·道奇森（Charles Lutwidge Dodgson），但笔名卡罗尔更为知名。他是英国著名儿童小说家，尤其以《爱丽丝仙境奇遇记》（*Alice's Adventures in Wonderland*）及其续集《爱丽丝镜中奇遇记》（*Through the Looking-Glass*）而闻名。他擅长文字游戏、逻辑和幻想性写作。与此同时，他也是数学家、摄影师和英国国教执事。——译者注

90 其实，就是中国文化中"发财猫"的形象，总是一只爪子打招呼，同时咧着嘴巴微笑。——译者注

91 Petrilli, Susan. 1999. Charles Morris's Biosemiotics. *Semiotica* 127 – 1/4, pp. 67 – 102; Ponzio, Augusto. 1990. *Man as a Sign: Essays on the Philosophy of Language*. Berlin: Mouton de Gruyter.

92 Morris, Charles W. 1946. *Signs, Language, and Behavior*. New York: Prentice Hall; Morris, Charles W. 1971. *Writings on the General Theory of Signs*, ed. T. A. Sebeok. The Hague, Paris: Mouton.

93 Eco, Umberto. 1968 *La struttura assente* [The absent structure]. Milan: Bompiani; Eco, Umberto. 1975. *Trattato di semiotica generale*. Milan: Bompiani; Eng. trans. by David Osmond-Smith, *A Theory of Semiotics*. Bloomington: Indiana University Press, 1976; Eco, Umberto. 1984. *Semiotica e filosofia del linguaggio*. Turin: Einaudi. Eng. trans. *Semiotics and Philosophy of Language*. Bloomington: Indiana University Press.

94 Ponzio, Augusto. 1990. *Man as a Sign: Essays on the Philosophy of Language*. Berlin: Mouton de Gruyter; Ponzio, Augusto. 1993. *Signs, Dialogue, and Ideology*, Eng. trans. and ed. S. Petrilli. Amsterdam: John Benjamins.

95 Morris, Charles W. 1942. *Paths of Life. Preface to a World Religion*. New York: Harper; Morris, Charles W. 1948. *The Open Self*. New York: Prentice-Hall.

96 Morris, Charles W. 1956. *Varieties of Human Value*. Chicago: The University of Chicago Press.

97 Morris, Charles W. 1964. *Signification and Significance: A Study of the Relations of Signs and Values*. Cambridge, Mass.: MIT Press.

98 与语言学研究以语言和言语两个层面为对象有所不同，符号学视域下的符构侧重的是符号与符号之间的关系，既包括人类符号，也包括动物符号，统辖在由人类符号域与动物符号域构成的生物符号之下；符号学视域下的符义侧重的是符号与所指、意指、意义之间的关系，同样统辖在生物符号域之下；符号学视域下的符效（尤其是皮尔斯符号学，因为早在19世纪70年代皮尔斯就制定了实用论或实效论准则，规定了科学探究的原则，即探究符号或概念在使用过程中产生的总体效应），侧重的是符号与使用者、符号使用产生的效应之间的关系，故侧重点在实际效应而非使用。这是当前语言学界和日常哲学界误读了皮尔斯和莫里斯有关符效论思想的根源所在。——译者注

99 Morris, Charles W. 1970. *The Pragmatic Movement in American Philosophy*. New York: George

第五章 实效－伦理维度下新的语言研究路径

Braziller.

100　Petrilli, Susan. 1988. *Significs, Semiotica, Significazione*, Intro. by Thomas A. Sebeok. Bari: Adriatica; Petrilli, Susan. 1999. Charles Morris's Biosemiotics. *Semiotica* 127 – 1/4, pp. 67 – 102; Petrilli, Susan. 2000. Charles Morris. In Jef Verschueren, Jan-Ola Östaman, Jan Blommaert & Chris Bulcaen, eds., *Handbook of Pragmatics* 2002, pp. 1 – 26. Amsterdam, Philadelphia: John Benjamins; Petrilli, Susan. 2004. From Pragmatic Philosophy to Behavioural Semiotics: Charles W. Morris after Charles S. Peirce. In S. Petrilli, ed. *Ideology, Logic, and Dialogue in Semioethic Perspective.* In *Semiotica* 148 – 1/4, pp. 277 – 316; Morris, Charles W. 1938. *Foundations of the Theory of Signs.* In *International Encyclopedia of Unified Science* I (2). Chicago: University of Chicago Press; It. trans. by F. Rossi-Landi. *Lineamenti di una teoria dei segni.* Turin Paravia, 1954. New ed. by S. Petrilli, Lecce: Manni, 1999; and Lecce: Pensa Multimedia, 2009; Morris, Charles W. 1948a. *The Open Self.* New York: Prentice-Hall; *L'io aperto. Semiotica del soggetto e delle sue metamorfosi*, It. trans. & Intro., Charles Morris e la scienza dell'uomo. Conoscenza, libertà, responsabilità, pp. vii – xxvi, by S. Petrilli. Bari: Graphis, 2002; new revised Italian edition Lecce: Pensa Multimedia, 2017; Morris, Charles W. 1988. *Segni e valori. Significazione e significatività e altri scritti di semiotica, etica ed estetica*, It. trans. and Intro. by S. Petrilli. Bari: Adriatica; Morris, Charles W. 2000. *Significazione e significatività*, It. trans., ed. and Intro. S. Petrilli. Bari: Graphis.

101　Rossi-Landi, Ferruccio. 1953. *Charles Morris.* Milan: Bocca; Milan: Feltrinelli; Rossi-Landi, Ferrucio. 1961. *Significato, comunicazione e parlare comune.* Padua: Marsilio; Rossi-Landi, Ferrucio. 1972. *Semiotica e ideologia.* Milan: Bompiani; Rossi-Landi, Ferrucio. 1975. *Charles Morris e la semiotica novecentesca.* Milan: Feltrinelli Bocca; Rossi-Landi, Ferrucio. 1975. Signs about a Master of Signs. *Semiotica* 33 – 2, pp. 115 – 197; Rossi-Landi, Ferrucio. 1992. *Between Signs and Non-Signs.* Amsterdam: John Benjamins.

102　Schaff, Adam. 1960. *Wstęp do semantyki.* Warsaw: Panstwowe Wydawnictwo Naukowe; *Introduction to Semantics*, Eng. trans. by O. Wojyasiewics. Oxford: Pergamon Press, 1962.

103　Ponzio, Augusto. 1973. *Produzione linguistica e ideologia sociale.* Bari: De Donato.

104　Ponzio, Augusto. 1973. *Produzione linguistica e ideologia sociale.* Bari: De Donato. New expanded French edition, *Production linguistique et idéologie sociale.* Candiac (Québec): Les Editions Balzac, 1992.

105　Rossi-Landi, Ferruccio. 1968. *Il linguaggio come lavoro e come mercato.* Milan: Bompiani. [5th ed. by Augusto Ponzio, 2003]; *Language as Work and Trade*, Eng. trans. by M. Adams et al. South Hadley (Mass.): Bergin and Garvey, 1983.

106　Petrilli, Susan. 1992. *Social Practice, Semiotics and the Sciences of Man: The Correspondence Between*

163

Morris and Rossi-Landi. In *Semiotica*. Special Issue 88 (1/2), Intro. by S. Petrilli, pp. 1 – 36; Rossi-Landi, Ferruccio. 1992. *Between Signs and Non-signs*, ed. and Intro. by S. Petrilli, pp. ix – xxix. Amsterdam: John Benjamins.

107 Rossi-Landi, Ferruccio. 1972. *Semiotica e ideologia*. Milan: Bompiani.

108 Rossi-Landi, Ferruccio. 1975. *Linguistics and Economics*. The Hague, Paris: Mouton.

109 Rossi-Landi, Ferruccio. 1985. *Metodica filosofica e scienza dei segni. Nuovi saggi sul linguaggio e l'ideologia*. Milan: Bompiani.

110 Rossi-Landi, Ferruccio. 1992. *Between Signs and Non-signs*. Amsterdam: John Benjamins.

111 18世纪苏格兰经济学家、哲学家,被誉为现代经济学之父。1723年出生于苏格兰海关官员家庭;14岁考入格拉斯哥大学修习数学和哲学,但对经济学产生兴趣;17岁时转入牛津学院,1748年到爱丁堡大学讲授修辞学与文学;1751—1764年回格拉斯哥大学执教,将伦理学讲义经修订于1759年以《道德情操论》为名出版;1764年他辞了教授,担任私人教师,并在欧洲结识伏尔泰等名流;1767年他辞职写作《国富论》,9年后《国富论》出版;1787年他出任格拉斯哥大学校长;1790年逝世于苏格兰爱丁堡。关于亚当·斯密,有一点不太为人所知,即他首先是一位语言学家,一生中到底写过多少篇语言学论文不太为人所知,因为他极少发文章,不但不让学生记课堂笔记,还喜欢自毁作品,生怕别人洞悉自己的想法,但有一点可以确定:早在1750年左右,他就讲过有关语言缘起的问题,后在1761年发表《有关语言缘起的思考》,又于1762年发表了缩写版《论语言缘起和进步》。有关这两篇文章的详细内容,参见贾洪伟. 2014. 亚当·斯密有关语言缘起的学说[J]. 天津外国语大学学报2,第12~18页。在语言学研究中,他从语音的系统性归纳出系统性观点,从语言词汇与形态发展角度归纳出个体与整体发展的思想,从语言演变和发展角度归纳出过程性思想,并将这些思想融入《国富论》的写作之中。在经济学上,他反对重商主义,支持放任自由的经济政策,主张通过市场竞争、供求关系和自我利益方式调节市场活动的自由市场制度。但是,他在经济学上的最大贡献则在于系统性、个体与整体发展的关系、生产过程等观点。——译者注

112 英国古典政治经济学的主要代表人物,也是英国古典政治经济学的完成者。早期,他身为证券交易所经纪人,后受《国富论》影响,引发了对经济学的兴趣,遂关注货币、价格、税收等问题,代表作为1817年完成的《政治经济学及赋税原理》。他在经济理论上的贡献主要在于发展了比较研究的方法论学说,为现代经济学的发展和研究提供了方法论支持。总体上,他主张自由贸易,提倡自由经济制度,发展自由主义经济理论,限制政府的活动范围,减轻赋税,提升经济活力。——译者注

113 Rossi-Landi, Ferrucio. 1961. *Significato, comunicazione e parlare comune*. Padua: Marsilio, 1980. [New editions by A. Ponzio, 1998, 2006.]

114 英国哲学家、分析哲学创始人,被认为是20世纪最有影响力的一位哲学家,曾师从哲学家罗素,主要研究数学哲学、精神哲学、语言哲学,代表作为《逻辑笔录》(1913)、《逻辑哲学导

论》（1922）、《蓝皮书》（1933—1934）、《褐皮书》（1934—1935）、《哲学研究》（1936—1945）等。——译者注

115 德国科学家、哲学家，早年在慕尼黑大学修习数学和物理，1907 年获得博士学位，后在大学教授数学、哲学和科学史，于 1920 年获得慕尼黑大学教授席位。他通常被波普尔等人定性为传统主义者，也偶尔被称为激进的传统主义者，自己则自我界定为批判的传统主义者。他反对爱因斯坦的相对论，因此遭到德国物理学界和数学界的冷落。——译者注

116 操作主义是现代西方科学哲学学说，主张以操作行为定义科学概念。20 世纪初，皮尔斯提出有关思想，认为一个概念或命题的意义在于一套与之相应的科学实验操作和经验行为，因而确定某一概念的意义的过程就是对这一概念的对象开展一系列操作过程。后来，布里奇曼根据相对论、量子力学等物理学新发现，对皮尔斯的观点做了重大发挥，但核心仍是对概念的操作分析，认为一切科学概念均以经验为基础，经验就是经验着的人的活动，即行为和遭遇，皆由一系列操作构成。因此，确定一个概念的意义的基本方法不是指出这一概念所反映的客观实在内容，而是指出与使用这个概念相关的一套操作。实质上，操作主义的核心内涵就是皮尔斯提出的实效论准则，参见前文注释。——译者注

117 Rossi-Landi, Ferrucio. 1968. *Il linguaggio come lavoro e come mercato*. Milan：Bompiani. [5th ed. by Augusto Ponzio, 2003]；*Language as Work and Trade*, Eng. trans. by M. Adams et al. South Hadley (Mass.)：Bergin and Garvey, 1983.

118 Ponzio, Augusto. 1973. *Produzione linguistica e ideologia sociale*. Bari：de Donato.

119 Petrilli, Susan. 1992. *Social Practice, Semiotics and the Sciences of Man: The Correspondence Between Morris and Rossi-Landi*. *Semiotica*. Special Issue 88 (1/2).

120 Rossi-Landi, Ferruccio. 1972. *Semiotica e ideologia*. Milan：Bompiani；Rossi-Landi, Ferruccio. 1973. *Ideologies of Linguistic Relativity*. The Hague：Mouton；Rossi-Landi, Ferruccio. 1975. *Linguistics and Economics*. The Hague, Paris：Mouton；Rossi-Landi, Ferruccio. 1978. *Ideologia*. Milan：ISEDI；*Marxism and Ideology*. Eng. trans. from the 1982 edition by R. Griffin. Oxford：Clarendon Press.

121 Rossi-Landi, Ferrucio. 1967 – 1972. *Ideologie*. Journal directed by F. Rossi-Landi. Rome：Edizioni di Ideologie；Rossi-Landi, Ferrucio. 1985. *Metodica filosofica e scienza dei segni. Nuovi saggi sul linguaggio e l'ideologia*. Milan：Bompiani.

122 Sebeok, Thomas A. 2001. *Global Semiotics*. Bloomington：Indiana University Press.

123 Petrilli, Susan；Ponzio, Augusto. 2001. *Thomas Sebeok and the Signs of Life*. London, UK：Icon Books；Petrilli, Susan；Ponzio, Augusto. 2002. *I segni e la vita: La semiotica globale di Thomas Sebeok*. Milan：Spirali；Petrilli, Susan；Ponzio, Augusto. 2017. Semioethics as a vocation of semiotics. In the Wake of Welby, Morris, Sebeok, Rossi-Landi. In *Semiotics and Its Masters*, Vol. 1, Proceedings of the 12th World Congress of Semiotics (Sofia, Bulgaria, 2014). Boston, Berlin：Walter de Gruyter Mouton, 2017. Petrilli, Susan. 2014. *Sign Studies and Semioethics：*

Communication, *Translation and Values*. Berlin, Boston: Mouton de Gruyter; Petrilli, Susan. 2018. *I segni, le lingue, le parole: Leggendo insieme Thomas Sebeok e Ferruccio Rossi-Landi*, pp. 5 - 11 (double columns), *Cultura & Comunicazione: Lingue, Linguaggi e Comunicazione/ Mass media/ Didattica / Cultura (C&C)*, VIII, 12. Perugia: Guerra Edizioni.

124　Ponzio, Augusto. 1990. *Man as a Sign: Essays on the Philosophy of Language*. Berlin: Mouton de Gruyter.

125　Petrilli, Susan; Ponzio, Augusto. 2005. *Semiotics Unbounded: Interpretive Routes through the Open Network of Signs*. Toronto: Toronto University Press. （首先，原文本第111页和参考文献中有关信息有错，副标题中的介词应该是"through"，而不是"in"，译者已经更正；其次，该书已有汉译本，具体信息为：苏珊·佩特丽莉、奥古斯托·庞其奥. 2015. 打开边界的符号学——穿越符号开放网络的解释路径［M］. 王永祥、彭佳、余红兵译. 南京：译林出版社；再者，译者觉得"Semiotics Unbounded"译为"无边界符号学"好一些，因为"打开边界的符号学"蕴含着"符号学原本存在边界"以及"人类主体性——打开边界"的信息；最后，符号学中的"interpretive"一般译为"阐释"，以图与"解释""翻译""口译"等区别开来。——译者注）

126　虽然作者将新提出的能释符与所释符同对象一起构成了一个新的三元关系：对象-所释符-能释符，其中（1）能释符与所释符仅相当于皮尔斯三元关系中"符号"的三个层次，因而作者提出的这一三元关系就变成了一个拥有两个符号层次的二元关系：对象-符号（所释符-能释符）；（2）作者将符号分为能释符与所释符两个层面，如果严格地融入皮尔斯三元阐释关系之中，可以说是一种推进，但似乎仅是仿照皮尔斯的三元关系生成的另一种模式，因而就不免落入伪三元关系的二元对立格局；（3）有关围绕能释符与所释符展开的符号生存关系机制，其实就是皮尔斯侧重阐释过程的无限符指过程，那么似乎就没有必要另外杜撰两个新术语（且其中的能释符又与皮尔斯的解释项同形，容易产生混淆）指称固有的符号关系了。——译者注

127　Petrilli, Susan. 2014. *Riflessioni sulla teoria del linguaggio e dei segni*. Milan: Mimesis.

128　代表项（representamen）为皮尔斯显像学的重要术语，也是皮尔斯符号学前段（即1898年前）的重要术语，后由符号取代。从皮尔斯显像学和前期符号学的角度看，代表项与表征（representation）之间为部分与整体、具体与抽象、特殊与一般之间的关系，就如同符号与符指过程、显像素（phaneron）与显像学（phaneroscopy）之间的关系一样。——译者注

129　Peirce, Charles S. 1931 - 1958. *Collected Papers of Charles Sanders Peirce* (i 1866 - 1913), Vols. I - VI, ed. by C. Hartshorne & p. Weiss, 1931 - 1935, Vols. VII - VIII, ed. by A. W. Burks, 1958. Cambridge, Mass.: The Belknap Press, Harvard University Press.

130　基底这一术语为皮尔斯符号学1898年所使用的重要术语，与对象-主体构成三元关系，即对象-主体-基底，用皮尔斯自己的话说：表征蕴含的首先是一个所表征的对象(*object*)，其次

第五章 实效-伦理维度下新的语言研究路径

是一个思维体,或从个人要素抽象出来且符号用以呈现自身(即于自身或他者)的表征,我将之称作主体(*subject*),再者一个基底或理性(*Ground* or *Reason*)决定着符号可以将这一对象呈现给这一主体。｛*W* 1：327 [Peirce, Charles S. 1982 - . *Writings of Charles S. Peirce: A Chronological Edition*, 6 vols. (to date), the Peirce Edition Project (eds). Bloomington：Indiana University Press.]｝另外,有关皮尔斯早期符号学概念的详细内容,参见 Bergman, Mats. 2003. Peirce's Derivations of the Interpretant. Semiotica 144 - 1/4, pp.1 - 17. ——译者注

131 Peirce, Charles S. 1931 - 1958. *Collected Papers of Charles Sanders Peirce* (i 1866 - 1913), Vols. I - VI, ed. by C. Hartshorne & p. Weiss, 1931 - 1935, Vols. VII - VIII, ed. by A. W. Burks, 1958. Cambridge, Mass.：The Belknap Press, Harvard University Press.

132 Petrilli, Susan; Ponzio, Augusto. 2005. *Semiotics Unbounded: Interpretive Routes in the Open Network of Signs*. Toronto：Toronto University Press.

133 Petrilli, Susan. 2004. From Pragmatic Philosophy to Behavioural Semiotics：Charles W. Morris after Charles S. Peirce. S. Petrilli, ed. *Ideology, Logic, and Dialogue in Semioethic Perspective*. In *Semiotica* 148 - 1/4, pp. 277 - 316.

134 Hardwick, Charles (ed. with the assistance of J. Cook). 1977. *Semiotic and Significs: The Correspondence between Charles S. Peirce and Victoria Lady Welby*. Bloomington-London：Indiana University Press.

135 Peirce, Charles S. 1931 - 1958. *Collected Papers of Charles Sanders Peirce* (i 1866 - 1913), Vols. I - VI, ed. by C. Hartshorne & p. Weiss, 1931 - 1935, Vols. VII - VIII, ed. by A. W. Burks, 1958. Cambridge, Mass.：The Belknap Press, Harvard University Press.

136 该文不但是从范畴角度论述符号学思想的发端,也是皮尔斯基于黑格尔普遍范畴思想论述显像学范畴观的始发点,因而是皮尔斯符号学和显像学的发端之文。该文写作于 1867 年,但发表于 1868 年,故后世学者编辑皮尔斯文集之时,通常将其算作 1867 年的成果。有关该文的详细信息,参见 Peirce, Charles Sanders. 1868. On a New List of Categories. *Proceedings of the American Academy of Arts and Sciences* 7. Boston and Cambridge：Welch, Bigelow, and Company, pp. 287 - 298. ——译者注

137 皮尔斯曾对解释项做出多种分类,其中较为成型且可靠的有如下几组:直接解释项-动态解释项-终端解释项、情感解释项-能量解释项-逻辑解释项、意图解释项-效应解释项-交际解释项,另有其他零散的解释项若干。——译者注

138 Hardwick, Charles (ed. with the assistance of J. Cook). 1977. *Semiotic and Significs. The Correspondence between Charles S. Peirce and Victoria Lady Welby*. Bloomington-London：Indiana University Press.

139 Bakhtin, Mikhail M. 1970 - 1971. From Notes Made in 1970 - 71. trans. in M. Bakhtin. 1986. *Speech Genres & Other Late Essays*, ed. by C. Emerson and M. Holquist, Eng. trans. by V. W.

McGee. Austin: Austin University of Texas Press, pp. 132 – 158; Ponzio, Augusto. 2004. *Semiotica e dialettica*. Bari: Edizioni dal Sud; Ponzio, Augusto. 2006. *The Dialogic Nature of Sign*. Ottawa, Toronto, New York: Legas.

140 Ponzio, Augusto. 1990. *Man as a Sign: Essays on the Philosophy of Language*. Berlin: Mouton de Gruyter.

141 Peirce, Charles S. 1931 – 1958. *Collected Papers of Charles Sanders Peirce* (i 1866 – 1913), Vols. I – VI, ed. by C. Hartshorne & p. Weiss, 1931 – 1935, Vols. VII – VIII, ed. by A. W. Burks, 1958. Cambridge, Mass.: The Belknap Press, Harvard University Press.

142 Vološinov [Voloshinov], Valentin N. 1926. La parola nella vita e nella poesia. In *Bachtin e il suo circolo* 2014, pp. 271 – 333.

143 Voloshinov, Valentin N. 1929. *Marksizm i filosofija jazyca. Osnovnye problemy sociologič̆eskogo metoda v nauke o jazyke*. Moscow-Leningrad: Priboj. 2nd ed. 1930; *Marxismo e filosofia del linguaggio*, M. De Michiel (trans.), A. Ponzio (ed.). Lecce: Manni, 2010; now in Russian & Italian in Bachtin e il suo circolo 2014, 1461 – 1839; *Marxism and the Philosophy of Language*, Eng. trans. L. Matejka and I. R. Titunik. New York, London: Seminar Press, 1973. New edition, 1986; *Marxisme et philosophie du langage* [1930], p. Sériot & I. Tylkowski-Ageeva (eds.), bilingual Russian/French edition, Limoges: Lambert-Lucas, 2010.

144 Morris, Charles W. 1964. *Signification and Significance: A Study of the Relations of Signs and Values*. Cambridge, Mass.: MIT Press.

145 Welby, Victoria. 1893. Meaning and Metaphor. *The Monist* 3 (4), pp. 510 – 525; Welby, Victoria. 1896. Sense, Meaning and Interpretation. *Mind* 5 (17), pp. 24 – 37; 5 (18), pp. 186 – 202.

146 英国政治家,1831年娶路特兰第五公爵约翰·曼迪斯(John Manners)之女;1832年任法国围攻安特卫普事件的观察员,曾写过该事件的报道;1844年于一次狩猎中早亡。——译者注

147 英国士兵、政治家,为首相约翰·斯图亚特(John Stuart)之孙,于1834—1835年在罗伯特·皮尔爵士(Sir Robert Peel)领导下担任枢密院勋爵,于1841—1845年担任枢密院院长。——译者注

148 路特兰第五公爵约翰·曼纳斯(John Manners)之女,英国女诗人、女作家,作品以《美国之旅》(*Travels in the United States*)最为知名;自1844年丈夫早亡后,带着幼女(幼年维尔比夫人)开始游历世界;1855年10月在追寻早期基督教徒足迹,穿越奥特曼帝国时染病身亡。——译者注

149 该教名由三部分构成(1)教母赐名——维多利亚·亚历山大,(2)圣名——玛利亚·路易莎,(3)闺名——斯图尔特·沃特利。——译者注

150 Welby, Victoria. 1852. *A Young Traveller's Journal of a Tour in North and South America during the Year 1850*. With numerous illustrations by the authoress engraved by T. Bolton. London: T.

第五章 实效-伦理维度下新的语言研究路径

Bosworth.

151　Welby, Victoria. 1881. *Links and Clues*. London: Macmillan & Co. 2nd ed. 1883.

152　Welby, Victoria. 1892. *A Week's Morning and Evening Prayers for Families and Institutions*. London: Kent & Co.

153　Welby, Victoria. 1897. *Grains of Sense*. London: J. M. Dent.

154　Welby, Victoria. 1983〔1903.〕*What Is Meaning?: Studies in the Development of Significance*. Amsterdam/ Philadelphia: John Benjamins; Welby, Victoria. 1985. *Significs and Language*. Amsterdam-Philadelphia: John Benjamins. 〔Includes Welby's monograph of 1911, *Significs and Language* and a selection of other writings by her.〕

155　Petrilli, Susan. 2009. *Signifying and Understanding: Reading the Works of Victoria Welby and the Signific Movement*. Berlin: Mouton.

156　Cust, Mrs. Henry (Elizabeth). 1928. *Wanderers: Episodes From the Travels of Lady Emmeline Stuart-Wortley and Her Daughter Victoria*, 1849 – 1955, Preface by Sir Ronald Storrs. London: Jonathan Cape.

157　Welby, Victoria. 1929. *Echoes of Larger Life: A Selection from the Early Correspondence of Victoria Lady Welby*, ed. and Intro. Mrs. H. Cust. London: Jonathan Cape.

158　Welby, Victoria. 1931. *Other Dimensions: A Selection from the later Correspondence of Victoria Lady Welby*, ed. Mrs. H. Cust, Intro. L. p. Jacks. London: Jonathan Cape.

159　Hardwick, Charles (ed. with the assistance of J. Cook). 1977. *Semiotic and Significs. The Correspondence between Charles S. Peirce and Victoria Lady Welby*. Bloomington-London: Indiana University Press.

160　Schmitz, Walter H. 1985. Victoria Lady Welby's Significs: The origin of the signific movement. In V. Welby. *Significs and Language*. Amsterdam-Philadelphia: John Benjamins, ix – ccxxxv.

161　Petrilli, Susan. 2009. *Signifying and Understanding: Reading the Works of Victoria Welby and the Signific Movement*. Berlin: Mouton.

162　硬科学（the hard sciences）其实就是自然科学，如物质科学、电机工程等，与软科学（如语言学、心理学、社会学）对立而存在。——译者注

163　Hardwick, Charles (ed. with the assistance of J. Cook). 1977. *Semiotic and Significs: The Correspondence between Charles S. Peirce and Victoria Lady Welby*. Bloomington-London: Indiana University Press.

164　Welby, Victoria. 1893. Meaning and Metaphor. *The Monist* 3 (4), pp. 510 – 525.

165　Welby, Victoria. 1896. Sense, Meaning and Interpretation. *Mind* 5 (17), pp. 24 – 37; 5 (18), pp. 186 – 202.

166　Tönnies, Ferdinand. 1899 – 1900. Philosophical Terminology (I – III), ("Welby Prize Essay", trans. by Mrs. B. Bosquanet). *Mind* 8 (31 – 32): 286 – 332, 467 – 491; 933): 46 – 61.

167 德国社会学家，他的理论观点调和了社会的有机契约观与社会契约观之间的关系。自1881年任基尔大学教师，期间知名的成果为《社群与社会》（1887）。在英国，他因英语编著的17世纪哲学家霍布斯的文集而闻名。意志观念为特恩尼斯社会学的核心概念。他提出了涉及对一个行为的内在价值加以判断而非侧重实践性的自然意指概念，以及涉及为达到特定目的而下意识选择手段的理性意志概念。他认为，自然意志体现在社群之中，由传统规则和普遍存在的团结意识来维护，与社会团结的有机论相契合，而社群倾向于进化为以理性意志为基础的社会，其中理性的自我利益为其最大的驱动力。社会团结要由有意制定的规章制度来维系，这可以从社会契约论的角度来解释。在实践中，所有的社会均表现出这两种意志类型，因为人的行为既并非完全本能的，也并非完全理性的。

虽然特恩尼斯否认极权主义（也包括他自己国际的纳粹主义），并在所有社会关系中发现了某种程度的自愿主义，但他坚信每个社会组织都有集体意志，呈现出自然意志和理性意志的不同层面。对他来说，一个极权社会的"公众舆论"表达的是对执行某些社会和政治行为或弃权的共同意志，蕴含的是对持异见者实施制裁。——译者注

168 Baldwin, James M. (ed.) 1901 – 1905. *Dictionary of Philosophy and Psychology*, 3 Vols. New York: Macmillan.

169 Welby, Victoria. 1902. Translation, in J. M. Baldwin. 1901 – 1905. *Dictionary of Philosophy and Psychology*, Vol. 2, p.712.

第六章 同类交际之外的交际

1. 话语、文本、阐释

巴赫金 (Mikhail M. Bakhtin, 1895 – 1975) 将与话语和文本相关的词汇主题化。巴赫金的哲学是一种词汇哲学。但是，此处所指的词汇并非在语言系统框架下看待的词汇——理解为语言"死细胞"，与句子相关的词汇。句子为语言学的研究对象，不属于任何人，也不能转给任何人，被剥夺了语境，被剥夺了隐含意义，被剥夺了语调，因此，句子就被剥夺了含义（参见 Petrilli, 2016: Ch. 4 &11）[1]。

唯有与话语和文本相关联，词汇才能转向他者，才需要倾听。这是具有活话语属性的词汇。如此理解的词汇——活性词汇，也就是话语，通常带有腔调、语调，且成为与意指义不可分割的意指过程之重心。其中，意义与价值观会在彼此的相互关联之中得以确认。事实上，话语是篇章话语的活细胞，是一种动态的交际复合体，被赋予了句子被剥夺的一切要素。尤其重要的是，话语被赋予了含义，且正因为如此，话语才易于被误解。

句子需要从识别——辨识的角度来理解。句子与理解－识别言语（即语言）中重复出现的要素是一回事，而话语和产生活性词汇不可重复性含义的话语所需要的理解是另一回事。在《1970—1971 年散记》（"From Notes Made in 1970 – 71", Bakhtin, 1986: 132 – 158）[2] 一文中，巴赫金指出，篇章话语的每一个要素都要在两个层面加以感知，其一为句子可重复性层面——语言的死细胞，其二为话语不可重复的层面——词汇的活细胞。

巴赫金认为，语言通过话语——活性词汇，参与逻各斯域

(logosphere)³ 中的历史不可重复性和非终结的总体性（Bakhtin, 1986:134）。话语、含义、回应性理解（或负责性理解）、被赋予含义的音响（即词汇），都是一个特殊逻各斯域的一部分，都是开放性与非终结性整体的一部分，都是统一、持续、形成过程的一个结构（参见 Bakhtin, 1990)⁴。

与被巴赫金视为一个孤立单位的符号概念相比，他的文本概念所辖范围更广泛。尽管如此，同符号一样，文本只能在更广阔的语境中才能繁盛和理解，即文本之间辩证/对话关系构成的互文语境。文本的意义通过与其他文本之间的互动，沿着其他文本的边界发展。正如巴赫金在1959至1961年写作的一篇论文《语言学、语文学和人文科学中的文本问题——一项哲学分析实验》（"The Problem of the Text in Linguistics, Philology, and the Human Sciences: An Experiment in Philosophical Analysis"）⁵ 中所言："（此乃）文本之内与文本之间的对话关系，其本质是特殊的（但非语言本质），而是对话与辩证本质。"（Bakhtin, 1986:105)⁶

这一文本概念蕴含的是在语言文化生活中得以充分发挥离心操作力（与向心操作力对立存在）的一种语言理论⁷。事实上，这一研究路径中的核心概念包括他者性、多义性，以及对话性、倾听和回应性，所有这些概念都被主题化为符号的构成性因素，都被主题化为符号同一性的构成性因素，因此也被主题化为由符号构成的语言和文本的构成性因素（参见 Petrilli, 2010: 49-85, 137-158; Petrilli, 2012; Ponzio, 1990)⁸。阅读巴赫金的过程中，我们在他强调语言和交际中对话性和回应性的众多有趣段落中发现另一段有力的论据："以这样的方式被听到，业已是一种对话关系。词汇想要被听见，被理解，被回应，进而再对回应做出回应，依此类推，循环反复。"（Bakhtin, 1986:127; 亦见 Bakhtin, 1981)⁹

通过语言表达的意义，不论是言语还是非言语表达的意义，都是作为一种意指路径以及一种阐释路径。通过与其他阐释路径的持续性对话接触，即这些路径在巨大的符号网络中出现和形成的时候，与其他意指路径的持续性对话接触，这一阐释路径可以立刻被很好地描绘出来，但同时又要受到持续性延展和变化的影响。这解释了符号的不确定性、开放性和符义的柔韧性。事实上，这些符号唯有在对话关系的语境中才得以繁盛，也就是说唯有在回应性他者以及倾听的他者关系之中，符号才得以繁盛。

172

第六章 同类交际之外的交际

现场交际中的"话语"意义上的词汇需要倾听,这就意味着词汇需要一种回应,因而反过来词汇也是一种回应。作为一个符号网络中的一个意指轨迹,作为通过符号之间持续性的相互对话关系,以及与其他阐释路径之间的对话性交换,作为立即描述出来且要受到持续性变化和延展的一个阐释路径,意义生成就是在这样的相互关联之间产生的。在对话性的关系之中,符号得以繁盛,因此就具有不确定性、开放性和符义灵活性的特征。

文本是由阐释轨迹构成的,而阐释轨迹通常包括言语与非言语符号,且并不存在符号类型或历史自然语言角度上的边界。所有的符号都可以参与跨越系统边界的阐释过程,因此意义生成过程具有无限的潜在性。然而,在(由言语和非言语符号系统构成的)全球符号网络中,仅有一小部分符号被某一特定历史自然语言,或更严格地说,被某一给定的具体语言中的任何一位阐释者激活。尽管如此,所有阐释过程必然是同一个全球符号网络的一部分,因此,如果这一网络中的某一点被确认有所中断,那么,这只能是因为阐释者停止了阐释。但是,事实上,在任何给定的情况下,全球符号网络中只有一小部分的阐释轨迹被激活,这是制约包括历史自然语言在内所有符号系统的经济性问题。

此外,一个文本的阐释,不论是口头文本还是文字文本,未必需要言语解释项,更不用说文字解释项了。

在此,参照巴赫金的思想,亦如所料,我们对两类解释项做了一般性的区分。识别解释项能够辨识符号,与信号、符码和符号系统相关联。"回应性理解"(或"负责性理解")解释项即阐释含义或实际意义的符号具体解释项。第二类解释项并不局限于识别所释符号,反倒是表达所释符号的确切符效意义,并赋予所释符号一种融入和参与性关系,即能释符号对所释符号做出回应,并对其采取一种立场(参见 Petrilli, 2013:274-275;亦见 Petrilli and Ponzio, 2005:6-10)[10]。只有在极少数的情况下,言语或文字解释项才是一枚识别解释项。譬如,在口头交际中因噪音过大,干扰到顺畅交际之时,或者在文字文本因老化或语言过于专业而面临某种形式难以辨认这一问题之时,就会需要言语或文字解释项了。更为一般意义上的解释项就是*回应性理解的解释项*,也可以是非言语秩序的解释项,如图像、图表等,抑或是与具身相关联的符号,如手势、语调等。

因此，通过一个抽象过程，可以对阐释能力中的两个极加以区分，即单纯"信号性"层面的"识别"，其中的阐释工作仅涉及识别符号，因而也就在最低程度上涉及他者逻辑；在高度他者性逻辑上形成符号性（或符号特征）且涉及积极性、创造性、创新性、参与性和批判性阐释的"回应性理解"。回应性理解需要融入他者，需要平等观念，需要倾听他者。在识别/辨识需要占主导地位之时，阐释工作趋向于独白式、单一性、确定性和固定性的意义，即趋向于所谓的"信号性"，其中变化的程度最低；然而，更为一般意义上的解释项是*回应性理解的解释项*，如前所述，甚至可能具有非言语秩序的特征。

在《语言学、语文学和人文科学中的文本问题——一项哲学分析实验》（"The Problem of the Text in Linguistics, Philology, and the Human Sciences: An Experiment in Philosophical Analysis, 1959-1961"）[11]一文中，巴赫金区分了文本的"两极"，即理解为一套"符号系统"的"语言"——一套"语言系统"，以及"话语"：

> 文本有两极。每一个文本都预设了一个一般意义上理解的符号系统（即一个约定性的给定集体符号系统）——一门语言（如果仅是艺术语言的话）。如果文本背后不存在任何语言的话，就不是一个文本，而仅是一种自然（非意指的）现象，如缺乏任何语言（意指的）重复性的一个由自然喊叫和呻吟声构成的复合体。（……）
>
> 因此，每一个文本背后都有一套语言系统。文本中所有的内容都是可以重复和再现的，所有可重复和再现的内容——一个给定文本（即给定文本）外部可以重复的一切内容都要符合这一语言系统。但是，与此同时，每一个文本（作为一个话语）都是个体的、独特的且不可重复，并且文本的整个意指义均取决于这一特征（即文本的表述计划，也就是文本生成的目的）。(Bakhtin, 1959-1961: 105)
>
> 这就有可能走向第一极，即走向语言——作者的语言、体裁的语言、流派的语言、时代的语言；走向民族的语言（语言学），最终走向诸语言之中的一种潜在的语言（结构主义语言学、语符学）。这也可能走向第二极——走向文本不可重复的事件（Bakhtin, 1959-1961: 107）。[12]

作为话语的文本是一个独特的、不可重复的事件,因此就需要负责性理解的解释项。显然,正如指纹可以(在任何数量的样本中)被机械地复制一样,文本也可以被机械地复制(此为重印的情况),这是一种简单的需要识别解释项的活动类型。然而,"主体对文本的再现(一种面向文本的回归,一种重复性的重读,一种新的执行性的引用)是文本生命中一种新的不可重复性事件,是言语交际历史链中的一种新联系"(Bakhtin, 1959 - 1961: 106)。

2. 交际的显性悖论——言说即回应

为了交际,我们一定业已交际,这似乎是一个悖论。如果我们尚未开始交际,我们就无法交际了。这取决于我们目前为止所说的话。因而,我们需要指出的是,充当交际基础的交际类型并非与同类的交际,反倒是与他者的交际。他者性是交际的基础。毫无疑问,我们总是交流相同的东西,但交际真正需要的是交流新思想,即未预见到的他者性思想,呈现一种相对于日常交际的过度追求。

此外,一般意义上的言语交际并非源于自身,并不故步自封,也并不专门指向自身,因而也并非不具有自洽性(self-sufficiency)。一般意义上的言语交际顺从于非言语交际的信息,即顺从于非言语交际。不幸的是,与言语交际自洽性相关的偏见,当然是相对于非言语交际而言的,认为我们不能将这一面向他者类型的交际命名为非言语交际,但如果不以否定形式命名的话,更精确的另一个具体的术语却求而不得。

如果是在口头或文字交际中,我们所理解的话语或文字,通常取决于言语秩序所专属的能释符号/解释项符号。换言之,言语层面的回应未必仅仅取决于语言-言语秩序层面的符号关系和符号系统。说话者的话语是以先前的言语和非言语交际为基础的,且会出现在一个扩展性的符号网络之中,其中任何一门给定的历史自然语言仅占据有限的空间,正如预期所料一般。在我们说话和交际之时,这一"事件"之所以成为可能,则取决于此前确立的交际条件。我们甚至可以提出一种看似悖论性的说法,尽管悖论往往有助于证实事情的现状,即一旦人开口交际,交际就已发生。

不论是口头还是文字文本，文本的生产问题都是如此。不论是文字还是口头形式，言语并不构成交际关系，但如果任何事物批准、保持、通知、宣布或展示出交际关系，就提供了"混合词"（portmanteau words, Deleuze and Guattari, 1980）[13]，交际合作者就因而能够保持此类交际关系，得以相互认同，并表达维持和进一步发展这些交际关系的意愿。

此处所涉的一切与爱情宣言中所出现的一切近乎是一样的，即除非这一交际仅仅是一种约定俗成的行为，一种纯粹的形式（在这一情况下，这一交际就不再是一种爱情关系了），否则一旦发出爱情宣言，爱情关系就已经存在了。言下之意，爱情宣言仅是一个混合型词语，预示的是一种作为爱情回应的互补性混合词。一位教授在大学演讲厅开始演讲之时，要想成功地传达信息，就必然存在一种交际关系；尽管演讲可能趣味盎然、内容新颖、创新度高，但成功地传达内容取决的是演讲背后的含蓄性陈述："这是一场演讲，请接受演讲的内容。"一位孩童在通过言语与母亲开始交流之时，他与母亲之间的交流此前某一段时间就已存在了，且这一交流的意愿是强烈的，因为这也是孩童学习如何讲话的必要条件。

如果话语文本要形成自身存在的条件，如果话语文本具有自洽性，如果话语文本并不依赖于自身以外的任何其他要素，也就是说如果话语文本是自动生成的，就意味着所讨论的话语完全依赖于说话主体的主动性，以及主体所采用的语言系统。但是，事实是采取说话的主动性，即发挥说话主体的作用，在构建交际关系中并不具有优先性。每当出现一个主体，每当出现言语，即某一种形式的文本出现，交际业已产生，且说话主体所说的话是与交际所发生之时的交际内容密切相关的。

要说话，要成为说话主体，要做一位作者，文本总是要回应，对任何形式的文本来说，都是如此，因而，要回应就预设着倾听的能力。主体与文本可能构成和决定任何因素，但并不能构成和决定使主体和文本成为可能的条件。这已经从如下这一事实中显现出来，即每次主体开口说话之时，每次所谓的主体产生一个文本之时，这一主体都在回应（Petrilli, 2014: 169 - 194）[14]。此外，文本不能构成或决定有关接受，有关文本收听或阅读方式的任何事情。说话就是回应，说话只能预设某人在倾听，这清楚地说明了主动性并不属于主体，并不属于自我。因而，交际就是回应。

第六章 同类交际之外的交际

相反，主动性与他者相关联，即主体业已建立交际关系的他者，主体必须回应和负责的他者，但不仅仅局限于言语层面。换言之，回应不能仅仅归结为语言—言语秩序层面的关系和符号系统。他者应该允许倾听，这是文本赋予交际发生的首要条件，即文本间性（in-textuality）、文本之间的关系、文本互文关系。

说话主体采取的主动性非但不具有"独创性"和独立性，反倒具有他者相关性，说话主体所用的词汇取决于他者所用的词汇，说话主体所用的词汇具有异型依存性（hetero-dependent），也就是他者依存性，即说话主体业已建立交际关系的他者，说话主体做出回应的他者和说话主体要负责的他者。当下讨论的"他者"必须允许倾听，使之成为文本所赋予交际发生的一大首要条件，即*他者性和倾听是成功交际的必然条件*。

言语行为并不预设着另一言语行为的存在。我们知道，词语是一种回应，但对词语做出回应的那个回应——超出了一个形式性对话中回应的表层——并不会反过来变为一个词语，即一个言语文本，反倒是范围更广泛、并非由言语生成的一个交际情境。在交际性交换、"语言市场"层面伴随着言语和文本的行为，预设着不能反过来仅归结为言语和文本之间关系的社会关系——交际关系。换言之，生成词语之间关系的关系，未必是词语之间的关系。

我们目前阐述的内容所产生的一个直接的结果是，言语行为并非自洽的，反倒预设着非言语层面的交际条件。事实上，与"言语行为"（speech act）这一表述相比，我们更倾向于使用"言语行为过程"（verbal *action*）。首先，我们可以在*行为*（*act*）和*行为过程*（*action*）之间加以区分。此外，这些术语也可以被定性为"语言学层面"（linguistic）的术语，其中"linguistic"这一形容词形式派生自法语术语"*langage*"（语言行为）或意大利语术语"*linguaggio*"（语言行为）意义上的"language"（语言），是一种表述模态，不论是在言语还是非言语层面，但并非派生于理解为法语术语"*langue*"（语言系统）或意大利语术语"*lingua*"（语言系统）的"language"（语言），即语言系统。[15] 但是，回到"行为"与"行为过程"的这一区分，我们发现"行为过程"侧重的是主体，与主体意识密切关联，故行为过程具有意图性（intention）、程序性和确定性，同时预设着主体采纳的主动性；

177

相反,"行为"先于如此描述的行为过程而发生。主体被动地卷入行为之中,被迫施为,被迫做出决定,被迫承担主体责任。说话主体在用言语做事之时,在主体产生文本,履行一个言语行为过程之时,行为业已出现:言语的交际行为过程预设的是不能被归结为言语行为过程的一种交际行为,这种交际行为反倒是言语行为过程施为的必然条件。

3. 交际的"噪音"——显性意义与隐性意义

如果交际行为过程决定着交际行为过程自身的意义(*meaning*),那么,交际行为过程就并未决定交际行为过程自身的意指义(*significance*)。施为性行为过程(performative action)之所以能够成事,是因为施为性行为过程被*阐释为意指性行为过程*。

要产生意指义就要*被赋予价值*。价值不能由用自己行为过程意指的相同主体来赋予。如果除了具有意义,谴责这一施为性行为过程还能变成能够改变事物且影响事件进程的一个事件的话,就是因为这一施为性行为过程具有意指属性,就是因为这一施为性行为过程被赋予了含义和意指义,被赋予了指称价值、分量、含意。这一切预设了一个先前存在的交际行为,为施为性的行为赋予了这一价值。施为性言语行为过程必须被阐释为具有意义的行为过程,但为了成其为施为性行为过程,即能够产生一种效应,能够对存在的事物产生一种影响,能够以某种方式修正存在事物的行为过程,这一行为过程一定要接受事件发生时所赋予先在性和基础性关系的一种阐释。先在性(antecedence)指的是业已为施为性行为过程赋予意指义的阐释工作。

"意指义"是维尔比夫人用来与另外两个术语"含义"和"意义"共同构成意义三元关系的一个术语。维尔比夫人用她于19世纪80年代引入的一个新词"符指学",命名她原创性的意义和阐释理论的研究路径(参见 Welby,1983,1985;Petrilli,2009,2015)[16]。在这一术语框架下,行为过程的"意义"预设的是理解为派生于"意识""感知""感觉",而并非仅仅作为"方向""路向"的"含义"。要想施为,言语行为过程,如果并非必然要由施为的说话者——完成这一行为过程的任何人,也肯定要由一个给定交际语境内说话者所指向的交际合作者"意识到""感觉到""感知到"才行。

第六章 同类交际之外的交际

除了与倾听、感觉、感知相关联的"含义",言语行为过程也预设了"意指义"的存在。但是,与意指义不同的是,"含义"与意识相关联,更确切地说与感觉相关联,与情感或激情相关联。相反,"意指义"与一个给定社群内确立与盛行的一套价值观相关联。这可以是一个最小的社群,如一对夫妇,也可以是略微拓展、略微综合型的社群,如一个城市、一个国家、一个宗教群体、一个全球性财团、一个国际和平运动、欧盟、联合国、西方世界等。

罗西-兰迪(1961)[17]以及罗西-兰迪之前的巴赫金(参见 Voloshinov, 1926)[18]都对"显性意义"和"隐含意义"(implied meanings,参见 Bachtin e il suo circolo, 2014)做过反思。罗西-兰迪区分了"初始意义"——显性、直接交际的意义,与"附加意义"——隐性、未言之意,其中前者(初始意义——译者注)依存于后者(附加意义——译者注)。巴赫金声称,每一句话语都是一个"推论"(enthymeme),因为有些意义总是隐性的,如同在三段论里,两个前提中总有一个前提是隐性的,如"苏格拉底是人,因此他是会死的"。这就蕴含着"所有的人都是会死的"之意。

如罗西-兰迪和巴赫金的著述所示,理解为"隐含意义"的"附加意义"与价值观密切相关。更确切地说,在交际成功之时,就话语产生以及由话语引发的回应性理解的实例而言,这是以交际关系中交际合作者所隐含和共享的价值观为基础的。因为交际就是一个"话语",就是一个"施为性行为过程",这一话语,这一施为性行为过程不仅被赋予了意义,而且被赋予了意指义。我们知道,莫里斯(1964)[19]也对术语"意义"的双重接受做了广泛性的反思:事实上,这一术语可以被理解为意指过程,理解为某事物在符义意义上意指的过程,理解为意指义,理解为意指事物所具有的价值,即价值论意义上的价值。维尔比夫人也使用"意指义"这一术语,指称涉及价值观的隐含意义,将其引入意义三元关系,作为其他两种意义——"含义"和"意义"之后的第三个术语(参见 Morris, 1964: 65-66, 91, 103-104)。

言语行为过程从符义和符效层面阐明"显性意义"或"初始意义",预设了"隐含意义"或"附加意义"的存在,还辅以"意指义"这一术语对前后二者加以区分。

虽然言语行为过程的"意义",即符义和符效层面的显性意义,掌握在说话主体——作者的手中，然而"意指义"（言语行为过程赖以发挥施为性的意义）是隐含的，因此在言语行为过程和说话者意图方面具有先在性。不论如何，即使说话者并未对理解、阐释某人话语的方式加以控制，由参与交际性交换的人归属为言语或非言语行为过程的意指义，一个词语、一个话语的含义，即意识到、感觉到、感知到这个词的方式，在一定程度上可由主体来决定。譬如，为了达到这一目的，语言在修辞或演讲层面具有权宜性选择供说话者支配。但是，意指义并非如此。意指义预设了先于说话主体以及主体所说文本而存在的交际语境。

言语行为过程可以从意指义角度，通过质疑甚至替换固有价值观的方式，修改或颠覆先前存在的交际语境。但是，这通常会发生在所涉价值观不再被认为是理所当然的，不再处于隐含状态的一个交际语境之中。一旦出现这种状况，所涉的价值观就会变成主题化、讨论和批判的直接对象。只要一种交际关系得以持续，不论所涉的是一种最小型的关系，如夫妻，还是一种拓展型的关系，如大型社区，言语行为过程的意指义都由一个给定语境中隐含的价值观来确定。在意指义受到词汇层面的质疑时，惯性的交际语境——熟悉且通常情况下认为理所当然的语境就会处于危机之中。

言语行为过程取决于交际情境。实际上，交际情境允许甚至需要提出和发展新的价值论参考，激活新的价值观以及新的相关交际计划，尤其是在价值观与社会实践陷入危机之时。如果质疑隐含的交际价值观这一行为，不仅是合理的，甚至是可以接受的，那么，这些价值观就已开始遭遇一个恶化的历程。这就意味着，交际不再是自发的，不再是平稳前进的，而是开始呈现出不安、噪音、无序状态，甚至到了危及顺畅交际的地步。

在谈及"语言噪音"（rustle of language）（对应于巴尔特晚年的一部评论集题名的表述，参见 Barthes，1984）[20]之时，巴尔特提到了言语自动机制系统（verbal automatisms），可使语言运作如同一部永动机一般，产生类似于未被注意到的无休止性噪音。跟巴尔特一样，我们提出"交际噪音"（rustle of communication）这一表述，用指不被注意的交际过程，直到传输链崩溃。在这种情况下，为一个交际过程赋予意义的隐含价值观，就会被带入一个给定言语（或非言语）行为过程的含义和意义的层面。

如果言语行为过程产生一种效应，这只是这一言语行为过程对危机和冲突负责的交际情境做出的一种充分回应。在这一情况下,施为性词语也是一种回应,但同时因为这一词语无法产生一种情境,施为性词语就被当作一种新的混合词汇。

不论如何,混合词汇得以形成、流通、退化乃至消亡的交际关系,绝不具有同质性,也绝没有摆脱内在的矛盾性。因此,只要混合词足够充分,能够为传达一个给定的交际情境服务,那么,从意指义角度说,这个混合词之所以足够充分,是因为它也足够充分地指称内在矛盾性。就如同这个混合词具有一个意指性边界一般。这一意指性边界超出了一个给定交际语境对该混合词所要求的功能边界,呈现的是以某种方式预示新的交际关系的一种过度的追求。

在论文《作者意识形态研究的标准》(Criteri per lo studio ideologico di un autore, Rossi-Landi, 1985: 167–172; Rossi-Landi, 1992)[21]中,罗西-兰迪证实了显性意指义(dominant significance),或用罗西-兰迪的话说是主流"意识形态"层面存在过剩(surplus,或用经济学术语为"供大于求"——译者注)的可能性。正如作者的话语由交际现实决定一般,作者的话语可以充当一种"过剩现象"(excess);从这一角度看,罗西-兰迪认为巴尔扎克(Honoré de Balzac, 1799–1850)[22]的案例非常典型。虽然该词表达的是主流意识形态,但它也与主流意识形态保持了一定的距离,如用反讽的基调、玩笑、戏仿和嘲讽来刻画主流意识形态,从而预示了社会现实中尚未完全显现的裂痕、断裂和矛盾。然而,尽管如此,这一过剩的非功能性词语不可能成为一个混合词,直到允许这样做的新交际条件出现,这个词的意指义才能被认可。

罗西-兰迪将一位作者——无论是文学中的还是非文学文本中的——作为一个完全沉浸在社会中的个体加以分析,但通过将之与日常生活中的普通人相比,发现了一些额外的复杂性。为了更好地理解作者及其理论成果和文本,罗西-兰迪强调了历史社会语境的重要性,将作为社会再生产之产物的作者,视为社会再生产过程的代表和阐释者:为了写作,作者必须在语境中采取一种意识形态立场,同时执行其他的智识性和伦理性操作(参见 Rossi-Landi, 1985: 186)。罗西-兰迪认为,重构此类操作可以从一种意识形态

181

的视角，为作者作品的阐释提供最佳标准，但需要记住的是：在社会再生产过程中，人类的任何事物都是意识形态的产物，因为意识形态是建立在一套价值观体系之上的一种社会程序。譬如，即便是旁观者看待一棵树木的方式，也是一种意识形态的产物。亦如维尔比夫人所言，对于人类观察者来说，"确凿无疑的事实"并不存在，却始终是经符号调介的意识形态现实之表征。

然而，正如作者的话语可以表达主流意识形态一样，在某种程度上说，意识形态就是"作者的话语"。作者对主流秩序的凝视，对主流意识形态的凝视，就是一种远观式凝视。不论意识形态问题多么严重，在事实上，意识形态问题越严重，作者的话语可能就越充满讽刺的基调、戏讽的基调，甚至可能到嘲笑对象、情境、所涉语境的地步，从而预示着社会现实中尚未完全显现的裂痕、断裂、鸿沟和社会矛盾。从这一意义上讲，作者的话语再现的是对主流意识形态的一种过度追逐。就主流秩序而言，作者的话语从来都不是一个完全功能性的话语，即便只要主流秩序继续存在，这一点就永远无法被承认。依然是在这种情况下，我们需要他者，需要他者性关系，而这只会在另一个社会组织的光照下、视域中才会得以显现。

4. 含义、意指义、歧义

维尔比夫人和巴赫金都对更全面地探究当今与符号、语言和交际论有关的问题做出了重要贡献。综合地阅读他们的作品，除了有助于更好地理解二者各自的思想体系，更有助于证明二者在意义研究上所具有的重要意义。由于人类经验的多样性以及在不同层面分析人类经验多样性的不同学科，均根植于语言，又由于符号与价值观，尤其是言语符号与价值观之间所存在的不可替代的关系，对更好地理解经验自身、经验的含义和意指义来说，符号和语言的一般理论具有基础性的作用。然而，维尔比夫人和巴赫金将研究的重心均放在意指过程这一维度之上。

通过与强调语言向心力的语言分析的趋向加以对比，维尔比夫人也像巴赫金一样，强调离心力的作用，亦如前文所述。这就意味着强调类似于"歧义性"这样的意指手段对于成功交际所具有的重要性。我们认为，歧义性、模糊性和多义性是意指潜势发展中至关重要的因素，因此也是一种充分的批判意识发展中至关重要的因素（参见本书前文）。批判意识是指避开教条和绝对真理所代表的所谓"语言陷阱"（linguistic traps）和僵化。

归根结底，此类陷阱是由同一性逻辑所设，即封闭的同一性。当然，此处所讲的歧义性是在积极的意义上理解的，即能够揭示多元世界、共存并相互关联的多元意指宇宙的一种意指手段，与从消极意义上理解为造成意义混乱的歧义性对立存在。事实上，就维尔比夫人而言，她强调的是需要认识到价值观和"歧义性的真正意义"，因此，需要反思与符号相关的"价值"——经验价值（参见 Petrilli，2016：279-306）[23]。

关于形成一种充分的"语言良知"（linguistic conscience）这一问题，维尔比夫人批判了"朴素、常识性意义"或"朴素和显性意义"这一概念，以及文本只能用于一次绝对的终极阅读，且始终有效这一相关性信念。在探究活性词汇之时，她也将意义的对话性本质以及可能产生于单一文本的不同阐释路线的多样性主题化。这一研究路径使维尔比夫人将诸如歧义性和多义性这样的品性视为词汇的基本特征，同时主张有必要验证不同阐释的可能性、替代性意义（alternative meanings）、阅读的选择、辨识能力的进步，并且防止以神秘化、独白化和误释文本为代价，将一己之见性阐释施加给文本。详细内容，参见维尔比夫人 1893 年论文《意义与隐喻》（Petrilli，2009：421-430）[24]。通过对"语言的批判"，她对将意义同调化、让作者的意思与读者的意思完全一致，从而产生五巴赫金所说的那种文本独白化倾向提出警示。

同巴赫金一样，维尔比夫人预示了当今阐释符号学以及阐释符号学提出的符号模式，也将符号价值追溯到意图性交际的界限之外，即符号价值既不与交换价值逻辑交叠，甚至也不与使用价值逻辑单独交叠。相反，符号价值是建立在他者性逻辑和意指过剩（signifying excess）基础之上的。相对而言，维尔比夫人从"意指义"角度讲符号价值具体化，而巴赫金则从"主题"角度讲符号价值具体化。

现在，我们回到本书开篇之时所做的考量，可以在维尔比夫人所称的"含义""意义"和"意指义"与巴赫金所称的"主题"与"意义"之间确立对应关系。巴赫金的"意义"（meaning）不同于"主题"的是，表明了可以分解为更小层次的语言要素，以及每次话语重复之时可以再生产和保持自我同一性的话语所存在的所有层面。具有如此意向的"意义"对应的是语言中的"信号性""识别解释项""朴素意义""向心力"。

相形之下，"主题"在本质上是不可分割的，指的是独特性、个体性和不可再生产性，关注的是一个给定历史时刻在一个具体的语境中产生的话语所具有的含意（import）和一般意指义。"主题"与意指过程中需要"回应性理解"、对话性回应，以及被赋予了一种视角和价值取向的他者声音的层面相关联。用巴赫金小组内一位主要代表人物——沃罗希诺夫的话说：

> 主题是一套复杂的动态符号系统，尝试充分地满足文本生成过程中一个给定瞬间的需求。主题是文本生成过程中意识对存在的生成过程做出的反应（reaction）。意义是实现主题的技术手段。（Voloshinov，1929，1986：100）[25]

"主题"与"意义"之间的边界绝非清晰而明确的，因为这两个术语相互作用，不能独立于彼此而存在：话语的"意义"通过将意义转化为"主题"要素来传达，反之亦然，而"主题"就必然以成功交际互动中意义的某种确定性为基础。

在维尔比夫人看来，"含意"关注的是根据惯用规则，在交际互动环境、篇章话语域的关系上理解词汇的方式，而绝非对词汇做孤立的理解（这便是巴赫金在"意义"与"主题"之间所描述的辩证关系）；"意义"指称的是使用者的交际意图；"意指义"表示的是话语的含意、涵指以及整体和理想的价值：

> 严格地说，根本不存在词语含义这样的意义，而仅是词语使用中的含意，即词所属的使用环境、使用者的心境、指称、"篇章话语域"。一个词语的意义是该词旨在传达的意图，即使用者的意图。意指义通常是多重的，且通过表达其含意、对我们的感染力、为我们呈现事件时间、情感力量、理想价值、道德启示、普遍性范畴或至少是社会意义范畴的方式，强化其含意和意义。[Welby，1983（1903）：5-6][26]

巴赫金的"意义"可以与维尔比夫人的"含意"确立联系；巴赫金的"主题"可以与维尔比夫人的"意义"和"意指义"确立关联。当然，这样的对应关系只能是近似关系，因为所讨论的概念呈现的是分解现实中不可分割的一个统一整体的不同尝试。理论层面的区分通常是以抽象的方式做出的，用以侧重于被分析对象特定层面的研究。然而，我们要记住的是：符号不仅作为整个的实体集合而存在，而且彼此作用，相互关联，又相互依存，在以符指过程为特征的辩证型对话性互动的过程中，在彼此身上找到各自的特殊性和意指义。

超越了严格意义上符义层面意义的终极符号价值和意指义，是维尔比夫人提出的符指学所关注的焦点。因此，符指学所关注的是"这指的是什么？""这是什么意思？"之类的日常表述。这一问题将维尔比夫人引向了言语生活和一般意义上意指过程道德或伦理维度这一问题，引向了符号的实际作用和伦理价值问题（参见 Welby，1983；Petrilli，2009：Ch. 3）[27]。维尔比夫人强调的是批判意识、"歧义性的真正意指义"、反思符号和意义相关的价值对更好地理解经验的价值所具有的重要性。事实上，符指学揭示了符号与意义关系中的价值论所具有的意义，也即符号与价值在所有层面上的联系，如符效、社会、伦理、美学等（参见 Hardwick，1977；Petrilli，2009：288 - 294，407 - 419）[28]。

除了可以更充分地理解他们各自的思想体系，更好地辨识不同作者之间存在的联系，此处所涉及的维尔比夫人和巴赫金，也有助于我们更好地了解他们有关语言、交际和自我问题的观点（参见 petrilli，1988）[29]。从另一个文本的角度阅读文本，将一个篇章话语翻译为另一个文本的术语，有助于凸显所涉问题的不同层面。从这一角度看，这两位作者之间存在的文化和时代差异有助于理想的对话和理论上的对抗。

5. 词汇的区别性特征：化名为对话理解的缄默、倾听、回应

符指学的一个发展是"伦理符号学"，这是庞其奥和笔者引入的一个术语，用以强调符号和行为（语言与非语言行为）与价值之间的关系（参见 Petrilli，2003，2010；Petrilli，2014）[30]。此外，词汇、话语的伦理符号学研究路径，凸显了"缄默"（taciturnity）的重要性，抑或是下面有关巴赫金引

文中译为英文的"silence"(沉默)[31],以及倾听对篇章话语秩序和主流意识形态所产生的震耳欲聋的噪音相比之下的成功交际所具有的重要性。这也意味着强调回应性理解、参与式回应交际所具有的重要性。在一篇重要的论文——《1970—1971 年散记》("From Notes Made in 1970 - 71", Bakhtin, 1986:132 - 158)[32]中,巴赫金对更好地理解"沉默"或我们所指称的"缄默"(保持沉默、闭口不言等)做了重要贡献。事实上,他区分的是"静寂"(quietude,没有声响)与"沉默"(没有表述、没有明说的话、没有言语):

> 关于静寂与音响。音响的感知(以静寂为背景)。关于静寂与沉默(均属没有言语表述的状态)。停顿即话语之伊始。音响打破静寂属机械的生理行为(作为一种感知条件);话语打破沉默属个性化的理解行为,即话语前后属于一个完全不同的世界。在静寂状态,没有音响存在(或任何事物都不会发出音响);在沉默状态,没有人说话(或任何人都不说话)。沉默唯有在人类世界中(且仅对个人来说)才有可能存在。当然,静寂和沉默通常具有关联性。
>
> 感知音响的条件、理解/识别一枚符号的条件、理解话语的智力条件,均属必然要素。
>
> 沉默为可理解的音响(即可理解的一种话语)以及停顿,构成了一种特殊的逻各斯域,一种统一而连续性的结构,一种开放(非终结性)的整体。
>
> 对重复的言语要素(即语言)加以理解与识别,同时对不可重复的话语加以理性的理解。言语的每一个要素都是在两个层面被感知的,即语言的可重复性层面,以及话语的不可重复性层面。通过话语,语言融入了逻各斯域的历史不可重复性与非终结的整体性。
>
> 话语既可作为一种(语言)手段,也可以作为理性的表征。可理解性的话语属于目标域,因而,话语就成为终极(最高的)目标。
> [Baktin, 1986(1970 - 1971):133 - 134][33]

在这一语境中,词语"静寂"(或"安静",意大利语译为"silenzio",俄语译为"tišina")仅仅表示的是没有噪音的状态,也是音响感知以及从篇章话语（即语言系统）可重复要素的理解、识别角度做出阐释的一种必然条件。相反，"沉默"（即我们的术语"缄默"，意大利语为"tacere"，为英语中名词"taciturnity"和俄语中名词"molčanie"的实体化动词）唯有在人类世界中才有可能存在，且属于"逻各斯域"的一部分。"沉默"（与"静寂""安静"对立存在）或"缄默"（与"沉默""安静"）是在含义和意指义层面理解词语、活性词语、话语的一个条件，是不可重复性意义生产的维度，通过这一维度，一种语言参与到历史不可重复性与逻各斯域的非终结整体性之中。

篇章话语的每一个要素中均存在两个层面的感知：句子可重复性的层面，语言可重复性的层面，其唯一条件就是沉默（即静寂）；可重复性话语的层面，其条件为缄默（即沉默）。缄默（或理解为缄默的沉默）是对单一性话语做出回应的关键条件。沉默（即静寂）与理解为*语言系统*（*langue*）的语言相关，与语言的物理（听觉和生理）层面相关。缄默（即沉默）与话语和含义相关，与符号的社会历史重要性相关。沉默（即静寂）是同一性逻辑的一种表述，而缄默（即沉默）与高度的他者性有关，且是正常人话语行为的一种表述。因此，缄默可以到达高度的批判性和创造性。就阐释能力而言，缄默与回应性理解和负责任的参与意识相关联。根据这一分析，沉默（即静寂）与信号性相关联，而缄默（即沉默）与符号性相关联。

分类语言学（taxonomical linguistics）和生成语言学均未涉及歧义性、模糊性、多义性、隐含义、理解意义、与言说相关的延异、转移话题的能力、解套的能力、逃避话题的能力（即你问了一个问题，我报以一笑了之，或改变话题），以及躲避卷入话语秩序的能力、躲避卷入单语制限制的能力、免受时限的能力；这两门语言学没有涉及巴尔特（1978）[34]所理解的转移能力。然而，此类现象却是真实篇章话语的本质特征。

分类语言学和生成语言学对文学创作一无所知，也无话可说。文学创作也是通过不同形式的缄默来解释的，即巴赫金认为，作者并不直接使用语言，而是具备使用间接言语的天赋。作者穿着缄默的外衣，且这种缄默可以表现出不同形式的表述，不同形式的哑笑、嘲讽、寓言等（参见 Bakhtin, 1986: 149）[35]。

被理解为一种封闭性篇章话语域（Marcuse, 1964）[36]的语言系统，废除了对话语意义、话语不可重复性、话语独特性做出回应的倾听模态——回应性倾听、参与式倾听、对话性倾听。倾听是一回事,而想听(wanting to hear)是另一回事:倾听允许畅所欲言,允许选择自己想说的话。如此描述的倾听允许自我的具现(manifestation),允许自我的表述。与想听相比,倾听是对用于阐述符号构成层面具有的多元性、多义性、多重符义性(polysemanticity)的符号做出回应;倾听认可和接受语言固有的矛盾倾向,认可和接受矛盾。相反,想听迫使人开口说话,给说话者强加了一元性、具体请求、要求、问题的相关性,蕴含着话语的连贯性、非矛盾原则(principle of non-contradiction)的应用。

正如巴尔特所言[在《艾诺迪百科全书》(*Enciclopedia Einaudi*,1977)[37]中与罗兰·哈瓦斯(Roland Havas)合写的词条"Ascolto"(倾听)],倾听在某人自己话语中的他者性与他者话语中的他者性之间的遭遇中得以繁盛。更重要的是,巴赫金认为倾听并非话语外在的要素,并非话语的一种附件,并非一种善意的让步,也并非接收话语、选择、尊重行为之人采取的一种主动性。我们发现,正如巴赫金所言,倾听是话语的一种构成性要素(参见 Bakhtin,1986:8)。如巴赫金在论文《语言学、语文学和人文科学中的文本问题———项哲学分析实验》[38]中所言,话语想要被听见,想要被理解,想要一个回应,进而对这一回应做出回应,依此类推,*循环反复*。话语进入一个没有符义终点的对话,但对一位或另一位参与者来说,这一对话可能会被打断(Bakhtin,1986:127)[39]。这一话语需要倾听和回应性理解,反过来又对这一回应做出回应。话语并不局限于直接、瞬时的理解,而是在开放式动态的符指过程中,作为一个永无休止性、他者导向性对话的一部分,在他者做出的回应性倾听他者的动态过程中有所超越(Petrilli,2013:16-18,181-184;Ponzio,1993:138-154;Ponzio,2008)[40]。

倾听指向的是心理学家弗洛伊德从"无意识"角度所描述的行为,即倾听触及完全理解、未说、隐含、间接、补充和延迟性的话语。倾听并非想听(或质询和想说);与倾听不同,想听总是直接性、一元性的行为。如此描述的想听既与倾听缺失有关,也与说话的义务有关,即单方面言说。在此,询问变成了质询,询问的相互性已不存在;质询通常是单向的,从一方到他者。相反,在回应性理解、相互的他者性的关系中,在如此接收到的现

第六章 同类交际之外的交际

场话语中，话语的多元性不可避免，因此，误解也不可避免（Petrilli，2014：139 - 157）[41]。没有一个述位命题句可以不受这一条件约束。与句子有所不同的是，话语具有面向他者的使命，因而具有倾听和回应性理解的使命。下一章，我们将深入探讨倾听和回应性理解在语言和交际中所发挥的关键作用。

注释：

1. Petrilli, Susan. 2016. *The Global World and Its Manifold Faces: Otherness as the Basis of Communication.* Bern, Berlin, Bruxelles, Frankfurt am Main, New York, Oxford, Wien: Peter Lang.

2. Bakhtin, Mikhail M. 1986. *Speech Genres & Other Late Essays.* Eng. tr. by V. W. McGee. Austin: Austin University of Texas Press.

3. 在交际中，逻各斯域就是基于语言和语境对词汇意义做出阐释。"logosphere"这一术语派生自古希腊语词根"logos"，意思为"词汇"，而"sphere"意思为"宇宙"。因此，词汇的宇宙就如同信息的宇宙一般。

   这一术语后被虚拟现实狂热者袭用，用以描述逻辑宇宙（或逻辑域）。

   过去十年间，逻各斯域被用指无线电发明所创造的这个新的通信世界。法国哲学家加斯顿·巴塞拉德（Gaston Bachelard，1884 - 1962）宣称，"每个人都能听见其他人的声音，我们都可以平静地倾听一切"。这一"世界话语的语域"应该被称作他认为的逻各斯域。

   今天，许多学者将术语"逻各斯域"比作"寄居于人类集体文本之中的思想、概念和事实构成的总和，如数字文本、印刷文本、手书文本、雕刻文本或其他文本"。许多交际研究者和社会科学家所感兴趣的一点是在逻各斯域中谁能接触到什么文本。信息管控——逻各斯域，以及对公众获取度管控到多大程度，一直是整个历史上社会经济压迫和革命的焦点之所在。——译者注

4. Bakhtin, Mikhail M. 1990. *Art and Answerability: Early Philosophical Essays by M. M. Bakhtin.* Tr. by K. Brostrom. Austin: Austin University of Texas Press.

5. Bakhtin, Mikhail M. 1959 - 1961. The Problem of the Text in Linguistics, Philology, and the Human Sciences: An Experiment in Philosophical Analysis, Eng. trans. in M. Bakhtin. 1986. *Speech Genres & Other Late Essays.* Austin: Austin University of Texas Press, pp. 103 - 131.

6. Bakhtin, Mikhail M. 1986. *Speech Genres & Other Late Essays.* Eng. tr. by V. W. McGee. Austin: Austin University of Texas Press.

7. 离心力（centrifugal force）与向心力（centripetal force）对立存在。在牛顿力学中，离心力是一种惯性力。在旋转参考系中观察之时，离心力似乎作用于所有物体。离心力的方向是远离穿过坐标系原点以及与旋转轴平行的轴。如果旋转轴穿过坐标系原点，则离心力从该轴径向外发力。

美国语言学家布隆菲尔德在1933年出版的《语言论》中，将离心和向心这对概念引入语言的结构分析，即如果整个句法结构的语法性质与其某一个成分或全部成分相同，叫做"向心结构"，向心结构里跟整体的功能相同的直接成分是这个向心结构的核心；如果整个句法结构的语法性质与其成分中任何一个的语法性质都不相同，那么，这种句法结构就是"离心结构"。当然，这仅是一种笼统的说法。——译者注

8　Petrilli, Susan. 2010. *Sign Crossroads in Global Perspective: Semioethics and Responsibility*. New Brunswick, London: Transaction Publishers; Petrilli, Susan. 2012. *Expression and Interpretation in Language*. New Brunswick, London: Transaction Publishers; Ponzio, Augusto. 1990. *Man as a Sign: Essays on the Philosophy of Language*. Berlin: Mouton de Gruyter.

9　Bakhtin, Mikhail M. 1981. *The Dialogic Imagination: Four Essays*. Austin: Austin University of Texas Press.

10　Petrilli, Susan. 2013. *The Self as a Sign, the World, and the Other: Living Semiotics*. New Brunswick, London: Transaction Publishers; Petrilli, Susan; Ponzio, Augusto. 2005. *Semiotics Unbounded: Interpretive Routes in the Open Network of Signs*. Toronto: Toronto University Press.

11　Bakhtin, Mikhail M. 1959－1961. The Problem of the Text in Linguistics, Philology, and the Human Sciences: An Experiment in Philosophical Analysis, Eng. trans. in M. Bakhtin. 1986. *Speech Genres & Other Late Essays*. Austin: Austin University of Texas Press, pp. 103—131.

12　从此处引文可见巴赫金的文本观和符号观。如前文所引和所述，巴赫金的文本观就是文本内容的话语观，也就是话语文本观，这就蕴含着语言中心主义下的话语文本观，而非语言文本观；巴赫金的符号观就是语言中心主义符号观，更精确地说是人类社会语言中心主义符号观，且仅局限在口头或文字文本话语层面，与其他明显不同的是文本话语分为两极，且在融入价值观和意识形态（给定文本外部因素）的同时，还涉及社会历史的文本互文现象。——译者注

13　Deleuze, Gilles; Guattari, Felix. 1980. De la ritournelle. In *Capitalisme et schizophrénie 2*, pp. 381—434. Paris: Les Editions de Minuit.

14　Petrilli, Susan. 2014. The Critique of Glottocentrism, European Signatures. *Chinese Semiotic Studies* 10, 1: 25－42.

15　此处有关术语的分析，让我们想到人们一直以来仅侧重索绪尔结构符号学中的术语"langue"（语言系统，简称"语言"）和"parole"（言语），而忽略了索绪尔提到的第三个重要术语"langage"（语言行为），其实三者构成了一个三元的语言现实"景观"，而非语言系统与言语之间的二元对立。如果要按照一个整体到部分、宏观到微观的序列排序的话，三者的关系应该是"langue - langage - parole"（语言系统—语言行为—言语）。——译者注

16　Welby, Victoria. 1983 [1903]. *What Is Meaning?: Studies in the Development of Significance*. Amsterdam/Philadelphia: John Benjamins; Welby, Victoria. 1985. *Signifis and Language*. Amsterdam-Philadelphia: John Benjamins; Petrilli, Susan. 2009. *Signifying and Understanding:*

Reading the Works of Victoria Welby and the Signific Movement. Berlin: Mouton; Petrilli, Susan. 2015. *Victoria Welby and the Science of Signs: Significs, Semiotics, Philosophy of Language*. New Brunswick, London: Transaction Publishers.

17 Rossi-Landi, Ferruccio. 1961. *Significato, comunicazione e parlare comune*. Padua: Marsilio.

18 Voloshinov, Valentin N. 1926. Slovo v žizni i slovo v poezii. *Žvezda* 6, pp. 244 – 267; La parola nella vita e nella poesia. In Bachtin e il suo circolo 2014, pp. 271 – 333; Discourse in Life and Discourse in Art (Concerning Sociological Poetics). In V. N. Vološinov 1927, Eng. trans. 1987, Revised edition, Appendix I, pp. 93 – 116; "Discourse in life and discourse in poetry: Questions of sociological poetics," trans. by John Richmond. In *Bakhtin School Papers: Russian Poetics in Translation*, ed. by Ann Shukman. Somerton, AZ: Old School House, 1983, pp. 5 – 30.

19 Morris, Charles W. 1964. *Signification and Significance: A Study of the Relations of Signs and Values*. Cambridge, Mass.: MIT Press.

20 Barthes, Roland. 1984. *Le bruissement de la langue*. Paris: Editions du Seuil; Eng. trans. *The Rustle of Language*, by Richard Howard. Berkely, Los Angeles: The University of California Press, 1989.

21 Rossi-Landi, Ferruccio. 1985. *Metodica filosofica e scienza dei segni. Nuovi saggi sul linguaggio e l'ideologia*. Milan: Bompiani; Rossi-Landi, Ferruccio. 1992. *Between Signs and Non-signs*. Amsterdam: John Benjamins.

22 法国小说家，被称作"现代法国小说之父"，1816年入法律学校学习，毕业后走上文学创作之路，但第一部作品《克伦威尔》惨遭失败。1829年，巴尔扎克写作的长篇小说《朱安党人》标志着向现实主义创作迈出的第一步；1831年，因写作《驴皮记》声名大作；1834年写作的《高老头》为他最优秀的一部作品，使他成为文学事业上的拿破仑。巴尔扎克一生创作了91部小说，合称《人间喜剧》，被誉为资本主义社会的一部百科全书。——译者注

23 Petrilli, Susan. 2016a. *The Global World and Its Manifold Faces: Otherness as the Basis of Communication*. Wien: Peter Lang.

24 Petrilli, Susan. 2009. *Signifying and Understanding: Reading the Works of Victoria Welby and the Signific Movement*. Berlin: Mouton.

25 Voloshinov, Valentin N. 1929. *Marksizm i filosofija jazyca. Osnovnye problemy sociologičeskogo metoda v nauke o jazyke*. Moscow-Leningrad: Priboj. 2nd ed. 1930; *Marxismo e filosofia del linguaggio*, M. De Michiel (trans.), A. Ponzio (ed.). Lecce: Manni, 2010; now in Russian & Italian in Bachtin e il suo circolo 2014, 1461 – 1839; *Marxism and the Philosophy of Language*, Eng. trans. L. Matejka and I. R. Titunik. New York, London: Seminar Press, 1973. New edition, 1986; *Marxisme et philosophie du langage* [1930], p. Sériot & I. Tylkowski-Ageeva (eds.), bilingual Russian/French edition, Limoges: Lambert-Lucas, 2010.

26　Welby, Victoria. 1983 [1903]. *What Is Meaning?: Studies in the Development of Significance*. Amsterdam/Philadelphia: John Benjamins.

27　Petrilli, Susan. 2009. *Signifying and Understanding: Reading the Works of Victoria Welby and the Signific Movement*. Berlin: Mouton.

28　Hardwick, Charles. 1977. *Semiotic and Significs: The Correspondence between Charles S. Peirce and Victoria Lady Welby*. Bloomington-London: Indiana University Press; Petrilli, Susan. 2009. *Signifying and Understanding: Reading the Works of Victoria Welby and the Signific Movement*. Berlin: Mouton.

29　Petrilli, Susan. 1988. *Significs, semiotica, significazione*, Intro. by Thomas A. Sebeok. Bari: Adriatica.

30　Petrilli, Susan; Ponzio, Augusto. 2003. *Semioetica*. Rome: Meltemi; Petrilli, Susan; Ponzio, Augusto. 2010. Semioethics. In Paul Cobley. *The Routledge Companion to Semiotics*, by Paul Cobley, pp. 150–162. London: Routledge; Petrilli, Susan. 2014. *Semioetica e comunicazione globale*. Milan: Mimesis.

31　在巴赫金及其学术圈所著作品的意大利语译本中，我们区分了"缄默"（taccrc）即俄语中的"缄默"（molčanie），与"沉默"（silenzio）即俄语中的"沉默"（tišina）："tacere""molčanie"，也就是"缄默"（taciturnity），对应的是大多数英译中的"silence"（沉默）；而"silenzio""tišina"在英译中对应的是上文中"静寂"（quietude），与"沉默"对立存在（此处为"tacere""molčanie""taciturnity"意义上理解的对立）。

32　Bakhtin, Mikhail M. 1970–1971. From Notes Made in 1970–71, Eng. trans. in M. Bakhtin 1986, pp. 132–158.

33　Bakhtin, Mikhail M. 1970–1971. From Notes Made in 1970–71, Eng. trans. in M. Bakhtin 1986, pp. 132–158.

34　Barthes, Roland. 1978. *Leçon*, Inaugural lesson held at the Collège de France, 7th January 1977. Paris: Seuil.

35　Bakhtin, Mikhail M. 1986. *Speech Genres & Other Late Essays*. Austin: Austin University of Texas Press.

36　Marcuse, Herbert. 1964. *One-Dimensional Man: Studies in the Ideology of Advanced Industrial Society*. Boston: Beacon.

37　Barthes, Roland; Havas, Roland. 1977. "Ascolto." In *Enciclopedia*, vol.1, pp. 982–991. Turin: Einaudi; now in R. Barthes 1982, pp. 345–364.

38　Bakhtin, Mikhail M. 1959–1961. The Problem of the Text in Linguistics, Philology, and the Human Sciences: An Experiment in Philosophical Analysis, Eng. trans. in M. Bakhtin. 1986. *Speech Genres & Other Late Essays*. Austin: Austin University of Texas Press, pp. 103–131.

39　Bakhtin, Mikhail M. 1986. *Speech Genres & Other Late Essays*. Austin: Austin University of Texas

Press.

40 Petrilli, Susan. 2013. *The Self as a Sign, the World, and the Other: Living Semiotics*. New Brunswick, London: Transaction Publishers; Ponzio, Augusto. 1993. *Signs, Dialogue, and Ideology*, Eng. trans. and ed. by S. Petrilli. Amsterdam: John Benjamins; Ponzio, Augusto. 2008. *A revoluçao bachtiniana*. São Paulo: Editora Contexto.

41 Petrilli, Susan. 2014. *Sign Studies and Semioethics: Communication, Translation and Values*. Berlin, Boston: Mouton de Gruyter.

第七章 倾听、他者性与翻译

1. 倾听、声音与回应

正如本书前几章所述，不论是理解为（约翰·洛克）所说的"符号的一般学说"，还是理解为与符号学休戚相关的"语言哲学"，"符号学"的基本问题都是他者的问题。然而，在人类交际中，他者的问题基本上就是话语的问题，即话语被识别为寻求倾听的声音。

在语言学层面，"声音"是话语的一个特征，不仅是口头话语，也是文字形式的话语，不论是写作与转录，还是巴尔特、德里达[1]、克里斯蒂娃所理解的写作。巴赫金也从这一意义上理解"声音"：作为一种特异而独特的视角，作为一种特异而独特的行为，作为一种特殊的立场，即身处一个不可能替代、不可能替换的立场，发出不可重复的语调和基调的声音。如此描述的"声音"，与没有不在场证明的责任，非技术责任，特殊责任，以及与特定角色、职业、能力有关的责任相关联，而不是与巴赫金所称的"道德责任"相关。

这就是巴赫金基于陀思妥耶夫斯基的复调小说所讨论的"声音"，其中的对话性是声音的遭遇与交错。一个声音总是趋向另一个声音。在这一意义上，声音具有超越性，具有"跨越性"。一个人自己的话语尽管也会指向自身，但总是指向他者的话语，不论是否意识到这一点。任何判断性话语都无法离开一种取向，即一种必须面向他者趋向的立场。

这意味着话语——现场话语从不直接以主题为导向。一个词语总是存在一个折射的过程，因为这个词语总是要经由与他者之间的关系调介，这是一

第七章 倾听、他者性与翻译

种认知和情感秩序层面的关系。判断性话语是即时性表达的话语，因此就是与他者话语形成对话性联系的话语。自我意识是在另一个具有自我意识之所具有的意识背景之下实现和感知的；而"我为自己"的意识是在"我为他者"的意识背景下实现和感知的。因此，对话性也体现在一个声音之中，一个话语之中，因为矛盾性声音的干预体现在这一话语的每一个"原子"之中，体现在篇章话语最微妙的结构要素之中，所以也体现在最微妙的意识结构要素之中。

对话性不能脱离这一非字面意义上理解的声音，否则，对话性就会变成抽象而空洞的辩证法了。对话发生在*多种声音*之间，并非独白性、一体化式的声音，而是本质上为对话性且具有分歧性的声音，而这些声音指向的是词汇展示*出*的意识形态立场。巴赫金强调了声音展示所具有的问题（参见 Bakhtin, 1986: 147-148）[2]。他认为陀思妥耶夫斯基的主人公是声音，但作者并没有将这一声音当作一个物件展示给我们，而是让我们倾听这一声音、这一话语。

在巴赫金看来，因为任何矛盾都不可能从*非实体化的*概念中产生，（独白性）对话既不具有辩证性，也不具有综合性。在陀思妥耶夫斯基的复调小说中，概念并不被视为一种独白性的结论，反倒被视为相互作用的声音构成的事件。概念体现在不同的声音之中，且这些声音于非漠视性的关系中，即参与式、回应性理解的关系中相互回应（参见 Bakhtin, 1963, 1984: 184-190, 201-204）[3]。

从这些考量看，显而易见的是，倾听并不是我们所描述的词汇、话语、声音的外在表现。倾听并非仅仅是一种附加、补充或让步；倾听并不是对话者主动将这个词作为一种选择、一种尊重这个词的行为而接受的结果。相反，倾听是这*个词的一种构成性的*要素，源自这个词总是需要倾听和要求倾听的性质。事实上，词汇需要倾听，想要被理解，想要一个回应，也想要对回应做出回应。活性词汇总是出现在对话之中，总是出现在一种对话关系之中。

倾听他者是主体性和交际构成的可能性条件。正是在倾听他者、倾听他者话语中，主体性才得以发展和繁盛。因此，具身存在于符号之中，存在于话语之中，存在于语言之中，存在于与他者的关系之中。

2. 阐释、主体性与他者

从皮尔斯的实效论观点看，获得创新性和创造性意义上的知识并非一个纯粹的认识论过程。作为一种阐释过程的知识，预设的是符指过程和人类关系的伦理维度，即对包括来*自自我的他者*以及*自我中的他者*在内的他者做出回应，这是自我乐于倾听的回应：因为要有一枚所释符号，即阐释的对象，就必须有一枚能释符号，即便是涉及一个严格意义上的认知符号的问题亦是如此。因为阐释是在能释符号与所释符号之间的关系中得以发展的，故阐释总是涉及对话、他者性和倾听。

只要是一枚符号，这枚符号就是他者。换言之，一枚符号可以被定性为符号，是因为符号的结构面向他者开放，这枚符号参与他者对话。这就意味着符号的同一性不可避免地建立在他者性逻辑之上。

因此，诸如学习、获取知识、获得智慧、获得睿智、得到理解等不同形式的现象，均产生于符指过程，均产生于充满了他者性、面向他者开放、倾听他者的一个符号情境。这就是说，这些现象都源自他者性和倾听。认知身份受制于他者，因此，不断地因吸引力——他者赋予主体的吸引力所激起的不安而处于危机之中。

只要是符指过程网络的一部分，且仅凭借符指过程网络就能够获得符号的地位，只要具有对话性和他者性的特征，这枚认知符号就处于一个不折不扣的伦理秩序语境之中，并在这一语境之中被模式化。

在涉及一个绝对且非关他者性（列维纳斯语）的问题之时，他人的他者性既不能归结为海德格尔的共存（*Mitsein——being with*）的共同体"我们"，也不能归结为萨特的*为谁存在*（*being-for*）[4] 观中的主客体关系。他者性——相异性处于主体内部，处于主体内在的核心位置，但未被主体同化。正因为这一原因，主体无法变成一个封闭的整体，而是不断地暴露于对话之中。实际上，主体本身就是对话，就是自我与他者之间的一种关系。与萨特和黑格尔的观点相反，"自我意识"中的自我并不与意识融为一体，且自我也不预设意识的存在；相反，自我先于意识而存在，故通过他者性关系立刻与意识相关联。在自我的内心之中，他者与自我、我和自己［即列维纳斯用法语所描述的"自己"（même）] 不可分割，但又不能被自我吸收，为整体所同化。对自我的构成、自我的世界、存在的构成来说，他者为必然要素，但同时也是对整体性，对我、世界、存在的连贯统一性，对整体化的一种构成性障碍（参见 Petrilli, 2013）[5]。

关于自我的谦卑与脆弱，与乐于冒险地走向他者、异化事物的自我信任中隐含的风险之间存在的关系，柏拉图早在《会饮篇》（*Symposium*）中谈及厄洛斯（Eros）神话之时就已论及。厄洛斯是一种中品级神祇或恶魔，由掌管贫富和需求的女神毗尼亚（Penia）与足智多谋或说擅长权宜之计的男神波鲁斯（Porus）所生，总能一次次找到"出路"，即便是隐而不现，也能得偿所愿。

皮尔斯的反思可以与这一神话联系在一起，尤其是他认为从一个思维体到另一个思维体的交际是通过存在的连续性——处于所有苦痛中的个体自我消失的一个过程，才得以实现；人类同其创造者同一，甚至达到人能够接受创造与失去自我的舞台上所分配之角色的地步：换言之，创造性与独创性预设了被动性和依赖于他者的条件。

正如皮尔斯在1878年的论文《澄清概念》（"How to Make our Ideas Clear"）中所言，"逻辑的这一伟大原则"就是"自我投降"（self-surrender），其中自我投降并不意味着自我会为了最终的胜利而有所屈就。结果可能就是这样；但这绝不能成为主导性目的（*CP* 5.402, n.2, 1878）[6]。皮尔斯的逻辑概念可以与维尔比夫人的逻辑概念联系起来，即她在逻辑与"母性意识"（mother-sense）这一概念之间确立关联关系。*自我投降是支配着与他者关系的规则*。

皮尔斯的"自我投降"概念与人类的倾听能力相关联；屈尊于他者的能力意味着采取一个倾听的立场，从而感知、感受他者。谦卑，即抛开自己苦痛的能力，也就是说，一个人自身"个体的"身份被理解为不可分割、不可切分的身份，用巴赫金的话说就是独白式身份（monologic identity）。这一谦卑能力为创造性的必要条件，同时也是有史以来伴随着局外化（extralocalized）、陌生他者的最大一次冒险的始发点。

人类的符号物质性——人类符号行为过程的范围，与他者和*倾听*的政治有关。如果他者被忽视，但他者性永远也无法消除，那么，"倾听"就变成了形式化、制度化的倾听。倾听的准则并非随便式倾听，反倒是相当规范式（canonic listening）的倾听，即非倾听式倾听。我们声称要区分"倾听"和"听取"（hearing），即一位坚信他者有罪或有不足的调查员（不论是一位法官、警察、心理分析师还是其他）说道："让我听听你要说啥"，这一表述就确立了一种形式化倾听的行为，确立了一种制度化倾听的行为，而对他者的话语却漠不关心；与"让我听听你想说什么"形成鲜明对比，这句话确立了一种与他者、他者话语之间的*对话式倾听*的关系。

鉴于符号的"符号学意义上的物质性"（参见 Petrilli，1986，1990）[7]将他者性等同于正常人的主体性、人类意识、语言与交际构成的结构，显而易见的是：形式化、制度化倾听，如同*听证会*一般，完全不是与他者之间对话性、参与性关系意义上的倾听。倾听政治指向的是现场交际和言说。交际一旦不涉及倾听，就倾向于制度化的社会实践。然而，倾听他者、倾听他者的话语，总是乐于消除这种制度化的社会实践。依据同一性逻辑、本相世界逻辑，分配为社会角色的生活以及日常生活所持的基本原则，总是倾向于牺牲他者，倾向于消除他者。这是与一个群体、一个团体、某种社群具有隶属关系的必然条件，而这又不免以同一性逻辑为导向。

匈牙利裔美国精神病学家斯扎兹（Thomas S. Szasz，1920-2012）以不屈不挠地批判制度化精神病学而闻名，批评精神病学的使命是监视和监控，不仅如此，他还对指向精神病学话语甚至倾向于阻碍与他者接触到细微层面的做法加以批评。在斯扎兹的研究中，我们也发现了我们所称作*倾听他者*和*制度化听取*之间的区分。倾听他者是一种超越角色和同一性的态度，其中倾听被理解为热情善待具有特异性的他者。在专著《我的疯狂拯救了我——弗吉尼亚·伍尔夫的疯狂与婚姻》（*My Madness Saved Me: The Madness and Marriage of Virginia Woolf*，2006）[8]中，斯扎兹试图将弗吉尼亚·伍尔夫从归结为话语和社会角色的共同领域中解放出来，即从"已婚女性""疯狂天才"将她作为"精神疾病"受害者的身份合法化这一状态解放出来。在1924年写给一位画家友人雅克·拉维拉特（Jacques Raverat）的信中，她宣称"我的疯狂挽救了我"。然而，或许正是"疯狂"，让她拒绝让自己不同部分——她多重的自我、不同的"声音"（巴赫金语）倾听彼此，让她拒绝让自己不同的部分彼此对话。

伍尔夫没有形成倾听和热情面对自身差异，面对自己生活不同方面的倾向，反倒选择将这些方面彼此分离。"已婚女性""疯狂天才"这些细微之处成了伍尔夫的面具，变成了现实。在斯扎兹看来，伍尔夫之所以选择自杀，在某种程度上并非因为她疯了，反倒只是因为她感到了厌倦和幻灭，因此就希望结束自己的生命（参见 Petrilli and Ponzio，2017）[9]。

从我们自己的角度看，也就是整部书中所勾勒的倾听、对话性和他者性的角度，伍尔夫的自杀并非仅仅是一种解放自我的行为，反倒是一种屈服于同一性的独白主义行为，也包括她自己分离和封闭同一性的行为。在这种情况下，逃避并非向他者"自我投降"，并非积极意义和创造性意义上的倾听他者，与他者对话，与他者交流。事实上，类似后者（积极与他者交际——译者注）的态度是以生命为前提的（也就是说，属于这一世界、世俗、物质关系的蓬勃生命力）。相反，伍尔夫屈服于暴政，屈服于同一性的暴力。

3. 局外性、对话性、单一性

正常人的一大特点是怪异性、独特性。列维纳斯（1987）[10]将"*主体之外*"（*hors sujet*）、"主体外部"（outside the subject），亦称为"脱离主体"（off the subject）的概念理论化；"主体之外"让人想起"*场外*"（*hors lieu*）、"场合外部"（outside place），亦是"场合之外"的意义。此类表述表明了相对于角色、地位、功能、社群、隶属关系、忠诚、归属、同一性的"局外化"（extralocalization）、"外化"（exo-topy）、"乌托邦"（u-topia）的存在条件，此乃独特性——我们每个人奇特性的依存条件。"自我"（此处与"我"并置）——独特性中的自我必然要融入与他者的关系之中，也就是那种没有不在场证明、没有替代的关系。在这一意义上讲，自我是独特、无可比拟、不可还原的他者。"场外"指的是被暴露，就是发现自我处于暴露、脆弱的境地——无人庇护、无人保护、无正当理由、没有借口、毫无出路、没有理想的乌托邦。"场外"，即局外化，意思是处于任何类型的团体之外，不论是体裁、性别、等级还是角色均不属于这一团体。局外化蕴含的是不属于，也未进入因与总体性同一而认同的一种关系，也就是不属于，也未进入脱离主体角色、主客体关系、自洽个体概念、集合体、集团,即脱离群体的一种关系。

主体之外,同一性之外,就是自我对他者开放;就自我与他者的关系而言,主体之外就是并不漠视他者,融入他者之中,淡忘自我,这就是从面向他者的一种倾听态度的角度来说的。

场外蕴含的是脱离话语场域,处于判断之外,不受界定限制,不受原型困扰,免受指派,不涉及当下,不对他者封闭的状态。"场外""主体之外"的条件意味着倾听和热情对待的条件,蕴含着回归倾听他者,为他者而倾听,呈给他者一份时代厚礼,为他者准备一份时代厚礼的话语。场外或局外就是与他者遭遇之所,就是无限对他者负责之所,就是没有不在场证明的责任之所,就是无限责任之所,也就是对他者负责之所。

"正常人"只能追溯到本体论意义上的时空之外,而时空外部属于人际关系不能归结为同一性范畴,不能归结为预先定义的主体与对象之间的关系,也不能归结为交换、等价、功能、生产力、自我利益关系等的维度。列维纳斯(1974)[11]探索了超越存在维度中做出回应的可能性,他将之称为"存在之外"(otherwise than being)。与"异类存在"(being otherwise)相比,"存在之外"这一表述表示的是本体之外,本相世界之外。"存在之外"是一个人类超越世界的问题,表明了一种相对于本相世界相关意义的他者意义维度。按照列维纳斯的推理,与"同一性的人道主义"相比,也可能存在另一种形式的人道主义——存在之外的他者性导向的人道主义,也就是存在之外的"他者性人道主义"。

人类世界中的语言、言说、交际预设了与他者的关系,其中的他者是从特性、独特性的角度理解的,被理解为目的本身,而非身段,即同一性之外的他者、角色之外的他者、社会地位之外的他者,以及国家、民族、文化差异等之外的他者。"我"与他者之间的关系是一种面对面的关系(Lévinas, 1961)[12],即一种独特性之间的关系、一种特异与特异之间的关系、一种特立独行与特立独行之间的关系,决绝地以任何形式排斥他者,拒绝任何形式的暴力。这一关系的前提是所有形式的交际和表征,以及以各种形式对他者的具象化和提名行为。在这一关系之中,自我对一种绝对意义上的他者负责,也就是说是没有不在场证明情况下(Bakhtin, 1919, 1990)[13],没有可能逃脱、被迫对他者做出回应且为他者做出回应的责任。

交际预设的是面向对话者的热情态度。不论是文字形式还是口头形式，话语都指向他者，指向他者的他者性。因此，他者性就在面对面关系中被语境化，故而就不能被再现或主题化。倾听他者超越了时空，因为时空涉及世界的现实面貌，涉及本相世界，涉及工作的世界，涉及工作的时间，而所有这一切又都涉及战争。在世界经济逻辑中，和平只不过是短暂的平息、喘息，以便养精蓄锐，继续开展，正如休息的时间一样，黑夜是为了静待白昼的出现。基于等价交换逻辑，也就是说基于"我给，是因为你也给"的逻辑（*do ut des logic*），与社会框架中的休息时间和劳动时间相比，倾听是时间献给他者的一份礼物，一份无需回报的礼物。因此，倾听是从真正人类探究的角度，呈现真正的社会财富。与预防性的和平相比，即仅产生无休止战争的和平，倾听是达成真正预防性和平的条件（Ponzio，2009）[14]。

与实用论或"实效论"（这一术语后来被皮尔斯用来将他自己的研究路径与他所不赞成的阐释者使用的研究路径区别开来）一致的是，皮尔斯发展了与人类社会行为和人类利益的整体性相关的符号学。在这一框架中，必要知识的问题蕴含的是对价值论秩序的思考问题，乃至允许从"合理性"的视角对"理性"的概念加以批判性阐释。"合理性"这一概念指的是辩证性对话式意指过程，这一过程的特征为非终结性和不可终结性、不受偏见左右，以及他者性对话导向性、倾听他者的导向性、持续性或连续性原则的制约性。

4. 他者性与责任意识

"全球符号学"对符指过程和生命抱持着宽阔的视角，旨在解释"万物存在之理"。然而，非趋同化（detotalization）作为批判性和对话性整体化的条件，让人们认识到：掌握万物存在之理的能力并与追求合理性的能力分离。有关主张可陈述如下：*考虑到我们所在的当今时代（符指过程和生命）所面临的所有风险，人类——一种理性动物现在必须迅速成为一种合乎理性的动物*（Petrilli，1998：151 - 154，2013：91 - 93）[15]。合理性受他者性逻辑和对话性制约。因此，合理性被赋予了将主体对陌生人、外来者的恐惧，即主体（不论是个体还是具体）面对陌生人、外来者所经历的恐惧，转化为同情他者的力量，甚至将他者所产生的吸引力转化为可爱的力量。

人类意识的规约化和独白化过程，限制并降低了面向他者做出回应，以及倾听他者、与他者对话乃至做出批判的潜在性。

维尔比夫人是将面向他者最高程度的开放性和定位性条件主题化的另一位作者，这就是所谓"正常人"的本质（Petrilli，2013：200-203）[16]。举例来说，维尔比夫人引用了爱与激情、无私之爱、天才创造力和文学的话语，论述这些话语乃我们的秘密存在、我们的未知存在及未说之言，同时也是一种关系存在的出现之所，却又一次被隐藏在构成开放性符指过程的解释项之间的延异之中。维尔比夫人所讨论的他者——再一次与皮尔斯、巴赫金、列维纳斯产生直接关联，既是"我"中的他者，即构成"我"自身同一性的他者，也是来自"我"的他者，即外在于我自身同一性的他者，这也同样涉及"我"，与"我"相关，且对于"我"来说是作为他者而存在。正如维尔比夫人所言："激情的语言［……］就属此类情形，或就是另一个自我；故而，我们更感兴趣的他者，*仍然是我们自己*。"（参见《我与自我》一文，Petrilli，2009：669）[17]

自我通过自己的选择来构建自身。因此，自我就是自身的一个具有创造性的创造者，但总是与语境、（自然和社会）环境相互关联。要了解自己，自我就必须采取一种倾听的立场。自我必须倾听他者，倾听外部的他者，倾听自身内在的他者，倾听自己的冲动与欲望，以及倾听他者有关自我的言说，并在这一点上最终整合乃至修正和修改自己有关自我自身的概念。社会塑造自我，而自我又反过来有助于社会构建。阐明偏好和表达选择的条件是具身。亦如皮尔斯所言，自我是一个化身的自我（*CP* 7.591-596；Petrilli，2013：133，155-156）[18]。

具身需要满足需求与欲望，而需求与欲望又不可避免地受文化语境制约。文化语境确定了哪些需求和欲望是社会可以接受的，以及这些需求和欲望可能被满足的方式。在一个给定的文化中，某些类型的人格比其他类型的人格更易于受到认可。这就促使每个个体都在针对价值观系统和奖罚方面，趋利避害，力求被认可。然而，正如莫里斯所言，具身是"塑料，而非黏土"，因而，社会的外衣适合某些人，而不适合另一些人。不论如何，所渴望的一切并非仅仅是*简单地*（*tout court*）满足欲望了事，而是"以社会认可的方式满足社会认可的欲望"（Morris，1948：47）[19]。具身披着社会的外衣，通过他者的眼睛观察自己。在一面社会的镜子中，具身根据社会的目光来认同或否定自己。真正的人类自我不仅是自我之本身，更是渴望成就之自我。自我不仅要*简单地*回应自我的思想，更要回应以理想为导向的自我观念。通过他者的目光审视自己，也意味着采取他人的角色，正如莫里斯就《心灵、自我和社会》（*Mind, Self, and Society*，1934）[20]一书的作者米德的观点所言。以他者性逻辑为基础，我们已知自我，回应自我，创造"我"与自我之间的距离，从而为倾听他者、对话、批判思维、暂停行为和深思熟虑设置条件。

正如莫里斯所指出的，倍感不安乃至无法生存的原因不应该归咎于他者，而应该向别处求索，即在"封闭的自我"之中，在"封闭的社群"——封闭在自我中心主义之中，在自我主义之中，封闭在漠视多种形式的屏障之后，面向对话而封闭，最终面向他者封闭之处求索。

人类被迫乞求被视为理所当然的一切，即在世界上的位置，而封闭的自我有助于为乞求这一切的人类产生越来越同一的行为。危险的生成中心即封闭的自我、利己的个体和如此自我所属的封闭社会。正如莫里斯所言，敌人寄居于我们每个人之中，寄居于我们的焦虑之中，寄居于我们的偏见之中，寄居于我们的恐惧之中，寄居于我们的排斥之中。相反，"开放的自我"、不漠视差异的自我、"开放社会"的自我提倡者，才是真正的创造性自我，能够倾听和善待他人（Petrilli，2007；Petrilli and Ponzio，2016）[21]。

负责任的生活蕴含的是*倾听，善待他人，关注差异*，关注自我构成性的他者，关注自我以外的他者。倾听、善待、关注是差异共存与协同的条件，其中个体的自由必须与他者协商而定。他者性并非在慷慨行为基础上做出的一种让步，而是符号和生命的结构要素，是自我——他者从内外部强加给主体的结构要素，作为存在的唯一条件。生命蕴含着对待他者性的权利，这一权利又必然关涉诸如对待*非功能性、非生产性、同一性差异的地位*、基于封闭同一性对一种世界价值观的过度追求的权利，这反而又倾向于压制他者的他者性、"绝对他者性"，即消除他者的他者性、"绝对他者性"。这让我们想起了列维纳斯的观点，在全球化工业社会中，理性与同一性使得生物的不透明性变得透明,因而导致人类失去他者、失去他们的影子(Lévinas, 1948)[22]。

他者性的非功能性,可以与封闭同一性逻辑制约的社会行为和角色孕育的功能性、生产性、竞争性力中意识形态并置。同一性、非矛盾性、被排斥的中间人,让人想起了皮尔斯的不含"一级符号范畴"的"二级符号范畴",以及真正的"三级符号范畴";没有"一级符号范畴"和"三级符号范畴","二级符号范畴"就是二价的;自我中心的"我与该死的其他任何人";这样的逻辑便造成了贫富、富国与穷国之间日益扩大的差距;在少数的强势群体中,这是一种良好的功能性,但考虑到整个人类社会知识,便是非功能性了。

正常人可以从非功能性、他者性和过度追求的时间、对话层面相互关联的差异,以及相互回应的差异而非漠视彼此的角度加以定性。这一切是以同一性、角色、习俗为前提的,但同一性、角色和习俗并非全部决定性要素。相反,正常人不愿固守同一性、已有角色和习俗。相对于这些层面,人类表现出一种过度行为,超越了所有这些层面的限度。根据列维纳斯所区分的"相对他者性"(relative otherness)与"绝对他者性"(absolute otherness),角色和同一性可以在他者性关系的基础上加以区分,但这是一个相对他者性的问题,即相对于一个给定角色、一个给定同一性的他者性——用以表明替代性的他者性。相对他者性伴随的是有限责任——相对于社会角色的责任之条件。相反,绝对他者性超越了角色和同一性,故不能归结为此二者,与无限责任相关联。

个体及其仪式和象征性符号的模式化塑造,是通过牺牲绝对他者性、特异性所获得的一种社群、阶级、某种集团——角色、性别、民族团体、宗教、国家、社会地位、职业、政党等的同一性来完成的。自我是一个一般实体,是一个阶级、一种性别、一个群体的成员,因此,是以其个体性、身份、权利、自由、意志,即隶属关系以及有限和自我保护的责任来加以界定的。自我再现的是自我所属的群体,与所属的群体具有同一性,因而可以被再现、被替换。同一性是一般性,是同一性所属体裁、阶级、群体所具有的一种外延/内涵,并将独特性、绝对他者性排除在外。在此,自我的话语与自我所认同的团体相关;自我的话语——主体的话语是属于一个给定身份、群体、阶级等的话语。

自我是依据对他者抗辩和对正当理由的需要而构成的，如对他者负不在场证明责任的抗辩、对他者的抗辩。处于他人关系中的他者，即（列维纳斯的）*他者*、特异性他者、独特性他者、他者的面貌，仅可以追溯到话语秩序场外、主体之外、主题之外、体裁之外。作为一种范畴，作为一种界定和意指同一性的系统，一个群体、一个阶级、一个团体、某种社群本身并不包含特异性（singularity）——他者，也不对特异性加以解释，更不对特异性做出回应。特异性、独特性、我们每个人的个性，不可能符合一个团体的一般性，不可能符合范畴的抽象性，不可能符合话语秩序所有场域的一般性。

体裁之外，主题之外，场外，即与他者的关系，不能归结为一种认知关系。他者性关系是认知的前提，但不能归结为认知关系，也不能归结为主体－对象关系。面对面关系中的他者不能被具体化，不能被归结为主题化。作为表征、个体化概括、提名的含义生产，始于这种不可归约性，始于这种作为含义生产前提条件的他者关系。词汇需要倾听，需要善待他者的他者性；词汇、话语的构建始于一种在场－不在场关系，始于与他者的遭遇。篇章话语、交际、主题，在基础层面均涉及他者对他者的关系，其中每个人将自己展现为一副面孔，也是在面对他者的意义上的一种展现；在基础层面上是特异性、非功能性之间的遭遇；躲避同一性的陷阱，躲避体裁、民族群体、国家、社会阶级所确立的差异性；远离基于等价交换逻辑产生的关系。绝对他者性不允许漠视他者。因此，绝对他者性与无限责任相关，这意味着没有不在场证明的责任（参见 Lévinas, 1961, 1969: 33 - 52）[23]。

5. 抒情话语、翻译与倾听

倾听以词汇为特征。对倾听的需求，在跨越不同语言的翻译过程中被放大，也因而成为翻译过程的一大必要条件。翻译是从一门语言到另一门语言的转换（shift）、含义和意指物质性的换位，也是语言音乐性和节奏的换位。执行翻译的任务就需要对文本，对翻译中的他者，采取*倾听*的态度。

如同巴尔特所描述的讨论会一般，翻译也可以从情人话语的角度被拒绝和表达。据巴尔特所言，讨论会作为主持人与参与成员、导师与一群学生之间遭遇的空间，就是一个恋爱的对象。在《语言的噪音》(*Le bruissement de la langue*, 1984) 中，在《致讨论会》一节——其中的"致"即一个方位词、一个献词、一个颂词，巴尔特写道："于我而言，（真正的）讨论会是一个（轻微）谵妄的对象，且我与对象之间的关系就变成了字面意义上的暧昧。"(Barthes, 1984, 1989: 332)[24] 翻译行为酷似讨论会，是文本、他者之间遭遇的空间，是原文本与开放性未定义的意指/阐释轨迹空间中的译文本之间相互关联的倾听与对话之场所。翻译过程揭示的是"字面"与"隐喻"、"情感"与"理性"、"认知"与"伦理"之间的意义间性。就和谈恋爱一样，翻译行为涉及反复乃至痴迷地回到同一言语现象，不断地反思同一对象，质疑这一对象，从不将这一言语现象视为理所当然之事。将翻译理解为文本、他者性之间的一种对话关系，翻译就意味着选择、提升、提炼和增强跨语言转换中重组过程所涉及文本的意指他者性，因为同一个文本—并以另一门语言重组形式呈现为他者。所译文本是内容相同的他者。翻译的悖论在于：文本（内容）必须保持原样，同时成为他者，仅仅是因为文本经过再生产，同时以不同于原文本的语言再造出来。所谓相同的他者是：所译文本（内容）与所谓的"原文本"——源文本相同，但（形式）有所不同 (Petrilli, 2001, 2003, 2015, 2016: 74-77, 260)[25]。

"同一个他者"(same other) 这一表述很好地表达了译本与原文本之间确立的意义关系。这种关系是一种相似性关系，且是一种特殊的相似性关系，即特异性之间的相似性，倘若阅读过符号学家皮尔斯的作品，就可以将之称作"像似性意义上的相似性"(iconic similarity)，也可以称作"泛爱相似性"(agapastic similarity)。换言之，翻译中文本之间的关系，并非仅仅涉及一个文本再生产另一个文本，也并非将相同的内容从一个语言容器注入另一个语言容器之中。相反，翻译意味着将差异联系起来，在差异、特异性之间创造一种对话。倘若阅读过皮尔斯可知，在符号学术语中，翻译中符号之间的相似性、家族相似性不仅涉及符指过程的指示符和象征符维度，以及因果关系、毗连性、惯例的任意性，更重要的是像似符维度，即符号之间的相互吸引关系，以及亲和性、选择性和欲望关系。

同抒情话语一般，翻译话语需要与他者的参与式融入，即面向他者的一种非差异性关系，面向他者的*他者性*的一种非差异性关系，面向他者*特异性*、*独特性*、含义、意指他者性的非差异性关系。言说他者就是言说文本、言说词汇、言说话语。从这一角度看，翻译行为预设的是诸如倾听、非差异性、参与式融入、对话式回应、善待他人的态度，故翻译行为本身业已是一种情人的姿态。

不同历史自然语言及其内部特殊语言之间的语际翻译，在不同的词语、话语、语言之间关系中，提升了词汇、话语的局外化程度，从而提升了对话性多语制的局外化程度。事实上，亦如预期所示，文本从一个言语符号系统到另一个言语符号系统的翻译/转移/转换，涉及的是一种面向他者的转化，相对于一门给定自然语言及其说话者的去中心化，从中心到边缘的一种面向他者开放、面向他者词汇开放的离心运动，面向他者的使用价值，身处他者的他者性中倾听他者，善待他者、关注他者、向他者奉献。

6. 倾听与听取

如前数章所述，作为与他者关系一大条件的倾听，并非*想听*、制度性倾听、巴尔特所称的"应用型倾听"（applied listening），即"听取"（hearing）意义上的倾听——根据官方的机制，倾听受短视同一性和符合保证要求、依据法典、事先确定的期盼性内容限制；询问式的"听取"，如警察盘问式听取一般，具有一元性、单方向性、独白性特征，因而就进入了一种层级性秩序。"倾听"是一回事，而"想要听取"是另一回事，即倾听需要他者，使命是对他者负责，倾听允许他者言说，允许他者选择自己想要说的话，倾听珍视多元性、多语性、对话性、异语性、意指歧义性、回应性以及作为符号结构要素的矛盾性。

相反，"想听"迫使人说话，强加了一元性、独白性、给定问题的相关性、连贯性、非矛盾性。想听属于理解为一个系统的*语言秩序*，属于迫使人言说的语言系统的沉默范畴，这属于理解为"封闭社群"（Morris，1948）[26]的语言范畴，属于"话语域封闭范畴"（Marcuse，1964）[27]。"想听"和巴尔特的"应用型倾听""直接倾听"，废除了与历时非重复性、开放型非终结的逻各斯域的总体性相关的倾听类型。亦如巴尔特（与哈瓦斯）在1977

年为《艾诺迪百科全书》 (*Einaudi Encyclopaedic*)[28] 合写的词条 "倾听" (Ascolto) 所言 (*L'Obvie et l'obtus*, 1982)[29]:

> 倾听的范围不仅包括这一术语的主题意义上的无意识,而且包括这一术语原来的非正式形式,即隐含、间接、补充、延异的意义。倾听向所有形式的多义性、超额确定、叠加开放,从而破坏了规定一元性、直接倾听的法规。(Barthes and Havas, 1977: 989)[30]

"一元性、直接倾听"是"应用型倾听""想听",属于与我们所说缺乏倾听、缺乏对话式参与的"沉默"相关联的听取行为。相形之下,理解为参与式、回应性、非漠视性融入、实体间性的倾听,需要我们所称的"缄默"。如巴尔特所言,应用型倾听迫使人说话,迫使人一元性言说,因此,迫使人沉默。相反,参与式、对话性倾听,即积极倾听,与缄默相关联,并以这样的形式言说;亦如巴尔特同巴赫金一样,认为"倾听即言说"。

虽然人们坚信:为了解放倾听,言说就足够了,即意大利语中的"*prendere la parola*",字面义为"采纳话语",而在英语中这一隐喻其实是"发言"(to take the floor)。实质上,倾听、自由倾听、解放式倾听,本质上就是"流通起来的"倾听,因倾听具有流动性,因而就打破了词语角色的僵化性网络 (Barthes and Havas, 1977: 990)。倾听的多种形式的本质、可塑性,以及回应性倾听、自由倾听、解放式倾听的能力,与缄默相关联,因此就能够颠覆话语秩序,就能够颠覆受限制的话语。[31]

如果我们接受词汇的使命是倾听他者,那么,词汇首先就是倾听,或者正如巴赫金所言,词汇披着缄默的外衣,变成倾听 (Bakhtin, 1970–1971; Bakhtin, 1986: 149ff)[32]。倾听是词汇的一种结构成分,词汇就是倾听,并要求做出回应,因此,词汇是可塑的、多形态的、混合型话语,即倾听型话语。倾听与不在场的空间,以及与欲望、目光、遭遇场所、面对面关系、面孔的偶然相遇等相关联 (Lévinas, 1961)[33]。在面对面的关系中,我们面对的是秘密,以及抵抗被归结为同一性、预先注定的计划、规划、秩序这一要求的他者之他者性;在他者、他者的他者性以及我自己的他者性面前,我们站在一个没有根基的地基之上。

7. 爱的倾听——相同的他者

*自由倾听*是翻译话语所要求的倾听类型，即从过去的沉默场域*被解放*、*解脱的倾听*，其中的"沉默"是对缄默的否定，对缄默的消除。如此理解的沉默之场域是由某种类型的语言学所预见的，即侧重于语言、语码系统，从符号中能指与所指之间等价交换关系角度描述意指过程的所谓"正统语言学"（official linguistics）、主流语言学。语言与意义的这一研究路径有助于从意义从一门语言转移到另一门语言，以及将相同的意义注入不同的语言容器，仅仅是以一门语言的词汇替代另一门语言的词汇，以便言说近乎"相同内容"的角度，将"平移性翻译"（translative rendering）概念化（Eco, 2003; Petrilli, 2001）[34]。

因此，翻译的一个必要条件就是*倾听自由——解放式倾听*，这意味着自由地对他者做出回应，自由地为他者服务，自由地为他者的他者性服务，自由地为他者的特异性、不可替代性、不可重复性服务。一种对话关系是在文本和主体之间确立的，即涉及回应性理解、构成这一关系各要素之间的责任性/回应性的一种对话关系。现场交际中的话语——活性词汇总是具有对话性。翻译中话语之间的关系需要回应性，需要回应性理解，也是在责任感意义所说的译者责任意识。

应用于语际翻译，面向他者的导向、倾听他者、非漠视性倾听，这种面向他者的泛爱态度，揭示了话语的定位，尽可能地将翻译的不可能性呈现出来，因为翻译指向的是词汇的特异性，指向的是词汇作为独特、不可重复、不可替代的问题。因此，正如巴赫金在《语言学、语文学和人文科学中的文本问题——一项哲学分析实验》（"The Problem of the Text in Linguistics, Philology, and the Human Sciences: An Experiment in Philosophical Analysis", 1959 – 1961）[35]一文中所说：

> 任何符号系统（即任何语言）（……），在原则上都可以被破译，即翻译为其他符号系统（即其他语言）。因此，符号系统具有一个共同的逻辑，即诸语种的一种潜在性语言（……）。但是，文本（……）永

远不能完全被翻译，因为众文本之中根本不存在任何潜在的单一文本。（Bakhtin，1986：106）[36]

作为一个事件，作为一个独特而不可重复性话语的词汇生命，沿着话语和主体性的边缘，沿着话语和主体性的边界，在话语和主体性的交叉点上，在词汇的隐性意义和独特的语调中展开。词汇的密码是在与他者的遭遇中，在与他者词汇的遭遇中，在与他者意识的遭遇中，在特异性之间，在词汇沉溺以及语际翻译提升的意指细微差异的相互作用中得以实现的。事实上，倾听他者话语的这一倾向是翻译文本意指特性、每个文本话语的意义潜势、从一个言语系统过渡到另一个言语系统这一过程中文本的模糊性特征，即语际翻译赖以实现和提升过程中的文本模糊性特征的一大条件。语言通常具有隐喻性，通常是难以捉摸的，是在隐含意义和解释意义之间的辩证关系中建构而成的；一旦被解释，语言就会生成新的隐含意义，生成新的意指细微性差异。一旦现场交际、现场语言、话语、文本、歧义性、模糊性的问题不能一劳永逸地消除，翻译工作就有助于证实这个词的真实性。现场交际中发生变化的仅是模糊性程度，这一模糊性程度可以从意指他者性、符号重要性的最大程度，转变到最低程度。

在1974—1976年，巴尔特举办了两场讨论会，并于2007年出版了他的遗著《抒情话语》（*Le discours amoureux*）[37]，尤其是第二场讨论会直接促生了他最后一部献给司汤达（Stendhal）[38]的文本《人总是不能谈及所爱》（*On échoue toujours à parler de ce qu'on aime*，1980）[39]。1977年，巴尔特将基于1974—1975年讨论会的思想写作成书，出版了《恋人絮语》（*Fragments d'un discours amoureux*）[40]。在这一相同的方向上，可以联系到巴尔特在法兰西学院举办的另外两次讨论会，其一为1973—1974年的"作者的词汇"（*Le lexique de l'auteur*），为他1975年出版的专著《罗兰·巴尔特自述》（*Roland Barthes par Roland Barthes*）[41]奠定了思想基础（2010年版收录了未经"罗兰·巴尔特编辑的罗兰·巴尔特絮语"）；其二为1979—1980年举办的最后一次讨论会，为2003年出版《小说的准备》（*La préparation du roman*）[42]奠定了思想基础。

将所有这些文本联系在一起的一个主题，正是一个人在谈及所爱时，谈及恋爱时所遇到的困境，即在巴尔特的笔下，司汤达爱上意大利，尤其是米兰，一座如同闪电般冲入他想象之中的城市。在《恋人絮语》（1977）中，巴尔特引用了歌德（Johann Wolfgang von Goethe, 1749 – 1832）[43]的话，指出爱的对象即爱本身："只因有爱，我们（诗人）才会爱。"（C'est de l'amour seulement que nous (les poètes) sommes amoureux, 2007: 96][44]就像艺术家和艺术作品一样，在谈及爱之时，爱人者与被爱者、爱的对象、恋爱的感觉、爱的感知、爱的概念、爱的形象、爱的对象所激发的欲望，全都是一个整体。实际上，即便存在爱的对象，爱也可能是压倒一切的：司汤达对女高音歌唱家萌生的爱情幻想，即便是她在伊夫雷亚歌唱西马罗萨（Cimarosa）的《秘密婚礼》（*Matrimonio segreto*）时前门牙都掉了；在歌德的《少年维特之烦恼》（*Dei Leiden des jungen Werther*）中，夏洛特在为饥饿的弟弟切面包，透过一扇敞开的门，瞥见了维特，顿时"极度狂喜"（point du rapt, Barthes, 2007: 70），这是一种琐碎的幻觉，却将她所爱之人，引向最强烈的激情和自杀的结局（Barthes, 1995 & 2002, 1984: 296）[45]；杰拉德所爱的西尔维娅谦逊的农民风度，正如作者（法国浪漫主义诗人、超现实主义小说家）盖拉德·德·奈瓦尔（Gérard de Nerval, 1808 – 1855）以女孩名字命名的小说《西尔维娅》（*Sylvie*）的情节所述。正如巴尔特在《人总是不能谈及所爱》中所言：

> （……）移情的特点是无偿性，即发生之时，没有任何显性的因由。对司汤达来说，音乐是他开启移情序幕这一神秘行为的征兆，所谓征兆（symptom）即同时产生和掩盖激情非理性的事物。因为一旦开启序幕，司汤达就会不断地复制，就好似一个恋人试图重获支配我们大部分行为的关键事物一般：原始的兴致（the first pleasure）（……）。真正激情的符号总是有些不协调，移情的对象总是趋向变得脆弱、琐碎、无法预见……（Barthes, 1995 & 2002, 1984: 296—297）[46]

一段爱情的故事，一段一见钟情（法语为"coup de foudre"，意大利语为"colpo di fulmine"）的故事，一段陷入爱河（法语为"tomber en amour"或"tomber amoureux"，意大利语为"innamorarsi"或"innamoramento"）的故事，是从远处和推迟叙述角度，作为一种后知后觉、事后思考（après-coup）的方式来描绘的。后一种表述（即事后思考——译者注）是由巴尔特引入的,用于区分及物性写作(transitive writing)与非及物性(intransitive writing)或简单写作。"及物性写作"是指作者声称掌握、理解和了解以对象为导向的写作。相反,"非及物性写作"知道理解是迟钝的(巴尔特的术语"sens obtus"),是延迟的,相对于对象是延异的,是作为事后思考的事件而发生的,确切地说,是作为阐释工作中符号之间的一种过渡关系而产生的。

事后思考、延迟发生、符号与意义构成性要素之间的距离,标志着"言说"与"修饰"、"言说"与"描绘"、"言说"与"刻画"、"言说"与"叙述"之间的差异,这些二元对立中的第二个术语旨在凸显想象性话语——为了呼应皮尔斯说"沉思游戏"所扮演的基本角色。事后思考、延迟发生,即巴尔特论争中所说的后知后觉,意味着停留在话语的边缘,其中的表述"边缘"(margin)指称的是一种开放性时空、惯例之外、正常生活之外、身处边界、身处边缘的状态,这是面向他者而以他者抗辩意义为导向的一种对话时空。事后思考促进了允许翻译感知,允许翻译叙述中的感觉,允许翻译音乐性,允许翻译节奏,允许翻译美感的运动,这也是一种非及物性写作的形式。其中,重要的是寻找特异性本身,即意义、非意义、翻译,尤其是语际翻译得以提升的*数学意义上的特异性*(或叫奇点)。

巴尔特所描述的*及物性写作*属于工具性写作,是针对一种概念的功能性写作,是针对写作外部的一种目标的功能性写作。及物性写作是为大系统及其发声服务的,即一种意识形态概念,一种社会经济系统,一种政治文化程序,一种话语秩序。及物性写作指的是历史及其目标的真相;及物性写作是转录,是一种能够嵌入大系统(grand systems)的书写方式(参见乔治·奥威尔[47]的《1984》;雷·布拉德伯里[48]的《华氏451度》)[49]。从及物性写作、直接话语、一种给定目的的功能性话语的角度看,非功能性是完全不相干的。

非及物性写作是指不以告知、说服、获得、教育、判断为目的的写作;因此,非及物性写作是对其他任何事物不起功能性作用的写作,即非功能性,缺乏作为终极性计划、目标这一表述的意义;从这一角度讲,非及物性写作没有主张,没有实质性内容;非及物性写作漠视同一性的差异,趋向于与普通利益相关的非自利性利益。非及物性写作始于对他者、对他者性、漠视态度、不在场性的激情。漠视自我利益的情感,将文学词汇与情人话语中能指的延迟相关联,如马塞尔·普鲁斯特(Marcel Proust, 1871–1922)[50]的《冷漠者》(*L'indifférent*),以及皮埃尔·洛蒂(Pierre Loti, 1850–1923)的《阿齐亚德》(*Aziyadé*)[51]。但是,大系统不可能整合此类写作,将他者性融入其中。

在此,符号的符号学意义上的物质性、符号的绝对他者性,抵制一切被支配、被整合、被同化的企图。从这一意义上说,非及物性写作酷似抒情话语,是"反复无常的":非及物性写作在一场符号游戏中围绕着符号自身而展开,在一种虚无中展开,在无休止的延迟过程中彼此追逐着,从一枚符号到另一枚符号,毫无回报;对非功能性、非生产性、非自利的漠视性、离题性,以及为了自我之外的目的而抵制工具性因素的歪曲。从这一意义上说,非及物性写作是对死亡的预示,是一种非功能性实践,毫无目的,不为所图,没有第二种结局。不在场、漠视、毫无意义作为写作的出发点,指向作为接触的交际,指向正常人的活动领域,指向直接话语、生产性话语的自我利益之外,专注于一个既定的目的,如同情人话语、父母之爱、友谊、关心他者、不为所图、不为回报而参与、倾听等。

作为非及物性写作的形式,谈情说爱、沉思游戏、文学词汇、翻译,均具有共同特点,在深层次上,即在基因结构层次上具有相似性。此乃同调秩序、同调上的相似性,与表层上的相似性——类比性形成对立。爱、沉思、写作、翻译,每一个都是一个开放性的时空,灵感来自对他者的迷恋,来自倾听他者,来自符号之间的诱惑游戏,来自指称彼此的能指之间的激情游戏,来自无休止的延迟链,依据的是非漠视性融入他者的关系,即对他者做出回应的关系,他者性、特异性之间的非对称性关系,自我利益的非功能性交换关系,非自我利益的交换关系,毫无回报的关系。

下一章,我们继续探讨语言与一般意义上交际的对话性、他者性和实体间性概念、同一词语之中不同声音之间的共融与干涉的可能性、参与式倾听、面向他者的回应性/责任性、怪诞的具身、巴赫金哲学所有层面的特征,或更具体地说巴赫金的语言哲学。仅巴赫金这一名字自身就宣示了不同声音和视角的一种复调,即内部层面指巴赫金自己的声音,外部层面专指巴赫金小组的成员,从而为面向他者的多元性、多样性和善待性角度构建一个世界提供了一种具体的视角。与今天震耳欲聋的独白性和以相关的单语制为主导，同时伴随着一种个体主义和自我中心主义具身概念的全球交际相比，与同类和同类之间，即"同一性个体"之间的交际相比，巴赫金狂欢式时空观（chronotope）对西方哲学的总体取向以及由此产生的主流文化思潮提出质疑，促进了对话语理性的批判。

注释：

1. 法国哲学家、欧洲解构主义代表人物、20世纪下半叶最重要的一位法国思想家，曾任巴黎高等社会科学研究院研究主任、国际哲学学院创始人兼第一任院长、法兰西公学名誉教授、美国霍普金斯大学和耶鲁大学访问教授，曾于2001年依次访问北京、南京、上海、香港，被北京大学、南京大学、复旦大学授予名誉教授，被上海社会科学院授予名誉研究员。1930年，德里达生于法属殖民地阿尔及利亚，19岁回法国就学，20岁考入巴黎高等师范学院，受教于梅洛-庞蒂、福柯等人，也探讨过胡塞尔、海德格尔的现象学，基于索绪尔思想的法国结构主义、马克思主义、弗洛伊德和拉康的精神分析学说、萨特的文学观点等，为他后期的结构提供了对象支持；1956—1957年在哈佛大学深造，1963年在巴黎哲学学院针对福柯的著名演讲《我思与癫狂的历史》，初露锋芒；1966年在国际研讨会上宣读《结构、符号，与人文科学中的嬉戏》，直接针对法国乃至国际学术界风头正盛的结构主义的"结构"概念和结构主义的本体论。在这篇文章中，他使用了术语"deconstruction"（解构），旨在拆解、消解传统的理解模式、习惯、结构，此次演讲标志着法国学术界新学派——后结构主义或解构主义的兴起；1967年出版了著名的《写作与延异》《论文字学》《声音与现象》；另有《哲学的边缘》（1972）、《胡塞尔现象学的起源问题》（1990）等著作。德里达的学术思想一直都饱受争议，因与英美主流哲学格格不入，故不受美国哲学界重视，但他的思想影响非常广泛，被用作女权运动、同性恋抗争、黑人运动等的理论武器。对德里达的公允评价也不是没有，在他去世的2004年，法国总统希拉克高度评价了德里达对法国思想文化和人类文化做出的贡献：正是有了他，法国才给整个世界贡献了一位最伟大的哲学家，才给当代知识生活贡献了一位具有重要影响力的人物。另外，德里达的批判敏感度特别高，且批判分析的力度也非常卓越，20世纪80年代针对雅柯布森于1959年提出的语内翻译、语际翻译和符际翻译做出的尖锐而精到的批判，可谓精彩绝伦。——译者注

2. Bakhtin, Mikhail M. 1986. *Speech Genres & Other Late Essays*. Austin：Austin University of Texas Press.

3. Bakhtin, Mikhail M. 1963. *Problemy poetiki Dostoevskogo*. 2nd revised and enlarged edition of Bakhtin 1929. Moscow：Sovetskij pisatel. *Problems of Dostoevsky's Poetics*, C. Emerson（ed. & trans.）, W. C. Booth（Introduction）. Manchester：Manchester University Press, 1984.

第七章 倾听、他者性与翻译

4 萨特的存在，因介词"for"后面所接的"自己"（itself）和"他者"（others），分为自为存在（being-for-itself）和为他者存在（being-for-others）两类。——译者注

5 Petrilli, Susan. 2013. *The Self as a Sign, the World, and the Other: Living Semiotics*. New Brunswick, London: Transaction Publishers

6 Peirce, Charles S. 1931 – 1958. *Collected Papers of Charles Sanders Peirce* (i 1866 – 1913), Vols. I – VI, ed. by C. Hartshorne & p. Weiss, 1931 – 1935, Vols. VII – VIII, ed. by A. W. Burks, 1958. Cambridge, Mass.: The Belknap Press, Harvard University Press.

7 Petrilli, Susan. 1986. On the Materiality of Signs. *Semiotica* 62 – 3/4, pp. 223 – 245; Petrilli, Susan. 1990c. Appendix II: On the Materilaity of Signs, pp. 365 – 392. In A. Ponzio, *Man as a Sign*, 1990.

8 Szasz, Thomas S. 2006. *My Madness Saved Me: The Madness and Marriage of Virginia Woolf*. New York: Transaction; "*La mia follia mi ha salvato*". *La follia e il matrimonio di Virginia Woolf*, It. trans. intro., pp. 7 – 59, and ed., S. Petrilli. Milan: Spirali, 2009.

9 Petrilli, Susan; Ponzio, Augusto. 2017. In Dialogue with Thomas Szasz. In Schaler, Jeffrey A.; Lothane, Henry Zvi; Vatz, Richard E. (eds.) 2017. *Thomas S. Szasz: The Man and His Ideas*. New Jersey, New York: Transaction Publishers; London: Routledge, pp. 25 – 47.

10 Lévinas, Emmanuel. 1987. *Hors Sujet*. Montepellier: Fata Morgana. *Outside the Subject*, Eng. trans. by M. B. Smith. London: The Athlone Press, 1993.

11 Lévinas, Emmanuel. 1974. *Autrement qu'être ou au-dela de l'essence*. The Hague: Nijhoff. Eng. trans. A. Lingis, *Otherwise than Being or Beyond Essence*. Pittsburgh: Duquesne University Press, 1998.

12 Lévinas, Emmanuel. 1961. *Totalité et infini*. The Hague: Martinus Nijhoff; *Totality and Infinity*, Eng. trans. by A. Lingis, Intro. by J. Wild. Pittsburgh: Duquesne University Press, 1969; Dordrecht: Kluwer, 1991.

13 Bakhtin, Mikhail M. 1919. Iskusstvo i otvetstvennost. *Den' iskusstva*, Nevel', 13 September 3 – 4. In M. M. Bakhtin 1979, It. trans. & Russian original now in Bachtin e il suo circolo 2014, pp. 27 – 31; Eng. trans. Art and Answerability. In M. M. Bakhtin 1990, pp. 1 – 3.

14 Ponzio, Augusto. 2009. *Emmanuel Lévinas, Globalisation, and Preventive Peace*. Ottawa: Legas.

15 Petrilli, Susan. 1998. *Teoria dei segni e del linguaggio*. Bari: Graphis, 2nd ed. 2001; Petrilli, Susan. 2013. *The Self as a Sign, the World, and the Other: Living Semiotics*. New Brunswick, London: Transaction Publishers.

16 Petrilli, Susan. 2013. *The Self as a Sign, the World, and the Other: Living Semiotics*. New Brunswick, London: Transaction Publishers.

17 Petrilli, Susan. 2009. *Signifying and Understanding: Reading the Works of Victoria Welby and the Signific Movement*. Berlin: Mouton.

18 Peirce, Charles S. 1931 – 1958. *Collected Papers of Charles Sanders Peirce* (i 1866 – 1913), Vols. I – VI, ed. by C. Hartshorne & p. Weiss, 1931 – 1935, Vols. VII – VIII, ed. by A. W. Burks, 1958. Cambridge, Mass.: The Belknap Press, Harvard University Press; Petrilli, Susan. 2013. *The Self as a Sign, the World, and the Other: Living Semiotics.* New Brunswick, London: Transaction Publishers.

19 Morris, Charles W. 1948. *The Open Self.* New York: Prentice-Hall.

20 Mead, George H. 1934. *Mind, Self and Society.* Chicago: University of Chicago Press.

21 Petrilli, Susan. 2007. *La filosofia del linguaggio come arte dell'ascolto / Philosophy of Language as the Art of Listening.* Bari: Edizioni dal Sud; Petrilli, Susan; Ponzio, Augusto. 2016. *Lineamenti di semiotica e di filosofia del linguaggio: Un contributo all'interpretazione del segno e all'ascolto della parola.* Perugia: Guerra Edizioni.

22 Lévinas, Emmanuel. 1948. La réalité et son ombre. *Les Temps Modernes* 4 – 38, pp. 771 – 789. Eng. trans. "Reality and Its Shadow." In E. Lévinas 1987a, pp. 1 – 14.

23 Lévinas, Emmanuel. 1961. *Totalité et Infini.* The Hague: Martinus Nijhoff; *Totality and Infinity*, Eng. trans. by A. Lingis, Intro. by J. Wild. Pittsburgh: Duquesne University Press, 1969; Dordrecht: Kluwer, 1991.

24 Barthes, Roland. 1984. *Le bruissement de la langue.* Paris: Editions du Seuil; Eng. trans. *The Rustle of Language*, by Richard Howard. Berkely, Los Angeles: The University of California Press, 1989.

25 Petrilli, Susan. 2001. *Lo stesso altro*, Athanor. Semiotica, Filosofia, Arte, Letteratura, XII, 4. Rome: Meltemi; Petrilli, Susan. 2003. *Translation Translation.* Amsterdam: Rodopi; Petrilli, Susan. 2015. Translation of semiotics into translation theory and vice versa. *Punctum*: International Journal of Semiotics. *Semiotics of Translation, Translation in Semiotics*, Special Issue, Volume 1: 2, December 2015, Guest Editors and Introduction, pp. 5 – 10, by Evangelos Kourdis (Aristotle University of Thessaloniki) and Pirjo Kukkonen (University of Helsinki), pp. 96 – 117; Petrilli, Susan. 2016a. *The Global World and Its Manifold Faces: Otherness as the Basis of Communication.* Bern, Berlin, Bruxelles, Frankfurt am Main, New York, Oxford, Wien: Peter Lang; Petrilli, Susan. 2016b. Translation Everywhere. *Traduire: signes, textes, pratiques. Signata. Annales de Sémiotique*, pp. 23 – 56. Liège: Presses Universitaires de Liège.

26 Morris, Charles W. 1948. *The Open Self.* New York: Prentice-Hall.

27 Marcuse, Herbert. 1964. *One-Dimensional Man: Studies in the Ideology of Advanced Industrial Society.* Boston: Beacon.

28 Barthes, Roland; Havas, Roland. 1977. Ascolto. In *Enciclopedia*, vol. 1, pp. 982 – 991. Turin: Einaudi; now in R. Barthes 1982, pp. 345 – 364.

29 Barthes, Roland. 1982. *L'obvie et l'obtus. Essais critiques III.* Paris: Éditions du Seuil.

30 Barthes, Roland; Havas, Roland. 1977. Ascolto. In *Enciclopedia*, vol. 1, pp. 982-991.

31 一直以来，欧洲学者针对以美国为首的全球化，纷纷发声加以抵制。其实，以美国为主导的全球化系统，不但是以经济全球化为主导的全球化模式，更是以经济主导模式背后的话语一体化模式为导向，推行美国的思想全球化、话语模式全球化、科学技术标准一体化，其中既包含以价值观输出、科学技术输出为主导的软实力，又包含以科学概念术语、政经思想等为主的巧实力的全球化和一体化成分。因而，相对于美国的一元性、独白性、霸权性的话语模式，欧洲学者将各自国家当作他者、他者性中的他者，而我们中国又何尝不是美国眼中的他者、他者性中的他者呢？本段前后的有关叙述不但可以促使我们在以美国为主导的全球化、一体化的模式下更好地从话语、他者、他者性的角度思考我们的话语策略，也能够更好地借鉴欧洲学界在面对他者、他者性、一元性、独白性话语模式中所获取的"破冰式"经验。——译者注

32 Bakhtin, Mikhail M. 1970-1971. From Notes Made in 1970-71, Eng. trans. in M. Bakhtin 1986, pp. 132-158; Bakhtin, Mikhail M. 1986. *Speech Genres & Other Late Essays*. Austin: Austin University of Texas Press.

33 Lévinas, Emmanuel. 1961. *Totalité et Infini*. The Hague: Martinus Nijhoff; *Totality and Infinity*, Eng. trans. by A. Lingis. Pittsburgh: Duquesne University Press, 1969.

34 Eco, Umberto. 2003. *Dire quasi la stessa cosa: Esperienze di traduzione*. Milan: Bompiani; Petrilli, Susan. 2001. *Lo stesso altro*, Athanor. Semiotica, Filosofia, Arte, Letteratura, XII, 4. Rome: Meltemi.

35 Bakhtin, Mikhail M. 1959-1961. The Problem of the Text in Linguistics, Philology, and the Human Sciences: An Experiment in Philosophical Analysis, Eng. trans. in M. Bakhtin. 1986. *Speech Genres & Other Late Essays*. Austin: Austin University of Texas Press, pp. 103-131.

36 M. Bakhtin. 1986. *Speech Genres & Other Late Essays*. Austin: Austin University of Texas Press.

37 Barthes, Roland. 2007. *Le Discours amoureux: Séminaire à l'École pratiques des hautes études 1974-1976, suivi de Fragments d'un discours amoureux (pages inédites)*, ed. & Préface by Claude Coste, Intro. by Éric Marty, coll. "Traces écrites". Paris: Éditions du Seuil.

38 原名Marie-Henri Beyle（1820—1910），19世纪法国批判现实主义作家，代表作《红与黑》（1830）。——译者注

39 Barthes, Roland. 1995 & 2002. On échoue toujours à parler de ce qu'on aime. In *Œuvres complètes. Livres, textes, entretiens*, ed. by Éric Marty, Vol. V, 1977-1980, pp. 906-914. Paris: Éditions du Seuil, 1995 & 2002; Eng. trans. in Barthes 1984, pp. 296-305.

40 Barthes, Roland. 1977 *Fragments d'un discours amoureux*, coll. Tel Quel. Paris: Éditions du Seuil.

41 Barthes, Roland. *Roland Barthes par Roland Barthes*, coll. Écrivains de toujours, Paris, Éditions du Seuil, 2010 enlarged ed. contains *Fragments inédits du Roland Barthes par Roland Barthes*; *Roland*

Barthes by Roland Barthes, Eng. trans. B. R. Howard. Berkeley and Los Angeles, California: University of California Press, 1975.

42 Barthes, Roland. 2003 *La Préparation du roman I et II*. *Notes de cours et de séminaires au Collège de France 1978 – 1979 et 1979 – 1980*, ed. by Nathalie Léger, under the direction of Éric Marty, coll. "Traces écrites", Paris: Éditions du Seuil.

43 德国著名思想家、作家、科学家,魏玛古典主义的著名代表,作为诗歌、戏剧和散文作品的创作者,他是最伟大的德国作家之一,也是世界文学领域的光辉人物,以戏剧《葛兹·冯·伯利欣根》(1773)蜚声文坛,又以《少年维特之烦恼》名声大噪;在文学观念上,他提倡东西方融合的世界文学观,并创作《东西方合集》,践行他的世界文学观。——译者注

44 Barthes, Roland. 2007. *Le Discours amoureux*: *Séminaire à l'École pratiques des hautes études 1974—1976*, *suivi de Fragments d'un discours amoureux (pages inédites)*, ed. & Préface by Claude Coste, Intro. by Éric Marty, coll. "Traces écrites". Paris: Éditions du Seuil.

45 Barthes, Roland. 1995 & 2002. *On échoue toujours à parler de ce qu" on aime*. In *Œuvres complètes. Livres, textes, entretiens*, ed. by Éric Marty, Vol. V, 1977 – 1980, pp. 906 – 914. Paris: Éditions du Seuil, 1995 & 2002; Eng. trans. in Barthes 1984, pp. 296 – 305.

46 Barthes, Roland. 1995 & 2002. *On échoue toujours à parler de ce qu" on aime*. In *Œuvres complètes. Livres, textes, entretiens*, ed. by Éric Marty, Vol. V, 1977 – 1980, pp. 906 – 914. Paris: Éditions du Seuil, 1995 & 2002; Eng. trans. in Barthes 1984, pp. 296 – 305.

47 乔治·奥威尔(George Orwell, 1903 - 1950)为英国小说家、记者、社会评论家,早年目睹了殖民者与被殖民者之间的尖锐冲突,曾就学于伊顿公学,后到缅甸任警察,又参加西班牙内战,因属第四国际而遭排挤,回国后被归入左派,被迫流亡法国;第二次世界大战后在英国广播公司从事反法西斯宣传工作,1950年死于肺病。乔治·奥威尔一生短暂,以敏锐的洞察力和犀利的文笔审视和记录着他生活的时代,做出了许多超越时代的预言,被称为"一代人的冷峻良知",代表作为《动物庄园》和《1984》,被誉为反极权主义的经典,其中《1984》为20世纪最有影响力的一部小说。——译者注

48 雷·布拉德伯雷(Ray Bradbury, 1920 - 2012)为世界著名科幻小说家、美国著名文法家,从小爱读冒险故事和幻想小说,自1943年开始做专职作家,并于1946获得了"美国最佳短篇小说奖";他虽然写过几部长篇小说,如《华氏451度》也颇为有名,但主要以短篇小说著称,迄今已经出版短篇小说近20部,近乎译成全世界的文字传播;除了写科学小说,他还写剧本和社会小说,曾把美国古典文学名著麦尔维尔的《白鲸》改编成电影剧本。——译者注

49 Orwell, George. 1949. *Nineteen Eighty-Four. A Novel*, New York, Penguin, 1982; Bradbury, Ray. 1953. *Fahrenheit 451*. New York: Del Rey.

50 20世纪法国最伟大的小说家之一,意识流文学的先驱与大师,也是20世纪世界文学史上最伟大的小说家之一,曾在巴里大学学习修辞和哲学,曾研究知觉主义的潜意识理论并将其应用于

第七章　倾听、他者性与翻译

小说写作之中，以《追忆似水年华》闻名。——译者注

51　Proust, Marcel. 1978 [1896]. *L'indifférent*, Préface de Philip Kolb, coll. Blanche. Paris: Gallimard; Loti, Pierre. 1879. *Aziyadé*, Presentation by Roland Barthes. Paris: Calmann-Lévy, Gallimard.

第八章　语言哲学作为倾听之艺术

在尝试将我们的一生阐释为隐藏的表征，而将我们的每个行为阐释为一种仪式之时，我们就变成了冒名顶替者（impostors）。每一个表征都不能废除我个人的*责任*，而只是规定了我个人的*责任*。……可以负责的因素，不论是什么，都不能归结为专属性的（政治），否则我们所做的就不是一个行为，而是科学技术层面的行为过程。（巴赫金："论责任行为的哲学"，1920—1924，译自意大利文版"Bachtin e il suo circolo"，2014：124 - 127）[1]

1. 他者性、对话性、实体间性——巴赫金之革命

巴赫金在1973年与苏联语言学家杜瓦金（Viktor Duvakin）谈话时宣称"我是一位哲学家"，这一说法在巴赫金20世纪20年代早期的纲领性文章《走向行为哲学》（K filosofii postupka）中得到直接证实。但是，更为有趣的是，巴赫金选择文学语言作为哲学反思的视角。文学语言出现话语观上的转变，即从自我转向他者，从同一性转向他者性，这是文学语言之审美能力和世界观构建的必要条件。事实上，在1920—1924年早期的一篇论文《审美活动中的作者与主人公》（"Author and Hero in Aesthetic Activity"）中，巴赫金就声称"伦理和美学教化需要自我以外的一种有力的支持性视角，需要我能够将自我看作另一个人的某种真正的来源或真正的支持"（Bakhtin，1990：31）[2]。在某些情况下，时间越长，一位作者就越容易成为主题人物，巴赫金及其学术圈成员就是一个显例。这一非比寻常的事件可以通过巴赫金自己及其"大时间跨度"（great time）概念加以解释，他将"大时间跨度"与同时代的"小时间跨度"加以对立。然而，唯有在他们所在同时代的短

期内，才有如此重要的作品出现。还有一些作品的寿命，远远超过了生产这些作品之人以及这些作品读者的寿命。一般来说，文学作品就是这种情况。

尽管如此，我们这一章的重点是巴赫金所谓的"哲学"写作，而非文学创作，之所以如此，是存在确切原因的。巴赫金的哲学是一种以倾听为基础的哲学，其中渗透着有关符号的研究思想。从"倾听艺术"角度阐述的哲学，就是"文学哲学"，或者如果我们愿意的话，可以称之为"文学符号学"。此处的"文学"这一表述，指称的并非应用于文学的哲学，即并非应用于将文学作为研究对象的哲学，反倒指称的是文学作为主体，作为视角，作为某人反思以及与他者对话的视角（Bakhtin, 1963, 1965; Petrilli and Ponzio, 2000, 2016; Ponzio, 2009; Ponzio et al., 1994）[3]。

这一研究路径可能可以解释为何巴赫金及其学术圈提出的思想经得住时间考验，得以继续传播，尤其是当年遭遇官方话语的阻力而今依然活跃。在巴赫金的学术圈中，优先性并非体现为宣示话语的所有权，而是让话语传播，正如"巴赫金小组"这一表述自身所证明的一般：在巴赫金小组，话语自由地传播。

话语需要自由地传播，如同一个"自由词"（free word），如同"自由言语"（free speech）一般。自由言语即自由词汇，与我们理解的常用表述"言论自由"（freedom of speech）、"话语自由"（freedom of the word）对立存在。后者（即言论自由、话语自由——译者注）蕴含的是顺从的主体对话语做出的让步。相反，巴赫金小组的著述中所呈现的是这一自由的词汇维度，即自由词汇、被解放的词汇。事实上，巴赫金和巴赫金小组成员将词汇的"半个他者"这一本质，主题化为另一个本质的维度。词汇的半个他者性，即词汇的自由，蕴含的是作为词汇特征的自由，作为词汇区别性特征的自由；蕴含的是词汇表述他者性、对话性、实体间性的能力，而并非词汇外部的主体对词汇做出让步性的自由，即主体作为二元对立的主体-对象范式的一部分，对言语做出的让步性自由。

对巴赫金来说，视角从"我"向他者的转变，从同一性向他者性的转变，蕴含的是摆脱当时一般意义上主流哲学和人文科学的理论取向（参见Bakhtin, 1974; N. Bakhtin, 1998）[4]。这种价值中心从自我到他者的转变，体现了巴赫金思想体系的构架，以被显著地描述为一场革命的形式运作，即

"巴赫金式革命"（参见 Ponzio，1997，2008；亦见 Petrilli，2012）[5]。

同一性与他者性的关系问题，一直是巴赫金从 20 世纪 20 年代到 70 年代所有作品中的一大分析焦点，也是巴赫金小组内不同声音对话研究的一大热点。考虑到言语和非言语层面的语言中意义生成的问题，巴赫金及巴赫金小组成员采纳了意义的客观、社会维度。

巴赫金的对话重在发现：我们总是与他者关联，与总是需要他者的意义关联。这并非主观意义上和抽象心理秩序层面的意义，而是具有社会组织、社会导向的意义，即"官方的意识形态"。除了对社会实践和一般意义上生命的符号加以研究，对艺术话语的特征加以研究，尤其是对文学创作加以关注，巴赫金及巴赫金小组成员还有助于读者更好地理解意识形态、上层建筑和意识问题（参见 Bakhtin，2000，2003，2004；Vološinov，1980）[6]。[7]

社会性不仅与"显性意义"的问题有关，即与直接、显性、公开地表述的话语问题相关，而且与不同形式间接话语的"隐含意义"有关，即以反讽、戏仿、寓言等形式间接话语呈现的"隐含意义"有关。实际上，如果不基于意义或更确切地说是意义的客观性，诉诸隐含意义、假设意义是不可能的。换言之，隐含意义是获得成功交际的一大必然条件，是在回应性理解之中，以及在理解与误解、理解行为与误解行为之间的动态性之中得以繁盛（参见 Petrilli，2014：139 - 157；Petrilli，2016：279 - 305）[8]。不论是隐含层面还是显性层面，人类的意义和知识、行为、情感、交际、关系相关的能力，总是与他者相关，预设的是他者，需要的也是他者。

巴赫金再次断言主体与客体、内部与外部、内在与外在、公与私、官方与非官方之间的相互关系中意指/阐释过程、正在形成的符指过程具有的客观性。对同一性的批判重申了"客观性"，即"社会层面"和"物质层面"的客观性、"符号学意义上物质性"的客观性、"能指"的客观性、"所释符"的客观性及"所指"的客观性、"能释符"的客观性，即客观性预设的是"他者性"和"对话性"（Petrilli，2010：137 - 158）[9]的符号学意义上的物质性。

巴赫金在历史和社会中探求"哥白尼式革命"的可能性条件。在潜力方面，社会层面能够成为服务于官方秩序、主导性话语，指向同一性逻辑的记忆想要忘记乃至消除的发展类型。此类潜力超越了存在的现实性，超越了归结为本相世界、官方秩序的社会层面（参见 Bonfantini，2016；Bonfantini，Petrilli，Ponzio，2006；Bonfantini，Ponzio，2010）[10]。

但是，尽管存在同一性的力量，无视封闭的同一性，我们所使用的语言，赖以交际的言语和非言语符号系统，从日常言语到文学言语的话语体裁，我们自己的具身，都知道并记住了需要遗忘的是哪些主流意识形态。

随着人类对诸如多元性、异质性、对话多元语言性、与同一性（即封闭的同一性）一元性对立的多元性、与具有主流秩序单一性特征的教条主义对立的多元性等价值观倾向的恢复，符号和语言面向他者性和对话性的能力得到了证实。因此，符号和语言对颠覆和再创造的能力开放，对主流单元秩序的重组能力开放，对审问重组能力开放，亦如艺术视野、艺术话语所证实的。巴赫金对文学的兴趣是对一种世界观的兴趣，这种世界观认为艺术视野，尤其是文学词汇是用来投射的。这一视野为艺术所独有（参见 Ponzio，2010，2015，2017）[11]。归根结底，巴赫金对文学词汇的"意识形态逻辑"感兴趣，从话语的官方秩序角度讲，文学词汇是他者词汇。因此，文学词汇被赋予了一种不可被怀疑的颠覆能力，即埃德蒙·贾贝斯（Edmond Jabès，1912–1991）[12] 所称的"非怀疑性颠覆"（non-suspect subversion，Jabès，1982；Petrilli，2010；Petrilli and Ponzio，2003）[13]。

事实上，巴赫金在符指过程的艺术维度上，尤其是文学创作中，为自己的革命找到了最合适的空间。文学文本的特殊性为正确地凸显与他者性而非同一性（即封闭同一性）关联的价值观，即与"我"、面向他者开放的"我"、自我的他者以及来自自我的他者核心之处的他者性，提供了具体的可能性。在文学话语之中，词汇体现了其内在的对话性，从而将他者性视为符号的核心和驱动力。

在绝对的特异性中，尽管存在妄想的个体性、将个体视为独立于他者的概念、将自我归因于"我"、一个体裁、一个性别、一个某种团体，存在角度上的局限，具身在对话层面与他者的具身相关，在共时层面和历时层面与整个世界相关。具身知道自己只有在"对话的实体间性"、与他者具身的"实体间性对话性"的关系中，即不可消逝、同样至关重要且不可避免的关系中，才能够健康成长。

在这一意义上说，单个的个体是相对于集体而言的个体，其中集体的统领性特征就是面向他者开放。正如沃罗希洛夫在1926年量身定制的一篇论文《生活中的话语与艺术中的话语》（"Discourse in Life and Discourse in Art"）中所宣称的：

> 仅我所知道、所看到、所想要或所爱的，都是无法假定的。唯有我们所有的演讲者所知道、所看到、所爱以及所认识的一切，即唯有那些我们都能达成一致的观点才能成为话语的假定部分。……。因此，假定的价值判断并非个体的情感，而是规律的、必要的社会行为。个体的情感只有作为伴随着社会评价的基本基调的暗示性信息之时，才能发挥作用："我"唯有在"我们"的基础上才能在言语层面实现自我。（Vološinov，1927，1973：100－101）[14]

巴赫金及其合作者所开展的这一革命不亚于一场"哥白尼革命"。这一场革命彻底地颠覆了我们现象学的参考系。巴赫金将生命的轴心从（我们术语上）理解为"封闭同一性"（莫里斯1948年提出的表述）[15]的同一性，以及同一性的向心力（centripetal forces）（不论是个体同一性，如自我意识，还是集体同一性，诸如城市、历史自然语言、文化系统等拓展性的社群），转向他者性及其离心力（centrifugal forces）。事实上，巴赫金将这一转向描述为他实际上所称的一场"哥白尼式革命"，涉及所有生物，而不仅仅是人类。这两个轴心之间的转变，从同一性到他者性，从"我"到他者，渗透在生命现象学和人类关系的含义之中，不仅关注哲学及其主流学派思想，而且关注彼此相关、相互作用的一般意义上的主流文化思潮。

朝着这一方向努力，同20世纪另一位哲学家——（立陶宛裔法国哲学家）列维纳斯一样，巴赫金也对同一性的批判做出了重大贡献（参见Ponzio，1993，2009，2012）[16]，其中"同一性"被理解为封闭同一性、短视且自我中心同一性、独白式同一性，是以牺牲他者为基础实现的。

"文学哲学"中的"文学"被理解为一种属格主语[17]，即文学所固有的哲学，文学所特有的哲学视野，此所谓巴赫金式革命之所以成为可能的条件。文学的语言与生命的一种外部主题观相融合。巴赫金通过与陷入同一性逻辑的世界观，或更准确地说是同一性的"意识形态逻辑"世界观加以对比的方式，研究人类的"外部话题"能力（同义词包括"局外性""局外化")及其成为可能的条件。外部话题能力需要一种不同类型的逻辑,即他者性的"对话逻辑",准确地说,与主流的主导逻辑相对立,后者在本质上是同一性逻辑,属于封闭同一性意义上的逻辑。巴赫金对独白性的批判以及对对话性的褒奖,与他对他者性的主题化密切相关,这标志着巴赫金话语的整体脉络。

最重要的是,巴赫金的他者性、对话性和实体间性概念可以参照西比奥克的"全球符号学"或"生命符号学"(Sebeok,1986,2001,2004;Petrilli and Ponzio,2001,2002)[18]来解读,这也是对后者(即生命符号学——译者注)的"生物符号学"最充分的表述。就巴赫金而言,早在1926年的论文《当代生命论》("Contemporary Vitalism")[19]中,他就将哲学问题与生物学联系起来了,这是从最初的研究开始重建他的思想体系的一个重要文本[20]。

对巴赫金和西比奥克来说,地球上所有的生命形式都是相互关联和相互依存的,不论是直接的,还是间接的。因此,二者都将活体(live bodies)之间"实体间性"的总体状况主题化为(尽管存在着明显的自主性和分离性)人类生命的一大条件,实质上为一般意义上生命的一大条件,以及语言表述的一大条件。巴赫金和西比奥克都围绕着符号来发展原始的研究路线,在某些程度上,尽管存在差异,但二者研究路径的交叉与重叠都证明了符号和语言中的生物学这一推动力。在整个生物符指域中,具身之间的嵌入条件是与对话性共延的。对话性指的是一个人自己的具身(仅仅是一个虚幻、独立、自主的个体性具身)与他者具身互融的体验式、实体间性的表述。正如我们在下文所述,巴赫金引入"怪诞躯体"(grotesque body)的形象,用以表述对话实体间性的状况——与世界和他者具身具有事关生命的不可分割的关联的具身,表达有机体与世界之间相互关联、相互依存的状况。怪诞的具身是我们在通俗文化中,在公共场所的粗俗语言中,在狂欢的面具下所遭遇到的具身。

巴赫金陈述说,他参加的,他所接触并借用的"时空观"(chronotope)这一概念,是在自己所参加的一次由生理学家阿列克谢·乌克托姆斯基(Alexei A. Ukhtomsky,1875-1942)[21]所做的讲座上提出的,这次讲座也触及了美学问题。乌克托姆斯基也是费奥多尔·陀思妥耶夫斯基(Fyodor Dostoevsky,1821-1881)[22]文学作品的一位忠心的读者。在他那个时代的生

225

物学研究中，巴赫金特别提及了乌克托姆斯基，认为自己提出的具身与词汇作为一种对话关系的观点是受乌克托姆斯基的启发，根据这一对话关系，具身对塑造自己世界的环境做出回应。巴赫金从人文科学与生命科学对话的角度发展了这一观点，将他的目光从人类延展至生物域中的整个生命（参见 Vernadsky, 1926）[23]。在巴赫金有关生命论的文本中，他也将生物学家雅各布·冯·乌克斯库尔（Jakob von Uexküll）视为生命论的一大代表人物，虽然事实上乌克斯库尔并未毫无条件地理解生命论，正如他对行为主义和机械主义类型的概念做出的批评一般。亦如乌克斯库尔在1934年的专著[24]中所言一般，他对有机体-机器运作的方式不感兴趣，感兴趣的反倒是操作手是如何工作的。不论如何，乌克斯库尔是另一位从符号角度解释生命的生物学家。事实上，巴赫金和乌克斯库尔都是从符指过程角度研究生命过程，他们二者将符指过程视为生物域的一部分，因此也被视为生物符指过程。尽管乌克斯库尔并未直接使用对话模式这一术语，但这一术语在他著名的"机能环"（functional cycle）中具有核心重要性。此处与我们相关的是，巴赫金和乌克斯库尔都是从符号学视角探讨生命问题。

即便巴赫金越来越关注与文学符号相关的问题，他的对话性思想也是在生物学、生理学（确切地说是神经中枢系统的研究——彼得堡是世界上这一领域的一大中心）、物理学还有心理学和精神分析领域研究的语境下构建的。如果结合乌克斯库尔的生物学研究，从促生当代生物符号学领域和西比奥克的全球符号学发展的角度阅读，巴赫金的对话性概念所具有的含义就会显得特别有趣了。

2. 词汇中的具身[25]——对话理性之批判

巴赫金主题化、文学语言呈现的新世界观，触发了"对话理性批判"的可能性，其中"对话理性"这一表述是另一个属格主体，蕴含的是语言基于内在的他者性和对话性所具有的批判能力。只有通过以对话理性为导向的批判，才有可能恢复同时回响的多重声音，以及单一声音之中的多重性，从而获得所谓的"复调辩证法"（polyphonic dialectics）、"对话辩证法"（dialogical dialectics）。如此构想的辩证法并未归结为单元性、单向度和封闭同一性。实质上,辩证理性就是对话理性。词汇本身具有复调性,且在某种程度上,词汇是具有内在对话性的。

巴赫金对对话理性的批判是在他者性逻辑基础上开展的。在他者性逻辑之中,对话并非由一个"我"采取的主动性所产生的结果。巴赫金所理解的对话并非来自一个主体面向他者开放这一决定。相反,对话蕴含着这一事实:亲近他者、排斥他者都是不可能的;忽视他者是不可能的,哪怕只是为了拒绝他者,以一种形式或另一种形式融入他者也是不可避免的。虽然"我"曾做出远离他者的尝试,但融入他者是不可避免的。尽管如此,"我"*具有对话属性*,并非作为面向他者做出一种让步的结果,而是在他者话语中作为与他者的被动型融入。

如此阐释的对话并非人类宇宙的一种特权,反倒是一种限度,一种终结化的障碍,一种一劳永逸地界定同一性的障碍,一种重构同一性的障碍。如此描述的对话既不能归结为对话之间的一种形式上回应的交换,也不能被视为一种人格的品性。不仅如此,不论是以内部还是以外部话语形式,词汇中不可避免地发生的所有封闭和分离的尝试都是徒劳的,因为从"我",从主体的角度看,词汇在构成角度上具有他者属性。词汇业已被他者、他者的话语、他者的意图、他者的感觉占据。正如巴赫金所言,*词汇总是具有符号层面的他者属性*。词汇总是自身所包含的他者词汇之家园;词汇总是谈论他者词汇。此外,词汇产生于具身之间的关系,在"实体间性"(intercorporeality)的状态中得以繁盛,其中的"实体间性"可以理解为"对话性"的另一种表述。在这一层面,且从巴赫金的视角看,对话性和实体间性可以被视为同义词。正如巴赫金在《1970—1971 年散记》("From Notes Made in 1970-71")所证实,意识本身蕴含的是涉及"证人"和"法官"的对话关系:

> 在意识出现在这个世界上(存在)之时,也许在生物生命出现(或许不仅仅是动物,且草木也是见证者和法官)之时,世界(存在)就发生了根本性的变化。一块石头仍然是石头,阳光依然明媚,但存在作为一个整体(非终结)的这一事件,就变得完全不同了,因为这一事件中的一个新的主要特征首次出现在地球存在的场景之中——见证人

和法官。太阳虽然在物理层面仍然保持不变,但已经发生了变化,因为太阳已经开始为见证人和法官所认知。太阳已经不再是简单地存在,已经开始了自身和为自身(……)以及为他者的存在,因为太阳已经反映在他者意识之中(……)。(Bakhtin, 1986: 137)[26]

在同一段落中,他继续说道:

> 与我有关的一切进入我的意识,从我的名字开始,从外部世界通过他者的嘴(如我母亲等),以他们的语调,以他们基于价值观的情感基调进入。一开始,我通过他者意识到我自己。(Bakhtin, 1986: 138)[27]

在巴赫金的术语中,"对话性"和"实体间性"在某些层面上属于同义词,即作为相互交叉和重叠的阐释轨迹中的解释项,但这两个术语并不会在相互间耗尽彼此的意义。显然,此处的"对话性"应理解为完全不同于两个或两个以上对话者之间单纯性形式上的回应性交际。对话性,或更确切地说是"实质性对话"(substantial dialogue,巴赫金将其区别于"形式性对话"),理解为实体间性,蕴含的是与他者不可避免的相互关联和相互依存条件。但是,我们现在要强调的是这一事实:只有在与他者的相互关系之中,才能产生同一性本身(参见 Petrilli, 2013)[28]。生物学研究(即生命科学与符号科学之间交叉的科学研究)证明了对话性和他者性的生物学基础,而对话性和他者性就是自我构成的结构要素。这样的概念框架与那些将符号和自我归结为封闭性、独白式同一性术语的趋势相去甚远。

官方话语秩序所预见的对话是形式对话(formal dialogue)。因此,这当然不是巴赫金所描述的"对话性对话"(dialogic dialogue),而是倾向于独白的对话。在缺乏所谓"实质性对话"的多重声音的形式对话中,所有的愿望和期望都属于相同的话语域,属于相同的符号宇宙,其中所有的愿望和期望都是同源的,但不对他者开放,在改变同一性之时,也牺牲了他者性。换言之,发出这些声音是为了相互融合和彼此同一。

归根结底,在社会中,多重声音因在差异的权利层面具有共同的利益而具有同源性,但此处的差异被理解为"同一性差异"。从同一性、完全由同一性、封闭同一性逻辑制约和导向的差异角度构想的差异,是无视他者权利的差异,是无视隔离、排斥、限制乃至物理层面消除这一程度上的差异。

第八章 语言哲学作为倾听之艺术

关于从同一性角度构想的差异、漠视他者权利的差异、压制和消解他者的差异问题，巴赫金对对话性和他者性——"对话他者性"的概念化，证明了另一种形式的差异是可能存在的。此处蕴含的是他者性驱动的差异、面向他者开放且不能漠视他者的差异、为了消除漠视而构建的差异和非漠视性差异（参见 Ponzio，2002）[29]。

我们甚至可以宣称，在我们试图接近他者，装出漠视的样子之时，对话的必然性就显现得尤为强烈，而这些努力最终却显得既可悲又可笑。在漠视他者的幻觉中，对话性出现得最为强烈。事实上，对话性存在于一个人自身的观点之中，存在于一个人自身的价值观体系之中，存在于一个人自身的思想之中，存在于一个人自身的声音之中，等等。因此，巴赫金意义上理解的对话，不仅不是自我采取主动性的表述，并非主体做出的一种让步，更重要的是对话还是自我构成和表现的场所。

在巴赫金的思想体系构架之中，重要的是重申对话性、他者性和具身是密切关联的。巴赫金的对话性与他者性符号学意义上的物质性相融合，包含了人类主体性形成和发展的他者性不可还原的物质性。与他者的对话性参与是实体间性式参与，即"我"必须对他者做出回应，必须向他者负责，因为他者在世界上占据的位置，不论是从物理层面，还是从物质层面来说，都是其他任何人都无法占据的位置。这一位置就是"我"所言说的角度，也只有从这一角度他者才能发出声音。

主体性在符号之间的关系中发展，并非作为脱离肉身的意识，而是作为具身的物质，作为记住具身构成的复调性与他者具身的相互关联性和相互依存性——实体间性条件的具身。此处的记忆远远超出了制度性记忆限度、记忆分类和定义范围。此处蕴含的不仅是生物学秩序的记忆，而且是历史社会秩序的记忆，是部分划分之外的记忆，是角色、符码、交际意图之外的记忆，独立于主体所持的道德要求、观点或主体性。

但是，为了与巴赫金及其对言语符号的关注保持一致，词汇具有对话属性，首先是因为词汇是由不同声音之间的*干扰*引起的，即多重声音相互干扰，不论是在单个词语之中，在单一声音之中，还是在多重声音之中。事实上，对话性，即*实质性对话性*就是意义、意图、语调之间的干扰，不论是单一声音，还是多重声音，尽管主体声称拥有词汇所有权。词汇总是他者的词汇,尽管说话的主体尝试表达"自己的话语",掌握词汇,保证词汇的意图,以自己言说的方式——"说话算话""用我的名誉担保""我向你保证""说出这个词"等。

事实上,并不存在非他者导向词汇的东西,并不存在没有进入与他者对话关系词汇的东西,这个词是一个关于词汇的词,是表示他者的词,是表示另一个词的词。因此,自我意识是在另一个人所拥有的自我意识的关系中实现的,就像第一次进入世界的婴儿一样。用巴赫金《审美活动中的作者与主人公》一文的话说:"孩子开始第一次看到自己,仿佛透过母亲的眼睛,开始以母亲的情感-意愿口吻谈论自己——他抚慰着自己,就像第一次自我表述。"(Bakhtin, 1990: 50)[30]

巴赫金认为,现场交际中的词汇是一种话语,是一种生机勃勃的表述,是与语言学家主题化的语言系统中死语句完全不同的话语现象(参见Ivanov, 1977)[31]。词汇是声音,是化身。对话是声音之间的遭遇,不是抽象概念之间的遭遇,不是同一话语——一个多重声音话语、同一思想、同一意图、同一意识、同一自我中不同声音之间的遭遇。

在对话中,声音——词汇具有强烈的导向性、语调性和基调性。对话中声音表达一种观点或不同的观点,一种评价或不同的评价。陀思妥耶夫斯基复调小说的逻辑是对话逻辑,因为概念体现在声音之中,体现在不同声音之中,即并非漠视彼此的声音之中,尽管对基于封闭同一性差异、"漠视性差异"构成的多重声音做出所有的尝试。

巴赫金之所以研究陀思妥耶夫斯基的复调小说,是因为他着迷于复调小说在一个单独声音、一个单独话语中刻画对话性的能力,对话语的每一枚"原子"、篇章话语中每一个要素、意识的每一个要素中呈现的相互矛盾的声音加以干扰。一个单独的回应本身已是对话,就如同内在的篇章话语一样,但即使是一个独白也可以是多重声音呈现的。譬如,詹姆斯·乔伊斯(James Joyce, 1882-1941)[32]经典著作《尤利西斯》(*Ulysses*)最后一章通常被称作"莫莉·布鲁姆的独白"(Molly Bloom's soliloquy)[33],抑或是仍然用陀思妥耶夫斯基的例证,就是他的代表作《地下室手记》(*Notes from Underground*)中的《地下人》("The Underground Man")。陀思妥耶夫斯基所刻画的对话证明了为何漠视他者是不可能的,为何消除他者是妄想。

第八章 语言哲学作为倾听之艺术

正如巴赫金在《陀思妥耶夫斯基诗学问题》（*Problems of Dostoevsky's Poetics*，基于1963年陀思妥耶夫斯基主题专著的1984年英译版）[34]中的分析所清楚表明的，陀思妥耶夫斯基从未放弃声音，因此，认为陀思妥耶夫斯基的对话是辩证、缺乏具身和声音的，是一个错误（参见 Bakhtin, 1963, 1984: 251-261）。不可能摆脱他者的物理性存在，就如同不可能感觉不到他者的缺场一样。在巴赫金看来，声音、声音的化身——具身是区分陀思妥耶夫斯基的对话与柏拉图的对话之关键要素。有关这一问题，我们发现巴赫金在1929年一个片段中所做的陈述（收录在1963年版的1929年陀思妥耶夫斯基主题专著的原文之中，因此亦见于1984年的英译版）：

> 在通过主人公内在对话中以回应形式展开的开放性对话里，回应的交集、和谐或中断无处不在。几个听起来各异的未合并的声音，无不传递着一切明确的概念、思想和文字。作者意图的对象肯定不是这一概念总和之本身，即某种中立、与自身同一的事物。确实如此，作者意图的对象正是贯穿多重不同的声音，即严格意义上乃至可以说是不可变更的多重声音和声音多样性的一个主题。对陀思妥耶夫斯基来说，声音的这一分布及其互动才是重要的。
>
> 陀思妥耶夫斯基作品中的思想从未与之分离。因此，宣称陀思妥耶夫斯基的对话是辩证的，这是完全错误的。……对话并非作为一种独白式推论的概念，即便是具有辩证属性，也只是陀思妥耶夫斯基最终给出的多重声音互动的事件。
>
> 这就是陀思妥耶夫斯基式对话与柏拉图式对话之区别所在。在柏拉图范式中，虽然对话并非一种完全独白式教学型类型的，尽管如此，概念中的声音多重性却消失了。柏拉图并未将概念构想为一个事件，而是一种存在。（见巴赫金1963年版附录1中"陀思妥耶夫斯基的对话"一章，Bakhtin, 1963, 1984: 278-279）

在《1970—1971年散记》中，巴赫金描述了从不具有综合性的具体对话到抽象辩证法的过程。在这一过程中，巴赫金为声音分配了一个基本的角色，以便对对话和辩证法加以区分（参见 Ponzio, 2004）[35]：

> 对话与辩证法。展开对话，去掉多种声音（即声音的分割），去掉

（个性化情感的）语调，从临场话语和回应中提取抽象概念，做出判断，将一切因素嵌入一个单一的抽象意识之中，这就是辩证法的原理。（Bakhtin，1986：147）[36]

巴赫金主题化的对话是理解为特异性具身之间的遭遇，是他者作为他者与描写为"裸我"（naked I）的自我之间的遭遇。其中蕴含的是定义或社会同一性限制前后出现的他者性之间的遭遇，这就为"我"和他者——不论是家庭、社会阶级还是职业，赋予了"具体的肉身"。用上文所引的巴赫金（1929）的话说：

> 我们所分析的"人与人"对话是一个非常有趣的社会学文献。将他者作为另一个人，将自我作为一个"裸我"的一种异常敏锐的感觉，预设的是所有这些为"我"和他者披上社会具体肉身（简称具身）外衣的定义——家庭、社会阶级、经济等级界定，以及有关这些定义的所有变体，都失去了各自的权威性和形式塑造力。事实上，在作为一个整体的世界中，一个人感知自身，除了他可能所属的任何社会团体，不会经受任何阶段的干扰。（见巴赫金1963年版附录1中"陀思妥耶夫斯基的对话"一章，Bakhtin，1963，1984：280）[37]

巴赫金分析了对文学作家弗朗索瓦·拉伯雷（François Rabelais，1483－1553）[38]作品的实体间性叙述：陀思妥耶夫斯基与拉伯雷统一于一个单一的声音之中，即巴赫金的声音。在拉伯雷写作的《巨人传》（*The Life of Garantua and Pantagruel*）中，具身被刻画为一副"怪诞的具身"，即一具未被个体主义视觉神秘化的具身，一具未被孤立或简化为轮廓的具身，一具未被时空边界界定和厘定的具身。拉伯雷刻画、巴赫金在《现实主义历史中的拉伯雷》[*Rable v istorii realizma*（*Rabelais in the history of realism*）[39]，巴赫金的博士论文，也是巴赫金专著的原标题］中理论化的具身是全世界通俗文化所体验的具身。这是一具怪诞的具身，即由一种有限且自我的具身观呈现的、指向冰山一角的对话性具身，一具由当代性和意识形态文化原型强加给我们的对话性具身。

怪诞的具身是最能刻画对话具身的形象，这是为何怪诞的具身出现在小说之中，尤其是出现在陀思妥耶夫斯基的复调小说之中。怪诞的具身这一隐喻用于描述人类文化系统中对立定位之间的冲突。这些对立的定位，一方面可以从陷入封闭性、独白式同一性的内部分化倾向（implosive tendencies）角度加以综合，另一方面可从以面向他者性、多元性和多样化的推动为特征的离心倾向角度加以综合。

对话与具身——对话性具身之间的关系，是巴赫金语言哲学的思想基础。巴赫金的对话性与怪诞的具身这一生物符号学概念是一致的。

3. 狂欢式时空观

在1965年专著《拉伯雷与他的世界》（*Rabelais and His World*）中，即巴赫金于1941年提交的博士论文出版稿中，巴赫金分析了整个世界文化中，在极大程度上被压制，却依然在文学的"大时段"中存活乃至繁盛的通俗表述形式。事实上，驱动着通俗文化发展的他者性、对话性、实体间性、不同形式的模糊性、多价性、双重性，今天依然可以在通俗语言（与雅言对立存在——译者注）、民俗传统、狂欢节庆以及复调小说中寻得踪迹。这是因为他者性、对话性和实体间性为符号、具身、所有的具身和符号的结构成分，即便做出所有的努力，也无法将其消除。

在分别于1963年和1963年出版的专论作家陀思妥耶夫斯基和拉伯雷及其文学作品的著作中，巴赫金讨论了通俗文化感知具身的不同方式，即"怪诞现实主义"的不同形式。在通俗文化中，具身和一般意义上的物质生活并非从个体意义上加以感知，也并非脱离地球上其他生命的方式加以感知，实质上并非脱离世界上其他生命来感知。然而，此类感知近乎绝迹了。在中世纪的通俗文化中，在资本主义国家工业化发展与资产阶级兴起尚未确立个体主义之时，从"怪诞现实主义"的角度看，具身被感知为尚未界定且未与自身融合的一副具身，而是在与他者具身的共生关系中，在超越个体生命限度的过度追求、转换和更新的关系中得以繁盛。怪诞具身的符号和语言优先倾向于最喜欢与他者具身、与周围世界交际的那些具身部位——瘤疮与孔洞，包括不区分人类与非人类的结合与侵染。巴赫金这样评价拉伯雷：

> 怪诞的具身（……）是一副正在形成的躯体，永远也不会完成，永远也不会完结，只是在不断地被建构、被创造，同时建构和创造另一

副躯体（……）；怪诞的具身忽略了将具身封闭和限制为一种独立而完整现象的这一不可穿透的表面。

再现具身和具身生命的怪诞模式在数千年的艺术和创造性言语形式中盛行不衰（……）。

时空中这一无边无际的怪诞具身意象海洋，延展至所有的语言、所有的文学和整个示意系统；在这一海洋之中，现代艺术、美文（belles lettres）和文雅谈吐的具身行为规范仅是一座小岛而已。这一有限的规范从未在古代文学中盛行过。在欧洲的官方文献中，这一规范仅有四百年的历史（……）。

在所有的历史变异和不同的体裁中，新的具身规范呈现的是一副完全完成、完整、严格受限的具身，从外部呈现为个体性的表征。(Bakhtin, 1965, 1984: 317-320)[40]

怪诞具身的语言具有丰富的术语和表达方式。这些术语和表达方式指称的大多是与世界和他者具身确立相互依存和涵指、融入与相互关联关系的身体部位。这种语言可以在各时代的人群中寻得踪迹，且通常指称的是并非清晰勾勒或一劳永逸使其确定的一副具身，通常指称的是并未与自身融合、与他者具身相互关联的一副具身，至少是存在于双重实体的一种关系之中：

新规范的具身仅是一副具身而已，并不存在双重性的符号。新规范的具身是自洽的，且只以自身的名义言说。具身之中所发生的一切只关乎自身，即仅关乎个体层面的封闭域。因此，具身之内发生的所有事件仅具有一个单一的意义，即死亡仅是死亡，永远也不会与出生重叠；老龄与青春剥离。(Bakhtin, 1965, 1984: 321-322)

一旦具有维护主导阶级既定秩序和权利功能的官方意识形态，与非官方意识形态分离，这种怪诞的具身就会被正统文化阻断。今天的全球交际强化了具身的个体主义、私人化和静态性这一概念，即一种为"自我技术"[41]（Foucault, 1988）[42]服务的研究路径，且随着这一概念不断得到强化，与怪诞的具身相关联的言语和非言语符号就会逐渐消失。现如今幸存下来的仅是怪诞具身符号的微弱痕迹，如民间节庆、中世纪狂欢以及地球上所有前资本主义文化系统中最初所用的仪式面具（如列维-斯特劳斯1984年[43]所研究

第八章　语言哲学作为倾听之艺术

的美洲印第安人[44]）；如今，大多数遗留下来的是民俗分析师所研究的木乃伊残余物，保存在民族学博物馆的考古遗迹，民族文学史中留存的广义博物馆化表述。

巴赫金对符号复杂生命所持的全球和生物符号学观（即巴赫金的"伟大的经验"），对理解他在研究拉伯雷时阐述的"怪诞狂欢"（carnivalesque）发挥了重要作用。巴赫金使用这一术语，指称所有文化中以滑稽、笑声和快乐生活为导向的态度、观念、言语和非言语符号系统构成的这一复杂现象。当然，狂欢并非仅仅关涉西方文化，不仅仅关涉俄罗斯的民族精神，也关涉世界范围内的任何人类文化。

"拉伯雷与他的世界"这一表述，与巴赫金专著英译的标题对应，但事实上，这一标题所传达的信息与俄文原著并不一样；俄文原著的字面翻译为"拉伯雷的作品与中世纪和文艺复兴时期的通俗文化"（The work of François Rabelais and popular culture during the Middle Ages and the Renaissance，参见Bouissac，1990：528）[45]。原著标题强调的是自古希腊和古罗马文明发展到中世纪和文艺复兴时期，拉伯雷作品与通俗文化所阐述的世界观（即意识形态）之间存在的错综复杂的联系。

在西欧，这一历史时期之后是向资产阶级社会及其意识形态过渡的时期。其间，反倒是相互之间彼此漠视的具身作为独立实体这一概念处于主导地位。在这一框架下，具身被认为具有两大共同点：其一为工作能力作为评价具身的尺度和标准，其二为满足个体需要而对包括工作在内的货物流通产生的兴趣。这一意识形态一直延续到斯大林时代的苏联，与巴赫金写作的时代相融合，并一直延续到真正社会主义的整个时代[46]。在社会主义时代，唯一能将任何利益的个体与官方秩序联系在一起的社群因素就是工作和生产能力。除了这一最小的共同点，其余的都是无关紧要的，个体之间可以保持相互漠视，彼此分离。

但是，依然就巴赫金的革命而言，许多评论家业已证明有问题的"二元对立主义"，其实就是贯穿巴赫金所有作品的一种基础牢固的一元论人生观的表述。就巴赫金而言，文学家拉伯雷自中世纪的通俗文化中汲取了这一人生观（表示的是一种*单纯的*生物符号学意义上的意识）。可是，这一一元论人生观可以在*怪诞狂欢*的所有表征形式中觅得踪迹，这也包括在所有民族和各个时代的"狂欢化文学"形式之中。

怪诞狂欢融入"伟大的经验"之中,透视了具身与符号生命的一种复杂而微妙的全球视野。"伟大的经验"强调的是维持生命必需的具身接触、对话性实体间性的重要性,证实了所有生物之间存在相互关联的纽带,证明了我们每个人的生命蕴含在每一个他者生命之中的方式。这是一种"宗教"存在观。宗教存在观强调的是具身对特定功能的过度追求,以及符号相对于特定意义而言的意义过剩现象,即符号和具身——作为生命符号的具身,被视为自身的目的。

相反,最近的次要意识形态传统被还原性二元对立论弱化。事实上,还原性二元对立论按照对立逻辑操作,促生了冲突关系:个体与社会对抗,生物与文化对抗,精神与身体对抗,物理化学力与生命力对抗,喜剧与正剧对抗,死亡与生命对抗,高与低对抗,官方与民间对抗,公共与私有对抗,工作与艺术对抗,工作与民间节日对抗。

通过拉伯雷,巴赫金恢复了主要传统,批判了次要传统,认为具身作为一个个体是相对较新的概念,封闭的具身具有推动资本主义、真正的社会主义及其蜕变的作用。陀思妥耶夫斯基的复调小说也符合*世界观*(*Weltanschauung*)这一主要传统,正如巴赫金 1929 年初版、1963 年第二次修订版专论陀思妥耶夫斯基的专著所言。

安东尼·沃尔(Anthony Wall)和克莱夫·汤姆森(Clive Thomson)正确地指出:

> 对巴赫金来说,怪诞狂欢首先是一种时空观(一种用来考量一种文化中时空具体形式的理论和批判性结构)。
>
> ……
>
> 在这方面,怪诞狂欢——赖以为与他者性结合而构建一种时空观的社会和艺术机制,必须与个体和社会的记忆相关联。唯有在强烈的自我意识中,才能创造性地遇见他者性,但若没有记忆,自我意识就无法存在。(Bouissac,1990:528)[47]

准确地说,记忆是在不可消融的关系中,与他者的相互联系状态下(在时空层面)产生的瞬时性生物符号学层面的"伟大经验"。我们此前业

第八章　语言哲学作为倾听之艺术

已证明了这种相互关联——相互依存的关系是如此为人类身体所体验，又如何以古代文化形式呈现，其中也包括狂欢化的艺术。但是，在"小经验"——我们自己所在时代的狭隘还原性经验，即同时代中的"小时段"中，"伟大经验"的意义被麻痹。

我们尝试为词条"拉伯雷与他的世界"做如下补充：巴赫金关于拉伯雷的专著是他完整作品系列的一个有机组成部分，其中包括由沃罗希洛夫和麦德维杰夫（Roy Medvedev, 1925 - ）[48]署名的作品。沃罗希洛夫著《弗洛伊德论——一部批评导论》（*Freudianism: A Critical Sketch*, 1927）[49]对"官方意识形态"与"非官方意识形态"所做的区分，是在巴赫金著《拉伯雷与他的世界》中针对人文主义文学和文艺复兴文学所做分析基础上形成的，被视为于中世纪滑稽性通俗文化的低等体裁之间存在的一种重要联系。沃罗希洛夫著《马克思主义与语言哲学》（*Marxism and the Philosophy of Language*, 1929）[50]对一般意义上符号且不仅是言语符号的关注，也是在巴赫金著《拉伯雷与他的世界》中通过将狂欢式符号（不论是言语还是非言语）转换为高级欧洲文学的分析方式形成的。

此外，同样重要的是，在巴赫金修订 1929 年陀思妥耶夫斯基主题专著 1963 年版时，巴赫金将专论陀思妥耶夫斯基复调小说起源的一章融入 1929 年版中。在这一章中，巴赫金将陀思妥耶夫斯基复调小说的起源追溯至正喜剧这一通俗文化的体裁。复调小说被认为是"狂欢式文学"最伟大的表述形式，而复调小说也正是根植于狂欢式文学。相对于《拉伯雷与他的世界》，巴赫金还研究了小说话语的史前史，将其追溯至古代通俗体裁的滑稽化和模仿化，我们可以将之置于间接话语、笑声之中。巴赫金在分析"公共场所语言"和粗俗表达的双重特征——既具有赞美性又具有攻击性之时，进一步发展了符号的多元性主题化，即语言生活中离心力的表述，尤其是关于言语符号的问题。

陀思妥耶夫斯基有关具有不同意义的粗俗词汇构成的生动对话的笔记（参见《马克思主义与语言哲学》），与怪诞具身语言及其残余的意义延展性和模糊性的分析，尤其是狂欢式具身语言（参见《拉伯雷与他的世界》）之间，明显存在一种密切的关系。

《拉伯雷与他的世界》在巴赫金思想的总体构架中发挥着关键的作用。

与针对马克思主义过于简化和令人窒息的解释相反,巴赫金与巴赫金小组成员致力于马克思思想的研究,指出唯有在"必然性的统治结束"之时,人类才能完全实现马克思(Karl Marx, 1818－1883)[51]的思想。因此,一个有效地替代资本主义的社会制度,是能够将*自由时间*、*空余时间*,而非工作时间,视为*真正社会财富*的制度〔参见 Marx, 1974（1857）〕[52]。在巴赫金的语言中,这是"非正式休息的时间"(time of unofficial festivity),而这又与我们所认定的文学"大时段"密切相关。

当今的全球交际世界由产生效率意识形态、竞争和令人恼火的个体主义逻辑所主导。这与狂欢式世界观完全对立。然而,尽管将此类价值观强制性地定性为主流价值观,但建立在实体间性、某人的具身与他者具身融合基础上的怪诞具身的结构呈现是不容忽视的。人类对"怪诞狂欢"、颠覆使命仍处于被抵制的状态。文学创作证明了这一点。实际上,正如乔治·奥威尔在小说《1984》以及雷·布拉德伯里在小说《华氏 451 度》中所描述的,仅回顾一下我们引用过的这两个例子,此类小说比比皆是。对诸如以生产力、效率、竞争力等价值观专政为主导的一种社会制度做出的终极抵抗,是通过写作来实现的,即文学创作,实际上是通过一般意义上的艺术来实现的。在这一意义上,艺术话语成为表述媒介,并将始终以巴赫金及其学术圈所描述的狂欢式倾向为最高程度的时空观特征,以巴赫金革命精神所要求的对正常人的要求为时空观特征。

4. 他者的道义与责任

基于巴赫金的研究,也基于列维纳斯的研究,我们可以设想一种新形式的人文主义(即道义——译者注),即一种以他者性和对话性为导向的道义,准确地说是以对话他者性、非相对性和绝对他者性为导向,以摆脱同一性——自我为中心的封闭同一性为使命。如此构想的"他者性",实际上就是超越同一性、存在域即相同性的能力,并与特异性和责任价值观相关联。这样的价值观为巴赫金对本体论的批判以及道义重构提供了思想基础,从而促生一种新形式的道义,此可谓列维纳斯所命名的"他者道义""他者性道义"(参见 Lévinas, 1972; Ponzio, 2008)[53]。

与"同一性的道义"相比,"他者性道义"预示了非漠视他者差异的差异(Petrilli, 2001; Ponzio, 2002)[54]。以抽象分化为特征的漠视,被非漠视性的责任行为取代,被非漠视性的负责性取代,被无不在场证明情况下暴露于他者的漠视性取代。即便是在漠视招摇过市甚至冲突、敌意,以及真正意义上的愤恨占上风之时,自我被迫地对他者负责,因为自我总是与他者关联,受他者影响,不论一个人愿意与否,也不论一个人知道与否。除了一个人的意志或意识,与他者的牵连是不可避免的。亦如所料,对话并非主体做出的一种让步之结果,也并非源自主体面向他者开放的决定。相反,对话是不可能向他者封闭的,不可能向他者的他者性封闭。

自巴赫金在1920—1924年的文本《走向行为哲学》(*K filosofii postupka*/*Toward a Philosophy of the Act*, 1993)[55]开始,贯穿于巴赫金作品的一个永恒性主题就是克服两个看似难以逾越世界之间分裂,即生活世界与文化世界之间的分裂的需要。尽管我们一直身处生活世界,即便在我们认识、思考和创造之时,即便将我们的生活视为对象的世界,从一个给定文化域的角度去思考这一生活之时,亦是如此。这两个世界——生活世界和文化世界是由独特的行为事件统一起来的。就是在这一行为中,每一个个体明确所下的决定、所采取的立场。

如此构想的行为具有双重责任:其一为相对于一个给定文化域的客观统一性——巴赫金所称的"专属责任"(special responsibility)或"技术责任"(technical responsibility);其二为关于行为(sobytijnost)的独特、单一事件性(eventness)——巴赫金所称的"道德责任"(moral responsibility)。一方面,我们具有与一个给定角色、一个给定社会功能有关的"专属责任",因此,这一责任是有限的、明确的、指向客观而相互变化的个体具有的可重复同一性;另一方面,我们又具有"道德责任",即一种"绝对责任",没有限制,没有给定秩序提供的保障,没有不在场证明。作为对他者的不可推卸的责任,即没有豁免或减损可能性的责任,绝对责任属于具有特异性的个体,属于独特的、不可重复的行为(参见 *Bachtin e il suo circolo*, 2014: 37-39)[56]。

在巴赫金看来,文化与生活、文化意识与独特单一性个体意识,在责任行为的非漠视性中是相互关联的。不与生活关联,文化、认知、科学、美学和政治价值观就成为自身的价值观,从而失去了一切验证、感知或转换的可能性。这一问题在《走向行为哲学》中得到阐述,但巴赫金于 1919 年写作的第一篇论文《艺术与责任》("Iskusstvo i otvetstvennost"/Art and Answerability, 1919)[57]中业已有所概述,尤其是概述了与艺术活动相关的内容。

  巴赫金从价值和时空的角度,描述了一个世界的独特性和统一性,即并非具有抽象"系统性",而是具有具体"架构"的一个世界。他以每一个个体所占据且不能为任何其他人所侵占的独特空间为切入点。单一的个体是一个参与性的非漠视性的中心,被赋予了不能被授权的"无限责任"、没有不在场证明性责任的能力。因此,这一单独的个体不能被取代。在与德语"单一"(*einzig*)的对应上,在努力描述个体生活的独特性和统一性之时,巴赫金使用了"独特"(*edinstvennji*)这个词:单一、独特、不可重复、特殊、无与伦比、特有(*sui generis*,参见 Bachtin e il suo circolo, 2014: 47 - 49, 113 - 117)。

  每个个体所体悟的特殊价值观和时空构架(architectonics)[58],不能从客观、抽象、认知的角度来描述。这一中心在情感和价值层面具有参与性,不能漠视他者,不能不倾听他者,不能不对他者做出回应性理解。事实上,一种非参与性的观点,只会滋生过度简化、贫瘠化和神秘化的现象。理解也不能建立在移情的基础上,因为移情将两个相互外显和非相互变化立场与一个单一性视域之间的关系做简化处理,故移情也是一种贫瘠化现象。在巴赫金看来,对独特的个体的阐释-理解,预设的是一种外部、局外化、主题之外、非漠视他者、参与他者、回应他者、参与他者之他者性、回应他者之他者性的观点。

  根据这一描述,巴赫金的生命构架中出现了两个价值中心,即"我"和他者的价值中心,"生命自我价值的两个中心"。责任架构被描述为围绕这两个价值中心发展的架构。如果两个价值中心之间的架构关系沿着时空和价值论的平面继续发展,这两个价值中心就势必要保持彼此之间的相互依存关系。在《走向行为哲学》一文中,巴赫金在艺术域、在艺术话语,尤其是在言语艺术,在文学之中,发现了实现这一愿景的可能性。文学视域的架构是围绕着具有独特性、不可替代性、不稳定性、生命有限性的单独人类个体这一价值中心组织起来的(参见 Bachtin e il suo circolo, 2014: 47 - 49,

131-135)[59]。

人类的回应、责任、负责的能力，属于巴赫金早期著述中，从与专属责任、技术责任对立的无限、绝对责任角度主题化的"道德"责任。专属责任指的是与社会角色相关的责任类型，指称范围仅限于技术行为过程。正如巴赫金在本章开篇引文中明确指出的那样，依据技术行为过程的规范，排除参与性融入的创造性和回应性，就是将某人生活的意义归结为一种蕴含授权的表征事实，将生活的主体归结为顶替者、伪装者的状态（参见本章开篇引文和开篇注释，Bachtin e il suo circolo，2014：124-125，130-131）。因此，将某人的一生阐释为表征，就成为一名顶替者。

表征并没有废除，而只是简单地规定了个人责任，并将其归结为技术责任。因专业化和受限制的责任而导致在社会角色、日常生活、艺术，尤其是在政治领域，出现缺乏参与的情况，即缺乏个人、独特性参与的情况。但是，我们不能将责任笼统地归结为专属责任，即归结性地理解为技术责任的专属责任。在这种情况下，我们所获得的并非一种责任行为，而是一种技术行为过程。可是，唯有在具体的责任之中，我们才能够充分地理解，充分地体验，充分地经历生活中的一切。从这一角度看，正如巴赫金所言，生命哲学最终就是道德哲学。

5. 意识形态之批评与寻求全球认同

同巴赫金小组的其他成员一样，巴赫金的大部分研究都致力于符号与意识形态之间不可分割的关系，并认识到这一关系在人类世界中的核心地位，指出生命是在符号与价值观、符号与意识形态之间的关系之中有效地构成的。正如符号学研究所清楚地阐明的一般，符号是人类行为的承载介质，是人类所有行为域的表述（从日常活动，到职业、艺术、科学、政治等领域的活动）。意识形态本身不仅通过符号来传递，而且在符号介质中得到解释，并非所有的符号都必然具有意识形态属性，但没有符号就没有意识形态（参见 Petrilli，2010：56-57，147-165）[60]。

巴赫金及其学术圈成员对意识形态的批判做出重要工作，最终为我们批判当今的本相世界提供了分析工具（参见 De Paula & Stafuzza, 2010；话语体裁研究小组，2007)[61]。关于意大利的符号学与语言哲学研究，除了庞其奥，另一位研究符号与意识形态之间关系的主要专家是罗西-兰迪（参见Rossi-Landi，1972，1978，1992)[62]。除了致力于这一具体问题的出版物，罗西-兰迪创办了学术刊物《意识形态》(*Ideologie*)，并与庞其奥共同指导学术刊物《人文科学》(*Scienze Umane*，参见Ponzio，1988，2008)[63]。在庞其奥探究用以谈论宣布"意识形态目的"的一个时代——我们自己时代中符号、语言和意识形态之时，他从历史和理论两个层面研究了符号学意义上的话语，涵盖了自皮尔斯到巴赫金，包括索绪尔、列维纳斯、沙夫、莫里斯、罗西-兰迪和艾柯的话语观（参见Ponzio，1990，2015；Petrilli and Ponzio，2005)[64]。[65]

鉴于意识的符号-语言学性质，意识与无意识的材料充满了社会意识形态。正如我们需要质疑归结意义上理解为主体对他者做出让步的对话概念，即归结意义上理解为主体面向他者开放的协定，我们也需要重新审视语言学家和语言哲学家在传统意义上主题化的"说话主体"这一概念。其中的关键在于：一方面，我们没有貌似独立、预先定义实体问题一般的主体；另一方面，我们也不具备貌似独立、预先定义实体问题一般的词汇、语言。相反，正是词汇使主体成为一个"我"，成为一个自我，使主体成为一个"说话主体"（参见Petrilli，2013：134-137)[66]。

言语行为（speech act）中的"行为"(act)不同于"行为过程"(action)，本质上是一种"担责行为"(responsible act)，一种其他人无法决定、其他人无法采纳的"步骤"，即巴赫金术语中的"行为"(postupok，参见Bakhtin，1920-1924)[67]。言语行为与他者言语行为，与他者的词汇密不可分。在独特、单一个体的遭遇中，无不在场证明、无替换的可能性、无减损或委托的情况是不可避免的。

如上一节所述，我们每个人、我们带有特异性的每个人就是生命这一构架中的一个独特的中心，故而是不可替代的。这一特殊的中心具有时间、空间和价值论意义上的特征。自我是在对话的层面建构的。从某种意义上说，自我在与他者的关系中得以发展，就如同词在与另一个词的关系之中才得以繁盛，且词汇也不能脱离自我——说话主体而存在。如同词汇一般，自我是一张盘丝大网的一部分，不但没有出路，也不能退出。因而，漠视他者是不可能的。面向他者的回应性/责任性是无法逃避的。对巴赫金意义上的同一性加以批判，使我们认识到位于"我"、自我核心位置的这一他者。

所产生的结果就是：基于漠视他者的社会制度，即便是尝试排斥他者，也不可避免地适得其反。关于全球范围符指过程——生命的总体健康状态问题，让我们想起了今天由少数人的利益引发的"自然"灾难，凭借技术的进步，随着地球被人类系统地侵占和掠夺，地球上的生命出现了必然性的妥协，这些灾难在全球范围内肆意蔓延。对民众及其福祉所产生的影响是不可避免的，也是无法避免的。进而，想象当今移民的新面貌及其全球的维度问题。这一问题的意义尚未被各国政府及其公民充分地理解，因此，各国政府及其公民也尚未对这一问题加以妥当处理，不论是在欧洲还是世界上的其他地方。地中海正迅速地成为一块新的集体墓地，与此同时，欧洲大陆的公民正史无前例地遭受着不同类型的"过敏症"（allergies）。因此，可以说，欧洲大陆公民越来越不能容忍他者，即外国人、陌生人、移民、所谓的"社群外人士"（extracommunitarians）[68]，尤其是那些黑皮肤的人（参见 Petrilli，2014，2016，2017；Ponzio，2009）[69]。

巴赫金对同一性和他者性关系的研究，为当今欧洲乃至全球化语境下危机重重的西方世界中如何定位同一性的研究提供了有用的启示（Ponzio，1993：126 - 137）[70]。不论是诸如政治团体、文化团体、少数民族群体及其语言的小型社群，还是诸如国家、欧盟、西方世界及其语言的大型社群，同一性与他者性的相互关系问题都是根本问题。忽视了这一点，就是对符号与意识形态、自我与他者的去语境化和抽象化研究。

全球社会再生产系统，即当今世界的现实，是以同一性范畴铸就的以具体抽象为基础建构的，如个体、社会、国家、民族、社群、政治、法律、伦理、知识、科学、真理、平等、等价交换、正义、自由、责任、性别、种族、宗教、阶级、角色、职业等。此外，随着生产-交换-消费模式在世界范围内的传播，社会再生产系统以其具体的抽象性倾向于具体的普遍性发展。

如同主流意识形态一般，主流社会再生产系统已理解为封闭同一性的同一性逻辑为中心。但是，对于当下社会再生产系统以及趋向于社会再生产系统的同一性逻辑的批判来说，不论是多么的充分，他者性的概念化及其含义都是必不可少的。批判本身需要一种他者性的视角，即一种能够质疑、非趋同化并最终颠覆虚假（意识形态的）但具体之整体性的视角，如同前文所举列的一般（参见 Bonfantini, 2016；Ponzio, 2004）[71]。

巴赫金描述了生命和人类关系重组的可能性条件。他将另一组织世界方式的可能性主题化了，即不局限于有关现存世界、生物世界的某一种预定本体，不局限于某一种形式本质论或某一种其他形式抽象人本主义的可能性。当今西方文化的主导取向，以抽象化、缺乏差异性、平均这一虚假意识形态为特征，实际上在全球化时代尤为如此。这一切不可避免地强化了短视性、自我为中心的同一性利益，即便是存在善意的意图，也通常莫不如此。

所谓的"非趋同化方法"指的是他者，即他者作为一个价值中心。在这一框架下，这一方法证明了任何种类的非趋同化结构的多面性和对话性本质，证明了构成总体性的特殊性和差异性，也证明了任何人为障碍和人为分离以外层面此类差异之间存在的统一性（参见 Petrilli, 2012：29 - 42，2013：22 - 25，2014：151 - 152 等）[72]。但是，同一性逻辑不仅仅存在于一个旨在维护和再生产这一逻辑所预设的主导性社会规划和社会关系的系统之中。同一性逻辑即便是在不被怀疑的情况下也会运行，也就是说，在旨在修订这些完全同一的关系的规划和项目中，如果不能完全取代这些关系的话，同一性逻辑也会运行。同一性的主导性是这样的，即所有的要求、主张或任何形式的断言均倾向于按照相同的逻辑排列：主导性的旨趣就是获得与掌权者享有相同的权利，与权利游戏控制者享有相同的权利——同样的机遇、同样的生活方式、同样幸福的理由。

主流意识形态创造了一个人类可以渴望在最大可能性上"替代""异类存在"（being otherwise）的交际域，用列维纳斯于 1974 年出版专著《存在之外或超越本质》（*Otherwise than Being or Beyond Essence*）[73]的话说，"异类存在"永远"存在"，预示着基于同一性的"存在"。反之，列维纳斯准确地指出了达至"存在之外"（即同一性之外）的方式，而非"异类存在"的方式。

事实上，举凡在同一性逻辑以及基于同一性的替代逻辑占据主导地位之处，举凡在同一化的动态性——同质化的动态性主导着一个社群之时，即主导于这一社群的任何一个层面之时（不论是塑造单一个体自我的社群，还是国家这一层面），所有形式的他者性就都被排除在外了。在一个由同一性范畴主导的系统中，他者就被抹除掉。我们所描述的同一性构建，即独白式同一性、封闭和终结型同一性，以及为我们社会再生产系统结构的具体抽象构成的同一性，需要清除他者，以牺牲他者为代价。在如此理解的语境中，个体的同一性不可避免地以牺牲个体的特异性、独特性、他者性为结局，即牺牲个体自我的意指物质性为代价（参见 Petrilli, 2012: 36 – 42, 157 – 190)[74]。

具体抽象的权利和义务，包括个体同一性自身、个体、主体的具体抽象，仅限于同一性的权利和义务、主体认同的同一性权利和义务、区别于他者同一性的同一性权利和义务、排除了他者的同一性权利和义务。此处所蕴含的不仅是来*自*自我的他者，而且也是自我*的*他者，自我自身的他者。以这种方式构建同一性即牺牲他者，就转化为否定特异性，否定不可替代性的条件。因而，这种态度不可避免地与否定无限责任/回应性有关，因此，就不可避免地与参与式融合于他者、善待他者、对话式倾听他者的能力有关。

但是，根据巴赫金所言，我们可以想象他者型社群，即面向他者开放型的社群。在这样的社群中，差异未被等同于同一性逻辑，未被同质化。这一类社群逃避了为主导性交际秩序服务的单一性，而这一交际秩序又具有同一性再生产的功能属性，即今日的全球化交际秩序，这正如乔治·奥威尔在小说《1984》中所预见的。在开放型的社群中，即在秉持非同一性的社群中，非工作时间，而是面向他者性、接触他者的时间被视为真正的社会财富。随着主导性全球再生产体系中失业率的上升，工作时间被不断地缩短。可是，失业的现实以及失业所解放出来的时间仍尚未从本质层面得到充分的认识，是社会再生产制度结构产生的一种现象。因此，这就意味着从劳动力中解放出来的失业对社会实践所具有的好处，尚未得到充分认识（参见 Petrilli, 2015; Petrilli and Ponzio, 2012; Ponzio, 2002; Schaff, 1998, 2001, 2002)[75]。

认可他者就是认可了认可他者的不可避免性。认可他者并非一种让步，并非一种由个体、主体、自我做出的决定，但如果说存在任何强加的要素，那肯定就是符号和生命繁盛的必要条件。认可他者作为一种必要的强加性因素，就与诸如污染产生的威胁相关联，不论是"正常的"还是"不可预测的",都如同在一种"生态灾难"中一般,与环境、个体或他人的环境相关联。认可他者是一种必要的强加要素,所产生的结果就是如下这一事实:通过战争暴力消除、摧毁他者,对任何其他人来说,不论是受害者还是迫害者,都并非不是没有后果的(甚至还可能是致命性的后果)。强加性要素所产生的后果是失去理智,疏远他者,无法倾听他者,产生人对人*即狼*(*homo homini lupus*)的状态(霍布斯[76]谬论的结论而非诸如国家、政治、法律之类具体抽象的神话前件)。强加性要素来自对他者的恐惧,即某人自我同一性空间被侵犯的恐惧,但我们越是排斥他者,就越不能倾听他者,不论是在符号学还是在医学符号学层面,因而恐惧也就越大。

6. 意外发现

6.1 巴赫金与巴赫金小组

巴赫金(Mikhail Mikhajlovič Bakhtin,1895 – 1975)为20世纪欧洲文化[77]的一位主要代表人物。巴赫金起初在乌克兰敖德萨上大学,而后在彼得格勒上大学(即圣彼得堡,而后更名为列宁格勒),先后听过亚历山大·维谢洛夫斯基(Alexander N. Veselovsky,1838 – 1906)[78]、博杜恩·德·库尔特内(Jan Baudouin de Courtenay,1845 – 1929)[79]和尼古莱·泽林斯基(Nikolay Zelinsky,1861 – 1953)[80]的课程。1919年,巴赫金与沃罗希洛夫(Valentin Nicolaevič Vološinov,1885 – 1934)——起初为音乐学家,后转为民族学家和语言学家[有关沃罗希洛夫的详细信息,参见因纳·蒂尔科夫斯基(Inna Tylkowski)于2012年出版的要著[81]],与哲学家马特维·卡根(Matvej I. Kagan,1889 – 1937)[82]、文学评论家列夫·普姆皮安斯基(Lev V. Pumpiansky,1891 – 1940)以及钢琴家马贾·朱迪娜(Marja V. Judina,1899 – 1970)保持着密切的交往。巴赫金是在涅维尔期间结识这些人的,亦如巴赫金于1973年与维克多·杜瓦金(Viktor Duvakin)的对话所述,该内容出版于1996年(2002年为第2版),2008年由庞其奥编辑出版意大利语版(参见Bakhtin, 2008)[83]。

帕维尔·梅德韦杰夫（Pavel N. Medvedev，1891－1938）[84]自1919年与巴赫金初次结识后，不久便加入了这一团体。巴赫金于1920年搬到维捷布斯克（Vitebsk，白俄罗斯）时，结识梅德韦杰夫。1921年，巴赫金娶了埃琳娜·阿列克桑德罗夫娜·奥科洛维奇（Elena Aleksandrovna Okolovič），至1971年去世前一直陪在巴赫金左右。因患慢性溶骨性疾病，导致巴赫金终生严重残疾，搬到彼得格勒/列宁格勒后形成了巴赫金小组。除了沃罗希洛夫和梅德韦杰夫，其他成员包括生物学家伊万诺夫·卡纳耶夫（Ivanov I. Kanaev，1893－1984）、音乐学家伊万·索尔廷斯基（Ivan I. Sollertinsky，1902－1944）、作家科斯坦丁·瓦吉诺夫（Kostantin Vaginov，1899－1949）以及诗人鲍里斯·祖巴金（Boris M. Zubakin，1894－1938）。

所谓的"巴赫金小组"（Bakhtin Circle）并非任何学术意义上的"学派"，且巴赫金也并非"一位学术运动领袖"或"大师"。因此，如果我们将其理解为一个学派，那么，不仅"小组"这一表述有所偏颇，即便是从派生、所属、谱系意义上理解的所有格形式的"巴赫金"这一表述自身也是一种偏离。在1973年与杜瓦金的谈话中，巴赫金自己提到了"巴赫金小组"说，这是在一定程度上围绕着巴赫金思想开展研究的一群学者形成的圈子，最初形成于涅维尔小组，后来得以发展壮大，先在维捷布斯克活动，后在列宁格勒活动，随着梅德韦杰夫的加入得以巩固，遂形成了"一个他们今日称之的'巴赫金小组'"。巴赫金小组更像是一个联谊会、一个学会、一个兄弟会、一个学术互助会、一个"场所"，学友本着倾听、协作精神会聚一处，分享基于共同主体的不同学术旨趣、观点和素养，在激励他们的一种高屋建瓴的符号、语言、生命、价值观的视域架构下探讨共同的主题。

如同"巴赫金小组"这一表述一般，形容词性的"巴赫金"辅以与这一群体相关的"学派"，在巴赫金有生之年（至1975年去世），斯大林统治一结束，他正式回归公共生活，并在遗忘数十年后进入国家舞台之时，就成为"共同货币"。事实上，在斯大林的镇压之下，巴赫金因参与亚历山大·梅杰（Aleksandr A. Mejer，1874－1939）创立的一个宗教哲学学会"整改"（Voskresenie），先被流放到哈萨克斯坦，后被流放到俄罗斯西部的莫尔多维亚。同样，在这些年里，沃罗希洛夫死于肺结核（1937年），梅德韦杰夫在列亚。同样，在这些年里，沃罗希洛夫死于肺结核（1937 年），梅德韦杰夫在列宁格勒被捕，没有经过审判，至今也不清楚为何被处决（1938 年）。由于巴赫金于 1963 年回归官方文化阵营，出版了陀思妥耶夫斯基主题的专著《陀思妥耶夫斯基诗学的问题》（*Problemy poetiki Dostoevskogo*）第二版[85]，即 1929 年初版命名为《陀思妥耶夫斯基的创作问题》（*Problemy tvorčestva Dostoevskogo*）的专著[86]，这两位作者（通常被认为是巴赫金小组中最重要的两位代表）的作品在国际上也因译本而受到学界关注，因此以"巴赫金小组作品"而著称。

综而言之，巴赫金小组成员的作品为巴赫金主义作品这一陈述是相对真实的，因为并没有人对巴赫金小组成员之间流通的话语宣示其"私有产权"。但是，如果"巴赫金主义者"表明巴赫金小组出品的所有作品均是巴赫金本人灵感之产物，那么，这一陈述就是错误的。

尽管如此，随着巴赫金小组最初在涅维尔，然后在维捷布斯克，最后在列宁格勒形成。巴赫金的研究有效地与合作者的研究交叉在一起，尤其是沃罗希洛夫和梅德韦杰夫的研究。此外，巴赫金学友的声音继续在巴赫金的作品中回荡，就如同处于一段从未中断的对话一样，即便是巴赫金独自度过了斯大林时代，一直到 1975 年去世之时，他也都在继续他的研究工作。

不论如何，就如同在巴赫金描述为"复调"小说——陀思妥耶夫斯基小说的众多声音中找寻陀思妥耶夫斯基的声音一般不具有相关性，以同样的方式顽固地在巴赫金的作品中找寻构成巴赫金小组个体成员的声音，至少是在浪费时间——与著名的"荷马式问题"颇为相似，更不用说这样的研究与巴赫金的论点（得到巴赫金、梅德韦杰夫和沃罗希洛夫支持）相矛盾了，即词汇总是"符号层面的他者"。侧重于确定何为真正意义上巴赫金的观点，以及何种观点"属于"梅德韦杰夫、沃罗希洛夫、卡根或普姆皮安斯基等人，甚至可以被认为是一种权宜之计——实际上，现在已经成为一种相当普遍的习惯——力图逃避于挖掘这些文本中所阐述和提议的重要、创新、实际上具有革命性质的思想。事实上，庞其奥正确地谈及了"巴赫金式革命"（参见 Ponzio，1997，2008）[87]。

在某些情况下，纠缠于产权或所有权的概念，致使评论者放弃了文本，就好似一位"侦探"或记者在寻找独家新闻一般。然而，对于任何对巴赫金小组作品的"父系"感兴趣的人来说，仅在一种情况下存在确凿的证据，

第八章　语言哲学作为倾听之艺术

且更重要的是，这涉及生命科学。在此，我们指的是 1926 年在生物学刊物《人与自然》（Čelovek i Priroda）上发表的一篇由巴赫金好友——生物学家伊万·卡纳耶夫署名的专论当代生命论的文章《当代生命论》（Sovremennyj vitalizm）[88]，旨在探讨可信度问题。实际上，正如卡纳耶夫在巴赫金去世八个月后寄给谢尔盖·博查罗夫（Sergej G. Bočarov）的文摘（日期为 1975 年 11 月 3 日）所宣布的，该文为巴赫金所写。在巴赫金生命的最后几年里，博查罗夫与巴赫金走得非常近，并为巴赫金作品的再版做了不少工作。用卡纳耶夫自己的话说："这篇文章完全是巴赫金写的。鉴于我与刊物编委会的关系，我的工作仅限于提供必要的书目材料，协助处理刊物发表事宜。"

阅读巴赫金小组文本，坚持要将他们的声音区别开来，独立描述，实质上就逼近了作者身份的问题。此类研究倾向的是巴赫金给陀思妥耶夫斯基标上的"陀思妥耶夫斯基主义"。巴赫金证明了坚持在陀思妥耶夫斯基复调小说的多种声音中，找寻"作者声音"的荒谬性。下引文来自巴赫金 1963 年版陀思妥耶夫斯基主题专著的 1984 版译本：

> "陀思妥耶夫斯基主义"是陀思妥耶夫斯基复调中一个反应性、纯粹独白式的摘录。陀思妥耶夫斯基主义永远被禁锢在一种单一意识的范围内，在单一的意识中翻找，进而促生一种孤立型人格的二元崇拜。陀思妥耶夫斯基复调中的要点恰恰是发生在不同意识之间，即不同意识之间的互动和相互依存。
>
> 一个人不应该像陀思妥耶夫斯基小说《罪与罚》中的男主人公拉斯柯尔尼科夫（Raskolnikov）或女主人公索尼娅（Sonja），不应该学习陀思妥耶夫斯基小说《卡拉马佐夫兄弟》中主人公伊凡·卡拉玛佐夫（Ivan Karamazov）或佐西马长老（Zosima），将他们的声音从各部小说的复调整体中剥离出来（且仅仅通过这一行为就足以扭曲这些声音）；一个人应该学习的是陀思妥耶夫斯基本人，作为复调小说的创作者。(Bakhtin, 1963, 1984: 36)[89]

批判"陀思妥耶夫斯基主义"的同时，巴赫金在这段中继续补充说，我们不应该同这一个或那一个我们似乎更中意、更喜欢的角色一起学习，反倒是应该同复调小说的发明者和大师陀思妥耶夫斯基本人一起学习，向他学习。"陀思妥耶夫斯基主义"指的是将话语与说这一话语的人等同的现象，巴赫金将这一现象视为一种过度简化现象、一种还原现象。相反，对巴赫金来说，跟陀思妥耶夫斯基一起学习，意味着认可话语的*他者性*，认可话语中的他者，认可单个词语的多声能力。这一研究路径与将独白性和独白式同一性置于首要地位的路径大相径庭。巴赫金谴责以任何形式出现的独白式话语现象，即便伪装（不论多么糟糕）成"对话形式"，也就是说"形式对话"，之所以被视为对话，仅是因为独白以对话者之间的一系列信息交换和回应形式来呈现；反之，在巴赫金看来，即便是属于一个声音的话语，也可以具有对话属性，因为一个声音可以有效地包含多种不同的声音。因此，一方面，即便在形式层面存在许多声音，我们仍然拥有"单声话语"（single-voiced discourse）；另一方面，即便在形式层面仅存在一个声音，我们仍然拥有"多声话语"（multi-voiced discourse）。

为了服务于同一性的再生产，今天的主流意识形态中反复出现对对话的独白式理解。这就意味着在当今时代，现实中在形式层面出现的对话，服务的是以任何代价再生的独白式同一性理性（其中包括战争理性）。但是，如此理解的对话仅是形式上的对话，实质上是单声独白式对话。独白式同一性在很大程度上仍然未受到主流意识形态的质疑，因此，易于施加给世界，更精确地讲，甚至不惜以战争的*极端武力*（extrema ratio）为代价。

相反，巴赫金探究了颠覆同一性及同一性意识形态的条件，对认识到可能出现一种新的逻辑来说，做出了一个重要，实际上是不可或缺的贡献。事实上，我们知道巴赫金提出的研究路径是以他者性，即*对话性他者性*为中心的，因此，这一研究路径呈现了一种面向多样性和差异性——非漠视性差异开放的世界观和人际关系的观点，这与西方文化基石在传统上提出的观点相去甚远。

下面三段引文源自巴赫金的作品——曾引作巴赫金及其学术圈新文集《著述合集：1919—1930》（*Opere 1919 - 1930*, 2014）[90]三部分篇首的题词式引言，以及巴赫金在这一文集之后写作的作品。下文引用了这三段，因为这三段内容可以引导读者关注巴赫金小组所涉及的一些主要主题，此外也可以为本书中分布的文本赋予意义，尤其是有关"回应/责任""含义""对话性""特异性"的问题。庞其奥从巴赫金作品的意大利语译本引用过，但此处笔者从现有英文译本直接引用。

第一段题词式引言源自巴赫金的论文《1970－1971 年散记》（"From Notes Made in 1970－71"）[91]，收录在 1986 年版论文集《言语体裁及其他后期论文》（*Speech Genres & Other Late Essays*）[92]中：

> 我用意义回答问题。任何不能回答问题的事物，对我们来说都是毫无意义的。……。语境意义具有回应属性。意义总是对特定的问题做出回应。任何对某事物无法做出回应的事物，对我们来说都毫无意义；这些事物脱离了对话。关于语境意义与形式定义问题，形式定义脱离了对话，但形式定义是有意地且是按照惯例从对话中抽象出来的。形式定义包含着潜在的意义。（Bakhtin, 1986：145）

第二段题词式引言源自巴赫金于 1920—1924 年写作的论文《审美活动中的作者与主人公》（"Author and Hero in Aesthetic Activity"），此处引自巴赫金的论文《艺术与责任》（"Art and Answerability", 1990）：

> 在与天堂中的圣伯纳（Saint Bernard）对话时，但丁（Dante Alighieri, 1265－1321）[93]指出我们的身体复活并非为自我身体之故，而是为爱我们的人之故，即那些了解和爱护我们唯一面容之人（Bakhtin, 1990：57）[94]。

第二段题词式引言源自巴赫金于 1961 年写作的论文《有关陀思妥耶夫斯基著作的再加工问题》（"Towards a Reworking of the Dostoevsky Book"），收录在巴赫金写作的陀思妥耶夫斯基主题专著 1963 年版附录二中：

> 我们的观点绝不会假定作者的被动性，他仅仅是综合了他者的观点、他者的真实性，完全否定自己的观点，自己的真实性……。作者非常主动，但作者的写作活动属于一种特殊类型的对话。（Bakhtin, 1963, 1984：285）[95]

巴赫金的专著《陀思妥耶夫斯基的创作问题》（*Problemy tvorčestva Dostoevskogo*）[96]第一版出版于 1929 年。我们知道在斯大林统治时期，巴赫金曾被流放并驱逐出官方文化圈，直到 1963 年才许可再次出版作品，由此，1929 年版专著的修订版《陀思妥耶夫斯基诗学问题》（*Problemy poetiki*

Dostoevskogo）才得以出版。1929 至 1963 年，巴赫金唯一的出版物是 1934 年在《苏联商业》（*Sovetskaja orgovlja*）刊物应集体企业要求发表的研究成果，反映了巴赫金在流放的库斯塔纳伊（Kustanaj）地区经济合作社担任经济专家的工作情况。

事实上，巴赫金在斯大林主义清洗运动初期被捕，随后在 1929 年先被流放到位于西伯利亚与哈萨克斯坦之间的库斯塔纳伊，后于 1936 年被流放到莫尔多维亚的沙兰斯克（Saransk）。此外，于 1938 年，因患严重的疾病——溶骨症，腿被截肢。自 1945 至 1969 年，巴赫金在沙兰斯克任教。

然而，尽管自 1929 年起，巴赫金大部分时间都过着流放生活，生活条件极为艰苦，但他仍然坚持从事研究和写作，因此，我们可以毫无疑问地说，这是一种成果丰硕的流放生涯。如前所述，巴赫金的第一部大型文集《文人墨客》（*Voprosy literatury i estetiki*）于 1975 年出版。接着于 1979 年出版了第二部同样大部头的文集《斯洛文尼亚创作美学》（*Estetika slovesnogo tvorčestva*）。

1941 年，巴赫金向莫斯科戈尔斯基研究所（Gor'kij Institute）提交了他的博士论文《现实主义历史中的拉伯雷》（"Rabelais in the history of realism"）。1949 年在莫斯科世界文学研究所举行的专门讨论会，并未为巴赫金赢得应有的认可。尽管如此，这一杰作于 1965 年出版，是巴赫金继第一部陀思妥耶夫斯基主题专著之后的第二部主题专著，两部专著均致力于两位著名文学家的作品研究。

1971 年，苏联才准许了巴赫金在莫斯科的居住许可令，但迟至 1974 年，即巴赫金去世前一年才恢复了巴赫金的公民身份。

简而言之，在巴赫金有生之年，他仅有如下作品面世：1919 年发表短篇论文《艺术与责任》（"Iskusstvo i otvetstvennost"）[97]；1926 年发表由卡纳耶夫署名的当代生命论专文《当代生命论》（"Sovremennyj vitalizm"）[98]；1929 年出版《陀思妥耶夫斯基的创作问题》（Problemy tvorčestva Dostoevskogo）[99]；1929 年和 1930 年发表他为列夫·托尔斯泰（Lev N. Tolstoy, 1828－1910）[100]作品集第十一卷和第十三卷所写作导言；1963 年出版 1929 年专著的修订本《陀思妥耶夫斯基诗学问题》（*Problemy poetiki Dostoevskogo*）[101]，以及 1965 年出版的专著《拉伯雷的戏剧创作与通俗文化》（*Tvorčestvo Fransua Rable i narodnaja kul'tura srednevekov'ja i Renessansa*)[102]。1965 年版中删除了致力于拉伯雷和果戈里研究的一章,而同一内容的拓展版于 1972 年发表在《语境》(*Kontekst*)上。此外,巴赫金在 20 世纪 20 年代至 40 年代写作的部分文本,包括他在 1970 年对《新和平》(*Novy Mir*)刊物的回应文章,均在 20 世纪 60 年代后半期至 70 年代前半期面世。

6.2 巴赫金小组的著述——一部特殊选集《著述合集:1919—1930》

巴赫金和巴赫金小组的作品对当今文化价值观产生了很大的影响。长达 2132 页的双语巨著《著述合集:1919—1930》(*Opere 1919 - 1930*)[103]侧重于有关生命质量和人际关系这一话题。该书搜集了巴赫金和巴赫金小组成员的文本作品,新近由俄语原著翻译为意大利语,于 2014 年列入乔瓦尼·雷尔(Giovanni Reale,1931—2014)[104]主编的"西方思想"丛书出版(参见 Bachtin e il circolo,2014)[105]。这部文集由著名的巴赫金研究者奥古斯托·庞其奥(Augusto Ponzio)[106]任编辑和译者;除了引言,他还为文集的各个部分提供了持续性的评论。

《著述合集:1919—1930》包括 1927 至 1929 年间出版的四部专著,即沃罗希诺夫著《弗洛伊德论——一部批评导论》(*Frejdizm. Kritičeskij očerk*,1927)[107]和《马克思主义与语言哲学》(*Marksizm i filosofija jazyka*,1929;1930 年第二版)[108],梅德韦杰夫著《文学研究的形式方法》(*Formal'nyi metod v literaturovedeni*,1928)[109],以及巴赫金著《陀思妥耶夫斯基创作的问题》(*Problemy tvorčestva Dostoevskogo*,1929)[110],另如《著述合集》题名所示,也收录了 1919 年至 1930 年发表的一系列论文。

收录的文本分为三部分:

第一部分为"艺术、生命、责任"(Arte, vita, responsabilità, 1919—1926),以巴赫金写作的三篇论文为切入点,即第 27~31 页的论文《艺术与责任》("Iskusstvo i otvetstvennost",1919)[111],第 33~167 页的纲要式论文《走向行为哲学》("K filosofii postupka",1920 - 1924)[112],第 169~213 页的《审美活动中的作者与主人公》("Autor i geroj v esteteskoj tvorčestva",1920 - 1924;第一章片段)[113]。

第一部分收录的其他文本包括（第 215～265 页的）卡纳耶夫署名的论文《当代生命论》（"Sovremennyj vitalizm", 1926）[114]，以及（第 271～333 页的）沃罗希诺夫写作的一篇著名文章《生活话语与诗歌话语——社会诗学问题探究》（Slovo v žizni i slovo v poezii, 1926）[115]。

第二部分为"意识、意识形态、文学话语、对话"（Coscienza, ideologia, parola letteraria, dialogo, 1927–1929），收录前文所言四部专著中的三部，即第 355～597 页的沃罗希诺夫著《弗洛伊德论——一部批评导论》（Frejdizm. Kritičeskij očerk, 1927），第 599～1051 页的梅德韦杰夫著《文学研究的形式方法》（Formal'nyi metod v literaturovedeni, 1928），以及第 1053～1423 页的巴赫金著《陀思妥耶夫斯基创作的问题》（Problemy tvorčestva Dostoevskogo, 1929）。

第三部分为"语言、话语文法、普通语言学"（Linguaggio, sintassi dell'enunciazione, linguistica generale, 1929—1930），完全偏重于沃罗希诺夫的著述，即第 1461～1839 页的沃罗希诺夫的专著《马克思主义与语言哲学》（Marksizm i filosofija jazyka, 1929）以及另外两篇论文。第一篇论文为第 1841～1993 页的《艺术话语的风格》（Stilistica chudožestvennoj reči, 1930）[116]，第二篇论文为第 1995～2069 页的《诗学与语言学的界限》（O granicach poetiki i linguistiki, 1930）[117]。

第一篇论文《艺术与责任》（Iskusstvo i otvetstvennost, 1919），如前文所述，为巴赫金发表的第一篇论文，提出了贯穿于自 1929 年出版的陀思妥耶夫斯基主题专著至 20 世纪 70 年代最新作品之间的主题。1919 年这篇文本与巴赫金于 20 世纪 20 年代早期写作的两部手稿密切相关，即《走向行为哲学》（K filosofii postupka）和《审美活动中的作者与主人公》（Autor i geroj v esteteskoj tvorčestva）。这两篇文本都是巴赫金的遗作，俄文原本收录于谢尔盖·博查罗夫（Sergej G. Bočarov）于 1986 年出版的文集之中。

对奥古斯托·庞其奥及其巴赫金研究生涯来说，《著述合集：1919—1930》是一个重要的节点，这一部作品的奠基工作始于 20 世纪 70 年代后半叶。自 1980 年，庞其奥出版了早期的研究专著《米哈伊尔·巴赫金》（Michail Bachtin）——世界上第一部巴赫金研究专著，此后，他又出版了几

第八章 语言哲学作为倾听之艺术

部其他作品。事实上，自 1973 年以沃罗希诺夫著《马克思主义与语言哲学》英译版为底本开始意大利语的翻译工作，从而萌发了庞其奥对巴赫金哲学的兴趣，他至今已经连续 50 年持续不断地致力于巴赫金和巴赫金小组著述的研究工作。在这 50 年中，庞其奥推出了大量专门针对巴赫金和巴赫金小组的著述，不论是作为专著作者，还是作为意大利和国际期刊上发表的论文作者，抑或是作为巴赫金和巴赫金小组作品意大利语译本的编辑（参见 Ponzio，1977，1980，1981，1992，1994）[118]。[119]

在那些对庞其奥作为学者和作者的哲学研究做出了巨大贡献的作者当中，巴赫金占据着一种特殊的地位。与庞其奥与伊曼纽尔·列维纳斯（Emmanuel Lévinas, 1905–1995）[120]的对话类似——自 1967 年以来，他也出版了各种著作（其中包括在法国巴黎与哈马坦合作出版的作品），他对巴赫金的研究从未停止过。

除了涉及对话问题，庞其奥对巴赫金的解读和阐释本身，就是与关注巴赫金的所有学者之间（不论是真实的还是理想的）对话的表述，其中包括特泽维坦·托多罗夫（Tzevetan Todorov, 1939–2017）[121]、迈克尔·霍尔奎斯特（Michael Holquist, 1935–2016）[122]、弗拉基米尔·克里斯蒂安（Vladimir Krysinski）[123]和雷内·韦勒克（René Wellek, 1903–1995）[124]，参见庞其奥（2006，2007，2008，2012）[125]。

关于《著述合集：1919–1930》所收录和翻译的巴赫金文本（除了卡纳耶夫署名的生命论论文外，参见 Bakhtin, 1926[126]），庞其奥考察了《巴赫金全集》（Sobranie sočinenij, 1996–2010）[127]及其所收录的作品。此外，庞其奥还考察了梅德韦杰夫和沃罗希诺夫作品的最新版本；关于沃罗希诺夫的专著《马克思主义与语言哲学》的相关问题，庞其奥也考察了由帕特里克·赛里奥（Patrik Sériot）任编辑、因纳·蒂尔科夫斯基-亚吉瓦（Inna Tylkowski-Aageeva）任法语翻译于 2010 年出版的俄法双语版中的法译。

正如庞其奥在《著述合集：1919—1930》前言（第 7～32 页）所言，这一双语版是比较迄今为止大多数译本所结出的硕果。对庞其奥来说，这一翻译工作必然涉及对这些相同内容的译本、译文的不精确和误解之处（当然也包括英文译本）做出批判性讨论。譬如，庞其奥指出他将俄语术语

"bytie"（存在）译为意大利语的"esistere"（存在），翻译为正式英语为"Being"（存在），因首字母大写，巴赫金被弄得跟《存在与时间》（*Sein und Zeit/Being and Time*）[128]这一专著作者海德格尔一样。[129]

亦如题名所示，《著述合集：1919—1930》收录的作品均出版于 1919 年至 1930 年。此外，除了所收录作品，巴赫金是巴赫金，巴赫金小组是巴赫金小组，根本为两回事。正如庞其奥在《著述合集：1919—1930》前言以及每部分导言所述，《著述合集：1919—1930》的焦点虽然仅限于 1919 年至 1930 年的巴赫金小组作品，但显然并不能阻止庞其奥参考巴赫金和巴赫金小组成员后来面世的作品，诸如巴赫金于 1963 年出版的陀思妥耶夫斯基主题专著，巴赫金于 1965 年出版的拉伯雷主题专著，以及 1975 年和 1979 年出版的两部重要论文集（参见 Bakhtin, 1963, 1965, 1975, 1979）[130]。事实上，在庞其奥自己的著述中，他一直强调自 20 世纪 20 年代到 20 世纪 70 年代初巴赫金写作计划的连贯性和连续性。

庞其奥与巴赫金小组文本、语言和具体术语的接触，不仅是他作为语言学家/译者侧重于恢复文本意义和含义这一工作产生的结果，也是他作为参与共同阅读这些文本、参与彼此关系以及其他作者所写文本之间关系的一枚"回应性解释项"所产生的结果。此外，庞其奥还在当今社会实践的语境下重新阐释了这些文本，用巴赫金的生命观和语言观提供的概念工具对这些文本加以分析。

7. 巴赫金和巴赫金之外的语言哲学

《著述合集：1919—1930》所收录的著述，均享有同一个主题（参见 Bachtin e il suo circolo, 2014: 3–5）[131]：如前所述，需要克服两个似乎无法逾越世界之间的分割，即生命世界与文化世界，在每个个体观点和决定所确定的独特行为事件中结合在一起。这一独特的行为具有一种双重的责任意义，即"专属责任"或"技术责任"和"道德责任"或"绝对责任"。巴赫金研究的是如何描述一个世界的独特性和统一性的问题，且这个世界从价值和时空角度讲，具有具体的"架构"（architectonic），始于每一个单独的个体在世界上所占据的位置，其中的个体是一个独特而不可替代的个体，被赋予了一种独特责任——没有不在场证明的责任。巴赫金证实了两个价值中心的存在，即自我价值中心和他者价值中心，即"生命自身价值的两大中心"，围绕这两个中心来构建责任的架构。如果要从时空和价值论角度继续保持两个他者之间的架构关系，这两个价值中心就势必要视彼此为他者。

正如巴赫金于1920—1924年写作的论文《走向行为哲学》（现收录于《著述合集：1919—1930》第一部分）所描述的，这一愿景在艺术域、在艺术话语，尤其在言语艺术中、在文学中得以实现。亦如所述，文学视域的架构是围绕着具有独特性、不可替代性、不稳定性、生命有限性的人类个体这一价值中心组织起来的。关于独特个体的特异性，诸如"之前""之后""仍然""何时""从未""迟至""最后""已经""必须""到期""之外""接近""遥远"等表述，都失去了抽象意义，每次出现都从这一参与中心的情感-意愿基调赋予一个具体的意义（参见 Bachtin e il suo circolo，2014：131-135）[132]。

唯有在文学创作的作者与主人公的关系中，巴赫金才能找到想要寻找的独特个体的特异性与一种能够理解和参与性回应的观点之间的关系，即文学创作确立了一种以他者性为价值中心的关系，进而将这一价值中心视为"越轨"、外部、题外、独特和他者关系。为了解释这一切，巴赫金研究了一部具体的艺术作品，即普希金（Alexander Sergeevich Pushkin，1799-1837）[133]的一首题为"离别"（Razluka）（但这一题名并非作者所给）的诗（参见 Bachtin e il suo circolo，2014：177-181）。

巴赫金随后的研究历程就是从这一点开始的。巴赫金探究了从文学角度描述每一个个体特异性的可能性，并致力于研究这一观点，因此，他原本仅是将其当作一个例证，最终却倾注了余生的精力（参见 Bachtin e il suo circolo，2014：9-11）。

形式方法确立了"日常语言"与"诗歌语言"之间的一种二元对立，并在这一关系基础上创立了"自动化"（automation）、"可感知性"（perceptibility）和"疏离性"（estrangement）[134]的范畴。但是，沃罗希诺夫在1926年发表的论文《生活话语与诗歌话语——社会诗学问题探究》（"Slovo v žizni i slovo v poezii. K voprosam sociologičeskoj poetiki"）[135]排斥了这一研究路径，认为艺术形式的所有潜力业已存在于日常生活的话语之中，只是在艺术话语中以特殊的术语表达出来而已。对日常词汇的分析是充分理解艺术形式的必然出发点。通过对具体语言学意义上的行为和情境语境中的语词加以分析,沃罗希诺夫确定了"言语艺术"中以特殊术语组织的共同语言话语中的要素和层次。沃罗希诺夫特别关注话语的作者、受话人和主人公之间的关系,这种关系因文学体裁不同而不同,因文学体裁而具体化,如同日常言语的动态性以及日常言语的不同话语体裁所具有的动态性一般(参见 Bachtin e il suo circolo, 2014: 297 - 299)[136]。

沃罗希诺夫于1926年写作的论文之所以特别重要,是因为该文将*话语*视为分析的基本语言单位,而非*句子*(正统语言学至今仍优先将句子视为分析对象)。话语被赋予了句子中所不具备的特征:*语调、不可重复性、隐含意义、意会型意义、特异性、说话人与受话人之间的精确对应*等。因此,话语是巴赫金、梅德韦杰夫和沃罗希诺夫文本中的一个必然性参考点(参见 Bachtin e il suo circolo, 2014: 285 - 293)。

由卡纳耶夫署名,如前文所述,实际上为巴赫金所写的论文《当代生命论》("Sovremennyj vitalizm"),于1926年在《人与自然》(Čelovek i Priroda)上连载两期,即第1期第22~42页,第2期第9~23页。生物学家卡纳耶夫为巴赫金小组成员,引发了巴赫金对生物学的兴趣。正是因为卡纳耶夫,巴赫金才于1925年夏天在圣彼得堡,听取由生理学家阿列克谢·乌克托姆斯基(Aleksei Ukhtomsky)主持的生物学中时空观主题研讨会,亦如巴赫金在论文《小说中时空观和时间的形式》("Forms of Time and of the Chronotope in the Novel", 1937 - 1938, 参见 Bakhtin, 1975)[137]的注释中所做交代。这次会议影响了巴赫金的时空观概念,他进而研究不同的生活情境和文学体裁中的时空观,证实了其中的差异和特殊性。正如巴赫金自己所宣称的,这一概念在他所有著述中都发挥着核心作用。

在生命论主题论文中,巴赫金既排斥机械论的解决方式(他在自20世纪20年代以后的其他著述中也批判了这一方式),也排斥生命论的解决方式。他将生命论视为思辨哲学的表述,虽然这一哲学分支声称以生物实验为基础,此处他主要针对的是杜里舒(Hans Driesch, 1867 - 1941)[138]——巴赫金的重要批判对象。

第八章 语言哲学作为倾听之艺术

正如卡纳耶夫在向博查罗夫解释为何巴赫金写作一篇生命论的文章时所说，巴赫金对"当时生物学的哲学问题"产生的旨趣，与代表着他研究重心的两个主要问题密切相关，即他首先通过陀思妥耶夫斯基"复调小说"中的文学描写来研究的"对话"，以及他通过拉伯雷文学描写来研究的"狂欢式"通俗文化的"怪诞现实主义"。

20 世纪 20 年代巴赫金小组成员出版了四部曲，其中的三部被收录进《著述合集：1919—1930》的第二部分，即沃罗希诺夫著《弗洛伊德论——一部批评导论》(*Frejdizm. Kritičeskij očerk*, 1927)[139]，梅德韦杰夫著《文学研究的形式方法》(*Formal' nyi metod v literaturovedeni*, 1928)[140]，以及巴赫金著《陀思妥耶夫斯基创作的问题》(*Problemy tvorčestva Dostoevskogo*, 1929)[141]。

《弗洛伊德论——一部批评导论》揭示了沃罗希诺夫对弗洛伊德心理学产生的浓厚兴趣。沃罗希诺夫侧重于如下这一事实：对弗洛伊德心理学理论的批判分析，可以直接涉及人类心理学中最重要、最难以解决的问题，即人类行为中的言语反应及其意义问题（参见 Bachtin e il suo circolo, 2014：389 – 394）[142]。

《弗洛伊德论——一部批评导论》发展了弗洛伊德心理学中一些较为根本和原创性的理论层面，提出了一种语言学的精神分析模式，对精神分析的哲学假设做了一种建设性的批判分析，至今还仍然有效。从许多方面来讲，鉴于无意识、语言和意识形态之间所确立的关系，沃罗希诺夫的这部书具有十足的原创性，预见了雅克·拉康（Jacques Lacan, 1901 – 1981）[143]对精神分析的重新阐释，以及吉尔·德勒兹（Gilles Deleuze, 1925 – 1995）[144]和费利克斯·瓜塔里（Félix Guattari, 1930 – 1992）[145]对弗洛伊德的批判。

阅读了弗洛伊德的著作后，沃罗希诺夫证实了无意识的语言结构。意识与无意识之间的冲突，涉及言语与非言语反应之间存在的复杂关系，人类言语行为中内部话语与外部话语之间的斗争，以及内部话语不同层级之间的斗争。

回顾起论文《生活话语与诗歌话语——社会诗学问题探究》[146]，沃罗希诺夫宣称没有一个单独的言语层面的话语，不论是表述出来的，还是深藏在无意识之中的，可以完全归因于说话者；相反，一个言语层面的话语是说话者之间互动的产物，后者在更为一般的意义上是话语生成的整个复杂的社会情境之产物。从最简单的日常话语到最复杂的文学艺术话语，言语活动最重要的表达方式中产生的任何产物，包括无意识的表述在内，都不能将其形式和意义归因于纯粹意义上的主观经验，或归因于抽象意义上的生物因素（参见 Bachtin e il suo circolo，2014：521 - 527）[147]。

在《文学研究的形式方法》（Formal'nyi metod v literaturovedeni，1928）中，梅德韦杰夫对文学体裁做了严谨的理论和方法论分析。与此同时，梅德韦杰夫在研究诸如"复杂体裁""次要体裁"，以及客观化、间接语词、描写性语词构成的体裁（亦如巴赫金在 1952—1953 年论文《言语体裁的问题》中所证明的一般），为"简单体裁""基本体裁"以及非文学体裁、客观直接词汇构成的体裁、日常表征词汇、日常词语体裁等的研究提供了新的视角。

梅德韦杰夫并非如俄国形式主义者那般，在艺术意义与意识形态意义之间建立一种反比关系，反倒像沃罗希诺夫的论文《生活话语与诗歌话语——社会诗学问题探究》一般，探究艺术表达的独特性和语言意识形态材料的普遍性之间的中介因素（参见 Jachia and Ponzio，1993）[148]。在与巴赫金小组及其主要方向一致的情况下，梅德韦杰夫在社会价值中确定了这一要素（参见 Bachtin e il suo circolo，2014：911 - 933）。具体表达的社会价值观，并非作为文学创作独有属性，且在所有鲜活话语中均可寻得其踪迹，为话语赋予了独特性，同时表达一般、共同、稳定、可重复性且可在所有其他话语中寻得踪迹的意义。因而，价值等同于一枚言语符号的一般、抽象意义，并将这一意义具体化。

正如梅德韦杰夫所言，文学创作的材料是理解为"现存社会价值系统"（参见 Bachtin e il suo circolo，2014：923）的言语层面之语言，而非理解为语言、语音、语法、词汇可能性、潜力构成的系统。在此基础上，梅德韦杰夫重申了研究文学文本的特殊性，不能跟俄国形式主义者那般以语言学为基础。

亦如 1930 年以维诺格拉多夫（Ivan Matveevich Vinogradov，1891 - 1983）[149]的研究为基础讨论诗学和语言学的论文（参见 Bachtin e il suo circolo，2014：1995 - 2069）所示，沃罗希诺夫也持有类似的立场[150]。语言

第八章 语言哲学作为倾听之艺术

学只能揭示为何两个给定的词可以彼此组合之原因。但是,禁锢于语言学潜势的限度,科学研究无法解释词能有效地彼此组合的原因。

具体来说,文学文本*描写的是社会价值观*,即不同的意识形态、认知、政治、道德、哲学意义等,进入文学创造的构式之中,但这些意义之所以进入文学创造构式,就是为了被描述,而非为了达到其他目的,不论是认知、道德,还是其他。文学文本的整体布局就是被融入文学构式的此类描写。与并非以价值观自身的描述为目的的日常话语不同,构成艺术话语的语言-言语材料充斥着社会价值,故用来描述社会价值自身,除了描写社会价值并无其他目的。诗学构式表述社会价值的方式,艺术作品得以展开和发展的方式,亦如由无人称叙述者或主人公做出的叙述,并非被视为偶然的或意识形态上无关紧要的层面(参见 Bachtin e il suo circolo,2014:344-348)[151]。

如果我们脱离文学作品得以展开的社会互动关系,即作者和读者之间存在的相关关系,以及艺术作品与社会关系之间达到的共识与对立关系,我们就无法完全理解文学创作的构建过程。

梅德韦杰夫在《文学研究的形式方法》中提出的这些论点,是在基于俄国形式主义反思、方法论阐述以及批判意识的高度复杂层面上形成的。值得强调的是,虽然并非以和平衍化的方式,而是以批判的方式,但梅德韦杰夫本人所发展的形式主义程序性前提,比俄国形式主义者自己构思的更为连贯。此外,梅德韦杰夫提出的"社会学方法",如他在 1928 年专著[152]中所阐述的一般,由巴赫金用在陀思妥耶夫斯基主题专著的写作实践之中(即《著述合集:1919—1930》第二部分的第三本书),该书次年出版,后来经修订和拓展于 1963 再版。

在《陀思妥耶夫斯基的创作问题》(*Problemy tvorčestva Dostoevskogo*)[153]中,巴赫金提出要抓住陀思妥耶夫斯基作品中所呈现特征的"有机统一性",认为这些特征在总体上没有引起陀思妥耶夫斯基评论家的注意。同梅德韦杰夫一样,巴赫金也试图证明陀思妥耶夫斯基视域的"结构力矩"(structural moments,参见 Bachtin e il suo circolo,2014:663-665,1097,1197)。

巴赫金认为,陀思妥耶夫斯基的贡献远远超过了一般意义上的文学和艺术领域,唯有通过前文所描述的文学创作方法论,才能充分地理解他对学界所做出的贡献。正如巴赫金在 1963 年版《陀思妥耶夫斯基创作的问题》一书中明确地指出的那样，复调艺术思想最终使完全超越独白式思维范畴的某些人的因素得以被接触到，即主要是人类的意识和存在的对话域，诸如意识作为声音、意识作为外部和内部符号、意识作为内在的对话、意识作为回应、意识作为一个双声词等。如此描述的意识；这一双声词在与他者的意识关系中体现出来，从而自我也体现出自身的他者性。这是理解为总体表述、意识形态、世界观、他者之他者性之外的自我他者性表述的词语；这个词从未被一劳永逸地界定和确定，仍然处于非终结、未归类、具体确定性之外的状态（参见 Vygotskij[154], 1934）[155]。从巴赫金的早期作品来看，巴赫金有关文学创造的研究本身并非其目的所在，而是作为理解人类行为过程、思想和语言的工具。

正如陀思妥耶夫斯基的复调小说所描述的，对话性指的是一个人自己的词语总是暗含他者的词语，不论他知道与否。从这一意义上讲，词汇总是被动地融入他者的词汇。因而，根本不存在诸如一种词汇判断，一种关于对象的词汇，一种客观词汇，即并非一种词汇搭配，也就是说，一个与另一个词进入对话关系的词，一个关于词汇并转化为词的词。自我意识是在一个他者对这一自我所拥有的意识背景下被感知的；"我之于我"的自我意识，是在"我之于他者"和"他者之于我"的意识背景下被感知的（Bachtin e il suo circolo, 2014：128 - 129）[156]。

对话存在于单声之中，存在于单一的话语之中，以相互矛盾的声音之间的干扰形式出现，呈现于话语的每一枚"原子"之中，呈现于话语最为微妙的结构要素之中，因此，也呈现于意识的每一枚"原子"之中（参见 Bachtin e il suo circolo, 2014：1269 - 1275）。在陀思妥耶夫斯基的艺术作品中，叙述者也参与到对话之中。作为对话中的第三个非参与者，叙述者从不停留在人物角色的外部。另外，如果在声音的复调中，叙事者的声音处于外部，就必然会产生一种能够脱离对话的声音。但是，在复调实验基础上，陀思妥耶夫斯基的小说表明，这种现象是不可能存在的，对任何一种声音来说都是不可能存在的，包括作者或叙述者的声音在内。在对人及其所在的世界加以感知和理解的过程中，陀思妥耶夫斯基的复调小说恢复了他者性，因而也产生了一种相对于独白式研究路径的"哥白尼式革命"（参见 Bachtin e il suo circolo, 2014：1135）[157]。

第八章 语言哲学作为倾听之艺术

陀思妥耶夫斯基的作品确定了一种时空观念,即从一种总体性观念中撤出并抵制这一观念的时空观,从本体论中撤出并抵制本体论的时空观——一种从历史的管辖权中撤出并做出抵制的时空观。这一时空观承认单一的个体可以拥有一种超越话语共性的意义,可以拥有一种超越历史边界的意义;承认所有的单一个体可以拥有自身的意义,即所有单一个体就是目的本身;承认单一个体的独特责任,不可被撤销或推迟,关涉一个人相对于他者的存在,始于自我作为一个价值中心,而非始于一种外部的客观化观点。此所谓文学的时空观,确切地说是"文学时空观"(literary chronotope)。

巴赫金意识到这一特殊的时空观不仅对小说或一般意义上的艺术生产具有创新力,而且对一种理论效应框架下更为充分的人类(理解为人属,而非为雌雄二元对立关系中的另一术语——男人)概念也具有创新力。在对人与世界加以感知和理解的过程中,陀思妥耶夫斯基的复调小说恢复了他者性,因而也产生了一种相对于独白式研究路径的"哥白尼式革命"(参见 Bachtin e il suo circolo, 2014: 1135)。[158]

沃罗希诺夫的《马克思主义与语言哲学》(同《著述合集:1919—1930》第三部分)中的一个基本假设:现实不仅反映在符号之中,而且在符号之中得以折射出来。不同的观点、方向和程序在同一个符号社群内彼此交织(参见 Bachtin e il suo circolo, 2014: 1225 - 1227, 1837 - 1839)。巴赫金在 1929 年专著中也多次提到折射。这与帕特里克·赛里奥(Patrik Sériot)编辑的《马克思主义与语言哲学》(Vološinov, 1929 法译版第 144 页)[159]俄法双语版译者弁言相互矛盾,即译者弁言声明仅使用术语"反射"(reflex),而不使用与这一动词对应的折射(refraction)概念(参见 Bachtin e il suo circolo, 2014: 1432)[160]。

在专著《马克思主义与语言哲学》中,沃罗希诺夫区分了"符号"与"信号"。在论文《词汇及其社会功能》(Slovo i ego social-naja funkcija)中,他也做了这一区分;该文也收录在《著述合集:1919—1930》(第 1951 ~ 1993 页)之中,对"符号-意识形态"材料的特征研究颇有裨益。符号以不确定性和符义灵活性为特征,故而才能适应不断更新和不同的情境语境。相反,信号具有单声性特征,所执行的是预先确定和单向度的功能。简而言之,关于社会符号无法被归结为信号性地位这一事实的立场,亦如《弗洛伊德论———一部批评导论》所阐述一般，他对反射做出的思考在此也得到了证实。

言语符号总是承载着意识形态。鉴于言语符号与知识具有的相似性，甚至最基本的感知如饥饿也是通过言语符号来表征的，因此，感知也是以社会为导向的，也是以意识形态为基调的（参见 Bachtin e il suo circolo, 2014：1657）。此外，由于言语符号是一种两面性的行为（a two-faced act），由说话人与受话人共同来决定，是后者（受话人——译者注）在既定的历史社会条件下与说话人之间相互关系的产物，因而，话语总是具有符号学层面的他者性（参见 Bachtin e il suo circolo, 2014：1428, 1446, 1771, 1776 - 1781）。说话者只是词汇在生理意义上的物主。由于词是一枚符号，故而词是一种社会产物，即便在文体特征上也是如此，正如个体说话者在社会属性上也是如此。

与巴赫金类似，沃罗希诺夫也侧重于目前研究仍然较少的这种语言现象，即在相同语词、相同话语、相同语境中自我词汇与他者词汇之间加以干扰的语言现象。这是《马克思主义与语言哲学》第三部分的主题（参见 Bachtin e il suo circolo, 2014：1779 - 1789, 1833 - 1839）。最重要的干扰类型出现在被称作自由间接话语（free indirect discourse）的间接话语（reported discourse）形式之中。关于后者（自由间接话语——译者注），沃罗希诺夫提到了两个语调方向各异的语篇"互指合并"（inter-referential merging）现象。沃罗希诺夫认为话语文法研究非常重要，故用了整整一章的篇幅探讨这一问题，即第三章也是最后一章。其中，他讨论了对话语文法的不同阐释问题，尤其是查尔斯·贝利（Charles Bally, 1865 - 1947）[161]和卡尔·浮士勒（Karl Vossler, 1872 - 1949）[162]各自学派做出的阐释。

正如《马克思主义与语言哲学》（且不仅第三部分专门探讨自我词汇与他者词汇之间的互动问题），以及《著述合集：1919—1930》第三部分收录的论文（其中的第一篇论文最初分为三部分，以连续刊载形式发表，其中的第二篇探讨维诺格拉多夫有关诗学与语言学关系的概念）所示，同巴赫金的著述一样，沃罗希诺夫也将他者性关系视为词汇的一个基本特征。

巴赫金及其学术圈成员主题化的符号是以对话为基础的。如前所述，尤其从人类符指过程和言语层面的语言角度说，对话取决于如下事实：词汇同时蕴含着他者的词汇，尽管也蕴含着自我的词汇，不论自己知道与否，正如陀思妥耶夫斯基在文学作品中通常所证明的一般。对话是自我具身与他者具身融合的体悟性和实体间性表述，即在通俗文化中，在公共场所的粗俗语言中，最重要的是巴赫金所讨论的狂欢式面具中，等同于拉伯雷"怪诞具身"意象的一个概念。事实上，如前所述，巴赫金"对话性"的一个同义词就是"实体间性"，即对话具身与他者具身、世界密切相关。从这一角度看，巴赫金的对话只有从符号的生物符号学概念的角度才能充分理解；通过符号的生物符号学概念，巴赫金批判了主观个体主义和客观抽象过程。在脱离实体的心灵之中，不可能存在对话现象。

像陀思妥耶夫斯基一样，对巴赫金来说，对话不仅具有认知和提取真理的功能，更是一种至关重要的伦理和实效性的需求，是生命在自我与他者之间相互关联关系中得以繁盛发展的必然条件。与巴赫金描写为单线性和独白式的辩证法不同，对话的目的并非综合多重视角。与形式逻辑和辩证逻辑的独白论不同，巴赫金的对话性作为一种"二元/对话逻辑"（dia-logic），侧重的是现实话语（而非理解为*语言系统的语言*），而最重要的是被赋予了一种批判的立场。与康德的"纯粹理性批判"（critique of pure reason）和萨特的"辩证理性批判"（critique of dialectical reason）相比，巴赫金提出了"对话理性批判"（critique of dialogic reason）。巴赫金在哲学层面以及陀思妥耶夫斯基在艺术领域操作的"哥白尼革命"，证实了一个人的生命是如何与他者——人类和非人类他者的生命密不可分地相互关系。

这一切解释了我们为何关注巴赫金，关注那些与巴赫金合作的学者，关注那些追随和发展巴赫金研究思路的学者；这一切也解释了为何我们将本书末这一章定位在巴赫金与巴赫金小组。在勾勒本书尝试为视作伦理符号学的符号学所确立研究方向的轨迹中，巴赫金哲学发挥着核心作用。巴赫金及巴赫金小组成员对责任主题的关注，不仅局限于形式、技术层面的责任，即受角色、同一性和忠诚度限制的责任，还包括在没有不在场证明情况下向他者解释的责任、向他者做出回应的责任。这一关注与我们将符号学作为符号的一般科学的培养意图密切相关，即培养人们对当今世界所有层面（不仅仅是人类）关乎生命问题的旨趣，从而有助于正确地理解此类问题，为任何合理地尝试获得可能性的解决方案提供必要的条件。

注释:

1 Bakhtin, Mikhail M. 1920 – 24. K filosofii postupka. In *Filosofia i sociologia nauki i techniki Esegodnik 1984 – 85*, S. G. Bočarov (ed.). Moscow: Nauka, 1986; *Per una filosofia dell'azione responsabile*, Margherita De Michiel (trans.), A. Ponzio (ed.), Cosimo Caputo (Premise), with essays by A. Ponzio & Iris M. Zavala. Lecce: Manni, 1998; *Per una filosofia dell'atto responsabile*, Luciano Ponzio (new It. trans.), A. Ponzio (ed.). Lecce: Pensa Multimedia, 2009; now in Bakhtin e il suo circolo 2014, pp. 33 – 167; *Toward a Philosophy of the Act*, Vladimir Liapunov (Eng. trans.), V. Liapunov and M. Holquist (eds.). Austin: University of Texas Press, 1993; *Pour une philosophie de l'acte*, Ghislaine Caèpogna Bardet (Fr. Trans.). Losanna: L'Age d'Homme, 2003. [此外,原书此处注有该引文的意大利文版本和俄文原文版本,因考虑到内容相同,且是汉译本故做省略处理,特此说明。——译者注]

2 Bakhtin, Mikhail M. 1990. *Art and Answerability: Early Philosophical Essays by M. M. Bakhtin*, ed. by M. Holquist & V. Liapunov, Eng. trans. & notes by V. Liapunov, supplementary translation by K. Brostrom. Austin: Austin University of Texas Press.

3 Bakhtin, Mikhail M. 1963. *Problemy poetiki Dostoevskogo*. 2nd revised and enlarged edition of Bakhtin 1929. Moscow: Sovetskij pisatel'. *Problems of Dostoevsky's Poetics*, C. Emerson (ed. & trans.), W. C. Booth (Introduction). Manchester: Manchester University Press, 1984; Bakhtin, Mikhail M. 1965. *Tvorčestvo Fransua Rable i narodnaja kul' tura srednevekov'ja I Renessansa*. Moscow: Chudozevennaja literature; *L'opera di Rabelais e la cultura popolare*, M. Romano (trans.). Torino: Einaudi, 1979; *Rabelais and His World*, H. Iswolsky (trans.). Bloomington: Indiana University, Press, 1984; Petrilli, Susan; Ponzio, Augusto. 2000. *Philosophy of Language, Art and Answerability in Mikhail Bakhtin*. New York/Ottawa/Toronto: Legas; Petrilli, Susan; Ponzio, Augusto. 2016. *Lineamenti di semiotica e di filosofia del linguaggio: Un contributo all'interpretazione del segno e all'ascolto della parola*. Perugia: Guerra Edizioni; Ponzio, Augusto. 2009. *L'écoute de l'autre*. Paris: L'Harmattan; Ponzio, Augusto; Calefato, Patrizia; Petrilli, Susan. 1994. *Fondamenti di filosofia del linguaggio*. Bari: Laterza, 2nd ed. 1999; *Fundamentos de Filosofia da Linguagem*, ed. & intro. ed. & Intro. A. Ponzio, trans. E. F. Alves. Petrópolis, RJ (Brazil): Editora Vozes, 2007.

4 Bakhtin, Mikhail M. 1974. Basi filosofiche delle scienze umane, N. Marcialis (trans.). *Scienze umane* 4, 1980, pp. 8 – 16. [Original Russian in *Kontext*, Vadim V. Kozinov (ed.). Moscow: Nauka, 1974, pp. 375 – 377.]; Bakhtin, Nikolaj M. 1998. *La scrittura e l'umano. Saggi, dialoghi, conversazioni*, M. De Michiel (trans. & introd). Bari: Edizioni dal Sud.

5 Ponzio, Augusto. 1997. *La rivoluzione bachtiniana: Il pensiero di Bachtin e l'ideologia contemporanea*.

第八章　语言哲学作为倾听之艺术

Bari：Levante；*La revolución bajtiniana*. Madrid：Catedra，1998；São Paulo：Editora Contexto，2008；Ponzio, Augusto. 2008. *A revoluçao bachtiniana*. São Paulo：Editora Contexto；Petrilli, Susan. 2012. *Altrove e altrimenti: Filosofia del linguaggio，critica letteraria e teoria della traduzione in，intorno e a partire da Bachtin*. Milan：Mimesis

6 Bakhtin, Mikhail M. 2000. Appunti degli anni 1940－1960，M. De Michiel & S. Sini（eds.）. *Kamen'. Rivista di poesia e filosofia*, 15, pp. 5－72；Bakhtin, Mikhail M. 2003［1926－1930］. *Linguaggio e scrittura*, A. Ponzio（Introduction），L. Ponzio（trans.）. Rome：Meltemi；Bakhtin, Mikhail M. 2004. Dagli appunti degli anni Quaranta, F. Rodolfo（trans.），A. Ponzio（ed.）. *Corposcritto* 5. Bari：Edizioni dal Sud；Vološinov, Valentin N. 1980［1926－1930］. *Il linguaggio come pratica sociale*, ed. A. Ponzio. Bari：Dedalo.

7 沃罗希洛夫是本章和参考文献部分中介绍该名"Vološinov"的国际音译词。相反，在本书其余部分，我们遵循的是英语音译规则，拼写为"Voloshinov"。

8 Petrilli, Susan. 2014. *Sign Studies and Semioethics: Communication，Translation and Values*. Berlin, Boston：Mouton de Gruyter；Petrilli, Susan. 2016. *The Global World and Its Manifold Faces: Otherness as the Basis of Communication*. Bern，Berlin，Bruxelles，Frankfurt am Main，New York，Oxford，Wien：Peter Lang.

9 Petrilli, Susan. 2010. *Sign Crossroads in Global Perspective: Semioethics and Responsibility*. London：Transaction Publishers.

10 Bonfantini, Massimo A. 2016. *Storia，storie，romanzo: Per una filosofia delle narrazioni*. Naples：Edizioni Scientifiche Italiane；Bonfantini, Massimo A.；Petrilli, Susan；Ponzio, Augusto. 2006. *I dialoghi semiotici: Sul dialogo，sulla menzogna e la verità sui nuovi mass-media，sulla retorica e l'argomentazione，sulla testualità e la discorsività sull'ideologia e l'utopia 1982－2006*. Naples：Edizioni Scientifiche Italiane；Bonfantini, Massimo A.；Ponzio, Augusto. 2010. *Dialogo sui dialoghi: Dove si parla di filosofia，scienza，utopia，semiotica，musica，poesia，ecotopia e così via discorrendo*. Naples：Edizioni Scientifiche Italiane.

11 Ponzio, Luciano. 2010. *L'iconauta e l'artesto: Configurazioni della scrittura iconica*. Milan：Mimesis；Ponzio, Luciano. 2015. *Visioni del testo*. Lecce：Pensa Multimedia；Ponzio, Luciano. 2017. *L'immagine e la parola nell'arte tra letterarietà e raffigurazione*. Alberobello：AGA.

12 20世纪法国最重要的一位作家，为20世纪下半叶法国诗歌文坛主要的声音；生于开罗的犹太人，于1956年苏伊士危机期间与其他犹太人一起被迫离开埃及，定居法国，并加入超现实主义阵营，1987年获得法国诗歌大奖，推崇一种非正式但颇受尊重的学术氛围。——译者注

13 Jabès, Edmond. 1982. *Le Petit livre de la subversion hors de soupçon*, It. trans. *Il libro della sovversione non sospetta*, by Antonio Prete. Milan：Feltrinelli, 1984；Petrilli, Susan. 2010b. Uma leitura inclassificável de uma escritura inclassificável: a aproximação bakhtiniana da literature, pp. 31－

267

52; Una lettura inclassificabile di una scrittura inclassificabile: l'approccio bachtiniano alla letteratura, pp. 353 – 370. In *Circulo de Bakhtin: teoria inclassificável*, da Série Bakhtin -Inclassificável, Círculo de Bakhtin: Teoria Inclassificável, Vol. 1, Luciane de Pauola e Grenissa Stafuzza (Organizadoras), Portuguese/Italian bilingual edition. Campinas SP Brasil: Mercado de Letras, 2010; Petrilli, Susan; Ponzio, Augusto. 2003. *Views in Literary Semiotics*, Eng. trans. & ed. by S. Petrilli. New York/Ottawa/Toronto: Legas.

14 Vološinov [Voloshinov], Valentin N. 1927. *Frejdizm: Kritičeskij očerk*. Moscow, Leningrad: Gosizdat; *Freud e il freudismo*, A. Ponzio (ed.), L. Ponzio (trans.). Milan: Mimesis; now in Bachtin e il suo circolo 2014, pp. 355 – 597; *Freudianism. A Critical Sketch*, Eng. trans. by I. R. Titunik, ed. by I. R. Titunik with N. H. Bruss. Bloomington: Indiana University Press, 1987. [*Freudianism: A Marxian Critique*, Eng. trans. New York, London: Seminar Press, 1973.]

15 Morris, Charles W. 1948. *The Open Self*. New York: Prentice-Hall

16 Ponzio, Augusto. 1993. *Signs, Dialogue, and Ideology*, Eng. trans. and ed. S. Petrilli. Amsterdam: John Benjamins; Ponzio, Augusto. 2009. Signs, Dialogue, and Alterity. *Sociosemiotics. Semiotica*, p. Cobley & A. Randviir (eds.), Special Issue 173 – 1/4 (2009), pp. 129 – 154; Ponzio, Augusto. 2012. *Dialogando sobre dialogo na perspectiva bakhtiniana*. São Carlos – Sp., Brazil: Pedro & João Editores.

17 原文将属格主语或属格主体错拼为"the subject generative",这样就变成了"生成性主体",与上下文的内在逻辑关系不符,故原文中的"generative"应该是"genitive"。——译者注

18 Sebeok, Thomas A. 1986. *I Think I Am a Verb: More Contributions to the Doctrine of Signs*. New York and London: Plenum Press; Sebeok, Thomas A. 2001. *Global Semiotics*. Bloomington: Indiana University Press; Sebeok, Thomas A. 1994. *Signs: An Introduction to Semiotics*. Toronto: Toronto University Press, New edition, 2001; It. trans. & Intro., pp. 11 – 44, by S. Petrilli, *Segni: Introduzione alla semiotica*. Rome: Carrocci, 2004; Petrilli, Susan; Ponzio, Augusto. 2001. *Thomas Sebeok and the Signs of Life*. London, UK: Icon Books; Petrilli, Susan; Ponzio, Augusto. 2002. *I segni e la vita: La semiotica globale di Thomas Sebeok*. Milan: Spirali.

19 Bakhtin, Mikhail M. 1926. Sovremennyj vitalizm. *Čelovek i Priroda* 1, pp. 33 – 42; 2, pp. 9 – 23; Il vitalismo contemporaneo, M. De Michiel (trans.). In A. Ponzio (ed.), 2002, pp. 21 – 44; new edn. in Bachtin, Kanaev, Medvedev, Vološinov 1995; now in Bachtin e il suo circolo 2014, pp. 215 – 213.

20 巴赫金这篇论文《当代生命论》,最初以他的友人——生物学家伊万·卡纳耶夫(Ivan N. Kanaev)名义发表在一本生物学刊物上。现在,我们可在论文集《巴赫金及其学术圈》(*Bachtin e il suo circolo*, 2014: 215 – 269)中获取该文的俄文和意大利文版。

21 俄苏时代生理学家,生于官宦世家,曾在圣彼得堡大学就学。他在科学上做出的最重要的发现

第八章 语言哲学作为倾听之艺术

是主导焦点（dominant focus）理论。这一理论能够解释人类行为和心理过程的一些基本方面。论文《神经中枢的主导性工作原理》（"The dominant as operating principle of nerve centers"）以及其他的著述涉及主导性原理的问题。主导性原理为维维登斯基（N. E. Vvedensky）思想的进一步发展。乌克托姆斯基自理查德·阿芬那留斯（Richard Avenarius）的专著《纯粹经验批判》（*Critique of Pure Experience*）中袭用了术语"主导性"（dominant）。在《神经中枢的主导性工作原理》的脚注中，乌克托姆斯基写道："我是在阿芬那留斯的意义上使用这个词汇，即'在依存性生命序列的竞争中，其中的一个生命序列必须在一个给定时刻被视为主导者，从而在这一方向上确定个体的整体行为'。"所谓"主导性"，乌克托姆斯基及其追随者理解为"一个或多或少稳定的兴奋性增强点，不论以何种方式诱发，以及新接收到兴奋中心的刺激有助于夸大（加强）这一焦点的兴奋性，而在其余的中枢神经系统中，抑制行为则广泛地蔓延。"主导焦点理论已经大大地超越了生理学的框架，成为整个俄罗斯哲学人类学的一种思潮，业已应用于心理学导向的文学评论之中。"我坚信，真正的人类幸福唯有在未来人能够在自身培养出转向另一个人的生活经验之时，才有可能实现，彼时，面对他者的主导者业已在我们每个人身上孕育出来"。——译者注

22　早年，父亲被谋杀，曾因目睹强奸案而受心理创伤，又患癫痫病；曾上寄宿学校，学习科学、语言、文学，曾因1837年普希金在圣彼得堡被杀而受打击，同年丧母，搬到圣彼得堡居住，后从军事工程学院毕业，在沙皇政府供职一年。在圣彼得堡文学圈，陀思妥耶夫斯基系活跃分子，因间接参加革命运动而于1849年被捕，被判叛国罪，判处死刑。后死刑执行未果，陀思妥耶夫斯基流亡西伯利亚。十年后沙皇赦免罪行，陀思妥耶夫斯基重获贵族身份，返回圣彼得堡，遂放弃早年的自由思想，变得愈加保守，且偏向宗教信念，终陷入赌博恶习。总体来说，陀思妥耶夫斯基的小说就是不折不扣地反思他个人生活的写照，即一位俄国天才的命运史诗。——译者注

23　Vernadsky, Victor I. 1926. *Biosfera*. Leningrad：Nauka. ［French version, Paris, 1929］.

24　Uexküll, Jakob von. 1934/1992. *Streifzüge durch Umwelten von Tieren und Menschen*. Reimbeck：Rowohlt，1967；Eng. trans., *A Stroll through the Worlds of Animals and Men: A Picture Book of Invisible Worlds*. *Semiotica* 89（4），1992, pp. 319-391.

25　英文原文为"The body in the word：For a critique of dialogic reason"，字面意思为"词汇中的具身——对话理性之批判"，但"词汇中的具身"会让读者不知所云，且在学理上也不如"词汇中的具身"更能传达原文标题的内涵。——译者注

26　Bakhtin, Mikhail M. 1970-71. From Notes Made in 1970-71. trans. in M. Bakhtin. 1986. *Speech Genres & Other Late Essays*, ed. by C. Emerson and M. Holquist, Eng. trans. by V. W. McGee. Austin：Austin University of Texas Press, pp. 132-158.

27　Bakhtin, Mikhail M. 1970-71. From Notes Made in 1970-71. trans. in M. Bakhtin. 1986. *Speech Genres & Other Late Essays*, ed. by C. Emerson and M. Holquist, Eng. trans. by V. W.

McGee. Austin：Austin University of Texas Press, pp. 132 – 158.

28 Petrilli, Susan. 2013. *The Self as a Sign, the World, and the Other: Living Semiotics*. New Brunswick, London：Transaction Publishers.

29 Ponzio, Augusto. 2002. *La differenza non indifferente: Comunicazione, migrazione, guerra*, 2nd edn. Milan：Mimesis.

30 Bakhtin, Mikhail M. 1990. *Art and Answerability: Early Philosophical Essays by M. M. Bakhtin*. Austin：Austin University of Texas Press.

31 Ivanov, Vjačeslav V. 1977. Il significato delle idee di Bachtin sul segno, l'enunciazione e il dialogo per la semiotica contemporanea. In V. Ivanov, J. Kristeva, et al., *Michail Bachtin. Semiotica, teoria della letteratura e marxismo*, A. Ponzio, ed. & Intro. pp. 67 – 104. Bari：Dedalo.

32 英国爱尔兰作家、诗人、20世纪最伟大的一位作家、后现代文学的一位奠基者，他的作品及"意识流"思想对世界文坛的影响巨大。1920年起定居法国巴黎，一生颠沛流离，辗转于欧洲各地，以教授英语和写作为生，晚年饱受眼疾之苦，几近失明。乔伊斯的作品，结构复杂，用语奇特，富有独创性。《都柏林人》（1914）描写了下层市民的日常生活，揭示了社会环境对人的理想和希望的毁灭；自传体小说《青年艺术家的自画像》（1916）以大量内心独白描述人物心理及周围世界；长篇小说代表作《尤利西斯》（1922）表现现代社会中人的孤独与悲观，语言较为晦涩，结构较为复杂，法国哲学家德里达（Jacques Derrida, 1930 – 2004）曾针对这部小说的语言风格做过专门研究；长篇小说《芬尼根的守灵夜》（1939）借用梦境表达对人类的存在和命运的终极思考，但同《尤利西斯》一样，语言较为晦涩；自创了"夸克"（Quark）一词，后被物理学家默里·盖尔曼（Murray Gell-Mann, 1929 – ）用以命名一种基本粒子；美国哲学家唐纳德·戴维森（Donald Davidson, 1917 – 2003）对此专门做了哲学探索。——译者注

33 这一表述应该是派生于美国企业家、演说家、美国2014年出版的《莫莉的赌局：世界上最高级、高赌注的地下扑克游戏背后26岁女强人的真实故事》（*Molly's Game: The True Story of the 26-Year-Old Woman Behind the Most Exclusive, High-Stakes Underground Poker Game in the World*）——莫莉·布鲁姆（Molly Bloom, 1978 – ）的言说风格。莫莉曾多年受训，旨在成为一名奥运会滑雪运动员，但在获取参赛资格时偶然受伤，遂转向经商、演说和写作。——译者注

34 Bakhtin, Mikhail M. 1963. *Problemy poetiki Dostoevskogo*. 2nd revised and enlarged edition of Bakhtin 1929. Moscow：Sovetskij pisatel'. *Problems of Dostoevsky's Poetics*, C. Emerson (ed. & trans.), W. C. Booth (Introduction). Manchester：Manchester University Press, 1984.

35 Ponzio, Augusto. 2004. *Semiotica e dialettica*. Bari：Edizioni dal Sud.

36 Bakhtin, Mikhail M. 1986. *Speech Genres & Other Late Essays*, ed. by C. Emerson and M. Holquist, Eng. trans. by V. W. McGee. Austin：Austin University of Texas Press.

37 Bakhtin, Mikhail M. 1963. *Problemy poetiki Dostoevskogo*. 2nd revised and enlarged edition of Bakhtin 1929. Moscow：Sovetskij pisatel'. *Problems of Dostoevsky's Poetics*, C. Emerson (ed. & trans.), W.

C. Booth (Introduction). Manchester: Manchester University Press, 1984.

38 有关出生年，一说为1483年，一说为1494年，到底哪一年尚未确定。此人为文艺复兴时期法国人文主义作家，早年曾接受宗教教育，当过修士，曾因此机缘学习希腊文，旨在了解古希腊和古罗马文化；1530年，入大学攻读医学，当过医生；1532年出版《巨人传》，共分5卷，取材于法国民间传说，主要书写了格朗古杰、高康大、庞大固埃三代巨人的活动史，不幸的是被法院列为禁书；1537年，获得蒙彼利埃大学博士学位；1545年，在国王特许下以真实姓名出版《巨人传》，后因国王去世，又被列为禁书，自己也被迫外逃，1550年才获准回国；回国后，在学校教书，继续完成《巨人传》。拉伯雷写作的特点为沿袭民间文学惯用的夸张和讽刺手法，将冷嘲热讽、嬉笑怒骂、寓庄于谐融入艺术作品，旨在阐述一种新的教育自由观，主张身心并行发展，要求认识所有事物，提出新的学习方法和途径。——译者注

39 Bakhtin, Mikhail M. 1965. *Tvorčestvo Fransua Rable i narodnaja kul'tura srednevekov'ja I Renessansa*. Moscow: Chudozevennaja literature; *L'opera di Rabelais e la cultura popolare*, M. Romano (trans.). Torino: Einaudi, 1979; *Rabelais and His World*, H. Iswolsky (trans.). Bloomington: Indiana University, Press, 1984.

40 Bakhtin, Mikhail M. 1965. *Tvorčestvo Fransua Rable i narodnaja kul'tura srednevekov'ja I Renessansa*. Moscow: Chudozevennaja literature; *L'opera di Rabelais e la cultura popolare*, M. Romano (trans.). Torino: Einaudi, 1979; *Rabelais and His World*, H. Iswolsky (trans.). Bloomington: Indiana University, Press, 1984.

41 法国哲学家福柯提出的术语"technologies of self"，指的是允许凭借自己的工具或他人帮助，完成对自己身体、灵魂、思想、行为、存在方式需要的操作，以便转变自己能够达到自我需求的要求。——译者注

42 Foucault, Michel. 1988. *Technologies of the Self: A Seminar*. Amherst: The University of Masschusetts Press.

43 Levi-Strauss, Claude. 1958. *Anthropologie structurale*. Paris: Plon; Eng. trans. *Structural Anthropology*, 1. London: Harmondsworth, 1977.

44 列维-斯特劳斯熟悉西比奥克的符号学研究，尤其欣赏生物符号学这一专门的路向，参见列维-斯特劳斯为保罗·布瓦萨克（Paul Bouissac）、迈克尔·赫兹菲尔德（Michael Herzfeld）、罗兰·波斯纳（Roland Posner）合编《像似性——文化本质论》（1986）写作的"前言"（Avant-Propos）。有关本条文献，详见 Bouissac, Paul; Herzfeld, Michael; Posner, Roland. Eds. 1986. *Iconicity. Essays on the Nature of Culture. Festschrift for Thomas A. Sebeok on his 65th Birthday*. Tübingen: Stauffenburg Verlag.

45 Bouissac, Paul. 1990. *Encyclopedia of Semiotics*. New York, Oxford: Oxford University Press.

46 就是从斯大林所处的20世纪60年代初，一直延续到1991年的苏联解体这一段时间；如果将整个社会主义时期算在内的话，恐怕就要从1917年左右算起，到1991年苏联解体这段时间了。——译者注

47　Bouissac, Paul. 1990. *Encyclopedia of Semiotics*. New York, Oxford: Oxford University Press.

48　俄罗斯历史学家和传记作家，苏联著名持不同政见者，苏联三大持不同政见派别之一的社会民主派代表人物。1946—1951年在列宁格勒大学哲学系学习，1957—1971年，先后在教育出版社和苏联教育科学院工作。自1971年，成为自由学者；在长达几十年的写作生涯中，一共出版了40余部著作，内容涉及政治、历史、教育、社会、文学、哲学等众多领域，其中不少还被译成英文、法文、意大利、日文、中文、西班牙文等24种外国文字。——译者注

49　Vološinov [Voloshinov], Valentin N. 1927. *Frejdizm: Kritičeskij očerk*. Moscow, Leningrad: Gosizdat; *Freud e il freudismo*, A. Ponzio (ed.), L. Ponzio (trans.). Milan: Mimesis; now in Bachtin e il suo circolo 2014, pp. 355 - 597; *Freudianism: A Critical Sketch*, Eng. trans. by I. R. Titunik, ed. by I. R. Titunik with N. H. Bruss. Bloomington: Indiana University Press, 1987. [*Freudianism: A Marxian Critique*, Eng. trans. New York, London: Seminar Press, 1973.]

50　Vološinov [Voloshinov], Valentin N. 1929. *Marksizm i filosofija jazyca: Osnovnye problemy sociologičeskogo metoda v nauke o jazyke*. Moscow-Leningrad: Priboj. 2nd ed. 1930; *Marxismo e filosofia del linguaggio*, M. De Michiel (trans.), A. Ponzio (ed.). Lecce: Manni, 2010; now in Russian & Italian in Bachtin e il suo circolo 2014, 1461 - 1839; *Marxism and the Philosophy of Language*, Eng. trans. L. Matejka and I. R. Titunik. New York, London: Seminar Press, 1973. New edition, 1986; *Marxisme et philosophie du langage* [1930], p. Sériot & I. Tylkowski - Ageeva (eds.), bilingual Russian/French edition, Limoges: Lambert-Lucas, 2010.

51　德国思想家、政治学家、哲学家、经济学家、革命理论家、历史学家和社会学家，马克思主义的创始人之一，第一国际的组织者和领导者，马克思主义政党的缔造者之一，全世界无产阶级和劳动人民的革命导师，无产阶级的领袖，国际共产主义运动的开创者；马克思所创立的哲学思想是历史唯物主义，旨在推动个体的全面而自由的发展；倡导"政治经济学批判"的阐述原则，创立了经济理论"资本论"。——译者注

52　Marx, Karl. 1974 [1857]. *Kritik der Politischen Ökonomie*; *A Contribution to the Critique of Political Economy*, ed. By Maurice Dobb. London; Eng. trans. by S. W. Ryazanskaya for Moscow, Progress Publishers, with the collaboration of Lawrence and Wishart, London, and International Puhlishers, New York.

53　Lévinas, Emmanuel. 1972. *Humanisme de l'autre homme*. Montpellier: Fata Morgana; *Humanism of the Other*, Eng. trans. by Nidra Poller. Urbana: University of Illinois Press, 2003; Ponzio, Augusto. 2008. *Tra Bachtin e Lévinas: Scrittura, dialogo, alterità*. Bari: Palomar.

54　Petrilli, Susan. 2001. Differenze di segno e segni di differenza. In p. Calefato, G. Caprettini, G. Colaizzi, eds., *Incontri di culture: La semiotica tra frontiere e traduzioni*, pp. 83 - 90. Turin: UTET; Ponzio, Augusto. 2002. *La differenza non indifferente: Comunicazione, migrazione, guerra*. Milan: Mimesis.

55 Bakhtin, Mikhail M. 1920 – 24. K filosofii postupka. In *Filosofia i sociologia nauki i techniki Esegodnik* 1984 – 85, S. G. Bočarov (ed.). Moscow: Nauka, 1986; *Per una filosofia dell'azione responsabile*, Margherita De Michiel (trans.), A. Ponzio (ed.), Cosimo Caputo (Premise), with essays by A. Ponzio & Iris M. Zavala. Lecce: Manni, 1998; *Per una filosofia dell'atto responsabile*, Luciano Ponzio (new It. trans.), A. Ponzio (ed.). Lecce: Pensa Multimedia, 2009; now in Bakhtin e il suo circolo 2014, pp. 33 – 167; *Toward a Philosophy of the Act*, Vladimir Liapunov (Eng. trans.), V. Liapunov and M. Holquist (eds.). Austin: University of Texas Press, 1993; *Pour une philosophie de l'acte*, Ghislaine Caèpogna Bardet (Fr. Trans.). Losanna: L'Age d'Homme, 2003.

56 Bakhtin, Mikhail M. 1920 – 24. K filosofii postupka. In *Filosofia i sociologia nauki i techniki Esegodnik* 1984 – 85, S. G. Bočarov (ed.). Moscow: Nauka, 1986; *Per una filosofia dell'azione responsabile*, Margherita De Michiel (trans.), A. Ponzio (ed.), Cosimo Caputo (Premise), with essays by A. Ponzio & Iris M. Zavala. Lecce: Manni, 1998; *Per una filosofia dell'atto responsabile*, Luciano Ponzio (new It. trans.), A. Ponzio (ed.). Lecce: Pensa Multimedia, 2009; now in Bakhtin e il suo circolo 2014, pp. 33 – 167; *Toward a Philosophy of the Act*, Vladimir Liapunov (Eng. trans.), V. Liapunov and M. Holquist (eds.). Austin: University of Texas Press, 1993; *Pour une philosophie de l'acte*, Ghislaine Caèpogna Bardet (Fr. Trans.). Losanna: L'Age d'Homme, 2003.

57 Bakhtin, Mikhail M. 1919. Iskusstvo i otvetstvennost. *Den' iskusstva*, Nevel', 13 September 3 – 4. In M. M. Bakhtin 1979, It. trans. & Russian original now in Bachtin e il suo circolo 2014, pp. 27 – 31; Eng. trans. Art and Answerability. In M. M. Bakhtin 1990, pp. 1 – 3.

58 美国哲学家、现代符号学之父皮尔斯在阐述科学分类思想时杜撰的一个具有符号学独特性的术语。——译者注

59 Bakhtin, Mikhail M. 1920 – 24. K filosofii postupka. In *Filosofia i sociologia nauki i techniki Esegodnik* 1984 – 85, S. G. Bočarov (ed.). Moscow: Nauka, 1986; *Per una filosofia dell'azione responsabile*, Margherita De Michiel (trans.), A. Ponzio (ed.), Cosimo Caputo (Premise), with essays by A. Ponzio & Iris M. Zavala. Lecce: Manni, 1998; *Per una filosofia dell'atto responsabile*, Luciano Ponzio (new It. trans.), A. Ponzio (ed.). Lecce: Pensa Multimedia, 2009; now in Bakhtin e il suo circolo 2014, pp. 33 – 167; *Toward a Philosophy of the Act*, Vladimir Liapunov (Eng. trans.), V. Liapunov and M. Holquist (eds.). Austin: University of Texas Press, 1993; *Pour une philosophie de l'acte*, Ghislaine Caèpogna Bardet (Fr. Trans.). Losanna: L'Age d'Homme, 2003.

60 Petrilli, Susan. 2010. *Sign Crossroads in Global Perspective*: *Semioethics and Responsibility*. New Brunswick, London: Transaction Publishers.

61 De Paula, Luciane; Stafuzza, Grenissa. Eds. 2010. *Círculo de Bakhtin: teoria inclassificável*, vol. 1. Campinas SP, Brasil: Mercado de Letras; Grupo de Estudos dos gêneros do discurso. 2007. *O Espelho de Bakhtin*. São Carlos-Sp. : Pedro & João Editores.

62　Rossi-Landi, Ferruccio. 1972. *Semiotica e ideologia*. Milan: Bompiani; Rossi-Landi, Ferruccio. 1978. *Ideologia*. Milan: ISEDI; Rossi-Landi, Ferruccio. 1992. *Between Signs and Non-signs*. Amsterdam: John Benjamins.

63　Ponzio, Augusto. 1988. *Ferruccio Rossi-Landi e la filosofia del linguaggio*. Bari: Adriatica Editrice; Ponzio, Augusto. 2008. *Linguaggio, lavoro e mercato globale: Rileggendo Rossi-Landi*. Milan: Mimesis.

64　Ponzio, Augusto. 1990. *Man as a Sign: Essays on the Philosophy of Language*. Berlin: Mouton de Gruyter; Ponzio, Augusto. 2015. *Il linguaggio e le lingue: Introduzione a una linguistica generale*. Milan: Mimesis; Petrilli, Susan; Ponzio, Augusto. 2005. *Semiotics Unbounded: Interpretive Routes in the Open Network of Signs*. Toronto: Toronto University Press.

65　这一研究围绕着一系列基本概念展开，这些概念与一个他者导向的符指过程研究路径相关联，包括以下按照英文字母顺序排列的"负责性"（accountability）、"疏离"（alienation）、"负责"（answerability）、"批判"（critique）、"对话性"（dialogism）、"延迟"（deferral）、"推理"（enthymeme）、"道义"（humanism）、"意识形态"（ideology）、"同一性"（identity）、"阐述"（interpretation，作为回应性理解，与同一性所界定的阐释对立）、"大时段"（great time）、"语言工作"（linguistic work）、"倾听"（listening）、"责任"（responsibility）、"回应性"（responsiveness）、"符号物质性"（semiotic materiality）、"含义"（sense）、"符号拜物论"（sign fetishism）、"意指义"（significance）、"理解"（understanding）、"话语"（utterance）、"价值"（value）、"写作"（writing）。在他者性逻辑的框架内使用此类概念，可以对同一性做出批判，这就不可避免地牵扯到符号与主体、语言与意识形态问题。

66　Petrilli, Susan. 2013. *The Self as a Sign, the World, and the Other: Living Semiotics*. New Brunswick, London: Transaction Publishers.

67　Bakhtin, Mikhail M. 1920-24. K filosofii postupka. In *Filosofia i sociologia nauki i techniki Esegodnik 1984-85*, S. G. Bočarov (ed.). Moscow: Nauka, 1986; *Per una filosofia dell'azione responsabile*, Margherita De Michiel (trans.), A. Ponzio (ed.), Cosimo Caputo (Premise), with essays by A. Ponzio & Iris M. Zavala. Lecce: Manni, 1998; *Per una filosofia dell'atto responsabile*, Luciano Ponzio (new It. trans.), A. Ponzio (ed.). Lecce: Pensa Multimedia, 2009; now in Bakhtin e il suo circolo 2014, pp. 33-167; *Toward a Philosophy of the Act*, Vladimir Liapunov (Eng. trans.), V. Liapunov and M. Holquist (eds.). Austin: University of Texas Press, 1993; *Pour une philosophie de l'acte*, Ghislaine Caèpogna Bardet (Fr. Trans.). Losanna: L'Age d'Homme, 2003.

68　要了解术语"extracommunitarian"，就要先了解"communitarian"（社群主义者）。社群主义者是一个集体标签，用于指称20世纪80年代提出一系列异质性哲学和社会学论据作为批判右翼普遍性自由主义的一群英美学者。在20世纪90年代中期，相关哲学论争逐渐平息，这一标识就用来指称阿米泰·埃齐奥尼（Amitai Etzioni）创立的知识分子政治运动的成员。后来，这一术

第八章 语言哲学作为倾听之艺术

语被泛化，用以指称同属某一群体的内部成员，而派生词"extracommuitarian"就用指某一群体之外的人士。——译者注

69 Petrilli, Susan. 2014. *Sign Studies and Semioethics: Communication, Translation and Values.* Berlin, Boston: Mouton de Gruyter; Petrilli, Susan. 2014. *Riflessioni sulla teoria del linguaggio e dei segni.* Milan: Mimesis; Petrilli, Susan. 2016. *The Global World and Its Manifold Faces: Otherness as the Basis of Communication.* Bern, Berlin, Bruxelles, Frankfurt am Main, New York, Oxford, Wien: Peter Lang; Petrilli, Susan. 2017. *Challenges to Living Together: Transculturalism, Migration, Exploitation. For a Semioethics of Human Relations.* Milan: Mimesis International; Ponzio, Augusto. 2009. *Da dove verso dove. La parola altra nella comunicazione globale.* Perugia: Guerra Edizioni; Ponzio, Augusto. 2009. *Emmanuel Lévinas, Globalisation, and Preventive Peace.* Ottawa: Legas.

70 Ponzio, Augusto. 1993. *Signs, Dialogue, and Ideology*, Eng. trans. and ed. S. Petrilli. Amsterdam: John Benjamins.

71 Bonfantini, Massimo A. 2016. *Storia, storie, romanzo: Per una filosofia delle* narrazioni. Naples: Edizioni Scientifiche Italiane; Ponzio, Augusto. 2004. *Semiotica e dialettica.* Bari: Edizioni dal Sud.

72 Petrilli, Susan. 2012. *Altrove e altrimenti: Filosofia del linguaggio, critica letteraria e teoria della traduzione in, intorno e a partire da Bachtin.* Milan: Mimesis; *Em outro lugar e de outro modo. Filosofia da linguagem, crítica literária e teoria da tradução em, em torno e a partir de Bakhtin*, Valdemir Miotello et al. (trans.). São Carlos-Sp. Brazil: Pedro&João Editores, 2013; Petrilli, Susan. 2013. *The Self as a Sign, the World, and the Other: Living Semiotics.* New Brunswick, London: Transaction Publishers; Petrilli, Susan. 2014. *Riflessioni sulla teoria del linguaggio e dei segni.* Milan: Mimesis.

73 Lévinas, Emmanuel. 1974. *Autrement qu'être ou au-dela de l'essence.* The Hague: Nijhoff. Eng. trans. A. Lingis, *Otherwise than Being or Beyond Essence.* Pittsburgh: Duquesne University Press, 1998.

74 Petrilli, Susan. 2012. *Altrove e altrimenti: Filosofia del linguaggio, critica letteraria e teoria della traduzione in, intorno e a partire da Bachtin.* Milan: Mimesis; *Em outro lugar e de outro modo. Filosofia da linguagem, crítica literária e teoria da tradução em, em torno e a partir de Bakhtin*, Valdemir Miotello et al. (trans.). São Carlos-Sp. Brazil: Pedro&João Editores, 2013.

75 Petrilli, Susan. 2015. In questa favola si parla di te: Adam Schaff e l'uomo contemporaneo. *Diogene. Leggere la realtà con gli occhi dei filosofi*, http://www.magazine.it/cogito-ergo-sum/riflessioni-filosofi…esta-favola-si-parla-di-te-adam schaff-e-l-uomo-contemporaneo.html, 28/09/2015, *Diogene. it Magazine, Riflessioni filosofiche*, Diogene Multimedia, 8pp; Petrilli, Susan. 2015. L'odierna comunicazione globale nella riflessione di Adam Schaff. *Cultura & comunicazione. Lingue e linguaggi e Comunicazione / Mass media / Didattica /Letteratura, Cinema e Cultura (C&C)*, Rivista semestrale, Anno V, 7, novembre 2015, pp. 4-7. Series directed by Marcel Danesi & Michael Lettieri. Perugia, Guerrieri Edizioni; Petrilli, Susan; Ponzio, Augusto. 2012. Semantics and critique of political economy

275

in Adam Schaff. *Semiotica* 189 – 1/4（2012）, pp. 133 – 168; Ponzio, Augusto. 2002. *Individuo umano, linguaggio e globalizzazione nella filosofia di Adam Schaff*. Roma: Mimesis; Schaff, Adam. 1998. *Meditaciones sobre el socialismo*. Madrid: Siglo Veintiuno, 1998; It. trans. by M. Arriaga Florez, *Meditazioni*, intro. by A. Ponzio, pp. 7 – 27. Bari: Edizioni dal Sud, 2001; Schaff, Adam. 2001. *Ksiazka dla mojej zony. Autobiografia problemowa*. Warsaw: Wydawn; It. trans. by Adrea De Carlo, *Lettera a Teresa. Una vita di riflessione filosofica e politica*. Lecce: Pensa Multimedia, 2014; Schaff, Adam. 2002. *Disoccupazione strutturale: Il problema sociale di base della nostra epoca*, in A. Ponzio 2002a.

76 全名为托马斯·霍布斯（Thomas Hobbes, 1588 – 1679），英国政治家、哲学家，早年就读于牛津大学，做过贵族家庭教师，曾游历欧洲大陆，创立了机械唯物主义的完整体系，指出宇宙是所有机械运动事物的总和，提出"自然状态"和国家起源学说，强调国家是民众为了遵守"自然法则"而订立契约所形成的，是一部人造的机器人。——译者注

77 巴赫金生在俄国，逝世时正值苏联时期，因此，将跨越沙皇俄国至苏联时期的巴赫金视为欧洲文化的代表人物的做法是否合适，实在值得深思。正如新浪网站明话频道于 2020 年 3 月 15 日发布的《振聋发聩！法国总统马克龙内部讲话警告：西方霸权末日来临》中所言："印度也在快速崛起为经济大国，同时它也在成为政治大国，中国、俄罗斯、印度，这几个国家对比美国、法国和英国"，马克龙遵循世界政治秩序，自动将苏联解体后的俄罗斯放在欧洲的对立面，可见俄罗斯没有被纳入欧洲列国之内；进而，马克龙指出，"欧洲的文明计划，当然不能由匈牙利的天主教徒，或者俄罗斯的东正教徒来决定，但欧洲长时间跟随美国，将俄罗斯从欧洲大陆驱逐出去，这样的政策，并不一定是正确的……欧洲配合美国，驱逐俄罗斯，这可能是欧洲 21 世纪最大的地缘政治错误"，这已经明确说明俄罗斯不属于欧洲阵营。实质上，一直以来，不论是苏联，还是现在的俄罗斯，不论是从地缘政治上划分，还是从领土位置划分，其都既不属于欧洲也不属于亚洲，俄罗斯更愿意属于欧亚大陆板块，更愿意拥有独立的称呼。因此，此处将巴赫金视为欧洲文化的代表人物，不论从史实上讲，还是从地缘政治上讲，抑或是从地理位置上讲，更或是从学术流派上讲，都是不妥的。——译者注

78 沙皇俄国著名文学理论家，为比较文学研究奠定了基础；早年曾在莫斯科大学求学，后在柏林和布拉格求学，曾在意大利的图书馆工作三年，返回俄国后，先后任教于莫斯科大学和圣彼得堡大学，于 1876 年当选圣彼得堡科学院院士；早年研究中世纪意大利文学，认为许多情境和文学手法是通过拜占庭从东方引入欧洲的，并通过遗传论观点尝试构建一套诗歌起源与流变的综合理论；如今的俄罗斯形式主义在很大程度上继承了他的批判理论视角，虽然他的作品大多已被西方学界淡忘，但依然被称作俄国最为博学、最具原创性的一位学者。——译者注

79 波兰裔俄国语言学家，20 世纪语言学的一位开拓者，普通语言学和历史比较语言学的一位代表人物，喀山学派语言学家，音位学理论的奠基人之一；早年曾在华沙攻读语言学和斯拉夫语学，后攻读梵语和立陶宛语，于 1866 年从华沙高等学校毕业，之后到布拉格、耶拿、柏林等地

第八章 语言哲学作为倾听之艺术

学习,于 1870 年获得德国莱比锡大学哲学博士学位,1875 年于俄国圣彼得堡大学比较语言学博士后出站,自 1897 年起任圣彼得堡科学院通讯院士,曾任喀山大学、圣彼得堡大学、华沙大学等校教授,在喀山任教期间创立喀山学派。有关语言学问题,他创立音位学说(被誉为现代音位学的先驱者),主张除从发音和音响的角度外,还要从形态学和构词法角度分析语音,指出语音的生理、物理、功能属性彼此不同,故需区分音素和音位,提出语音交替理论,为形态音位学奠定了思想基础;他将语言视为心理社会现象,将语言学归入心理社会科学,提出语言的系统性、音位和音素的描写和分析方法、语言的静态(共时)和动态(历时)研究的区别等现代语言学的核心问题。总体上说,他主要从事普通语言学和印欧语历时比较语言学研究,学术视野广阔,用波兰语、俄语、德语、法语、意大利语写作了 600 多篇/部著述,对后世语言学研究产生重大影响。有关他在语言学研究中产生的影响,主要有四点:(1)论述语言与思维问题,认为语言只存在于个体的头脑之中,或组成该语言社团的个体的心灵之中,指出根本不存在什么语言,存在的仅是作为心理现实的个体言语,更确切地说,只存在个体的语言思维;(2)阐述语言的物质层面,强调语音在交际中的作用,认为语言是集体的社会现象,应该使用社会学方法研究语言;(3)探究语言的系统性问题,将语言的系统性视为解释语言学理论的基础,强调应该区分语言与言语,对索绪尔的现代语言学思想产生至关重要的影响;(4)研究音素和音位问题,认为音素(phone)是一种纯语音现象,音位则是词的某一部分语音性质的总和,且与意义相关,强调音素是语音单位,属于发音器官行为产生的音响单位,具有短暂、变化特征,学理上属于一种生理-物理现象,而音位是语音形象、语音的概念,属于某一音素在所有环境中于心灵层面形成的观念,故音位是一种心理层面产生的映像(mental image)。——译者注

80   俄苏著名的有机化学家、有机化学催化理论创始人、活性炭面罩的发明者、莫斯科(国立)大学教授。——译者注

81   Tylkowski, Inna. 2012. *Vološinov en context: Essais d'épistemologie historique.* Lausanne:Lambert-Lucas.

82   俄苏著名犹太新康德论者、具有独创性的杰出哲学家和评论家,曾在德国犹太哲学家赫尔曼·柯恩(Hermann Cohen, 1842 – 1918)、德国著名哲学家保罗·纳托普(Paul Natorp, 1854 – 1924)和德国哲学家恩斯特·卡西尔(Ernst Cassirer, 1874 – 1945)门下求学;曾是涅维尔小组(Nevel Circle)1918 – 1920 年的早期核心成员,期间与巴赫金结下友谊,其后保持长期的哲学对话,他的观点通常大胆而富有挑衅性。——译者注

83   Bakhtin, Mikhail M. 2008. *In dialogo. Conversazioni del 1973 con V. Duvakin*, R. S. Cassotti (trans.), A. Ponzio (ed.). Naples:Edizioni Scientifiche Italiane. [Russian original, *Besedy V. D. Duvakina s M. M. Bachtinym* 1973. Moscow:Soglasie 1st. ed. 1996, new ed. 2002.]

84   俄苏文学家、社会活动家、巴赫金的学友,俄国大革命(1917 年)后在教育和出版领域任要职,出版了大量自己论述文学、社会学和语言学问题的专著。——译者注

85 Bakhtin, Mikhail M. 1963. *Problemy poetiki Dostoevskogo*. 2nd revised and enlarged edition of Bakhtin 1929. Moscow: Sovetskij pisatel. *Problems of Dostoevsky's Poetics*, C. Emerson (ed. & trans.), W. C. Booth (Introduction). Manchester: Manchester University Press, 1984.

86 Bakhtin, Mikhail M. 1929. *Problemy tvorčestva Dostoevskogo*. Leningrad: Priboj. *Problemi dell'opera di Dostoevskij*, M. De Michiel (ed. & trans.), A. Ponzio (Introduction). Bari: Edizioni dal Sud, 1997; now in Bachtin e il suo circolo, 2014, pp. 1053 – 1423.

87 Ponzio, Augusto. 1997. *La rivoluzione bachtiniano: Il pensiero di Bachtin e l'ideologia contemporanea*. Bari: Levante; *La revolución bajtiniana*. Madrid: Catedra, 1998; São Paulo: Editora Contexto, 2008; Ponzio, Augusto. 2008. *A revoluçao bachtiniana*. São Paulo: Editora Contexto.

88 Bakhtin, Mikhail M. 1926. Sovremennyj vitalizm. *Čelovek i Priroda*1, pp. 33 – 42; 2, pp. 9 – 23; Il vitalismo contemporaneo, M. De Michiel (trans.). In A. Ponzio (ed.), 2002, pp. 21 – 44; new edn. in Bachtin, Kanaev, Medvedev, Vološinov 1995; now in Bachtin e il suo circolo 2014, pp. 215 – 213.

89 Bakhtin, Mikhail M. 1963. *Problemy poetiki Dostoevskogo*. 2nd revised and enlarged edition of Bakhtin 1929. Moscow: Sovetskij pisatel'. *Problems of Dostoevsky's Poetics*, C. Emerson (ed. & trans.), W. C. Booth (Introduction). Manchester: Manchester University Press, 1984.

90 Bakhtin e il suo circolo. 2014. *Opere 1919 – 1930*, edited, translated, commented and Introduction, pp. vii – xlviii, by Augusto Ponzio, bilingual Russian / Italian edition (new Italian translations with the assistance of Luciano Ponzio). Milan: Bompiani.

91 Bakhtin, Mikhail M. 1970 – 71. From Notes Made in 1970 – 71, Eng. trans. in M. Bakhtin 1986, pp. 132 – 158.

92 Bakhtin, Mikhail M. 1986. *Speech Genres & Other Late Essays*, ed. by C. Emerson and M. Holquist, Eng. trans. by V. W. McGee. Austin: Austin University of Texas Press.

93 意大利中世纪诗人、现代意大利语的奠基者、欧洲文艺复兴时代的开拓者、欧洲最伟大的诗人，与其他两位文艺复兴的先驱——彼特拉克、薄伽丘，合称为"文艺复兴三巨头"，亦称"文坛三杰"。但丁以史诗《神曲》留名后世。有关但丁的历史地位，哲学家恩格斯曾做过这样的评说："封建中世纪的终结和现代资本主义纪元的开端，以一位大人物为标志，即意大利人但丁；他是中世纪的最后一位诗人，又是新时代的第一位诗人。"——译者注

94 Bakhtin, Mikhail M. 1990. *Art and Answerability: Early Philosophical Essays by M. M. Bakhtin*, ed. by M. Holquist & V. Liapunov, Eng. trans. & notes by V. Liapunov, supplementary translation by K. Brostrom. Austin: Austin University of Texas Press.

95 Bakhtin, Mikhail M. 1963. *Problemy poetiki Dostoevskogo*. 2nd revised and enlarged edition of Bakhtin 1929. Moscow: Sovetskij pisatel'. *Problems of Dostoevsky's Poetics*, C. Emerson (ed. & trans.), W. C. Booth (Introduction). Manchester: Manchester University Press, 1984.

第八章 语言哲学作为倾听之艺术

96　Bakhtin, Mikhail M. 1929. *Problemy tvorčestva Dostoevskogo*. Leningrad: Priboj. *Problemi dell'opera di Dostoevskij*, M. De Michiel (ed. & trans.), A. Ponzio (Introduction). Bari: Edizioni dal Sud, 1997; now in Bachtin e il suo circolo, 2014, pp. 1053 – 1423.

97　Bakhtin, Mikhail M. 1919. Iskusstvo i otvetstvennost. *Den' iskusstva*, Nevel', 13 September 3 – 4. In M. M. Bakhtin 1979, It. trans. & Russian original now in Bachtin e il suo circolo 2014, pp. 27 – 31; Eng. trans. Art and Answerability. In M. M. Bakhtin 1990, pp. 1 – 3.

98　Bakhtin, Mikhail M. 1926. Sovremennyj vitalizm. *čelovek i Priroda*1, pp. 33 – 42; 2, pp. 9 – 23.

99　Bakhtin, Mikhail M. 1929. *Problemy tvorčestva Dostoevskogo*. Leningrad: Priboj. *Problemi dell'opera di Dostoevskij*, M. De Michiel (ed. & trans.), A. Ponzio (Introduction). Bari: Edizioni dal Sud, 1997; now in Bachtin e il suo circolo, 2014, pp. 1053 – 1423.

100　19世纪中期俄国批判现实主义作家、思想家、哲学家，1844年就读于喀山大学，1847—1855年曾尝试改革农奴制，入部队服役，参加战争，开始写作，1855年进入彼得堡文学界，1857—1861年几度出国，学习其他国家的教育经验，1863—1869年创作长篇小说《战争与和平》，1873—1877年创作巨著《安娜·卡列尼娜》，1879—1882年创作《忏悔录》，1889年前创作剧本数部，1889—1899年创作长篇小说《复活》。——译者注

101　Bakhtin, Mikhail M. 1963. *Problemy poetiki Dostoevskogo*. 2nd revised and enlarged edition of Bakhtin 1929. Moscow: Sovetskij pisatel'.

102　Bakhtin, Mikhail M. 1965. *Tvorčestvo Fransua Rable i narodnaja kul'tura srednevekov'ja I Renessansa*. Moscow: Chudozevennaja literature; *L'opera di Rabelais e la cultura popolare*, M. Romano (trans.). Torino: Einaudi, 1979; *Rabelais and His World*, H. Iswolsky (trans.). Bloomington: Indiana University, Press, 1984.

103　Bakhtin e il suo circolo. 2014. *Opere 1919 – 1930*, edited, translated, commented and Introduction, pp. vii – xlviii, by Augusto Ponzio, bilingual Russian / Italian edition (new Italian translations with the assistance of Luciano Ponzio). Milan: Bompiani [= Il Pensiero Occidentale.]

104　意大利哲学家，早年曾在米兰的天主教大学萨克罗库雷分校求学，后到马尔堡和慕尼黑游学；在中学任教一段时间后，获得帕尔马大学的道德哲学和哲学史教职，后调入米兰天主教大学，长期讲授古代哲学史课程，创立形而上学研究中心；再后调入米兰"圣拉斐尔"新哲学学院任教，筹建一个关于柏拉图和柏拉图思想与西方文明根源的新的国际研究中心。他认为希腊哲学创造了一些范畴以及独特的思维方式，使科学和西方技术得以诞生和发展。他的科学兴趣与所有古代异教徒和基督教思想有关，他最大的贡献在于对亚里士多德、柏拉图、普罗提诺、苏格拉底和奥古斯丁的研究。他以一种新的方式学习这些哲学家：雷尔对亚里士多德的解释否定了沃纳·杰格的统一解释。据他所说，亚里士多德的著作以实证主义的方式，遵循了一种从神学开始的历史普遍趋势，经过形而上学，最后达至科学；雷尔则指出了亚里士多德形而上学思想的根本统一性。就柏拉图而言，雷尔抨击了与施莱尔马赫有关的对柏拉图本人的浪漫主义解

读，重新评价了所谓"非书面"的意义，即柏拉图在学院内口头传授的教诲，以及我们从其弟子的证据中得知的教诲；从这个意义上说，柏拉图是希腊文明从口头文化到书面文化这一特殊时刻最富有天赋的见证者和表演者。就普罗提诺而言，雷尔抨击了爱德华·泽勒的主要论点，他曾在《新柏拉图》中见证了泛神论和无形主义的最大理论表演者；相反，雷尔将普罗提诺解释为一位超验形而上学的拥护者。雷尔对苏格拉底的解释，解决了所谓"苏格拉底问题"的困难，这一问题始于奥洛夫·吉贡，他断言，关于苏格拉底，我们不能确切地了解任何东西；雷尔开创了一种解释苏格拉底的新方法，不仅通过门徒相互矛盾的证据解决问题，而且，首先看看苏格拉底前后的希腊哲学语境，这样，我们就很容易看到苏格拉底发现"心灵"概念是人的思维本质和核心。最后，就奥古斯丁而言，雷尔的研究倾向于将他置于旧古代的新柏拉图语境中，因此，在与基督教和希腊哲学的碰撞中，摒弃了对中世纪奥古斯丁哲学的所有后来的解释。除了古典哲学领域，雷尔还担任《哲学经典》和《博姆皮亚尼前文》的哲学馆藏主任。雷尔用意大利语翻译了柏拉图、亚里士多德和普罗提诺的许多著作。雷尔的主要著作有：《亚里士多德形而上学前的哲学概念与形而上学的统一》（1961）、《古代哲学史五卷》（1975）、《柏拉图新解》（1991）、《古代智慧》（1996）、《厄洛斯调停者恶魔》（1997）、《探索秘密知识》（1997）、《身体、灵魂与健康》（1998）、《古代思想》（2001）等。——译者注

105　Bakhtin e il suo circolo. 2014. *Opere 1919 - 1930*, edited, translated, commented and Introduction, pp. vii - xlviii, by Augusto Ponzio, bilingual Russian / Italian edition (new Italian translations with the assistance of Luciano Ponzio). Milan：Bompiani [= " Il Pensiero Occidentale".]

106　意大利巴里大学阿尔多·莫罗（Aldo Moro）荣休教授，自 1970 年开始讲授语言哲学，自 1999 年开始讲授普通语言学，详见庞其奥个人网站：www. augustoponzio. com，以及维基百科上有关他的词条。

107　Vološinov [Voloshinov], Valentin N. 1927. *Frejdizm: Kritičeskij očerk*. Moscow, Leningrad：Gosizdat；*Freud e il freudismo*, A. Ponzio (ed.), L. Ponzio (trans.). Milan：Mimesis；now in Bachtin e il suo circolo 2014, pp. 355 - 597；*Freudianism. A Critical Sketch*, Eng. trans. by I. R. Titunik, ed. by I. R. Titunik with N. H. Bruss. Bloomington：Indiana University Press, 1987.

108　Vološinov [Voloshinov], Valentin N. 1929. *Marksizm i filosofija jazyca. Osnovnye problemy sociologičeskogo metoda v nauke o jazyke*. Moscow-Leningrad：Priboj. 2nd ed. 1930.

109　Medvedev, Pavel N. 1928. *Formal'nyi metod v Literaturovedeni*. Leningrad：Priboj；*Il metodo formale nella scienza della letteratura*, A. Ponzio (ed.), R. Bruzzese (trans.). Bari：Dedalo, 1977；now in Bachtin e il suo circolo 2014, pp. 599 - 1051；*The Formal Method in Literary Scholarship*, A. J. Weherle (trans.). Cambridge：Harvard University Press, 1978.

110　Bakhtin, Mikhail M. 1929. *Problemy tvorčestva Dostoevskogo*. Leningrad：Priboj.

111　Bakhtin, Mikhail M. 1919. Iskusstvo i otvetstvennost. *Den'iskusstva*, Nevel', 13 September 3 - 4. In M. M. Bakhtin 1979, It. trans. & Russian original now in Bachtin e il suo circolo 2014, pp. 27 -

31; Eng. trans. Art and Answerability. In M. M. Bakhtin 1990, pp. 1 – 3.

112　Bakhtin, Mikhail M. 1920 – 24. K filosofii postupka. In *Filosofia i sociologia nauki i techniki Esegodnik* 1984 – 85, S. G. Bočarov (ed.). Moscow: Nauka, 1986.

113　Bakhtin, Mikhail M. 1920 – 24. Autor i geroj v esteteskoj tvorčestva [Fragment from Ch. I]. In *Filosofia i sociologia nauki i techniki Esegodnik* 1984 – 85, S. G. Boč arov (ed.). Moscow: Nauka, 1986

114　Bakhtin, Mikhail M. 1926. Sovremennyj vitalizm. *čelovek i Priroda*1, pp. 33 – 42; 2, pp. 9 – 23.

115　Vološinov [Voloshinov], Valentin N. 1926. Slovo v žizni i slovo v poezii. *Žvezda*6, pp. 244 – 267.

116　Vološinov [Voloshinov], Valentin N. 1930. Stilistica chudožestvennoj reči. *Žvezda* 2, pp. 48 – 66; 3, pp. 65 – 87; pp. 5, 43 – 59.

117　Vološinov [Voloshinov], Valentin N. 1930. O granicach poetiki i linguistiki, *V bor" be za marksizm v literaturnoj nauke*, pp. 203 – 240.

118　Ponzio, Augusto. 1977. *Marxismo, scienza e problema dell'uomo*. Verona: Bertani; Ponzio, Augusto. 1980. *Michail Bachtin. Alle origini della semiotica sovietica*. Bari: Dedalo; Ponzio, Augusto. 1981. *Segni e contraddizioni. Tra Marx e Bachtin*. Verona: Bertani; Ponzio, Augusto. 1992. *Tra semiotica e letteratura. Introduzione a Michail Bachtin*. Milan: Bompiani; Ponzio, Augusto. 1994. *Scrittura, dialogo, alterità. Tra Bachtin e Lévinas*. Florence: La Nuova Italia.

119　在庞其奥的众多巴赫金主题专著中，第一部为《米哈伊尔·巴赫金——苏联符号学之起源》(*Michail Bachtin: Alle origini della semiotica sovietica*)，出版于 1980 年，为世界范围内首部此类作品。接下来是《符号学与文学——巴赫金导论》(*Tra semiotica e letteratura: Introduzione a Michail Bachtin*)，于 1992 年列入艾柯主编的"符号学"(*Campo Semiotico*) 丛书出版（2003 年出版新修订版，2015 年出版新版）。1997 年，庞其奥出版《巴赫金革命——巴赫金思想与当代意识形态》(*La rivoluzione bachtiniano: Il pensiero di Bachtin e l'ideologia contemporanea*)，收录了庞其奥于 1975 年至 1997 年写作的巴赫金与巴赫金小组主题作品，尤其受到拉丁美洲国家以及西班牙和葡萄牙学界的好评（如：Madrid, Cathedra, 1998; São Paulo, Contexto, 2008, 2012 年修订版）。"巴赫金革命"这一表述表明了巴赫金自同一性逻辑到他者性逻辑的视角转变，其中的"他者性"被理解为过度追求和摆脱存在域、相同性和同一性。因此，价值的两个中心发挥了作用，但不能归结为彼此，这两个价值中心体现的是不可还原的他者性，即他者的他者与自我的他者。

《语言哲学基础》(*Fundamentos de Filosofia da Linguagem*) 是庞其奥于 2007 年与沃斯合作在巴西（波多黎各）出版的第一部专著的标题（意大利原著为 1994 年版，与帕特里齐亚·卡莱法托和苏珊·佩特丽莉合著）。在巴西的修订版中，语言哲学是从"倾听艺术"角度加以描述的，显然是受到巴赫金、梅德韦杰夫和沃罗希诺夫著述的启发。最近，庞其奥的另一部原创性巴赫金主题研究专著《巴赫金小组》(*No Circulo com Mikhail Bakhtin*) 于 2013 年在巴西出版，

281

与意大利语出版作品并无具体的关联。

最后,笔者要提及庞其奥出版的另一部重要文集——《巴赫金及其面具》(*Bachtin e le sue maschere*, Bakhtin et al., 1995),受20世纪90年代早期马奇林(V. L. Machlin)用俄语编著的"巴赫金及其面具"(英译为 *Bakhtin and His Masks*)丛书题名的启发,除了收录了巴赫金的陀思妥耶夫斯基主题著作,还收录了梅德韦杰夫和沃罗希诺夫的作品。相对于2014版文集来说,庞其奥参与编著的1995年版文集收录了巴赫金、沃罗希诺夫、梅德韦杰夫的其他文本(有关庞其奥关于巴赫金和巴赫金小组作品著述的完整概述,参见《著述合集:1919—1930》附录的参考书目)。

120 庞其奥很早就对列维纳斯的哲学产生了兴趣,并在导师——理论哲学和道德哲学教授朱塞佩·塞梅拉里(Giuseppe Semerari)的建议下,于1967年(在其博士论文的基础上)出版了专论列维纳斯的专著《人际关系》(*La relazione interpersonale*),同庞其奥1980年出版的巴赫金主题著作一样,也是世界范围第一部同类著作。

121 保加利亚裔法国文学理论家、文化评论家、俄国形式主义的主要传播者。他出生在保加利亚的索菲亚,完成本科学业后赴法国攻读硕士学位,在巴尔特指导下于1966年获得法国社会科学高等研究院博士学位。他早期的主要学术兴趣为叙事的形式属性,尤其侧重于叙事文法层面,区分了命题与序列的关系,指出在主体施为——命题层面,能够发生的事情具有一定的序列限度;命题是所有叙事的基本。他对文学理论研究的贡献以对文学中奇幻(fantastic)的界定而闻名。他在讨论奇幻时,所讨论的并非奇幻文学。虽然幻想评论家(fantasy critics)、理论家、小说家经常将幻想手法视为奇幻,但他将这个术语与幻想截然区分开来,用以指称较小范围类型的文学范式。——译者注

122 加拿大蒙特利尔大学比较文学荣休教授,曾任比较文学系主任,早年在伊利诺伊大学获得学士学位,后曾在部队服役,期间学习俄语,获得威尔逊奖学金到耶鲁大学斯拉夫语系求学,于1968年获得博士学位,之后留在耶鲁大学任教至1975年;1975—1986年曾任得克萨斯大学(奥斯汀分校)和印第安纳大学斯拉夫语系主任;1986年回到耶鲁大学任教至2005年退休,退休后仍在纽约市各大学任教,兼任哥伦比亚大学高级学者协会会士;用耶鲁大学前同事的话说,他对同事和学生都异常热情,善于思考,阅读广泛,哲学功底深厚,也乐于做突破性的思想游戏。在整个职业生涯中,他的研究主题特别广泛,曾发表过乌托邦文学、神探小说、苏俄作家研究等方面的论著,其中包括巴赫金研究。——译者注

123 加拿大蒙特利尔大学文学荣休教授,主要研究领域为20世纪文学、现代小说演变史、20世纪诗歌、先锋文学史、现代与后现代戏剧等。——译者注

124 美国耶鲁大学比较文学教授,因全面地掌握近代文学文学研究的特征,同时百科全书式地阅读数种语言的作品,写作思路清晰,具有人道主义视角,又兼顾理性,他被誉为近代文学的重量级学者。有关韦勒克的详细信息,参见 http://www.the-rathouse.com/ReneWellek.html(2020-03-28)。——译者注

125 Ponzio, Augusto. 2006. *Linguaggio e relazioni sociali*. Bari: Graphis; Ponzio, Augusto. 2007.

第八章　语言哲学作为倾听之艺术

Dialogue, intertextualité et intercorporéité dans l'œuvre de Bakhtine e du Cercle. In *Bakhtine, Volochinov et Medvedev dans les contextes européen et rousse*, Bénédicte Vauthier (ed.). *Slavica Occitania*, pp. 143 – 162; Ponzio, Augusto. 2008. Introduzione: La filosofia dell'altra parola e la scrittura letteraria in Bachtin e nel suo circolo. In M. Bakhtin. *In dialogo. Conversazioni del 173 con Viktor Duvakin*. Augusto Ponzio (ed. of the Italian edition), R. S. Cassotti (trans.), pp. 5 – 91. Naples: Edizioni Scientifiche Italiane; Ponzio, Augusto. 2012. *Dialogando sobre dialogo na perspectiva bakhtiniana*. São Carlos-Sp., Brazil: Pedro & João Editores.

126　Bakhtin, Mikhail M. 1926. Sovremennyj vitalizm. *Čelovek i Priroda* 1, pp. 33 – 42; 2, pp. 9 – 23.

127　Bakhtin, Mikhail M. 1996—2010. *Sobranie sočinenij* [Collected Writings], 7 vols. Moscow: Russkie slovari.

128　Heidegger, Martin. 1927. *Sein und Zeit*. Tübingen: Niemeyer, 2006; *Being and Time*, Eng. trans. by J. Macquarrie & E. Robinson, London: SCM Press, 1962. Re-translated by J. Stambaugh, Albany: State University of New York Press, 1996.

129　此处说的是语言问题，就是俄语中的术语"存在"翻译为英语，就变成了首字母大写的"Being"，而这一写法所指称的意思并非巴赫金所指的意思，反倒是德国哲学家海德格尔现象学系统的所指，不但因语言差异而无形中扩大了巴赫金"存在"的所指范围，在学理上也存在一定的差异，这就于无形之中产生了偏离，乃至思想误解。——译者注

130　Bakhtin, Mikhail M. 1963. *Problemy poetiki Dostoevskogo*. 2nd revised and enlarged edition of Bakhtin 1929. Moscow: Sovetskij pisatel'; Bakhtin, Mikhail M. 1965. *Tvorčestvo Fransua Rable i narodnaja kul'tura srednevekov'ja I Renessansa*. Moscow: Chudozevennaja literature; Bakhtin, Mikhail M. 1975. *Voprosy literatury i estetiki*. Moscow: Chudozevennaja literature; Bakhtin, Mikhail M. 1979. *Estetica slovesnogo tvorčestva* (Aesthetics of verbal art). Moscow: Iskusstovo.

131　Bakhtin e il suo circolo. 2014. *Opere 1919 – 1930*, edited, translated, commented and Introduction, pp. vii – xlviii, by Augusto Ponzio, bilingual Russian / Italian edition (new Italian translations with the assistance of Luciano Ponzio). Milan: Bompiani [= "Il Pensiero Occidentale".]

132　Bakhtin e il suo circolo. 2014. *Opere 1919 – 1930*, edited, translated, commented and Introduction, pp. vii – xlviii, by Augusto Ponzio, bilingual Russian / Italian edition (new Italian translations with the assistance of Luciano Ponzio). Milan: Bompiani [= "Il Pensiero Occidentale".]

133　俄国著名文学家、诗人、小说家、近代俄国文学创始人、19 世纪俄国浪漫主义文学代表、现实主义文学的奠基人、现代标准俄语的创始人，被誉为俄罗斯文学之父、俄罗斯诗歌的太阳。他创立了俄罗斯民族文学和文学语言，在诗歌、小说、戏剧乃至童话等文学领域都给俄罗斯文学创立了典范，因而被高尔基誉为"一切开端的开端"，代表作为《自由颂》《致大海》等。——译者注

134　国内文学界，有人将这一范畴术语译为"陌生性""陌生化"，有点让人摸不着头脑，其实

"疏离性"就是"他者性"的另一种表述。——译者注

135 Vološinov [Voloshinov], Valentin N. 1926. Slovo v žizni i slovo v poezii. *Žvezda* 6, pp. 244 - 267; La parola nella vita e nella poesia. In Bachtin e il suo circolo 2014, pp. 271 - 333; Discourse in Life and Discourse in Art (Concerning Sociological Poetics). In V. N. Vološinov 1927, Eng. trans. 1987, Revised edition, Appendix I, pp. 93 - 116; Discourse in life and discourse in poetry: Questions of sociological poetics, trans. by John Richmond. In *Bakhtin School Papers: Russian Poetics in Translation*, ed. by Ann Shukman. Somerton, AZ: Old School House, 1983, pp. 5 - 30.

136 Bakhtin e il suo circolo. 2014. *Opere 1919 - 1930*, edited, translated, commented and Introduction, pp. vii - xlviii, by Augusto Ponzio, bilingual Russian / Italian edition (new Italian translations with the assistance of Luciano Ponzio). Milan: Bompiani [= "Il Pensiero Occidentale".]

137 Bakhtin, Mikhail M. 1975. *Voprosy literatury i estetiki*. Moscow: Chudozevennaja literature; *Estetica e romanzo. Un contributo fondamentale alla "scienza della letteratura,"* Clara Strada Janovič (trans.). Turin: Einaudi, 1979.

138 德国生命论哲学家，1921年被聘为莱比锡大学教授，1922年应梁启超等人之邀，到上海、南京、武汉、北京、天津等地讲学（演讲稿由张君劢、瞿世英等翻译和整理出版为《杜里舒演讲录》，商务印书馆，1923），引入生命论哲学思想，在南京开设生机哲学、哲学史、欧美新近哲学思潮等课程。所谓"生机哲学"又称生命论、活力论、生机论，为19世纪末20世纪初德法等国流行的一种唯心论观点，属于生命哲学的一个分支，以生物学为基础，利用生物学、生理学等学科的观点证实其主张，认为生物自身的发展、变化不受物理、化学原则的支配，而是由生物内部的一种自主动力的自由释放来主导。——译者注

139 Vološinov [Voloshinov], Valentin N. 1927. *Frejdizm: Kritičeskij očerk*. Moscow, Leningrad: Gosizdat; *Freud e il freudismo*, A. Ponzio (ed.), L. Ponzio (trans.). Milan: Mimesis; now in Bachtin e il suo circolo 2014, pp. 355 - 597; *Freudianism. A Critical Sketch*, Eng. trans. by I. R. Titunik, ed. by I. R. Titunik with N. H. Bruss. Bloomington: Indiana University Press, 1987.

140 Medvedev, Pavel N. 1928. *Formal'nyi metod v Literaturovedeni*. Leningrad: Priboj; *Il metodo formale nella scienza della letteratura*, A. Ponzio (ed.), R. Bruzzese (trans.). Bari: Dedalo, 1977; now in Bachtin e il suo circolo 2014, pp. 599 - 1051; *The Formal Method in Literary Scholarship*, A. J. Weherle (trans.). Cambridge: Harvard University Press, 1978.

141 Bakhtin, Mikhail M. 1929. *Problemy tvorčestva Dostoevskogo*. Leningrad: Priboj.

142 Bakhtin e il suo circolo. 2014. *Opere 1919 - 1930*, edited, translated, commented and Introduction, pp. vii - xlviii, by Augusto Ponzio, bilingual Russian / Italian edition (new Italian translations with the assistance of Luciano Ponzio). Milan: Bompiani [= "Il Pensiero Occidentale".]

143 法国作家、学者、精神分析学家、结构主义者，拉康从语言学角度重新阐释弗洛伊德的学说，提出诸如镜像阶段论，对当代理论的发展产生重大影响，被称为自笛卡尔以来最重要的法国哲

第八章 语言哲学作为倾听之艺术

学家，在欧洲被称为自尼采和弗洛伊德以来最有原创性和最有影响力的思想家。
《互联网哲学百科全书》（*Internet Encyclopedia of Philosophy*，https://www.iep.utm.edu/lacweb/，2020-03-29）对拉康是这样评价的：可以公平地说，20世纪的思想家中，极少能有人像拉康那样对后世人文学科的发展如此深远的影响。拉康"回归弗洛伊德的意义世界"的观点深刻改变了国际精神分析运动制度层面的面貌。拉康在20世纪50年代举办的一系列讨论会，是20世纪六七十年代主导法国人文学界哲学思想传播的一种形成性环境条件，产生了后来英语世界所熟知的"后结构主义"。
不论在法国国内还是在国外，拉康的作品在美学、文学批评和电影理论都具有极其重要的地位。通过20世纪最有影响力的马克思主义哲学家路易·皮埃尔·阿尔都塞（Louis Pierre Althusser，1918-1990），以及近期的政治哲学家、后马克思主义哲学代表人物欧内斯托·拉克劳（Ernesto Laclau，1935-）等的作品，拉康主义的理论也在政治理论领域留下了印记，尤其是在意识形态和制度再生产的分析层面。——译者注

144 早年就读于巴黎索邦大学哲学系，1952年发表处女座《休谟及其生活——著作与哲学》，1957年在索邦大学哲学系任教，1960年任法国国家科学研究中心研究员，1964—1969年任里昂学院哲学教授，1969年接替福柯任巴黎第八大学哲学系教授，直至1987年退休。
《斯坦福哲学百科全书（在线版）》（*Stanford Encyclopedia of Philosophy*，https://plato.stanford.edu/entries/deleuze/，2020-03-29）对他是这样描述的：德勒兹为20世纪下半叶法国最有影响力、最多产的一位哲学家。他认为，哲学是概念的产物，将自己描述成一个"纯粹的形而上学者"。在其代表作《差异与重复》（*Difference and Repetition*）中，他试图发展出一种适合当代数学和科学的形而上学学说，即一种以多样性概念取代物质概念、以事件代替本质、以虚拟代替可能性的形而上学。德勒兹还研究休谟、尼采、康德、斯宾诺莎、福柯、莱布尼茨等的哲学史思想，也研究艺术史问题。1968年，他遇到了政治活动家、激进精神分析学家费利克斯·瓜塔里（Félix Guattari），一起合著数部作品，其中有两卷《资本主义与精神分裂症》，由《反俄狄浦斯》（1972）和《一千高原》（1980）组成，最后一部合著为《何谓哲学》（1991）。德勒兹因驳斥海德格尔的"形而上学终结"观点而闻名。在一次访谈中，他自评道：我觉得自己是一个纯粹的形而上学家……。伯格森认为，现代科学还没有找到适用的形而上学，可正是这种形而上学令其着迷。此外，还应指出的是德勒兹的非哲学参考范围：微积分、热力学、分子生物学、群体遗传学、行为学、胚胎学、人类学、精神分析、经济学、语言学等。……亦如好友福柯曾言，德勒兹的影响远远超出了哲学范畴；他的作品和概念被建筑学、城市研究、地理学、电影研究、音乐学、人类学、性别研究、文学研究等领域的学者引用和沿袭。——译者注

145 法国哲学家、精神分析学家、生态哲学创始人，因与德勒兹合著《反俄狄浦斯》和《千高原》而闻名。——译者注

146 Vološinov [Voloshinov], Valentin N. 1926. Slovo v žizni i slovo v poezii. *Zvezda* 6, pp.244-267.

147　Bakhtin e il suo circolo. 2014. *Opere 1919 – 1930*, edited, translated, commented and Introduction, pp. vii – xlviii, by Augusto Ponzio, bilingual Russian / Italian edition (new Italian translations with the assistance of Luciano Ponzio). Milan：Bompiani ［ = "Il Pensiero Occidentale"．］

148　Jachia, Paolo；Ponzio, Augusto. 1993. （ed. & Intro., vii – xxi）. *Bachtin e il suo circolo*. Bari-Roma：Laterza.

149　俄苏数学家，1914年毕业于圣彼得堡大学物理数学系，1920年任彼得格勒大学教授，1929年当选苏联科学院院士，自1934年起任苏联科学院斯捷克洛夫数学研究所所长。他的主要贡献在解析数论方面，1934年提出估计外尔三角和的新方法，对华林问题做了重大改进；1937年，他引入线性素变数三角和的概念，证明了三素数定理，即存在正数 c 使得每个大于 c 的奇数是3个奇素数之和。他一生不断地完善和发展估计各种三角和的方法，他的方法已成为解析数论的重要工具，并在分析学、近似计算、概率论及数学物理等领域得到应用。——译者注

150　采用科学原理解释语言现象，而非依赖语言学来解释语言现象，也就是说科学立场。——译者注

151　Bakhtin e il suo circolo. 2014. *Opere 1919 – 1930*, edited, translated, commented and Introduction, pp. vii – xlviii, by Augusto Ponzio, bilingual Russian / Italian edition (new Italian translations with the assistance of Luciano Ponzio). Milan：Bompiani ［ = "Il Pensiero Occidentale"．］

152　Medvedev, Pavel N. 1928. *Formal'nyi metod v Literaturovedeni*. Leningrad：Priboj.

153　Bakhtin, Mikhail M. 1929. *Problemy tvorčestva Dostoevskogo*. Leningrad：Priboj. *Problemi dell'opera di Dostoevskij*, M. De Michiel (ed. & trans.), A. Ponzio (Introduction). Bari：Edizioni dal Sud, 1997；now in Bachtin e il suo circolo, 2014, pp. 1053 – 1423.

154　维果茨基（Lev Semenovic Yvgotskil, 1896 – 1934）为苏联卓越的心理学家，主要研究儿童发展与教育心理，着重探讨思维与语言、儿童学习的关系，因在心理学领域的突出贡献被誉为"心理学中的莫扎特"。他所创立的文化历史理论，不仅对苏联，而且对整个西方心理学产生了广泛的影响。虽然同皮亚杰处于同一时期，但维果茨基强调的是文化、社会对儿童认知发展的影响；因理论中带有浓厚的西方文化色彩，维果茨基在1936年至1956年受到苏联政府当局的打压，直至20世纪60年代他的理论才受到美国心理学界的重视。维果茨基的心理学有四大贡献：（1）社会发生规律——所有高级心理功能最初均属人际层面，后来才成为私有；（2）通过研究儿童交际行为的发展，可以得出以自我为中心和内在言语起源和属性的概念；（3）词义经历了一种发展过程，儿童的日常概念可以通过在学校里学习科学概念方式得以丰富；（4）最近发展区概念——不论是在智力评估的背景下，还是在教育环境中，联合施为（joint performance）预示了独立施为（independent performance）的指标。因而，维果茨基的思想仍然给当代许多人文学科的研究带来诸多启发。维果茨基的著述甚丰，达186种，其中的主要著述有《心理学危机的含义》（1926）、《儿童期高级注意形式的发展》（1929）、《儿童心理发展问题》（1929—1934）、《心理学讲义》（1932）等。此外，苏联先后出版了他的两本选集——

《心理研究选集》(1956) 和《高级心理机能的发展》(1960)。——译者注

155　Vygotskij, Lev S. 1934. *Pensiero e linguaggio*, Luciano Mecacci (ed.). Rome-Bari: Laterza, 1990.

156　Bakhtin e il suo circolo. 2014. *Opere 1919 - 1930*, edited, translated, commented and Introduction, pp. vii - xlviii, by Augusto Ponzio, bilingual Russian / Italian edition (new Italian translations with the assistance of Luciano Ponzio). Milan: Bompiani [= "Il Pensiero Occidentale".]

157　Bakhtin e il suo circolo. 2014. *Opere 1919 - 1930*, edited, translated, commented and Introduction, pp. vii - xlviii, by Augusto Ponzio, bilingual Russian / Italian edition (new Italian translations with the assistance of Luciano Ponzio). Milan: Bompiani [= "Il Pensiero Occidentale".]

158　这一句内容与前面同引文段落最后一句，内容一样，只是措辞略有更动。——译者注

159　Vološinov [Voloshinov], Valentin N. 1929. *Marksizm i filosofija jazyca. Osnovnye problemy sociologičeskogo metoda v nauke o jazyke*. Moscow-Leningrad: Priboj. 2nd ed. 1930; *Marxismo e filosofia del linguaggio*, M. De Michiel (trans.), A. Ponzio (ed.). Lecce: Manni, 2010; now in Russian & Italian in Bachtin e il suo circolo 2014, 1461 - 1839; *Marxism and the Philosophy of Language*, Eng. trans. L. Matejka and I. R. Titunik. New York, London: Seminar Press, 1973. New edition, 1986; *Marxisme et philosophie du langage* [1930], p. Sériot & I. Tylkowski-Ageeva (eds.), bilingual Russian/French edition, Limoges: Lambert-Lucas, 2010.

160　Bakhtin e il suo circolo. 2014. *Opere 1919 - 1930*, edited, translated, commented and Introduction, pp. vii - xlviii, by Augusto Ponzio, bilingual Russian / Italian edition (new Italian translations with the assistance of Luciano Ponzio). Milan: Bompiani [= "Il Pensiero Occidentale".]

161　瑞士语言学家，索绪尔的学生，曾任日内瓦大学教授，为索绪尔创始的日内瓦学派第一代中影响力最大的人物，与薛施尔整理出版索绪尔的讲稿《普通语言学教程》，并在此基础上创立了逻辑语法和心理语法，提出不同于传统概念的风格学，试图建立"言语的语言学"。贝利是法语词汇学和风格学专家，主要贡献在于提出关于风格的新看法，反对当时德国语言学家浮士勒的观点，认为一般的语言风格和个体作家的风格是两回事，前者出于常人说话时的需要，后者才是作家对语言的美学加工，强调风格学应研究感情在言语中的表达和言语对感情的作用。在语法分析中，贝利提出"实现手段"这一概念，主张词在语言中只有抽象的存在，从语言进入言语，总是伴随着某些实现手段。——译者注

162　德国罗曼语文研究者、语言学家，先后在日内瓦、罗马、海德堡等大学求学，1902 年任海德堡大学教授，1909—1910 年任维尔茨堡大学教授，1911 年任慕尼黑大学教授，1937 年因反对希特勒政权被限制学术自由，被迫提前退休，1945 年重返该校任教，1946 年任校长，次年退休。浮士勒是"新语言学"唯心主义学派的主要代表。"新语言学"也叫区域语言学，将一个语言集团的地理位置和历史发展放在一起来研究，与当时德国新语法学派片面强调语音，不考虑其他问题的做法不同。新语法学派认为，发音是不自觉的，语音规律不允许有例外，新语言学派则强调个体在语言中的创造作用。在《语言研究中的实证主义和唯心主义》一书 (1904)

中，浮士勒认为新语法学派所走的是实证主义道路，只看到语言中那些机械的、死板的东西，指出语言主要是自我表征，语言的演化导源于个体有意识的审美创造，而不受"盲目的必然性"所驱使，强调（1）语言反映民族文化，（2）语言发展与各时代的思想和艺术密切相关，（3）研究语言要注意思想、文化与语言的相互作用，尤其要注意个体的艺术创造。从史学角度看，浮士勒深受洪堡特和克罗齐的影响，主张语言研究从哲学出发，而不应从语言史出发，但他没有直接论述过语言史方面的问题。英国语言学家、语言学史家罗宾斯认为，浮士勒指出了新语法学派的缺点，但自己过分强调语言的文学和美学方面，忽视人们不自觉地学语言以及不自觉地发音和运用词法、句法规则这些事实。——译者注

作者简介

苏珊·佩特丽莉（Susan Petrilli）于 1954 年 11 月 3 日出生于南澳大利亚（州）首府阿德莱德，第七位美国符号学会西比奥克会士，现为意大利巴里大学哲学与语言理论副教授，具备正教授资质。她曾任世界范围内诸多大学的客座教授，包括澳大利亚、中国、巴西、美国、加拿大、南非和整个欧洲的知名学府，目前任澳大利亚阿德莱德大学客座研究员。

除了在世界范围内旨在推动符号与语言研究而设立的不同国际学会任顾问和组委会成员，她还是国际符号学协会（International Association for Semiotic Studies）的副会长。

她的主要研究兴趣为语言哲学、符号学、普通语言学、翻译理论、文化研究，与合著者奥古斯托·庞其奥（Augusto Ponzio）一起引入开创性概念"伦理符号学"（semioethics）。

她任数家国际期刊编委。她与庞其奥合作，在意大利主编多部丛书，于 2016 年在彼得·朗（Peter Lang）出版社创立"符号与语言研究"（Reflections on Signs and Language）丛书。

她曾任数部论文集的编辑和译者，旨在于意大利和全球范围内传播许多作者的思想，包括如下历史名人：维多利亚·维尔比、查尔斯·皮尔斯、乔瓦尼·瓦拉蒂（Giovanni Vailati, 1863 – 1909）[1]、查尔斯·莫里斯、杰拉德·德莱达拉（Gérard Deledalle, 1921 – 2003）[2]、托马斯·西比奥克、米哈伊尔·巴赫金、纽曼纽尔·列维纳斯、亚当·沙夫、费鲁乔·罗西－兰迪、乔治·法诺（Giorgio Fano, 1885 – 1963）[3] 和翁贝托·艾柯。

她定期以英文和意大利文出版专著，在国际期刊和杂集中发表论文，编辑论文集，翻译学术作品。其中，新近出版的著作有《与符号学大师论符号》(Parlando di segni conmaestri di segni, 2011)、《充满符号的世界——意指与指称》(Un mondo di segni. L'avere senso e il significare qualcosa, 2012)、《自我作为符号、世界与他者》(The Self as a Sign, the World and the Other, 2013)、《他者之境、他者之法——巴赫金的语言哲学、文学批评和翻译理论》(Em outro lugar e de outro modo. Filosofia da linguagem, crítica literária e teoria da tradução em, em torno e a partir de Bakhtin, 2013)、《符号研究与伦理符号学——交际、翻译与价值观》(Sign Studies and Semioethics. Communication, Translation and Values, 2014)、《有关语言符号理论的思考》(Riflessioni sulla teoria del linguaggio e dei segni, 2014)、《伦理符号学与全球交际》(Semioetica e comunicazione globale, 2014)、《维多利亚·维尔比与符号科学》(Victoria Welby and the Science of Signs, 2015)、《论生命的符号——符号学视角》(Nella vita dei segni. Percorsi della semiotica, 2015, 与庞其奥合著)、《符号学与语言哲学对词汇理解和倾听的贡献》(Lineamenti di semiotica e di filosofia del linguaggio. Contributo all'interpretazione e all'ascolto della parola, 2016)、《全球世界及其多重面貌——他者性为交际之基础》(The Global World and Its Manifold Faces. Otherness at the Basis of Communication, 2016)、《历史上的离题——自梦想时代到全球化时代》(Digressioni nella storia. Dal tempo del sogno al tempo della globalizzazione, 2017)、《共存的挑战——走向人类关系的伦理符号学》(Challenges to Living Together. For a Semioethics of Human Relations, 2017),以及为奥古斯托·庞其奥主编的"阿坦尼斯"(Athanor)丛书主编的《和平、安定、反战主义及其语言》(Pace, pacificazione, pacifismo e i loro linguaggi, 2017)和《词汇、音乐和绘画中的意象》(L'immagine nella parola, nella musica e nella pittura, 2018)。

除了英语和意大利语版,她的作品还出版了葡萄牙语、西班牙语、法语、德语、塞尔维亚语、希腊语、汉语等版本。

电子邮箱:susan. petrilli @ gmail. com;个人网站:www. susanpetrilli. com

作者简介

注释：

1. 意大利原始分析哲学家、科学史家、数学家，1880年入都灵大学修习数学两年，之后转入工程学院，期间除了修习数学与工程学课程，还涉猎哲学、科学史、心理学、教育学、经济学等领域，于1885年获得都灵大学土木工程学学位；因发现自己对数学更感兴趣，故决定留校继续学习数学，于1888年获得数学学位；毕业后返回家乡，继续学习语言、音乐、文学和哲学，在市政府做一些管理工作的同时，与都灵大学数学教师保持频繁的交往，并于1891年开始发表论文，次年任都灵大学微积分课程的第二助手，此后一直在各门课程之间频繁交换，同时自行开展科研，发表论文。——译者注

2. 哲学家，曾任国际符号学会副会长、佩皮尼昂大学哲学系主任，曾任教于突尼斯（1963—1972）、日本（1972—1974）、法国（1974—1990）、加蓬（1977—1981），以及加拿大、美国和中国，期间与众多学者分享多学科治学的经验，被公认是一位观察入微、思维清晰、风趣幽默的符号学家、博学多闻的美国哲学研究专家；他于1974年创建佩皮尼昂大学符号学、传播学和教育研究所，并任所长至1990年退休，可退休后仍笔耕不辍，孜孜不倦地推动民主思想与规划的普遍机制和模式，仍活跃在各种国际学术活动之中。——译者注

3. 意大利哲学家、语言学家、意大利新唯心主义思想家、艺术家、作家，曾经从原创的角度解读和阐释贝内德托·克罗齐（Benedetto Croce，1866-1952）和乔瓦尼·詹蒂莱（Giovanni Gentilem，1875-1944）的作品，尤其认同自然科学和数学的核心地位，受意大利哲学家詹巴蒂斯塔·维科（Gianbattista Vico，1668-1744）有关思考的启发，强调精神生活最简单、最基本层面所具有的重要性。——译者注

附录 《符号、语言与倾听——伦理符号学视角》书评[1]

一、缘起

虽然与意大利巴里大学教授、国际符号学会副会长苏珊·佩特丽莉（Susan Petrilli，1954 - ）早就因符号学与翻译的交叉研究而结识，但仅局限于交流观点和互传文献层面。后来，笔者与南京师范大学王永祥教授在泰国西那瓦大学筹建符号学与文化研究中心，向泰国教育部申请符号学与文化研究博士点，邀请国内学者胡壮麟先生（北京大学教授、中国语言与符号学研究会前会长兼名誉会长）、王军教授（苏州大学教授、现任中国语言与符号学研究会秘书长）、余红兵教授（南京师范大学副教授、Semiotica 副主编、《中国符号学研究》副主编）等，以及国外学者保罗·科布利（国际符号学会会长）、苏珊·佩特丽莉（意大利巴里大学教授、国际符号学会副会长）等加入研究中心的顾问团队，因此，笔者跟苏珊的来往愈发频繁。

2019 年 5 月 1 日，笔者给意大利巴里大学符号学、语言哲学、普通语言学教授苏珊发邮件，邀请她加入西那瓦大学符号学与文化研究中心顾问团队，同时交流有关客座教授的事宜，以及有关翻译符号学的文献问题。次日，苏珊在回复有关西那瓦大学符号学与文化研究中心事宜的同时，给笔者发送了很多她多年写作的文献，其中就包括 2019 年出版的《符号、语言与倾听——伦理符号学视角》（Signs, Language and Listening: Semioethic Perspectives, Legas, 2019）一书的电子版。阅读此书后，有关呵护生命、爱护生命、倾听生命这一主旨的传统，以及医学符号学在关注全球符号学视域下所有生命健康的要旨问题，引发了笔者的兴趣，尤其是与中国文化传统中的有关思想，是否可以对全球符号学和伦理符号学呵护地球上所有生命这一主旨有所裨益。笔者由此萌生了写作书评的冲动。

2019年5月28日，苏珊回复邮件，谈及前一日笔者发送的书评，指出自己根本没有预料到笔者会针对这部著作写作书评，认为笔者针对爱民思想、医学符号学程序、人与自然和社会三个层面的评论观点不但有趣，更令人兴奋，强调笔者所确立的联系若果真存在，就有必要在伦理符号学的背景下重提"旧事"，让今日学界铭记。与此同时，苏珊提醒笔者要注意书评布局与著作布局之间的逻辑关联，为笔者引荐《美国符号学期刊》（The American Journal of Semiotics）副主编佳明·佩尔基（Jamin Pelkey）。审阅稿件后，佳明根据刊物用稿原则指出：（1）评论的焦点要凸显，要加大批评力度；（2）逻辑要连贯，要加大评论焦点的连贯性，从而为笔者进一步修订和完善这篇书评提出了挑战性的要求。经过笔者数日的修订与完善，同时也因为加拿大与中国的时差，这篇书评错过了2019年11月份出刊第3期的时限，延排到第4期。

随着笔者与苏珊围绕该书内容交流的日渐深入，苏珊在2019年11月28日凌晨的邮件中向笔者发出建议信：（1）该书不存在版权授予方面的困难，为何不将该书译为中文？（2）根据书评提及的内容，可适当添加章节发展中国文化的有关内容。根据这两条建议，笔者将翻译该书列为短期工作计划。

2020年1月初，笔者到曼谷后，继续做皮尔斯显像学相关的译评，到2月中旬基本上完成了这一工作计划，遂开始翻译《符号、语言与倾听——伦理符号学视角》这部作品。但是，因考虑到苏珊的第二条建议在实施上比较费时、费力，笔者决定将中国文化中的相关思想融入该书的注释、附录的书评、译者弁言和译后语部分，不另外添加章节，同时也可以保留原书内容的原始面貌。

亦如本书评题名注释所示，书评部分添加的内容均置于方括号内，以便区别于书评原文内容，这样可以有效地保留原书评的面貌，同时可以为有心的读者提供追踪笔者前后思考的轨迹，以及笔者有关思想的发展脉络。

二、书评原文

苏珊·佩特丽莉为意大利巴里大学哲学、语言理论教授,将国际学界认可的一个开创性的研究方向"伦理符号学"(semioethics)引入符号学和语言研究领域。她新近出版的专著《符号、语言与倾听——伦理符号学视角》,是她在该领域多年辛苦研究与写作之结晶。基于阅读这一开创性作品所获得的启发,在我看来,不同文化传统的问题对伦理符号学似乎至关重要。具体而言,笔者在下文将思索中国数千年有关生命形式的知识、智慧和意识所形成的文化传统,是否以及如何才能有助于推动生命=符指过程的幸福度,有助于对生命的呵护,且有助于符指过程的健康发展。笔者想知道,作为佩特丽莉伦理符号学系统内描述的自然与文化之间交际的一种外部作用过程,中国士绅阶层以及被贬官员有关人类及其社群成员之间交际的思想,即个体与社会以及个体所生活的社会环境之间的交际,是否也应该从伦理符号学的角度加以思考。进而,笔者还想知道,自中国传统中医系统从隐喻意义上抽取的三大问诊手段——望(作为非言语符号活动)、问(作为言语符号活动)、切(作为非言语符号活动),是否也可以为佩特丽莉(2019)建构的伦理符号学意义上人类符指过程这一系统提供有益的补充。

《符号、语言与倾听——伦理符号学视角》一书,前有"前言"与"致谢",中有正文八章,附有全书参考文献,后附作者简介。"前言"部分,一开篇,作者自己就交代了本书的出发点,勾勒了本书的总体内容,即"从语言哲学视角,(……)考察符号和语言科学",旨在"对人类符指过程域内的符号过程和(言语和非言语)交际做出批判,同时探究符号过程和交际的条件和基础"(Petrilli,2019:7)[2]。关于本书所用的"语言哲学",佩特丽莉做出如下说明:

与其将"语言哲学"这一表述中的"语言"视为哲学研究的对象,不如将"语言哲学"这一表述,理解为语言本身固有的"哲学",即对哲学的态度、偏向、语言的哲学化特征。从这些角度理解的"语言哲学",即与语言相关的哲学,存在于多元语言论之中,存在于多元逻辑论之中,存在于语言面向多元性的必然倾向之中。这也体现在詹巴蒂斯塔·维柯(Giambattista Vico,1668 – 1744)所称的语言"诗性逻辑"(poetic logic)之中。(Petrilli,

2019：7）

正如本书前言所述，"《符号、语言与倾听——伦理符号学视角》这一总标题，围绕着贯穿于整部作品的三大主要次主题展开，即作为伦理符号学的符号学，作为倾听艺术的语言哲学，作为符号科学或伦理符号学组成部分的语言学论辩"（Petrilli，2019：13）。

关于第一个次主题"作为伦理符号学的符号学"，佩特丽莉将符号学既定义为"与具体科学处于一种持续性对话关系的符号一般科学"，又定义为"〔与生命重叠的〕符指过程的一般科学"（Petrilli，2019：15）。然后，她引入回应西比奥克"符号学未来如何"这一问题的十大主旨，包括：（1）符号的一般理论必须避免语言中心论，避免将言语符号视为一般符号模式，避免将言语符号系统的语言学视为模式化科学；（2）以言语符号为基础，无法建构出一套一般的符号模式系统；（3）倾听是回应性理解的一个解释项（interpretant），即符号学领域中对他者符号——具有他者性的符号持善意和善待的倾向；（4）就外延而言，符号学必须趋向于全球性；（5）作为一门科学，符号学必须意识到自身的可能性条件，从而探究自身基础这一问题；（6）语言-符构探究的是人类专有的元操作（meta-operative）能力；（7）符号学与责任相关联；（8）符号学是一门批评性科学，不仅是在康德的意义上……而且是在马克思的意义上；（9）作为全球符号学、元符号学、批评符号学，符号学必须关注地球上的生命；（10）这一方案勾勒了巴里-莱切符号学派（Bari-Lecce School）提出的一种特殊的符号学研究路径，被称作伦理符号学（Petrilli，2019：18-13）。

佩特丽莉评论道："作为全球符号学实践的符号学，（考虑到任何符号关系）培植符号生命研究的一种跨学科研究路径，所涉范围包括所有的符指过程专有领域，从医学、物理学、化学（以及其他……）"，"能够证明符号网络的延展性和一致性。其中包括人类所理解的符号域（semiosphere），（……）"（Petrilli，2019：26）。佩特丽莉认为"伦理符号学"可以用"倾听艺术""关怀艺术"和"他者性符号学"来阐明，强调"鉴于（……）称作盖娅（Gaia）[3]的这一更庞大的相互关联、繁荣发展的系统之中，以及可能超越这一更庞大的系统之外，存在着相互依存的条件，因而，关怀人类就是关怀地球上所有的生命"（Petrilli，2019：25）。她将元符指过程理解为"对符号加以反思的能力"（Petrilli，2019：29），这是（符号学家）"为自己，为他者"反思符号的能力，而（全球符号学家）反思符号的能力与"为全球范围内的生命"（Petrilli，2019：29）负责的责任相关联。

关于第二个次主题"作为倾听艺术的语言哲学"（尤其是作为该书最后一章的标题），佩特丽莉将符号学视为一种"语言哲学"，"将他者性置于符号研究的中心，与'倾听艺术'相关联"（Petrilli，2019：15），将"语言与交际的使命"视为传达他者性，呼吁"对同一性做出批判"。她强调，语言哲学作为倾听艺术，作为符号学，"（如果能够从符号的一般理论角度充分地建构），就可以朝着第三个义项的方向发展，即含义与价值观方向（即伦理符号学方向），超越了定量方向（即全球符号学方向）和理论方向（即普通符号学方向）"（Petrilli，2019：15）。正如该书前言所述：

> 语言哲学所阐述的符号学，不仅是理解为符号一般科学的称谓，还是一种人类物种特有的能力，即一种与人类的责任能力相关联的元符指过程（metasemiosis）：人类（……）是唯一能够对符号和符号行为负责的动物。（……）语言哲学面向这一符号科学所持的批判立场，并未将关注力局限于符指过程的认知维度，反倒侧重于实效维度，即侧重于符指过程＝生命的幸福度（well-being），侧重于对生命的呵护以及对符指过程的健康发展。这不能归结为严格意义上的理疗概念，因为理疗概念的使命是"治愈"而非"关怀"。（Petrilli，2019：8）

因此，语言哲学的基本问题是"有关他者的问题"，而"有关他者的问题是词汇的问题"，即词汇作为声音的问题，这一问题被视为倾听的诉求。从这一角度看，"语言哲学显然涉及的是'倾听艺术'"，因为"倾听并非词汇的外部要素，即一种附加要素，一种补充要素，一种让步行为，一种接受这个词的人所采取的主动性，一种选择，一种尊重这个词的行为。相反，倾听乃这个词的构成性要素（……）。事实上，这个词需要倾听和理解，即一种回应，因此就总是处于对话[4]之中"（Petrilli，2019：8）。此外，倾听他者是主体性和交际构成的可能性条件。正是在倾听他者、倾听他者话语中，主体性才得以发展和繁盛。因此，具身（即实体意义上的身体——译者注）

存在于符号之中,存在于话语之中,存在于语言之中,存在于与他者的关系之中。(Petrilli,2019:140)

更重要的是,"倾听他者是一种超越角色和同一性的态度,其中倾听被理解为热情善待具有特异性的他者"(Petrilli,2019:143)。最后,佩特丽莉以巴赫金关于诸如他者性和对话性概念的思想为例,阐述巴赫金及巴赫金以外的语言哲学作为倾听艺术的思想。

关于最后一个次主题"作为符号科学或伦理符号学组成部分的语言学论辩",佩特丽莉在实效-伦理维度考察语言的新视角这一基础上,认为意义以及"意义的意义"问题与符指过程概念密切相关,并将符指过程视为"某事物充当符号角色的过程、关系或情境"(Petrilli,2019:81)。基于这一断言,她回顾了20世纪阐释者对"意义的意义观"做出的阐释,在维尔比夫人(Victoria Lady Welby,1837-1912)"符指学"(Significs)这一称谓之下,探讨了"含义、意义与阐释"(Sense,Meaning and Interpretation)问题,指出"维尔比夫人超越了仅仅基于符码、惯例和意图教条论的描述性语言学研究路径所具有的局限,在一种伦理框架下发展了她的意义与意指义理论,即今日我们提议称之的'伦理符号学'"(Petrilli,2019:94)。基于"符号学"和"语言哲学"中的基本问题,即有关他者的问题(而他者的问题实质上是词汇作为声音的问题,就是词汇作为声音被视为倾听诉求的问题),佩特丽莉断言语言学层面的"声音"是话语的"一个特征,不仅是口头话语的特征,而且是书面话语的特征——与转录相对的创作具有的特征,即罗兰·巴尔特、雅克·德里达、朱莉娅·克里斯蒂娃所理解的写作"(Petrilli,2019:139)。这表明"一种特异而独特的视角,作为一种特异而独特的行为,作为一种特殊的立场,即身处一个不可能替代、不可能替换的立场,发出不可重复的语调和基调的声音"(Petrilli,2019:139)。此外,"对话性是声音的遭遇与交错。(巴赫金意义上的)声音总是趋向另一个声音。在这一意义上,声音具有超越性,具有'跨越性'。一个人自己的话语尽管也会指向自身,但总是指向他者的话语,不论是否意识到这一点。"由此,这也"意味着话语——现场话语从不直接以主题为导向。一个词总是存在一个折射的过程,因为这个词总是要经由与他者之间的关系进行调介,这是一种认知和情感秩序层面的关系"(Petrilli,2019:139)。从正常意义上的翻译这一角度说，倾听以词语为特征。对倾听的需求，在跨越不同语言的翻译过程中被放大，也因而成为翻译过程的一大必要条件。翻译是从一门语言到另一门语言的转换（shift）、含义和意指物质性的换位，也是语言音乐性和节奏的换位。翻译的任务就需要对文本，对翻译中的他者，采取倾听的态度。（Petrilli，2019：149）

基于笔者个人的阅读和背景知识，作者有关全球符号学与伦理符号学、伦理符号学与他者性、翻译与他者性、符指学，以及翻译、写作与倾听的概念、巴赫金与巴赫金小组、语言哲学等的反思，均与她早期一系列文本中探讨的主题，诸如《西比奥克的符指域与全球符号学》（2003）[5]、《翻译作为体裁间和跨越体裁交际的学说——伦理符号学的视角》（2005）[6]、《翻译作为当今移民与全球化过程中的倾听以及与他者的遭遇》（2006）[7]、《翻译、阐释与共同意义——维多利亚·维尔比的符指学视角》（2007）[8]、《伦理符号学与作为体裁内外交际的翻译》（2013）[9]、《对话、责任与文学创作——米哈伊尔·巴赫金与巴赫金小组》（2016）[10]等密切相关。显然，作者多年来一直侧重于上述三大次主题的研究。因此，该书是作者此前一系列主题文章推演式发展的结晶。

总体来说，该书是有关人类符号活动的一部开创性作品，更准确地说是关于人类符指过程的一部开创性的作品，以美国符号学家托马斯·西比奥克在《全球符号学》（2001）[11]中提出的"全球符号学"这一术语派生的伦理符号学为立论基础。正如佩特丽莉在该书前言所言，全球符号学"假定符指过程与生命交叠，故关注的是地球上所有的生命"（Petrilli，2019：8）。朝着伦理符号学方向发展的全球符号学并未将关注力局限于符指过程的认知维度，反倒侧重于实效维度，即侧重于符指过程＝生命的幸福度（well-being），侧重于对生命的呵护以及对符指过程的健康发展，这不能归结为严格意义上的理疗概念，因为理疗概念的使命是'治愈'而非'关怀'（……此外），"作为全球符号学，符号的一般科学或称符号学，与最为古老的符号学分支——医学符号学（medical semeiotics，以著名学者希波克拉底和盖伦[12]为代表）重新确立关联，不仅有助于符号学的历史复兴，而且有助于恢复符号学的目标，使其重新适应当今的历史现实，即使地球上以所有形式具

现的生命化名为符指过程保持健康状态"。(Petrilli, 2019: 8)

因此,因为全球符号学面向伦理符号学的必然性取向,或者是因为"符号与价值观之间的关系、伦理-实效维度,以及量化、理论和认知的维度"(Petrilli, 2019: 8),"充分地以符号的一般理论为基础的"全球符号学,就蕴含着侧重"倾听艺术"研究的语言哲学。

因而,如前所述,作为符号研究的一个特殊的拐点或方向,伦理符号学也关注倾听实践。因而,我们此处也暗含着听诊(auscultation)意义上的倾听能力,即医学符号学中所操持的听诊(listening)。我们必须倾听当今全球化世界中的病症,辨识出地球上蔓延的疾病具现形式(如社会关系、国际关系、个体生活,以及全球范围内对整个生态系统乃至一般意义上的生命造成重大损失的获利型、侵犯性技术科学形式)。(Petrilli, 2019: 8-9)

作为一位具有中国文化背景且熟悉中国符号活动或生命形式传统的读者,笔者从阅读这部书稿中所获得的灵感,与该书宏观层面的三大论点相关。笔者坚信,虽然在哲学和符号学层面阐述和阐明有关符号、语言和倾听的原理未必具有本质上的重要性,但每一点都有助于深入理解和重构全球或全球本土化世界中的符号活动,有助于深入理解和重构伦理符号学的发展。

首先,鉴于该书的总体结构或出发点为伦理符号学——源自侧重人类符指过程研究的全球符号学,或者说是地球上与人类世界相关的所有生命形式,故该书的内容就包括了涉及语言与倾听的几乎所有文化背景中从符号活动角度理解的各种类型的生命形式。那么,此处参考中国数千年来有关生命形式或符号活动的知识、智慧和意识传统是比较合适的,可该书却缺乏此类的参考。这就可能包括诸如符指过程、生命福祉,以及关注生命、关注符指过程健康的主体,即"使地球上以所有形式具现的生命化名为符指过程保持健康状态"(Petrilli, 2019: 8),所有这些主题均为中国古代思想家,即管仲、老子、孔子、墨子、孟子、荀子,以及汉代启蒙时代其他的思想家(以"百家争鸣"为特征)哲学思想的核心内容,即便可能只是略有触及。

譬如,约2800年前,管仲就提出"礼义廉耻乃四德"这一日常哲学原则,即礼义廉耻,国之四维;四维不张,国乃灭亡。【《管子·牧民》有言:

"国有四维,一维绝则倾,二维绝则危,三维绝则覆,四维绝则灭……何谓四维。一曰礼,二曰义,三曰廉,四曰耻,礼不逾节,义不自进,廉不蔽恶,耻不从枉。故不逾节则上位安,不自进则民无巧诈,不蔽恶则行自全,不从枉则邪事不生。"也就是说,"礼"为不能超越应有的节度,即思想行为不宜超过道德规范;"义"为不自荐,即便自己的思想行为符合道德准则;"廉"为不隐蔽自身的缺点与错误,即廉洁不贪;"耻"为不与道德有缺者相交,即要知羞耻。此中体现的就是爱己、爱民、爱国的全球符号学和伦理符号学的旨趣,即关注、呵护地球上所有的生命形式;如上所述,唯有爱己,才会约束自己,才会遵守道德规范,才会爱及他人,才能爱国,才能呵护所有形式的生命。此亦即以德服人、以德治民、以德治国、以德服天下,这与今日的"全球一体化"思想的主旨原则和核心思想颇为一致,因此可以说"全球一体化"的思想与全球符号学、伦理符号学的主旨乃道术合一关系。】这一原则仍然为国际政治与伦理乃至符号学意义上人类生命形式探究过程所信守的普遍价值观。

2500多年前,老子就一直言及人类生命形式,以及自然与人类之间关系的自然法则。【有关自然生成与自然法则,老子在《道德经》开篇即言:"道可道,非常道;名可名,非常名。无名天地之始,有名万物之母。"关于行为的道德约束和心理层面的美——内在与外在之美,以及行为与自然法则之间的关系,老子在《道德经》第二章有言:"天下皆知美之为美,斯恶已;皆知善之为善,斯不善已。故有无相生,难易相成,长短相较,高下相倾,音声相和,前后相随。是以圣人处无为之事,行不言之教,万物作焉而不辞,生而不有,为而不恃,功成而弗居。夫唯弗居,是以不去。"有关社会治理与爱民行为之关联,老子在《道德经》第三章有言:"不尚贤,使民不争;不贵难得之货,使民不为盗;不见可欲,使民心不乱。是以圣人之治,虚其心,实其腹;弱其志,强其骨。常使民无知无欲,使夫智者不敢为也。为无为,则无不治。"老子在《道德经》第五章亦有言:"天地不仁,以万物为刍狗;圣人不仁,以百姓为刍狗。天地之间,其犹橐龠乎?虚而不屈,动而愈出。多言数穷,不如守中。"爱民,即爱他者的具体表现,爱己也就是爱自己中的他者,二者合而为之,才算上善。有关上善问题,老子在《道德经》第八章有言:"上善若水。水善利万物而不争,处众人之所恶,故几于道。居善地，心善渊，与善仁，言善信，正善治，事善能，动善时。夫唯不争，故无尤。"有关如何爱己，即爱及和诫导自己内在的他者问题，老子在《道德经》第九章有言："持而盈之，不如其已。揣而锐之，不可长保。金玉满堂，莫之能守。富贵而骄，自遗其咎。功成名遂身退，天之道。"且在《道德经》第十二章亦言："五色令人目盲，五音令人耳聋，五味令人口爽，驰骋畋猎令人心发狂，难得之货令人行妨。是以圣人为腹不为目，故去彼取此。"《道德经》第八十一章亦曰："信言不美，美言不信；善者不辩，辩者不善；知者不博，博者不知。圣人不积，既以为人，己愈有；既以与人，己愈多。天之道，利而不害。圣人之道，为而不争。"如前所引证，若从全球符号学的爱及他者和他者性角度，以及从伦理符号学的价值论和爱护他者、倾听他者的角度看，《道德经》八十一章基本上都是在讲伦理符号学和全球符号学角度上的守己爱人、呵护他者这一旨趣。只是，老子是从宇宙法则——自然法则，即自然与社会、社会与人、人与自己、自己与他人之间交际的原则与原理，且有关人与自然、社会、人群之间的操守问题来讲，看似从规避行为角度讲，但指涉的是内心，纠正的是态度，指向的是价值观取向和行为准则，不但包括行为、心理、态度、意识、过程，而且关涉时空规律、自然法则、伦理准则、人为规范等。但是，《道德经》也存在那个时代中国学者的一个共同问题：一切都以规范、准则形式阐述，不做具体论证。】

几乎与此同时，孔子详细地阐述人类（言语与非言语）行为与（个体与国家）命运之间的关系。【虽然同老子的自然法则、时空观、道德观、价值观等略有不同，孔子依然坚持中国传统的礼教思想。在中国人以"一部《论语》治天下"高度评价的对话体著作中，孔子从个体角度论述言语符号行为的得体性与规范性对个体、群体（社会）和国家（社稷）所具有的作用，如雍也第六、述而第七、乡党第十、颜渊第十二、宪问第十四、季氏第十六等有关个体言语符号行为对个人、社会和国家可能产生的影响，如正名论对社会秩序乃至国家命运可能产生的影响，即"君君臣臣、父父子子""名不正，则言不顺；言不顺，则事不成；事不成，则礼乐不兴；礼乐不兴，则刑罚不中；刑罚不中，则民无所措手足。故君子名之必可言也，言之必可行也，君子于其言，无所苟而已矣。"从表面上看，孔子《论语》是为国家治理服务,其实是一种误读。《论语》之所以为对话体,是因为这是中国先秦时期教育模式的体现,同时以对话体形式更容易让孔子从他者角度思考自身,思考社会,思考民生社稷,也更容易让学生从自我、自我他者、孔子作为他者、孔子所呈现出的他者、所涉不同国家和区域存在的他者角度思考他者性问题,进而为广义上的学生(孔子门生和所有读《论语》之人)从言语符号活动的角度,奠定非言语符号行为的范式基础,进而促进言语行为的进化和发展。从这一角度讲,《论语》是一部典型的全球符号学和伦理符号学思想的巨著。】

孟子是中国古代第一位专门论及人类行为与心灵【广义上的"心",包括今天的思维科学、心理科学、精神科学】的思想家。就这一联系致使英国文论家、哲学家瑞恰慈([I. A. Richards, 1893 – 1979),即《意义的意义——语言对思想的影响以及符号科学研究》(*The Meaning of Meaning: A Study of the Influence of Language upon Thought and of the Science of Symbolism*[13],1923)[14]的一位合著者,于1930年来京(其实是1928年成行,1929年到中国)]从事孟子研究。有关孟子的研究是在当时中国一位青年学者李安宅(1900—1985)的协助下完成的,研究的结果为瑞恰慈写作的专著《孟子论心——多重界定实验》(*Mencius on the Mind: Experiments in Multiple Definition*,1932)[15]。【从整体上讲,孟子主要思想——仁、义、善就是西比奥克全球符号学和佩特丽莉伦理符号学的主旨思想,仁者兼听,义者仁孝,善者爱人,三者都蕴含着倾听他者的思想,都隐含着爱世人的思想。从宏观角度讲,也就是从民生社稷角度讲,孟子的民本思想——"民为贵,社稷次之,君为轻"就是从个体-群体-国家三位一体角度阐述的爱人——关注地球上生命形式的思想。从政治角度讲,孟子的仁政学说将"亲亲""长长"的原则运用于政治,以缓和阶级矛盾,维护封建统治阶级的长远利益,同时指出"劳心者治人,劳力者治于人",划分出两类二元对立且相互关联和依存的生命形式——劳力者和劳心者,凸显出"夫仁政,必自经界始",主张从君者的角度为他者划分、整理田界,实行井田制,使个体、社会和国家进入当时较为发达的社会阶段。此外,仁政体现为亲民、用贤、尊人权、同情心、杀无道之人、助推善仁。孟子的仁、义、礼、智四类道德伦理规范,以及五类人伦关系,即父子有亲,君臣有义,夫妇有别,

附录 《符号、语言与倾听——伦理符号学视角》书评

长幼有序,朋友有信,不正是今日伦理符号学所致力推崇和求索的吗?最后,孟子的心学观,无非就是善恶论。孟子认为"人之初性本善",孟母为了养善才三迁居所,这一观点蕴含着今日国际学界的"白板说"思想,同时也引出了后世的"人之初性本恶",以及"人之初本无善恶"的思想讨论。有关心之善恶观,明代学者王阳明归纳出如下四句:无善无恶心之体,有善有恶意之动,知善知恶是良知,为善去恶是格物。这四句颇有今日哲学认识论和现代符号学认识论的意味,尤其是具有一定的价值论和辩证法色彩。】

荀子阐述了语言使用标准化以及语言规范化在治理国家中的作用。【荀子是先秦首位系统地阐述语言政策洞见的思想家,其思想大致可归纳为诸名与奇辞之缘起、"正名"之因、名实系联之实、乱名现象与施治之法等层面。《荀子·正名篇》开篇便道:"后王之成名,刑名从商,爵名从周,文名从礼,散名之加于万物者,则从诸夏之成俗曲期,远方异俗之乡,则因之而为通。"这句话不但交代了语言诸名之源、历朝历代在形成诸名中的作用,还隐含了地方俗语与夏言(雅言)之关系。进而,他忆及古代先王治理语言之法,即"故王者之制名,名定而实辨,道行而志通,则慎率民而一焉。故析辞擅作名,以乱正名,使民疑惑,人多辨讼,则谓之大奸。其罪犹为符节度量之罪也。故其民莫敢托为奇辞以乱正名,故其民悫;悫则易使,易使则公。其民莫敢托为奇辞以乱正名,故壹于道法,而谨于循令矣。如是则其迹长矣。迹长功成,治之极也。是谨于守名约之功也"(《荀子·正名篇》),借以表明:"正名"可通过法制手段,杜绝扰乱正名的奇异言辞,使民"道德"而"循令"。换言之,民众日常措辞当以维护正名为语言使用原则,其精神与2000年颁布的《中华人民共和国通用语言文字法》颇为相近。有关奇辞乱名产生的社会机制及其衍变的规律,他认为语言使用规范发展滞后,语言文字的发展落后于社会发展,名实关系混乱,自然产生奇辞乱名,但新名的出现必然以旧名为基础,即"今圣王没,名守慢,奇辞起,名实乱,是非之形不明,则虽守法之吏,诵数之儒,亦皆乱也。若有王者起,必将有循于旧名,有作于新名。"(《荀子·正名篇》)[16]关于"正名"语言政策思想的前提与因由,他以松懈的社会机制对语言的催生能力为基础,分析了"形""名""实""物"系联关系错置产生的不良社会影响

(如"不喻之患"和"困废之祸"),指出"正名"具有"明贵贱""辨同异""通喻""解困废"之效,即"异形离心交喻,异物名实玄纽,贵贱不明,同异不别;如是,则志必有不喻之患,而事必有困废之祸。故知者为之分别制名以指实,上以明贵贱,下以辨同异。贵贱明,同异别,如是则志无不喻之患,事无困废之祸,此所为有名也"(《荀子·正名篇》),为成功地施行"正名"语言政策提供了思想基础。有关名实系联问题,他认为"物"乃万物之"共名",其下细分若干别类,称为"别名","名"与"物"和"实"之间的系联过程并无适切与否的问题,反倒是语言使用者这一社会成员加以任意性的共同约定,再推广之,方才达到"通喻"的目的,即"故万物虽众,有时而欲遍举之,故谓之物;物也者,大共名也。推而共之,共则有共,至于无共然后止。有时而欲遍举之,故谓之鸟兽。鸟兽也者,大别名也。推而别之,别则有别,至于无别然后止。名无固宜,约之以命,约定俗成谓之宜,异于约则谓之不宜。名无固实,约之以命实,约定俗成,谓之实名。名有固善,径易而不拂,谓之善名。"(《荀子·正名篇》)可见,荀子眼中的名实系联是约定俗成的,是人为的,并非必然的本质联系,与主张"名源于物的本质性必然联系"的"本质论"观点截然相反。相比之下,荀子的名实系联主张,更贴近语言与客观世界之间的反映与被反映关系,更接近当时"正名"这一语言政策思想的实际。同样性状之物,其名不同,所指之实亦有异;性状不同,其名有别,所指之实无异,这被荀子视为"制名之枢要",可供后世效仿之。一旦违反此"枢要",就会滋生乱名,荀子大致将其归为用名以乱名、用实以乱名和用名以乱实三类,谓之"凡邪说辟言之离正道而擅作者,无不类于三惑者矣"。因此,他主张"明君"指路,统帅民众,走向"正"途,破解乱名之祸端,即"故明君临之以埶,道之以道,申之以命,章之以论,禁之以刑。故民之化道也如神,辨埶恶用矣哉!"针对第一类乱名,如"杀盗非杀人也",他主张从名称与行为入手加以治理,即"验之所为有名,而观其孰行,则能禁之矣";针对第二类乱名,如"山渊平",他主张从所指同异与匹配适切度入手加以治理,即"验之所缘以同异,而观其孰调,则能禁之矣";针对第三类乱名,如"马非马也",他主张从名实的约定关系与使用者了解的知识入手加以治理,即"验之名约,以其所受,悖其所辞,则能禁之矣"。荀子提出的正名主张,与其

附录 《符号、语言与倾听——伦理符号学视角》书评

说是语言政策思想,倒不如说是语言规范化思想,更贴近语言规划的内容。他针对每种语言弊端,列举实例,阐明其社会利害关系,指出修正这种不规范语言现象的"正途",是先秦诸子中最为系统而全面的语言政策思想。不要说在先秦时代,就是在当前,荀子的语言政策思想也是非常具有代表性的,仍具有指导语言管理和治理工作的重要意义,如前文提及的《中华人民共和国通用语言文字法》与荀子的"勿以奇辞以乱正名"精神极为相似。】[17]

其中,墨子在宣扬切近全球符号学与伦理符号学思想方面也是一位典型人物,这体现在他呼吁关心天下之人、关心个体、关心社会、关心国家社稷的福祉之中。【墨子批评儒家对天道、鬼神和命运的观点,反对贵族单方面的不平等分配制度,主张没有任何差别的平等立场上的分配,指出天下乱象之根源在于人与人之间的薄爱,扩而广之,就是家与家、国与国之间的相争与攻伐,推崇站在天下人立场,不以王孙贵族的血缘关系为社会阶级和关系的衡量准绳,反倒以"天"为准绳,以"天爱世人"的角度,提出"仁人之事者,必务求天下之利,除天下之害",这就是墨子的兼爱论,即"非人者必有以易之,若非人而无以易之,譬之犹以水救火也,其说将必无可焉。是故子墨子曰:'兼以易别'"。墨子反对战争,主张和平,要求君臣、父子、兄弟在平等的基础上相互友爱,即"爱人若爱其身",认为社会上出现强执弱、富侮贫、贵傲贱的现象,均系天下人不相爱所致。墨家的"兼爱论"蕴含着普遍性,不仅局限在当时之世人,还兼顾古代和未来之人。墨家"兼爱论"的准则为"爱人若己",果若如此,就不会出现对待自己一套标准,对待他者用另一套标准的现象了,如同美国的双重人权制度就是因缺乏"兼爱论"立场而"因人而异"的人权制度。兼爱可以避免自私分别之爱所造成的灾害,奉行兼爱就不会为一己私利与他者相争。因此,要兼爱就必须对"我"这一主体有正确的把握和约束,也就是将他者的他者性和自我的他者性纳入"我"的主体认同。总之,墨家的思想是超越时空的整体人类社会之爱,是一种不分社会阶级、远近关系的平等之大爱、博爱。与今天全球化、全球一体化发展趋向,以及全球符号学、伦理符号学和中国所提倡的社会主义核心价值观中的平等观念不谋而合。墨家的兼爱,追求一种公共的利益,操持方法是通过爱人若己的方式来实践,借着人与人之间的互动

性，以及每一个人的主动性，来完成它的交相利之爱。因而，墨家之兼爱与伦理符号学所提出的关爱他者、倾听他者、善待他者的旨趣是一致的，与中国提出的社会主义核心价值观也是一致的，因而实现的条件也是一致的，因此可以说社会主义核心价值观和伦理符号学的主张乃墨家兼爱思想的进化和发展，或用中性色彩的中国政治话语来说即"与时俱进"。】

仅从上述中国古代的几个例子亦可见，这样一部颇具开创性的作品却忽视了中国传统的生命形式或一般意义上的人类符指过程，实在是一大遗憾。从这一角度说，西比奥克的全球符号学[18]和佩特丽莉的伦理符号学，可以被视为早期中国符指活动转向关爱地球上人类生命形式观点的跨学科系统化发展，《符号、语言与倾听——伦理符号学视角》所涉及的这些观点尤其如此。

其次，涉及的是自然与文化之间的交际，实质上涉及中国道家传统的生命形式观。总体来讲，没有不同民族背景的人类构成由一系列物质和精神层面历史经验组成的社会，就没有文化的多样性。此外，文化是数万年来人类为生存而与自然抗争之产物（参见 Pearson，1911）[19]。佩特丽莉（2019：37-50）侧重于自然与文化（个体、团体和国家层面）之间的符号活动，其中首先关注的是人类与自然之间的交际。从这一角度说，她忽视了人类作为"会言语的动物"与其社群成员之间交际这一焦点层面的联系，即忽视了个体与个体所生活的社会或社会环境之间交际这一焦点上的联系。在古代中国，抱持不同信念的学者通常会言及人类与自然，以及人类与社会之间的关系，从人类相对于官宦生活有关文献的角度说，状况尤为如此。

譬如，南宋诗人辛弃疾（1140—1207）曾经在《鹧鸪天》一词中写道："一松一竹真朋友，山鸟山花好弟兄"，旨在阐明人类与自然之间的关系，意在强调自然对人类心灵所具有的理疗作用。另一例证为晚清理学家曾国藩（1811—1872）的个人经历。在《曾国藩全集》（马道宗，2004：330）[20]中，曾国藩记录了自己在官场的经历与遭遇，即他自己与官场同僚之间的关系，也描绘了遭贬官回家后的田园生活以及与村里读书人的友谊。实际上，曾国藩所描绘的他自己与官场同僚之间的关系，就是人类与社会（即文化）之间的（言语与非言语）交际。此外，曾国藩在官场挫败的经历与遭遇，与他所描绘的自己与村里读书人之间的友谊、自己的田园生活，以及他与自然

附录 《符号、语言与倾听——伦理符号学视角》书评

的接触，形成了鲜明的对比，这些阐述实质上就是人类与自然之间的（言语与非言语）交际，也叙述了自然对挫败之心灵所具有的治愈性和呵护性的效应。关于人类与社会之间的交际，言语交际在曾国藩的叙述中处于主导地位，而非言语交际处于次要地位，虽然在官场斗争中明显地处于隐性状态。尽管如此，考虑到曾国藩所记录的他自己作为人类，以及自然之间的交际问题，言语交际处于非主导状态；而以感觉、观察、倾听以及向自然界学习的非言语交际则处于普遍性的状态，亦如上引宋词所示。仅从辛弃疾和曾国藩的两个例证来看，交际可能出现于个体与群体层面的人类与自然之间，可能出现于个体与群体层面的人类与社会之间，也可能出现于文化层面（包括重叠的民族、国家或国际层面）的人类作为个体或群体之间。此类交际活动普遍存在于涉及生命形式和符号活动的任何传统之中，不论是东方还是西方。

最后，涉及的是广义上和隐喻意义上的倾听，包括"医学符号学"字面意义上的听诊，以及作为医学符号学诊断手段的"听诊"内外所具有的不同含义。从欧美语境内部看，《符号、语言与倾听——伦理符号学视角》是一部卓越之作。然而，若考虑到传统中医的不同诊断程序，听（即中医中的"闻"——译者注）仅是观察患者病症这一动态程序中望、闻、问、切（切脉，即非言语符号）四大手段之一。一般来说，望、闻、问、切，虽然既是符号活动的言语形式，也是符号活动的非言语形式，需要理解和回应。因此，这四种问诊程序通常蕴含在医生与患者、信息发送者与信息接收者之间的言语、非言语交际或对话之中，不论是一般意义上还是隐喻意义上所想象的。具体来说，有关望作为一种问诊手段，或一般实际目的层面的"看""观察"，患者的病症，以及不同形式和类别的符号均承载着发送者发出的不同层面的信息，同时信息接收者通过观察发送者所呈现的不同非言语符号方式，获得特定的信息。有关闻和问作为问诊手段，或作为一般实际目的层面的"倾听"和"询问"，患者病症以及特定的信息，通过信息发送者与信息接收者之间的询问和倾听方式来呈现，即言语交际或对话形式来呈现。最后，有关"切脉"，即一般意义上的感觉，信息发送者以"病症"和/或无意识行为，抑或是承载信息的非言语符号形式发送信息，同时信息接收者通过感觉符号或隐喻意义上的病症方式，将信息解码，获得信息。在传

统中医的问诊程序中，医生遵循望、闻、问、切这一程序，充分地利用感官和感知手段。实际上，在我们日常生活和/或科学探究之中，我们也试图充分利用这些感官和感知手段，只是操作的程序或许不同。这可以在美国科学家兼符号学家皮尔斯（Charles Sanders Peirce，1839－1914）的实验室实验和皮尔逊（Karl Pearson，1857－1936）的化学和物理实验中得以证实。

如前所述，中国古代中医问诊和一般用途语境下的这"四种诊断方式"，在逻辑上相互关联和互动的符指程序系统中相互检验（或相互制约）。如果这一系统性操作中缺少一个环节，诊断（即符指过程）的精确性就会在某种程度上受到影响。就与他者性交际或生命形式的语境而言，仅"闻"一个环节似乎也不够充分。在"诊断"他者身上和有关他者的不同病症之时，综合使用望、闻、问、切（类比切脉意义的"感觉"和"判断"），可能会产生更好的效应。不论是哪种情况，如果这三种传统的中医诊断方法（即望、问、切——译者注）能够纳入佩特丽莉（2019）伦理符号学意义上的倾听作为人类符指过程这一系统，这一系统势必会在逻辑上和系统上得到改进。

【纵观全书，佩特丽莉将倾听视为：（1）符号行为，如"此类探究全球交际网络中符号活动的视角，揭示了我们作为符号学意义上的动物所具有的维护地球上一般意义上所有形式符指过程的健康——关怀地球上人类与非人类生命健康的全部职责范围"（Petrilli，2019：49），"伦理符号学将视角延展至符号学的逻辑—认知和认识论边界之外，关注符号与价值观之间的关系，从而关注符号活动的价值论维度，包括人类对评价、批评、创造性和责任感的倾向……"（Petrilli，2019：49），"……并非局限于符指过程的一种认知研究路径，还对符号活动的实效伦理维度很敏感"（Petrilli，2019：63），当然，也同于佩特丽莉在该书行文中一直所提到的，倾听也是一种回应性理解和交际；（2）符号活动的构成性条件，如"倾听他者是主体性和交际构成的可能性条件。正是在倾听他者、倾听他者话语中，主体性才得以发展和繁盛"（Petrilli，2019：140）；（3）符号主体的态度，如"倾听他者是一种超越角色和同一性的态度，其中倾听被理解为热情善待具有特异性的他者"（Petrilli，2019：143），"对倾听的需求，在跨越不同语言的翻译过程中被放大，也因而成为翻译过程的一大必要条件"（Petrilli，2019：149）；

附录　《符号、语言与倾听——伦理符号学视角》书评

（4）符号过程或符指过程，亦如全球符号学和伦理符号学的主要旨趣所主张的"生命与符指过程重叠"，故倾听就成为符指过程。从批判分析的视角看，有关倾听的内容，大多囿于规定性或态度应到性居多，亦涉及倾听作为符号行为和活动，以及作为符号活动构成性条件的阐述，但几乎可以说都不够具体而详细，仅局限在宏观层面的逻辑、哲学、符号学论证层面。关于倾听作为符指过程，仅囿于间接的推理性对应层面，而非明言或显性阐述。总而言之，有关倾听作为符号行为、符号活动的构成条件、符号主体的态度、符号过程（或符指过程）的阐述，存在具体层面缺失和系统性不足的瑕疵。从这一角度看，《符号、语言与倾听——伦理符号学视角》以隐喻形式，从古希腊和古罗马时代医学符号学承袭的"听诊"，不论作为行为、过程、手段、条件、态度，还是系统程序，均不如中国传统中医中作为"望、闻、问、切"一个环节的"闻"。在中医系统中，"望、闻、问、切"是诊疗之基础，是获得病症以备断病的必要条件。作为程序性的符号过程，"望、闻、问、切"四个步骤构成一个动态的符指过程和行为系统，其中四者互为先决条件，也是行为符号学所说的互为"刺激源"，"望"病态→"闻"病症→"问"病状→"切"病源，反之亦然，互为条件，以前一步获得的信息作为后一步信息的触发因素，同时也是供经验实证性"问诊"操作验证的"假设"，以所获得的信息作为逻辑命题前件，以推理形式一一加以验证，并以药物为手段加以证实（一般先以两副药为先导，查验四大问诊步骤做出判断的准确性，进而再微调药方做出进一步的调理）。由此可见，传统中医问诊中的四大步骤缺一不可，这不但是出于呵护生命、关怀病人、关注他者的态度所要求的必然性程序要素，也是一个程序系统操作和执行的必然过程，就如同现代科学技术中的计算机运行的动态程序一般。从本质上看，所谓西方的医学符号学与中医符号学具有本质上的差异。首先，中医重在哲学层面切入，学的是医理，如《黄帝内经》一般，掌握的是自然宇宙运行与人体作为自然系统一部分之间的互动和对应关系，沿着由"道"切入"术"的路线前行，而西医以述为切入点，以经验实证为手段，获取信息和验证信息，进而上升到理论，是从下至上的路线；其次，中医以学徒制为培养方式，医者先学做人，要修身养性，才能治病救人，此乃道术之合"谋"，非西医以技术入圣；再者，与中医先学做人一脉相承，中医以济世

救人为己任,故古代药房门前都贴着一副对联:"但愿世间人无病,宁可架上药生尘"(Rather than putting the herbal medicine on the shelf covered by dust, we hope the world free from diseases.)及其派生对联:"但愿人常健,何妨我独贫"(Rather than the world is in health, why don't I be poor),这既是中医符号学的宗旨,也是中医所奉行的操守,故在中医眼中世人均是医者爱护、关怀的对象,也包括其自身,这不正是全球符号学和伦理符号学所苦苦求索的真知吗?】

若不考虑该书内容与中国传统的符号活动存在的可能性关联,可以说《符号、语言与倾听——伦理符号学视角》是一部具有里程碑意义的作品,可能对翻译符号学、伦理符号学、普通符号学、语言符号学、交际研究等领域的读者均具有启发意义。笔者将中国传统中医的问诊程序融入佩特丽莉的伦理符号学框架,无意于在任何意义上否定、驳斥或评判这一开创性的工作及其框架,而仅是为了补充和拓展现有的框架,证明如何在与不同的文化和世界观对话之中,解释这一系统的阐释轨迹,从而进一步推进这一研究。

三、致谢

感谢《美国符号学期刊》副主编佳明·佩尔基(Jamin Pelkey)提出的宝贵建议,同时感谢苏珊·佩特丽莉(Susan Petrilli)帮助笔者修订和润色文稿,并针对文中间接源自阅读该书而做出的三点补充,向笔者提供她的想法。

贾洪伟
2019 年 5 月

注释:

1 书评题目的英文为"Signs, Language, and Listening: A Review",发表在美国符号学会会刊《美国符号学期刊》(*The American Journal of Semiotics*)2019 年第 35 卷第 4 期第 33～43 页。遵作者嘱托,译本后附录笔者于 2019 年 5 月份写作的书评,并做适当添加,但为了保持书评原貌,除了篇首添加的"缘起"外,我们将正文添加内容置于【】之内,以示区别。与此同时,同本书正文一样,我们将参考文献列入章末尾注。——译者注

2 Petrilli, Susan. 2019. *Signs, Language and Listening: Semioethic Perspectives*. Ottawa: Legas. 举凡下

附录 《符号、语言与倾听——伦理符号学视角》书评

文出现（Petrilli, 2019），指的就是这一文献，故下不赘注。——译者注

3 "Gaia"一词源自古希腊语，乃地球的拟人化，亦是古希腊的原始神祇之一。盖娅是所有生命祖源之母，即原始的大地母亲之女神。盖娅乃掌管天空神祇乌那诺斯之母，与之结合诞生了泰坦（他们自身又是众多奥林匹亚神祇之父母），亦是掌管海洋神祇蓬托斯之母，与之结合诞生原始的海洋之神。她与罗马神话中的泰拉相对应。——译者注

4 此处的对话（dialogue）作广义理解，似乎与皮尔斯、洛特曼、巴赫金、兰达等所持的对话观略有不同，同时与中国古代文本中所持的对话观也略有不同，如孔子著《论语》中的显性对话体——引言引事，《史记》和《资治通鉴》中的隐性对话观——引事不引言，但因涉及言语符号和非言语符号，乃至未发生的言语和非言语层面的思维符号，故这一对话必然涉及翻译符号学所涉及的有形符号与无性符号，乃至有形符号与无性符号之间的转换和互动（贾洪伟语）。有关有形符号与无性符号的相关问题，参见贾洪伟. 2016. 翻译符号学的概念 [J]. 外语教学 1, pp. 94 - 97；贾洪伟. 2016. 建立翻译符号学的可能性 [J]. 山东外语教学 3, pp. 90 - 100；贾洪伟. 2016. 雅柯布森三重译域之翻译符号学剖析 [J]. 解放军外国语学院学报 5, pp. 11 - 18；贾洪伟. 2018. 论翻译符号学的符号分类与转换 [J]. 山东外语教学 1, pp. 111 - 118；Jia, Hongwei. 2017. Roman Jakobson's Triadic Division of Translation Revisited. *Chinese Semiotic Studies* 1, pp. 31 - 46；Jia, Hongwei. 2018. Reclassification of Signs：A Translation Semiotics Perspective. *Chinese Semiotic Studies* 3, pp. 261 - 274；Jia, Hongwei. 2019. Semiospheric Translation Types Reconsidered from the Translation Semiotics Perspective. *Semiotica* 231, pp. 121 - 145 等。——译者注

5 Petrilli, Susan. 2003. Sebeok's Semiosic Universe and Global Semiotics. *Cybernetics & Human Knowing* 10 (10), pp. 61 - 79.

6 Petrilli, Susan. 2005. Translation as the Doctrine of Inter-Genre and Trans-Genre Communication：A Semioethic Perspective. *TTR: Traduction, termiologie, redaction* 18. 1, pp. 221 - 250.

7 Petrilli, Susan. 2006. Translation as Listening and Encounter with Other in Migration and Globalization Processes Today. *TTR：Traduction, termiologie, redaction* 19. 2, pp. 191 - 223.

8 Petrilli, Susan. 2007. Translation, Interpretation, and Common Meaning：Victoria Welby's Significal Perspective. *TTR：Traduction, termiologie, redaction* 20. 1, pp. 13 - 98.

9 Petrilli, Susan. 2013. Semioethics and Translation as Communication in and across Genres. *Semiotica* 195, pp. 97 - 118.

10 Petrilli, Susan. 2016. Dialogue, Responsibility and Literary Writing：Mikhail Bakhtin and His Circle. *Semiotica* 213, pp. 307 - 343.

11 Sebeok, Thomas A. 2001. *Global Semiotics*. Bloomington：Indiana University Press.

12 希波克拉底（Hippocrates, 460 B.C - 370 B.C）为古希腊伯利克里时代医生，被后世普遍认为是医学史上的杰出人物，虽然当时所在的地区医学并不发达，他却能将医学发展成专业学科，使之与巫术和哲学分离，对古希腊医学发展做出巨大贡献。盖伦（Galen, 129 - 200 A.D）为

古罗马医学家和哲学家,为奠定欧洲医学理论确立了思想基础。——译者注

13 1923年,英国哲学家奥格顿与瑞恰慈合著《意义的意义》,既没有用术语"semiotics",也没有用术语"semiology",而是用了一个新术语"symbolism",这可能与1926年赵元任写作《符号学纲要》一文采用"symbolism"命名符号学具有某种关联。但是,这仅处于猜测的阶段,尚有待于证实。——译者注

14 Ogden, C. K. and I. A. Richards. 1923. *The Meaning of Meaning: A Study of the Influence of Language upon Thought and of the Science of Symbolism*. London: Kegan Paul.

15 Richards, I. A. 1932. *Mencius on the Mind: Experiments in Multiple Definition*. London: Kegan Paul.

16 就语义学而言,当时的荀子在论述语言政策思想时,已然涉及语义演变的规律,相当于现代语义学中言及的语义扩展(broadening),王远新(2006)谓之语言的继承性和发展性。

17 此段有关荀子的内容,参见贾洪伟. 秦以前语言政策思想追考[J]. 语言与符号,待刊。

18 Sebeok, Thomas A. *Global Semiotics*. Bloomington: Indiana University Press.

19 Pearson, Karl. 1911. *The Grammar of Science*. London: Adam and Charles Black.

20 马道宗. 2004. 曾国藩全书[M]. 北京:光明日报出版社。

译后语

历时近 50 天,从 2 月中旬在曼谷给博士生上"符号学批评"课程之余的"闲适"翻译,至自曼谷归国,被石景山区四季园社区拒绝入内,遂经石景山区入驻新国展疫情防控站协助至大同"居家"隔离,林林总总经历颇多,我终于得以完成佩特丽莉于 2019 年 5 月下旬委托我翻译并添加中医符号学内容的这部《符号、语言与倾听——伦理符号学视角》。

一时间,我想要说的话太多,有关于疫情的,有关于(西方)医学符号学的,有关于中医符号学的,有关于科研体制的,有关于中国爱民(爱他者)、爱国思想传统的,等等。但是,有关中国爱民、爱国、爱他者的思想传统在译者弁言部分已经有所阐述,而此处又不是讨论疫情和科研体制的地方,因而也就只剩下医学符号学这一个话题了。

有关希波克拉底和盖伦率先提出的医学符号学,国际符号学界的意大利学者艾柯、美国学者西比奥克等于 20 世纪 80 年代曾有所论及。1980 年,艾柯写作《重思符号》("The Sign Revisited")[1] 一文,将医学符号学的思想追溯至公元前 5 世纪的阿尔克迈翁(Alcmaeon of Croton)。1984 年,西比奥克在"语言学与符号学发展的新方向"研讨会上宣读《病症》("Symptom")[2]一文,后于 1986 年收入西比奥克的专著《我认为我就是一枚符号——符号学说的新贡献》 (*I Think I Am a Verb: More Contributions to the Doctrine of Signs*)[3]。1992 年,西比奥克在加拿大多伦多大学梅西学院任客座教授期间,在原有内容基础上增补了有关盖伦的内容,于 1996 年在国际研讨会上宣读《医学符号学——盖伦的遗产》("Medical Semiotics: The Legacy of Galen")[4],后以"医学符号学中的盖伦"(Galen in Medical Semiotics)[5] 为题,收入《全球符号学》(*Global Semiotics*)。[6] 笔者现以不断完善的西比奥克(2001)以及其他相关文本中包含的医学符号学内容为依据，梳理西方语境下古代医学符号学的基本内容。

公元前5世纪上半叶阿尔克迈翁提出了"病症"（isonomia）这一重要的医学符号学概念，后由医学之父希波克拉底以及亚里士多德、柏拉图和亚历山大物理学派学者进一步巩固。有关"病症"这一术语与符号密切关联。阿尔克迈翁曾言："关于不可见和必死之事物，诸神是有把握的；但是，就人类能够推断这一点而言，……人类凭借线索而前行。"（Eco，1980：281）但是，阿尔克迈翁是被公认的经验实证心理学家之父，而非医学符号学之父，希波克拉底才是打破医学传统实践走向符号研究之人，探究病症之本质、病源、表征等，并将其视为"意指现象"（significant phenomena），即不论何时何地均指称同一事物。希波克拉底在《预后篇》（*Prognostic*）曾言："一个人必须清楚地认识到确凿的符号（sure signs）和一般意义上的病症，每一年在每一片土地上都会出现表示不祥事物的不祥符号，都会出现表示吉祥事物的祥瑞符号，因为……所描述的病症，在利比亚、德洛斯和塞西亚都具有相同的意指义。因此，一个人必须清楚地认识到，在同样的地区，如果一个人掌握这些符号，知道如何对这些符号加以正确的评估和解读，那么，在大多数情况下，人都能正确地对符号做出判断，这是不足为奇的。"（转引自 Sebeok，2001：50 - 51）

在《流行病篇一》（*Epidemics I*）中，希波克拉底描述了他诊病的情况："……从这些疾病的问诊中，我通过了解所有疾病的共有本质，以及个体病患的特殊本质，了解疾病、患者、处方、开具处方的医生，因为这些因素决定着诊断的精准度；通过了解既作为整体又作为部分的天气和区域的构成状况；通过了解每位病患所遵从的习俗、生活方式和实践类型；通过了解说话、举止、沉默、观念、睡眠或失眠、抓挠、哭泣，以及做梦的时间和性质等情况；通过了解疾病的恶化速度，以及大便、尿液、咳痰、呕吐状况；通过了解每一种病的过往病史；通过了解致命或病危程度，以及出汗、寒战、发冷、咳嗽、打喷嚏、打嗝、呼吸、气胀、安静或吵闹、便血和痔疮等程度，形成了自己的判断。考虑这些状况之时，我们也必须考虑到这些状况可能产生的后果。"（转引自 Sebeok，2001：51）在《医士科学》（*The Science of Medicine*）中，希波克拉底指出，"我们目之不能及之处，就必须以心眼

(mental sight) 观之；无法看到疾病本质，也无法讲述其来龙去脉的医生，势必要诉诸病患所呈现的病症，依据病症做出推理"。因此，疾病诊断就"取决于基于音质的观察，不论是清晰还是嘶哑；取决于呼吸频率的观察，不论是速度快慢；取决于身体孔洞流出的各种液体构成成分的观察分析，同时考虑到液体的气味、颜色和薄稠度。通过权衡这些符号意指的重要程度，就可能推断出这些病症为何种疾病之表征，过往病史如何，同时预测该病的未来发展趋向"（Chadwick and Mann，1950：87-89）[7]。

上述可见，希波克拉底是以自然学家的身份探究疾病的，盖伦则采用解剖实验方式认识疾病，这是十足意义上的经验实证方法在西方古代医学和医学符号学中的应用开端。盖伦认为，最优秀的医生都是哲学家，拥有哲学所有分支的知识，如逻辑、自然科学、伦理学，并将自己视为教授人类最伟大、最杰出成就之人，即教授哲学与医学所传授的定理[8]（参见 Barnes，1991：54-56）[9]。经众多学者考证，盖伦是率先从现代学科意义上使用诸如"表明"（indication）、"症候"（symptom）、"指示"（indexis）等术语的古代医生。用盖伦的话说，"医生必须使用逻辑方法来认识所有疾病的种属关系和类型，以及认识为何医生必须对每一种疾病的治疗措施给定一个'指称'（endeixis）"（Barnes，1991：107）。根据菲利普考证，盖伦将符号学的分类归入医学六大分支之一，这一分类具有一种特殊且实质上对此后的医学史产生重大影响的举措（参见 Phillips，1973：172）[10]。盖伦将医学符号学分为三大部分，即当前关注的是检验（inspection）或诊断，过去关注的是认知（cognition）或病原学（anamnesis），未来关注的是信息或预后（prognosis）（转引自 Sebeok，2001：53），后者为盖伦善于预测病情发展走向提供了手段。有关盖伦的诊疗程序，萨顿做了如下描述："一旦病人来问诊，盖伦……会先问病史和生活方式[11]，会问及疟疾和其他常见疾病的发病率；然后请病患讲述新病史，之后医生会问及所有用于查明病因的问题，做几项必要的检查"[12]（Sarton，1954：6）[13]。有一点同中医非常相似，盖伦将身体出现的任何不自然的状况视为一种"病症"，将总体病症视为一种综合征（syndrome）。

从批判分析的角度看，上引《流行病篇》中有关病患症状的观察，其实就是中医问诊程序中的"望"，旨在观察有形符号范畴的言语符号（包括言语符号能力、言语符号使用的准确度、言语符号逻辑能力、言语符号的反应能力等),以及非言语符号(包括内在层面的沉默、心境、梦境等和外在层面的打嗝、气胀、安静、大便、举止等),依据这些符号的意指关系,进一步通过其他三个问诊步骤加以确认预断,从而判断与人体局部和整体的自然状态相关的病灶,再针对主导这些病状和病灶的相关器官以药物调理,辅助人体恢复自然平衡状态,而非西医以抗生素、手术等强硬方式加以矫正,此即全球符号学和伦理符号学所主张的恢复符指过程和生命的健康状态。同样,在本质上,《医士科学》言及的是病症内在与外在表征、物理与心理、判断与推理在诊病过程中的关系与作用,同时也言及《流行病篇一》中"望""闻"的环节,指出问诊过程中批判分析与诊病之间的关联关系,即符号学中的指称关系。

倘若通阅中医典籍,不论是阿尔克迈翁有关病患学的理性认识,希波克拉底有关诊疗过程和相关的分析判断,还是盖伦的诊病程序、科目分类和解剖思想,都可以在《黄帝内经》《伤寒论》等典籍中找到,但并非一一对应。之所以会产生这样的状况,根本原因在于"一方水土养育一方人"式的思维习惯或曰生活习惯差异。

首先,基于本体论不同,中西医的侧重点有所殊异。中医以天、地、人为三分动态范畴,主张以天观地,以地观人,以天地自然万物的运行规律来观测人体器官的作用和经络的运行规律,因而中医的本体为人,具体为人体这一自然体,举凡失衡必然为外物侵扰所致,要恢复自然体的平衡状态就要祛除侵入自然体的湿邪之气、侵扰之物,故以自然万物为药,将侵扰人体之物引除体外,恢复人体的自然平衡,恢复经络的自然畅通。西医则以二元对立范畴为主导,以人体的病患为本体,以分析病原体为手段,以化学元素组合方式,研制攻克病原体的药物,或克制,或压制,或逼退病原体,人体虽然处于类似自然状态,但病患仍在体内,只是处于被压制状态,为后遗症和并发症留下了隐患。

其次,基于思维方式和生活习惯不同产生的认识论差异。中医是以自然宇宙观照人体,将人体视为宇宙系统内的自然平衡体,以自然宇宙的运行规律类比人体的运行规律,以阴阳比日夜,以日月星辰在天体中的运行规律比经络在人体中的运行规律,故以观察人体失衡症状为切入点,确定病灶根源，以自然草木为药，调节相关主导器官，祛除致使人体失衡的湿邪之气，协助人体恢复常态。而西医是以观察为切入点，以假设为基础，通过实验、解剖方式解析病原体方式，以干扰素、抗生素等手段逼退病患，但因病患并未清除，仍滞留体内，容易留下后遗症或引发新的病患。

　　再者，因本体论和认识论差异促生的方法论差异。中医属于理论医学，与西医的实验医学有所不同，中医的理论根源在《黄帝内经》，先以类比自然宇宙的人体系统认知和辩证性的认识为切入点，从认识到实践，从实践到再认识，从再认识到再实践，循环往复，不断认识和实践，到不断积累，最终积累成一个无所不包的庞大知识体系，因而可以说中医是深奥的哲学，而西医是训练有素的技工。

　　有关中医与西医的具体差异，可以用中医泰斗邓铁涛的解读和评价为例说明之。有关中医对非典的认识，邓先生指出中医将病毒定义为湿邪，主张湿邪之气自口鼻而入，故而要以"发表"的方式祛除病邪，助身体恢复自然平衡状态；而西医则采用病原体提取、分析方式，研制抗病毒试剂，压制、克制病毒，让身体处于类似的自然状态，但病毒仍遗留体内，为后遗症和并发症留下后患。为了进一步说明中医的功效和应用范围，邓先生援引了美国时间医学之父哈尔贝克认识时间医学思想根源的事例。当哈尔贝克看到英译本《黄帝内经》之时，他发现时间医学的本质思想就是中医的运气学说，故而在《黄帝内经》中找到思想根源。为了说明中医在医学本体之外的应用潜力，邓先生援引了子午流注法在航天系统的应用，即以睡眠时段作为标准，针对飞行员是否适合飞行做出判断。子午流注法讲的是人体经络在什么时辰运行到什么地方，如果飞行员晚间11点至凌晨1点还没睡，或期间睡眠质量不好，飞行员的身体状况就不适合第二天的飞行。换句话说，中医根据人体十二时辰的运行表征，判断人的体质，判断人的精神状态。

　　最后，中医与西医具有不同的概念范畴、术语和话语体系。中医以道家的自然观、范畴观为基础，中医术语自然也是以道家认识宇宙自然的话语体系为范，而非以技术为主导的话语体系。此外，就术语而言，中医内部的内经、脉经、伤寒等部门，既是相关关联的子系统，又是相对独立的部门，具有自身独特的术语系统和话语体系。譬如，有关经络的术语，《黄帝内经》之《灵枢·经脉》："经脉十二者，伏行分肉之间，深而不见……诸脉之浮而常见者，皆络脉也。"也就是说，人体经络包括十二经脉、十二经别、奇经八脉、十五络脉、十二经筋、十二皮部等，其中经脉方面以十二经脉为主，而络脉方面以十五络脉为主，进而指出"夫十二经脉者，内属于腑脏，外络于肢节""经脉为里，支而横者为络，络之别者为孙""经脉十二者，伏行分肉之间，深而不见；……诸脉之浮而常见者，皆络脉也"。故而，后世皆认为，经脉多深而不见，行于分肉之间，络脉多浮而常见，行于体表较浅部位；经脉较粗大，络脉较细小；经脉以纵行为主，络脉则纵横交错，网络全身。有关中医的术语问题，笔者不在此赘述，拟另文专论。

就中医思想对全球符号学和伦理符号学的借鉴意义而言，中医的问诊（望、闻、问、切）程序本质上就是言语与非言语的交际系统和程序，也是呵护人生、爱护生命、善待他者的体系，更是广义上的符号意指、阐释、转换过程，不但可以为符号学（尤其是全球符号学、医学符号学、伦理符号学、临床符号学、法医符号学、刑侦符号学等）提供启发性思想，更可以用类比和隐喻的方式融入相关部门的符号学系统之中，与此同时更可以成立为一门具有区域传统特征的符号学分支学科——中医符号学。

译毕书稿，谈完启发，此处有必要言及笔者对该书内容的认识。首先，该书是当前国际学界少有的带有文献描述性的专著；其次，该书也是目前国际学界不多见的一部涉及符号学史以及历史文献相对全面的符号学专著；最后，该书对历史文献的批判分析不但深入而且独具特色，可谓批评符号学的代表作。

尽管该书具有前述三大特色和优点，但也有不足之处。首先，该书脚注部分（中译本已调整为章末尾注）分布不均衡，前三章脚注较少，第四章不但脚注较多，且总体上较长，有的甚至长达一整页。其次，有关以倾听态度为主导的交际，虽然涉及倾听作为态度、行为、过程、条件等内容，但分布零散，不系统，不但缺少行为符号学所说的刺激和刺激源，而且没有将回应作为一种反应确立系统性的模式关系。再者，倾听作为一种回应性理解、交际，并不全面，是否倾听也该是另一重交际的始发点，且这一始发点可能是一种赞同、准赞同、伪赞同，或反驳、准反驳、伪反驳的互动行为、文字、写作、言说（也就是说，言语符号和非言语符号的行为），这是应该充分考虑到的，不宜过于笼统。最后，倾听不论作为回应性理解，还是任何其他类型的交际,终极指向是善听他者、善待他者、呵护生命、关注人生,但不应是无条件的,因为根本就不存在无条件的符号行为,也不存在无条件的科学研究,即便是无条件倾听本身就是有条件的,即无条件这一要求本身就是有条件的。

这部书稿之所以能够顺利译毕,是由多重因素合力促成之结果。环境因素,前文已经提及,不再赘述。人的因素,首先要感谢该书作者苏珊·佩特丽莉,没有她发送文稿PDF版,没有她的建议,就不会有这部汉译书稿的出现。其次要感谢泰国西那瓦大学副校长芳发、校长助理戴超博士和研究生院院长助理贾洪涛先生,为我在泰国期间提供良好的教学科研环境;感谢符号学与文化研究方向的25名博士生和2名硕士生与我共享智慧果实;感谢符号学界的学友吕红周、王永祥、余红兵等在此期间于我有益的各种互动和帮助;感谢四川大学赵毅衡先生给予的出版资助并悉心指导我修订稿件;同时感谢四川大学出版社责编老师的细心编辑。最后,感谢我的家人,没有父母的悉心照顾,没有弟弟和弟妹的理解,我也不会有如此闲暇翻译这部书稿。

贾洪伟
御东避毒居
2020年清明节

注释:

1 Eco, Umberto. 1980. The Sign Revisited. *Philosophy and Social Criticism* 7 (3/4), pp. 261 - 297.

2 Sebeok, Thomas A. 1984. Symptom. In Copeland, James E (ed.). *New Directions in Lingusitics and Semiotics*. Houston: Rice University Studies, pp. 211 - 230.

3 Sebeok, Thomas A. 1986. *I Think I Am a Verb: More Contributions to the Doctrine of Signs*. New York: Plenum Press, pp. 45 - 58.

4 Sebeok, Thomas A. 1996. Medical semiotics: The legacy of Galen. In A. Lagopoulos & K. Lagopoulou (eds.). *Anthropos o Semainon*, vol. 1 *Logos Kai Ideologie*. Thessaloniki: Pagatigitis.

5 Sebeok, Thomas A. 2001. Galen in medical semiotics. In Sebeok, Thomas A. *Global Semiotics*. Bloomington: Indiana University Press, pp. 44 - 59.

6 通读西比奥克的全文，我们发现这部分内容与小节标题《医学符号学中的盖伦》抑或是此前所讲的《医学符号学——盖伦的遗产》不符，不如初期所用的题名《病症》，因为这部分整体内容都是围绕着"病症"展开的，环绕音为希波克拉底和盖伦，而非希波克拉底和盖伦为前景画面，"病症"为背景音。

7 Chadwick, J. & Man, W. N. 1950. *The Medical Works of Hippocrates*. Oxford: Blackwell.

8 在这一点上，盖伦与古代中医传统略微相似，均以哲学入道，以理论指导实践，以实践所得推进理论发展。

9 Barnes, J. 1991. Galen on Logic and Therapy. In Kudlien, F. & Durling, R. J. (Eds.). *Galen's Method of Healing: Proceedings of the 1982 Galen Symposium*. Leiden: E. J. Brill, pp. 50–102.

10 Phillips, E. D. 1973. *Greek Medicine*. London: Thames and Hudson.

11 同中医的"望、闻、问、切"中的"问"颇为相似。

12 可见，盖伦的诊疗程序是以"问"为主导，以检查为验证程序，但我们无法得知盖伦用什么检查，如何检查。

13 Sarton, G. 1954. *Galen of Pergamon*. Lawrence: University of Kansas Press.